计算机维修技术

（第3版）

易建勋 龙际珍 刘青 王静 编著

清华大学出版社
北京

内 容 简 介

本书以目前流行的个人计算机（PC）为对象，分析和讨论了 x86 计算机的系统组成、工作原理、最新技术、性能参数、故障处理方法等。本版教材在第 2 版基础上进行了全面修订，更新了计算机最新技术方面的内容，使教材重点更加突出，更适用于教学需要。

全书分为三部分，第一部分（第 1、2 章）主要讨论计算机的发展过程、计算机的基本类型和应用领域、PC 的基本组成部件、电子器件在计算机中的应用，以及电子器件的生产工艺等；第二部分（第 3～9 章）是全书主要组成部分，分别介绍 CPU 系统、主板系统、内存系统、外存系统、显示系统、辅助系统结构与故障维修及常用外设结构与工作原理；第三部分（第 10～12 章）主要讨论计算机常见故障的分析、计算机硬件故障的特点与维修方法、计算机软件常见故障的处理方法，以及计算机使用中的卫生保健知识等。

本教材适用于高校本科计算机科学与技术、网络工程、通信工程、信息工程、电气工程等专业教学；同样也是 IT 行业工程技术人员很好的技术参考资料。教材配套提供了丰富的教学资源和教学网站。

图书在版编目（CIP）数据

计算机维修技术/易建勋等编著. — 3 版. —北京：清华大学出版社，2014(2025.1重印)
21 世纪高等学校规划教材·计算机应用
ISBN 978-7-302-33591-7

Ⅰ. ①计…　Ⅱ. ①易…　Ⅲ. ①电子计算机－维修－高等学校－教材　Ⅳ. ①TP307

中国版本图书馆 CIP 数据核字（2013）第 203899 号

责任编辑：闫红梅　薛　阳
封面设计：傅瑞学
责任校对：梁　毅
责任印制：宋　林

出版发行：清华大学出版社
　　　　网　　　址：https://www.tup.com.cn, https://www.wqxuetang.com
　　　　地　　　址：北京清华大学学研大厦 A 座　　　邮　　编：100084
　　　　社 总 机：010-83470000　　　　　　　　　邮　　购：010-62786544
　　　　投稿与读者服务：010-62776969, c-service@tup.tsinghua.edu.cn
　　　　质量反馈：010-62772015, zhiliang@tup.tsinghua.edu.cn
　　　　课件下载：https://www.tup.com.cn, 010-83470236
印 装 者：三河市君旺印务有限公司
经　　销：全国新华书店
开　　本：185mm×260mm　　印　张：26.75　　字　数：665 千字
版　　次：2006 年 5 月第 1 版　　2014 年 1 月第 3 版　　印　次：2025 年 1 月第 9 次印刷
印　　数：7201～7473
定　　价：79.00 元

产品编号：054332-03

出版说明

随着我国改革开放的进一步深化，高等教育也得到了快速发展，各地高校紧密结合地方经济建设发展需要，科学运用市场调节机制，加大了使用信息科学等现代科学技术提升、改造传统学科专业的投入力度，通过教育改革合理调整和配置了教育资源，优化了传统学科专业，积极为地方经济建设输送人才，为我国经济社会的快速、健康和可持续发展以及高等教育自身的改革发展做出了巨大贡献。但是，高等教育质量还需要进一步提高以适应经济社会发展的需要，不少高校的专业设置和结构不尽合理，教师队伍整体素质亟待提高，人才培养模式、教学内容和方法需要进一步转变，学生的实践能力和创新精神亟待加强。

教育部一直十分重视高等教育质量工作。2007 年 1 月，教育部下发了《关于实施高等学校本科教学质量与教学改革工程的意见》，计划实施"高等学校本科教学质量与教学改革工程（简称'质量工程'）"，通过专业结构调整、课程教材建设、实践教学改革、教学团队建设等多项内容，进一步深化高等学校教学改革，提高人才培养的能力和水平，更好地满足经济社会发展对高素质人才的需要。在贯彻和落实教育部"质量工程"的过程中，各地高校发挥师资力量强、办学经验丰富、教学资源充裕等优势，对其特色专业及特色课程（群）加以规划、整理和总结，更新教学内容、改革课程体系，建设了一大批内容新、体系新、方法新、手段新的特色课程。在此基础上，经教育部相关教学指导委员会专家的指导和建议，清华大学出版社在多个领域精选各高校的特色课程，分别规划出版系列教材，以配合"质量工程"的实施，满足各高校教学质量和教学改革的需要。

为了深入贯彻落实教育部《关于加强高等学校本科教学工作，提高教学质量的若干意见》精神，紧密配合教育部已经启动的"高等学校教学质量与教学改革工程精品课程建设工作"，在有关专家、教授的倡议和有关部门的大力支持下，我们组织并成立了"清华大学出版社教材编审委员会"（以下简称"编委会"），旨在配合教育部制定精品课程教材的出版规划，讨论并实施精品课程教材的编写与出版工作。"编委会"成员皆来自全国各类高等学校教学与科研第一线的骨干教师，其中许多教师为各校相关院、系主管教学的院长或系主任。

按照教育部的要求，"编委会"一致认为，精品课程的建设工作从开始就要坚持高标准、严要求，处于一个比较高的起点上；精品课程教材应该能够反映各高校教学改革与课程建设的需要，要有特色风格、有创新性（新体系、新内容、新手段、新思路，教材的内容体系有较高的科学创新、技术创新和理念创新的含量）、先进性（对原有的学科体系有实质性的改革和发展，顺应并符合 21 世纪教学发展的规律，代表并引领课程发展的趋势和方向）、示范性（教材所体现的课程体系具有较广泛的辐射性和示范性）和一定的前瞻性。教材由个人申报或各校推荐（通过所在高校的"编委会"成员推荐），经"编委会"认真评审，最后由清华大学出版社审定出版。 目前，针对计算机类和电子信息类相关专业成立了两个"编委会"，即"清华大学出版社计算机教材编审委员会"和"清华大学出版社电子信息教材编审委员会"。推出的特色精品教材包括：

（1）21 世纪高等学校规划教材·计算机应用——高等学校各类专业，特别是非计算机专业的计算机应用类教材。

（2）21 世纪高等学校规划教材·计算机科学与技术——高等学校计算机相关专业的教材。

（3）21 世纪高等学校规划教材·电子信息——高等学校电子信息相关专业的教材。

（4）21 世纪高等学校规划教材·软件工程——高等学校软件工程相关专业的教材。

（5）21 世纪高等学校规划教材·信息管理与信息系统。

（6）21 世纪高等学校规划教材·财经管理与应用。

（7）21 世纪高等学校规划教材·电子商务。

（8）21 世纪高等学校规划教材·物联网。

清华大学出版社经过三十多年的努力，在教材尤其是计算机和电子信息类专业教材出版方面树立了权威品牌，为我国的高等教育事业做出了重要贡献。清华版教材形成了技术准确、内容严谨的独特风格，这种风格将延续并反映在特色精品教材的建设中。

清华大学出版社教材编审委员会

联系人： 魏江江

E-mail:weijj@tup.tsinghua.edu.cn

前 言

写作目标

本教材的目标是提高计算机工程技术人员的工作能力，更新他们的知识结构。因此，在教材内容编排中，基本按照"描述系统组成，说明工作原理，介绍最新技术，分析性能参数，讨论维修方法"的章节结构进行写作。作者希望尽可能清晰地、完整地介绍计算机的工作性质与行为特征。

书中以目前广泛应用的 PC（个人计算机）为对象，介绍 x86 系列计算机的基本组成和工作原理、最新技术分析和维修方法讨论等。本书对淘汰技术（如 ROM、AGP 等）和淘汰产品（如软驱、CRT 等）不进行讨论。对正在逐步淡出市场的技术（如 DDR2、PS/2 等），仅进行简单的介绍，而对目前应用广泛的新技术，则尽量详细地分析和讨论。

作者力图以严肃认真的态度进行分析与讨论，但是，在教材中不免会掺杂一些作者不成熟的看法与意见。例如，"PC 为主"的写作指导思想、第一台现代计算机的发明、对冯·诺依曼（Van Nenmann）计算机结构的阐述等内容，可能与目前的主流技术观点有所不同。这些是作者一些不成熟的看法，是一家之言，期望专家学者们批评指正。

主要内容

全书分为三部分，第一部分（第 1、2 章）主要讨论计算机的发展过程、计算机的基本类型和应用领域、PC 的基本组成部件、电子器件在计算机中的应用，以及电子器件的生产工艺等；第二部分（第 3～9 章）是全书主要组成部分，分别介绍 CPU 系统、主板系统、内存系统、外存系统、显示系统、辅助系统结构与故障维修及常用外设结构与工作原理；第三部分（第 10～12 章）主要讨论计算机常见故障的分析、计算机硬件故障的特点与维修方法、计算机软件常见故障的处理方法，以及计算机使用中的卫生保健知识等。

几点说明

（1）实验操作。读者也许观察到，教材中实验操作内容和具体操作步骤较少。这是限于以下原因：一是具体操作必须十分详细，而教材的有限篇幅不允许这样做；二是教材不是使用手册，具体操作应当作为实验内容进行，读者可以参考实验指导书、工具软件使用说明手册、视频教学资料等；三是实验教学和理论教学各有特点，具体操作很难在课堂教学中讲清楚，最好的方法是在实验室进行，这样更有利于提高学生处理问题的能力。

（2）内容编排。为了方便教学，教材尽量保持了各个章节的独立性，教师可以根据课时的多少选择教学章节，而且各个章节内容的多少也刻意保持了大致相同。为了使教学难度和内容分散化，总线和接口技术中的部分内容分散到了各个章节中进行讨论。对于苹果计算机、笔记本电脑、平板电脑、工业计算机等内容，由于教材篇幅限制，没有进行详细的分析和讨论。

（3）语言风格。为了统一语言风格，书中避免采用港台地区计算机名词，如"电脑"统一为"计算机"；"架构"统一为"结构"；"管线"统一为"流水线"；"整合"统一为"集成"等。

（4）存储单位。在计算机存储单位和传输单位中，本书严格区分大写"B"与小写"b"。B=Byte（字节），采用1024进制；b=bit（二进制位），采用1000进制。"B/s（字节/秒）"主要用于表示并行传输，"b/s（位/秒）"主要用于表示串行传输。

（5）英文缩写。书中涉及的英文缩写名词较多，为了避免烦琐，便于阅读，本书对常识性英语缩写名词（如CPU、DRAM、USB等）只进行一次中文注释，如CPU（中央处理单元）；对大部分不易理解的英语缩写名词只注释中文词义，如HDMI（高清数字多媒体接口）；对于容易引起误解的外国人名以及英文缩写等，一般随书注释，如ABC（Atanasoff-Berry Computer，阿塔纳索夫-贝瑞计算机）等。

（6）课程习题。每章习题中，第1～5题为简要说明题，在教材中可以找到答案；第6～8题为讨论题，它们没有标准答案，这些题目可用于课堂讨论，也可以作为课程论文题目；第9题为课程论文题；第10题为实验题。

（7）教学资源。本课程提供了大量教学资源、教材的中英文名词对照表、PPT教学课件、习题参考答案等，可在清华大学出版社网站http://www.tup.tsinghua.edu.cn/下载。如果教师需要实验教学视频、技术资料、教学参考文档等，请E-mail作者，登录内部教学网站获取。

致谢

本教材由易建勋主编，参加编写工作的还有龙际珍、刘青、王静、周书仁、邓江沙、唐良荣等。因特网上的技术资料给作者提供了极大的帮助，非常感谢这些作者。

虽然作者在写作中尽了最大努力，书中仍然可能存在一些不够详尽和准确的地方。如果在阅读中发现了不足和错误，可以通过以下电子邮件地址与作者进行联系。yjxcs@163.com。

易建勋

2013年6月1日

目 录

第 1 章

计算机的基本类型与组成

　　现代计算机是一种按程序自动进行信息处理的通用工具，它能自动、高速、精确地对信息进行存储、传送和加工处理。它的处理对象是数据，处理结果是信息。

1.1　计算机的发展过程

　　计算技术发展的历史是人类文明史的一个缩影。计算机是人类计算技术的继承和发展，是现代人类社会生活中不可缺少的基本工具。

1.1.1　早期计算工具的发展

　　人类最早的计算工具是手指，当然还可能包括脚趾，因为这些计算工具与生俱来，无须任何辅助设施，具有天然优势。但是手指只能实现计数，不能进行存储，而且还局限于 0～20 以内的计算。

　　中国在商朝时已经有了比较完备的文字系统和文字记数系统，在商代甲骨文中，已经有了一、二、三、四、五、六、七、八、九、十、百、千、万这 13 个记数单字（如图 1-1 所示），有了这 13 个记数单字，就可以记录和计算十万以内的任何自然数了。

　　　　一　二　三　四　五　六　七　八　九　十　百　千　万

图 1-1　中国古代甲骨文上的数字（约公元前 1500 年）

　　算筹可能起源于周朝，发明的具体时间不详，但是在春秋战国时已经非常普遍了。根据史书记载和考古材料的发现，古代的算筹实际上是一些差不多长短和粗细的小棍子，多用竹子制成，也有木头、兽骨、象牙、金属等材料。算筹大约二百七十枚为一束，放在一个布袋里，系在腰部随身携带。成语"运筹帷幄"中的"筹"就是指算筹。

　　中国的穿珠算盘起源于何时，至今未有定论。珠算一词最早见于东汉末年徐岳的《数术纪遗》（168—188 年），书中所述"珠算控带四时，经纬三才"（注：三才指天、地、人）。后来北周数学家甄鸾对这段文字作了注释，称："刻板为三分，其上下二分以停游珠，中间一分以定算位。位各五珠，上一珠与下四珠色别，其上别色之珠当五，其下四珠，珠各当一。至下四珠所领，故云'控带四时'。其珠游于三方之中，故云'经纬三才'也。"这些文字，被认为是最早关于珠算的记载（如图 1-2 所示）。北宋画家张择端《清明上河图》长卷中，在赵太丞家药铺柜台上，有一个十五档的算盘。经中日两国珠算专家将画面摄影放大，确认画中之物是与现代使用算盘形制类似的穿珠算盘。

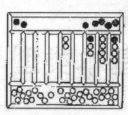

图1-2　中国汉代游珠算盘（复原图）和宋代张择端《清明上河图》（局部）中的算盘（1101年）

1.1.2　中世纪计算机的发展

早在1625年，英格兰人威廉·奥特雷（William Oughtred）发明了能进行6位数加减法的滑动计算尺。

1623年，德国的契克卡德（Wilhelm Schickard）教授在给他的朋友，天文学家开普勒（Kepler）的一封信件中，设计了一种能作四则运算的计算机，但是这种机器没有实现。

1642年，法国数学家帕斯卡（Pascal）采用与钟表类似的齿轮传动装置，设计出能进行八位十进制计算的加法器（如图1-3所示）。

图1-3　帕斯卡发明的加法器和它的内部齿轮结构（1642年）

1822年，英国数学家巴贝奇（Charles Babbage）设计了差分机和分析机的模型（如图1-4所示），它由以前每次只能完成一次算术运算，发展为自动完成某个特定的完整运算过程。之后，巴贝奇又设计了一种程序控制的通用分析机，它是现代程序控制计算机的雏形，其设计理论非常超前，但限于当时的技术条件而未能实现。

图1-4　巴贝奇发明的差分机和分析机复制品模型（1822年）

1.1.3　现代计算机的发展

第一台现代电子数字计算机是 ABC（Atanasoff-Berry Computer，阿塔纳索夫-贝瑞计算机），它是由美国爱荷华州立大学的物理系副教授阿塔纳索夫（John Vincent Atanasoff）和他的研究生克利福特·贝瑞（Clifford Berry）在 1939 年 10 月研制成功（如图 1-5 所示）。1946 年，莫克利（John Mauchly）等人仿制 ABC 设计了埃尼阿克（ENIAC）计算机。1990 年，阿塔纳索夫获得了全美最高科技奖项"国家科技奖"。至此，电子计算机发展的萌芽时期遂告结束，开始了现代计算机的发展时期。

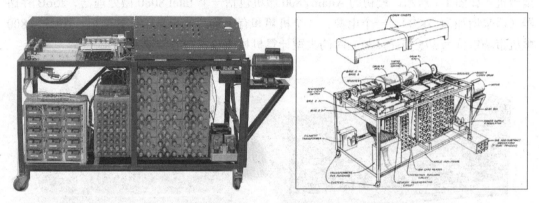

图 1-5　第一台现代电子数字计算机 ABC 复制品和设计草图（1939 年）

现代计算机诞生后，计算机所采用的基本元器件经历了电子管、晶体管、中小规模集成电路、大规模和超大规模集成电路等发展阶段。

现代计算机采用大规模集成电路作为基本电子元件，计算速度显著提高，存储容量大幅度增加。同时，计算机软件技术也有了较大的发展，出现了操作系统和编译系统，并且出现了更多的高级程序设计语言。计算机的应用开始进入到许多领域。如图 1-6 所示，1964 年由 IBM 公司设计的 IBM 360 计算机是现代计算机的典型代表产品。

图 1-6　IBM 360 计算机和机房工作现场（1964 年）

1.1.4　微型计算机的发展

1. 牛郎星微机 Altair 8800

微型计算机（Microcomputer，微机）的研制起始于 20 世纪 70 年代，早期微机产品有 Kenbak 公司 1971 年推出的 Kenbak-1，这台微机没有微处理器，也没有操作系统。1973 年推出的 Micral-N 微机是第一台采用微处理器（Intel 8008）的商用微机，它同样没有操作系统，而且销量极少。1975 年推出的 Altair 8800（牛郎星）微机是第一台现代意义上的通用型微机。如图 1-7 所示，最初的 Altair 8800 微机包括一个 Intel 8080 微处理器、256B 存储器（后来增加为 4KB）、一个电源、一个机箱和有大量开关和显示灯的面板。Altair 8800 微机市场售价为 375 美元，与当时的大型计算机相比较，它非常便宜。

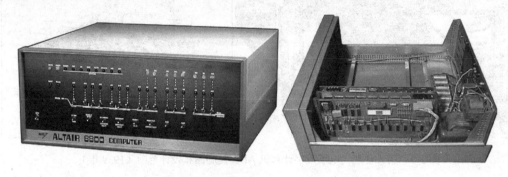

图 1-7　Altair 8800 微机（1975 年）

牛郎星微机发明人爱德华·罗伯茨（E. Roberts）是美国业余计算机爱好者，他拥有电子工程学位。早期的牛郎星微机非常简陋，既无输入数据的键盘，也没有输出计算结果的显示器。插上电源后，使用者需要用手拨动面板上的开关，将二进制数“0”或“1”输进机器。计算完成后，面板上的几排小灯泡忽明忽灭，用发出的灯光信号表示计算结果。

牛郎星完全无法与当时的 IBM360、PDP-8 等大型计算机相比，而更像是一台简陋的游戏机，它只能勉强算是一台微型计算机。现在看来，正是这台简陋的 Altair 8800 微机，掀起了一场改变整个计算机世界的革命。它的一些设计思想直到今天也具有重要的指导意义：如开放式设计思想（如开放外设总线），微型化设计方法（如追求短小轻薄），OEM（原始设备生产厂商）生产方式（如贴牌生产），硬件与软件分离的经营模式（早期计算机硬件和软件由同一厂商设计），非专业人员使用（如易用性，DIY）等。它造就了一个完整的微机工业体系，并带动了一批软件开发商（如微软公司）的成长。

2. 苹果微机 Apple Ⅱ

1976 年，青年计算机爱好者史蒂夫·乔布斯（Steven Jobs）和斯蒂芬·沃兹尼亚克（Stephen Wozniak）凭借 1300 美元，在家庭汽车库里开发出了 Apple Ⅰ（苹果）微型计算机。1977 年，苹果公司推出了经典机型 Apple Ⅱ（如图 1-8 所示），微机从此进入发展史上的黄金时代。

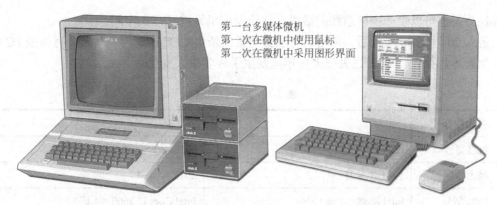

第一台多媒体微机
第一次在微机中使用鼠标
第一次在微机中采用图形界面

图1-8　Apple Ⅱ微机（1977 年）和苹果 Macintosh 微机（1984 年）

Apple Ⅱ微机采用摩托罗拉（Motorola）公司 M6502 作为 CPU，整数加法运算速度为 50 万次/秒。它还有 4KB 动态随机存储器（DRAM）、16KB 只读存储器（ROM）、8 个插槽主板、一个键盘、一台显示器，以及固化在 ROM 中的 BASIC 语言，售价为 1300 美元。Apple Ⅱ微机风靡一时，成为市场上主流微机。1978 年，苹果公司股票上市，三周内股票价格达到 17.9 美元，股票总值超过了当时的福特汽车公司，成为当时最成功的公司。

3. 个人计算机 IBM PC 5150

微机发展初期，大型计算机公司对它不屑一顾，认为那只是计算机爱好者的玩具而已。但是苹果公司的 Apple Ⅱ微机在市场取得极大的成功，以及由此而引发的巨大经济利益，使一些大型计算机公司开始坐立不安了。

1981 年 8 月，IBM 公司推出了第一台 16 位个人计算机 IBM PC 5150（如图 1-9 所示）。IBM 公司将这台计算机命名为"PC"（Personal Computer，个人计算机），现在 PC 已经成为微机的代名词。微机终于突破了只为个人计算机爱好者使用的状况，迅速普及工程技术领域和商业领域中。

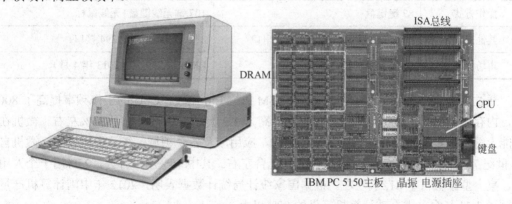

ISA总线
DRAM
CPU
键盘
IBM PC 5150主板　晶振 电源插座

图1-9　IBM PC 5150 微机和主板（1981 年）

IBM PC 继承了开放式系统的设计思想，IBM 公司公开了除 BIOS（基本输入输出系统）之外的全部技术资料，并通过分销商传递给最终用户，这一开放措施极大地促进了微机的发展。第一台 IBM PC 还采用了总线扩充技术，并且 IBM 公司放弃了总线专利权。这意味着其他公司也可以生产同样总线的微机，这给兼容机开辟了巨大空间。

进入 20 世纪 90 年代后，每当英特尔公司推出新型 CPU 产品时，马上会有新型 PC 推出。如表 1-1 所示，PC 在过去三十多年里发生了许多重大变化。

表 1-1　PC 性能比较

技术指标	技 术 参 数	
机器型号	IBM PC 5150	HP TouchSmart 610-1168CN
推出日期	1981 年 8 月	2013 年 4 月
CPU 型号	Intel 8088（1 核）	Intel Core i7 2600（4 核）
CPU 频率	4.77MHz	3.8GHz
内存容量	64KB DRAM	6GB DDR3 DRAM
主板类型	XT	ATX
硬盘容量	无	2TB
软驱规格	5.25 英寸 160KB	无
光驱规格	无	DVD 刻录光驱
显示器	单色 11.5 英寸 CRT	彩色 23 英寸 LCD（触摸屏）
显示模式	单色，720×350，文本处理	彩色，1920×1080，3D 图形处理
音频系统	内置扬声器	6 声道集成声卡+音箱+麦克风
网络系统	无	1000Mb/s 网卡+无线网卡+蓝牙
操作系统	DOS 1.0	Windows 8
启动时间	16s 左右	50s 左右
操作方式	87 键键盘	107 键无线键盘+无线鼠标
其他接口	一个 LPT 并口，两个 COM 串口	8 个 USB，两个 1394 接口
市场价格	3045 美元（1981 年）	RMB 12 999 元（2013 年 4 月）

通过表 1-1 可以看出，目前的微机与 IBM PC 5150 比较，CPU 的工作频率提高了 800 倍，内存容量提高了 9.3 万倍，外存容量提高了 1.2 万倍，价格降低了 30%左右。微机在性能上得到了极大的提高，功能越来越强大，应用涉及各个领域。统计资料表明，微机自 20 世纪 70 年代问世以来，至今已售出 20 亿台左右。其中 75%用于办公，25%用于个人用途，桌上型微机占了 81.5%左右。根据国家统计局统计数据表明，2012 年中国计算机产量达到了 3.54 亿台，占全球计算机产量的 80%以上。

4．PC 成功的基本原因

在现代计算机的发展过程中，出现过各种各样的计算机，目前最大的胜利者是 PC。PC 是目前计算机市场中无可争辩的霸主，超级计算机是大量 PC 服务器组成的集群，苹果计算机在硬件（CPU）和软件（操作系统）上越来越靠近 PC，平板电脑是 PC 的缩微版，智能手机也在亦步亦趋地模仿 PC。无论竞争对手有多好的操作系统和硬件设备，PC 都可以将每一个竞争者从发展的道路上清除掉。PC 取得巨大成功的原因是它拥有海量的应用软件，以及优秀的兼容能力，而低价高性能在很长一段时间里都是 PC 的市场竞争法宝。

目前 PC 已经击败了计算机发展道路上的所有竞争对手，无论当时的计算机多么接近于取代 PC，但是所有竞争者最终都消失了。过去的历史证明 PC 每次都成功了，今后谁将是 PC 最有力的挑战者？或许它可能会成为 PC 的另外一个牺牲品。但也有理由相信，PC 面临的最大危险也许就是它自己。

1.2 计算机的基本类型

计算机工业的迅速发展，导致了计算机类型的一再分化。从计算机主要组成部件来看，目前的计算机主要采用半导体集成电路芯片。从市场主要产品来看，有大型计算机、微机、嵌入式系统等产品。

1.2.1 计算机的分类

早期计算机按计算能力进行分类，将每秒运行亿次以上的计算机划分为巨型计算机，而以下依次划分为大型计算机、中型计算机、小型计算机、微机。但是这种分类方法会随时间变化而改变，例如 20 世纪 90 年代的巨型计算机并不比目前微机的计算能力强。如果根据运算速度对计算机类型进行划分，就必须根据运算速度的不断提高而随时改变计算机的分类，这显然是不合理的。

自从现代计算机诞生以来，计算机产业的发展一直非常迅速。各种新技术不断推出，计算机性能不断提高，应用范围发展到各行各业。因此，很难对计算机进行一个精确的类型划分。如果按照目前计算机的市场分布情况，大致可以分为大型计算机、微型计算机和嵌入式系统三大类（如图 1-10 所示）。

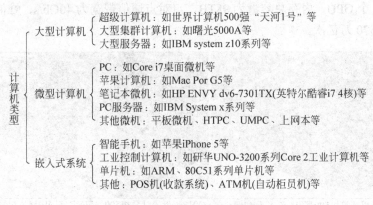

图 1-10 计算机的基本类型

1.2.2 大型计算机

大型计算机主要用于科学计算、军事领域，以及大型计算项目等。在超级计算机设计领域，目前主流是采用集群设计方案（占超级计算机的80%以上）。

集群（Cluster）技术是将多台（几台到上万台）独立的计算机（大多为PC服务器），通过高速网络组成一个计算机群，并以单一系统的模式加以管理，使多台计算机能像一台超级计算机那样统一管理和并行计算。集群系统中运行的计算机并不一定是高档计算机，但集群系统却可以提供高性能的不停机服务。每台计算机都可承担部分计算任务，因此整个系统的计算能力非常高。同时，每台计算机还承担一定的容错任务，当其中某台计算机出现故障时，系统可在专用软件的支持下，将这台计算机与系统隔离，并通过各个计算机之间的负载转移机制，实现新的负载平衡，同时向系统管理员发出报警信号。

集群计算机一般采用专用操作系统（80%的集群计算机采用Linux）和集群软件实现并行计算，而价格只有专用大型计算机的几十分之一。集群计算机具有可增长的特性，也就是可以不断地向集群系统中加入新的计算机。集群计算机提高了系统的稳定性和数据处理能力，绝大部分超级计算机都采用集群技术。少部分大型计算机采用专用的系统结构，一般多用于军事、通信、工程计算等项目。

如图1-11所示，2012年6月，美国IBM公司生产的"红杉"（Sequoia）超级集群计算机荣获世界最快计算机桂冠。"红杉"超级计算机占地约318m²，在96个机柜中集合了大约160万个处理器和超过1.6TB的内存。"红杉"的持续测试达到了每秒16 324万亿次（16.324petaflops）运算，峰值运算速度高达每秒20 132万亿次。"红杉"的运算能力相当于200万台采用Intel双核处理器笔记本的运算量。"红杉"运行1h的数据量，需要全世界人用计算器算上320年。"红杉"主要用来进行模拟核试验，避免进行地下核试验。它目前安装在美国能源部所属的劳伦斯利福摩尔国家实验室。

如图1-11所示是我国国防科技大学研制的"天河1号"超级集群计算机，于2010年11月排名世界500强计算机第1名。天河1号集群计算机由103个机柜组成，重量达1.5t，耗电1.28kW/h，共有2560个计算节点，使用了6144个3.0GHz的Intel Xeon处理器，2560片显卡，5120个GPU，内存总容量为98TB，点对点通信带宽为40Gb/s，峰值计算速度达到了每秒钟2570万亿次。

2010年世界计算机500强第1名 "天河1号"　　2012年世界计算机500强第1名美国IBM公司的 "红杉"

图1-11　超级集群计算机系统

1.2.3　微型计算机

1971 年 11 月，英特尔公司推出一套芯片：4001 ROM、4002 RAM、4003 移位寄存器、4004 微处理器。英特尔公司将这套芯片称为"MCS-4 微型计算机系统"，这是最早提出"微机"这一概念。但是，这仅是一套芯片而已，并没有组成一台真正意义上的微型计算机。之后，人们将装有微处理器芯片的机器称为"微机"。微机按产品范围大致可以分为个人计算机（PC）、苹果计算机（iMac）、笔记本计算机和平板电脑（Tablet PC）等。

1. PC 系列计算机

个人计算机（PC）采用 Intel 公司的 CPU 作为核心部件，凡是能够兼容 IBM PC 的计算机产品都称为"PC"。目前大部分桌面计算机采用 Intel 和 AMD 公司的 CPU 产品，这两个公司的 CPU 产品往往兼容 Intel 公司早期的"80x86"系列 CPU 产品，因此也将采用这两家公司 CPU 产品的计算机称为 x86 系列计算机。

（1）台式计算机。如图 1-12 所示，台式计算机在外观上有立式和卧式两种类型，它们在性能上没有区别。台式计算机主要用于企业办公和家庭应用，因此要求有较好的多媒体功能。台式计算机应用广泛，应用软件也最为丰富，这类计算机有较好的性价比。

图 1-12　x86 系列台式计算机

（2）笔记本计算机（NB）。笔记本计算机主要用于移动办公，要求机器具有短小轻薄的特点。近年来流行的"上网本"也是笔记本计算机的一种类型。笔记本计算机在软件上与台式计算机完全兼容，在硬件上虽然按照 PC 设计规范制造，但是由于受到体积限制，不同厂商之间的产品不能互换。在与台式计算机相同的配置下，笔记本计算机的性能要低于台式计算机，价格也要高于台式计算机。笔记本计算机屏幕在 10～15 英寸，重量在 1～3kg，笔记本计算机一般具有无线通信功能。笔记本计算机如图 1-13 所示。

图 1-13　第一台笔记本计算机（1984 年）和目前的笔记本计算机

（3）PC 服务器。如图 1-14 所示，PC 服务器往往采用机箱或机架等形式，机箱式 PC 服务器体积较大，便于今后扩充硬盘等 I/O 设备；机架式 PC 服务器体积较小，尺寸标准化，扩充时在机柜中再增加一个机架式服务器即可。PC 服务器一般运行在 Windows Server 或 Linux 操作系统下，在软件和硬件上都与其他 PC 兼容。PC 服务器硬件配置一般较高，例如，它们往往采用高性能的 CPU，如英特尔"至强"系列 CPU 产品，甚至采用多 CPU 结构。内存容量一般较大，而且要求具有 ECC（错误校验）功能。硬盘也采用高转速和支持热插拔的硬盘。大部分服务器需要全年不间断工作，因此往往采用冗余电源。PC 服务器主要用于网络服务，因此对多媒体功能几乎没有要求，但是对数据处理能力和系统稳定性有很高要求。

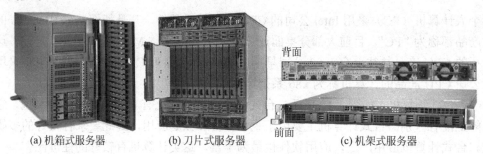

(a) 机箱式服务器　　　　(b) 刀片式服务器　　　　(c) 机架式服务器

图 1-14　各种形式的 PC 服务器

2. 苹果系列计算机

苹果公司目前的计算机产品主要有 Power iMac G5 系列。苹果公司产品在硬件和软件上均与 PC 不兼容。苹果 Power iMac G5 计算机采用双 64 位 PowerPC G5 处理器（近年来有部分产品采用 Intel Xeon 处理器），高端型号拥有两块 2.5GHz 处理器，而且配备先进的水冷系统。苹果计算机采用基于 UNIX 的 Mac OS X 操作系统。

如图 1-15 所示，苹果 iMac 计算机外形漂亮时尚，图像处理速度快，但是，由于软件与 PC 不兼容，造成大量 PC 软件不能在 Mac 计算机上运行。另外，苹果 Mac 计算机没有兼容机，因此计算机价格偏高，影响了它的普及。苹果计算机在我国主要应用于美术设计、视频处理、出版印刷等行业。

(a) 苹果iMac G3(1998年)　(b) 苹果iMac G3(2003年)　(c) 苹果iMac G4(2005年)　(d) 苹果iMac G5一体化机(2008年)

图 1-15　苹果 iMac 系列计算机

3. 平板电脑

平板电脑（Tablet PC）是微软公司 2002 年 11 月推出的一种新型计算机。平板电脑是一种小型、方便携带的个人计算机，如图 1-16 所示，平板电脑最典型的产品是苹果公司的 iPad。平板电脑在外观上只有杂志大小，目前主要采用苹果和安卓操作系统，它以触摸屏作为基本输入设备，所有操作都通过手指或手写笔完成，而不是传统的键盘或鼠标。平板电脑一般用于阅读、上网、简单的小游戏。平板电脑的应用软件专用性强，这些软件不能在台式计算机或笔记本计算机上运行，普通计算机上的软件也不能在平板电脑上运行。

图 1-16　微软公司平板电脑（左）和苹果公司 iPad 平板电脑

1.2.4　嵌入式系统

20 世纪 70 年代单片机（单个微处理芯片控制的计算机）的出现，使得汽车、家电、工业设备、通信设备以及成千上万种产品，可以通过内嵌电子装置来获得更佳的使用性能，以及更加低廉的产品成本。这些装置已经初步具备了嵌入式的特点。目前嵌入式系统已经有了近三十年的发展历史。

1. 嵌入式系统的基本组成

嵌入式系统（embedded system）是一种为特定应用而设计的专用计算机系统，或者作为设备的一部分。"嵌入"是将微处理器设计和制造在某个设备内部的意思。嵌入式系统是一个外延极广的名词，凡是与工业产品结合在一起，并且具有计算机控制的设备都可以称为嵌入式系统（如图 1-17 所示）。

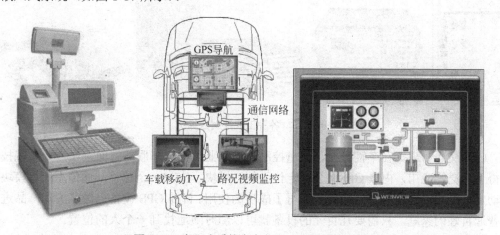

图 1-17　嵌入式系统在商业和工业领域的应用

嵌入式系统一般由嵌入式计算机和执行装置组成，嵌入式计算机是整个嵌入式系统的核心。执行装置也称为被控对象，它可以接受嵌入式计算机系统发出的控制命令，执行所规定的操作或任务。执行装置可以很简单，如手机上的一个微型电机，当手机处于震动接收状态时打开；执行装置也可以很复杂，如 SONY 公司的智能机器狗，它集成了多个微型控制电机和多种传感器，从而可以执行各种复杂的动作和感受各种状态信息。

2．嵌入式系统的主要特征

（1）系统内核小。由于嵌入式系统一般应用于小型电子装置，系统资源相对有限，所以内核软件比计算机的操作系统要小得多。例如，Google 公司的安卓（Android）嵌入式操作系统，系统内核软件只有几 MB，而 Windows7 的系统内核达到了一百多 MB。

（2）专用性强。嵌入式系统的个性化很强，其中软件与硬件的结合非常紧密。即使在同一品牌、同一系列的产品中，也需要根据系统硬件的变化，对软件进行增减或修改。同时针对不同的任务，往往需要对系统软件进行较大更改。

（3）系统精简。嵌入式系统一般没有系统软件和应用软件的明显区分，要求其功能设计及实现上不要过于复杂，这样既利于控制产品成本，同时也利于实现产品安全。

（4）固态存储。为了提高嵌入式系统的运行速度和系统可靠性，操作系统和应用软件一般固化在嵌入式系统的计算机 ROM（只读存储器）芯片中，在没有特殊设备的情况下，这些核心软件不能修改和删除。

3．嵌入式系统的主要应用

嵌入式系统技术具有非常广阔的应用前景，其应用领域包括以下方面。

（1）工业控制。基于嵌入式芯片的工业自动化设备近年来获得了长足的发展，嵌入式系统是提高生产效率和产品质量、减少人力资源的主要途径。嵌入式系统主要应用有工业控制计算机（如图 1-18 所示）、工业产品设备（如智能机器人等）、工业过程控制、数字机床、电力系统、电网安全、电网设备监测和石油化工系统等。

图 1-18　各种工业控制计算机

（2）交通管理。在车辆导航、流量控制、信息监测与汽车服务方面，嵌入式系统技术获得了广泛的应用，内嵌 GPS（全球定位系统）模块、GSM（全球移动通信系统）模块的移动定位终端已经在各种运输行业获得了成功的使用。目前 GPS 设备已经从尖端产品进入了普通百姓的家庭，只需要几百元的设备就可以随时随地找到一个人的位置。

（3）其他应用领域。如军工设备（如飞机和导弹中的导航系统等），商业自动化设备（如自动柜员机、自动售货机和收银机等），通信设备（如手机和网络设备等），办公自动化设备（如打印机和复印机等），家用电器产品（如微波炉、洗衣机、电视机和空调等）。

1.3 计算机的硬件结构

计算机硬件系统包括 CPU 系统、主板系统、内存系统、显示系统、外存系统、音频系统、网络系统、辅助系统等。

1.3.1 计算机主要硬件设备

1. 计算机系统组成

一个完整的计算机系统由硬件和软件两部分组成。硬件是构成计算机系统的各种物理设备的总称，它包括主机和外设两部分，硬件系统可以从系统结构和系统组成两个方面进行描述。软件系统是运行、管理和维护计算机的各类程序和文档的总称。通常将不安装任何软件的计算机称为"裸机"，计算机之所以能够应用到各个领域，是由于软件的丰富多彩，使计算机能按照人们的意图完成各种不同的任务。计算机系统的组成如图 1-19 所示。

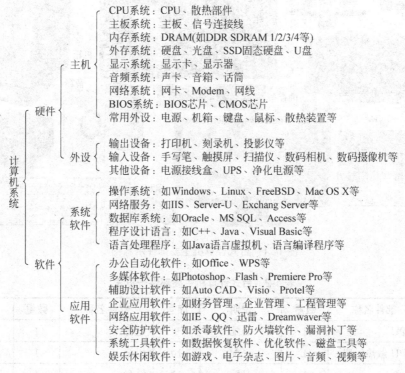

图 1-19 计算机系统组成

2. 计算机硬件的基本组成

不同类型的计算机在硬件组成上有一些区别，例如大型计算机往往安装在成排的大型机柜中，网络服务器往往不需要显示器，笔记本计算机将大部分外设都集成在一起。如图 1-20 所示，台式计算机主要由主机、显示器、键盘鼠标三大部件组成。

图1-20　台式计算机硬件组成和主机内部组成

3. 计算机的主要部件

台式计算机中的主要部件如图1-21和表1-2所示。

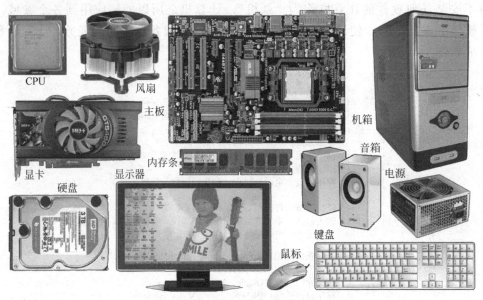

图1-21　台式计算机主要部件示意图

表 1-2　台式计算机主要部件一览表

序号	部件名称	数量	说明	序号	部件名称	数量	说明
1	CPU	1	必配	9	电源	1	必配
2	CPU 散热风扇	1	必配	10	机箱	1	必配
3	主板	1	必配	11	键盘	1	必配
4	内存条	1	必配	12	鼠标	1	必配
5	独立显卡	1	选配	13	音箱	1 对	选配
6	显示器	1	必配	14	话筒	1	选配
7	硬盘	1	必配	15	ADSL Modem	1	选配
8	光驱	1	选配	16	外接电源盒	1	必配

（1）CPU（中央处理单元）。CPU 也称为微处理器（Microprocessor），它是计算机的核心部件，决定了一台计算机的基本规格与性能。CPU 工作频率越高，CPU 的计算性能就越强大。CPU 按产品市场可分为 x86 系列和非 x86 系列。目前 x86 系列 CPU 生产厂商只有 Intel、AMD、VIA 三家公司，x86 系列 CPU 在操作系统一级相互兼容，产品覆盖了 90% 以上的桌面计算机市场。非 x86 系列 CPU 主要用于大型服务器和嵌入式系统，这些产品大多互不兼容，在桌面计算机市场中占有份额极小。

（2）主板。主板为长方形印制电路板（PCB），安装在机箱内部。主板上的核心集成电路芯片有北桥芯片（MCH）、南桥芯片（ICH）和 BIOS（基本输入/输出系统）芯片，以及一些接口处理芯片（SIO）、音频处理芯片（HDA）、网络处理芯片（LAN）等。主板上还有 CPU 插座、内存插座、PCI-E 总线插座、直流电源插座、I/O（输入/输出）接口、各种设备接口等。不同类型的 CPU，主板的规格也不同。

（3）内存。目前内存条的规格有 DDR3 和 DDR4，内存容量越大，计算机性能也越高。内存条安装在主板的内存插座上，对 DDR 内存来说，可以安装在其中任何一个内存插座上。

（4）显卡。显卡的主要功能是加速图形处理性能。显卡安装在主板上的 PCI-E 插座上，有些机箱内部可能看不到显卡，因为它们与 CPU 或主板北桥芯片集成在一起了。

（5）硬盘。硬盘是机电一体化设备，在工作时不能震动，尤其是主机面板上硬盘灯（HDD）在闪烁时，不要震动主机，因为此时硬盘正在工作，震动容易损坏硬盘。

（6）电源。计算机采用符合 ATX 标准的开关电源，它的功能是将 220V 的交流市电转换成为计算机工作需要的+3.3V、±5V、±12V 直流电压，电源功率在 200～500W，电源的散热风扇是计算机噪声的发生地。

4. 主机设备的安装与连接

计算机硬件设备都采用了"防呆设计"，在安装过程中只要不使用"蛮力"，一般不会出现安装错误的情况。台式计算机主机硬件设备的安装与接线如图 1-22 所示。

（1）CPU 安装。首先将 CPU 安装在主板的 CPU 插座上。CPU 和 CPU 插座采用了防呆设计，将 CPU 的安装标志对准主板上的 CPU 插座标志，CPU 会自动对准卡口，一般不会插错。要注意 Intel 公司的 CPU 采用了无针脚设计，不允许多次安装。

（2）CPU 散热风扇安装。在安装好的 CPU 上涂上散热油膏，将散热风扇的底部轻放在 CPU 金属外壳上，然后将散热风扇的固定扣具扣紧，再将 CPU 散热风扇的电源线插在主板相应插座上。

（3）内存条安装。将内存条安装在主板内存插座上，尽量靠 CPU 附近的插座安装。

（4）电源安装。部分自带电源的机箱已经将电源安装好了，如果电源没有安装，则将电源设备安装在机箱的上部。

（5）主板安装。将主板安装到机箱中，注意主板在安装时要保持平整。

（6）显卡安装。将显卡安装在主板 PCI-E 插座上。如果 CPU 集成了显卡功能，则不需要安装显卡。

（7）硬盘安装。首先将硬盘安装在机箱的硬盘架中，再将硬盘的电源线和信号线连接到主板相应插座上。

（8）接线。将机箱 ATX 电源直流输出线插入主板相应插座上。将机箱中的主机电源开关接头、电源指示灯接头、硬盘指示灯接头、主机复位线接头、前置 USB 接头、前置音频接头等，连接到主板相应插座上。

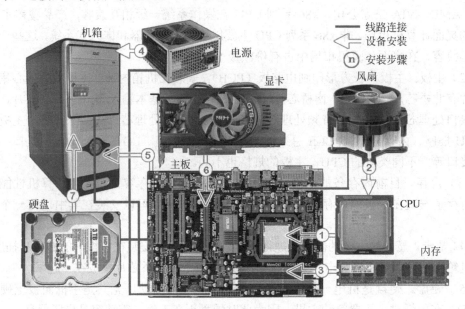

图 1-22　主机机箱内部硬件设备安装示意图

5. 外部设备的安装与连接

计算机外部设备的接线集中在主机后部（如图 1-23 所示），每个插座上都标记了不同的色彩，将插头对色入座就行。一般不会插错，因为绝大部分接口都采用了"防呆"设计。按照计算机设计标准 ATX 规定，计算机接口的形状、位置和色彩都有规定。

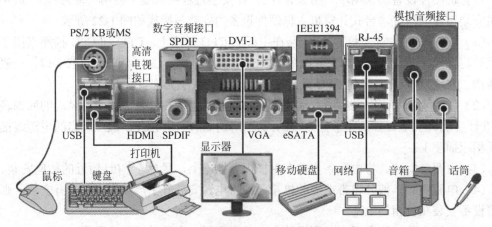

图 1-23　计算机输入/输出接口及连接设备

计算机的接线可分为信号线与电源线，信号线的布置应当尽量避免干扰信号源，如电视机、音响设备等，电力线的布线应当注意安全性。所有接线都应当接触良好，便于维护。计算机系统的整体接线如图 1-24 所示。

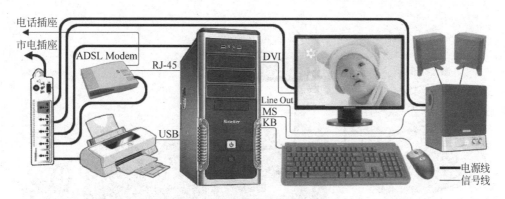

图 1-24　主机的外部接口与线路连接

1.3.2　计算机常用外部设备

1. 外部设备的定义

外部设备（外围设备）是相对内部设备而定义的，传统上关于"外部设备"的定义为：与 CPU 直接进行数据交换的设备为内部设备，不能与 CPU 直接进行数据交换的设备为外部设备，简称为"外设"。按照以上定义，只有 CPU 和内存是内部设备，其他所有设备都是外设。以上定义一是造成了内部设备数量极少，外部设备数量庞大的不对称分类方法；二是"直接"的概念不明确，例如，在目前的台式计算机系统结构中，内存中的数据与 CPU进行交换时，都需要经过北桥芯片的控制和处理，以及存放在 CPU 高速缓存中，并不是"直接"交换。

另一种观点认为，所有在主机箱外的设备都称为外设，主机箱内部的设备称为内部设备。这种定义会导致同一设备属于不同类型的二义性。例如，键盘在台式计算机中属于外设，在笔记本计算机中属于内部设备；台式计算机中的显示器属于外设，在一体化计算机（显示器与主机制造在一起）中则无法判断等。

外部设备与内部设备之间并没有一个严格的界限，内部设备是计算机正常使用必不可少的设备，其他为外部设备。例如，在台式计算机中，键盘为计算机必不可少的设备，如果没有插上键盘接头，开机自检时计算机将无法启动。例如，计算机没有显示器虽然可以运行（如 PC 服务器），但这不是一种正常使用状态。按照以上定义，主机、显示器、键盘、鼠标都是计算机正常使用必不可少的设备，它们都可以归属于内部设备范围。在平板电脑和智能手机中，键盘可以用软件进行模拟，可见在计算机中，可以用硬件或软件的方式提供外设功能。

计算机外部设备虽然很多，但最为常用的外设有音箱、ADSL Modem 和打印机。

2. 激光打印机

市场上常见的打印机大致分为激光打印机、喷墨打印机、针式打印机和 3D 打印机（如图 1-25 所示）。按打印颜色有单色和彩色之分。

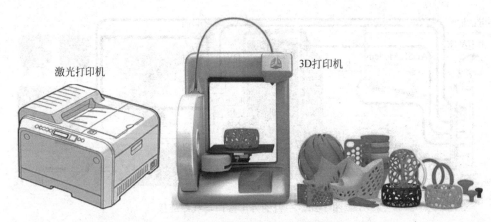

图 1-25　激光打印机和 3D 打印机

（1）激光打印机类型。激光打印机分为黑白激光打印机和彩色激光打印机。尽管黑白激光打印机的价格相对喷墨打印机要高，可是从单页打印成本以及打印速度等方面来看，它具有绝对优势，仍然是商务办公领域的首选产品。彩色激光打印机由于整机和耗材价格不菲，这是很多用户舍激光而求喷墨的主要原因。随着彩色激光打印机技术的发展和价格的下降，会有更多的用户选择彩色激光打印机。

（2）打印速度。打印速度是指打印机每分钟打印输出的纸张页数，单位用 ppm（页/分钟）表示。打印速度指使用 A4 打印纸，碳粉覆盖率为 5%情况下的打印速度。目前激光打印机的打印速度可以达到 10～35ppm。需要注意的是，如果只打印一页，还需要加上首页预热时间。对于彩色激光打印机来说，打印图像和文本时的打印速度有很大不同，所以厂商在标注产品的技术指标时会用黑白和彩色两种打印速度进行标注。

（3）打印分辨率。打印机分辨率是指在打印输出时横向和纵向两个方向上每英寸最多能够打印的点数，通常以 dpi（点/英寸）表示。一般激光打印机的分辨率均在 600dpi×600dpi以上。打印分辨率越高，可打印的像素就越多，打印出的文字和图像越清晰。对于文本打印，600dpi 已经达到了相当出色的线条质量。对于图片打印，经常需要 1200dpi 以上的分辨率才可以达到较好的效果。

（4）硒鼓寿命。硒鼓也称为感光鼓，硒鼓寿命是指硒鼓可以打印纸张的数量，它一般为 2000～20 000 页。硒鼓有整体式和分离式两种类型，整体式硒鼓在设计上把碳粉盒及感光鼓等安装在同一装置上，当碳粉用尽或感光鼓被损坏时，整个硒鼓就得报废。采用这类硒鼓的主要有 HP（惠普）、Canon（佳能）等公司的产品，这种设计加大了用户的打印成本，并且对环境污染很大，但是给生产商带来了丰厚的利润。分离式硒鼓的碳粉和感光鼓在各自不同的装置上，而感光鼓寿命很长，一般能达到打印两万张的寿命，如果碳粉用完了，只需要灌装碳粉就行了，这样用户的打印成本就大大降低了。更换硒鼓时有三种选择：原装硒鼓、通用硒鼓（兼容硒鼓）和重新灌装的硒鼓。

3．3D 打印机

3D 打印的思想起源于 19 世纪末的美国，在 20 世纪 80 年代得到发展和推广，3D 打印机的产量在 21 世纪以来得到了极大的增长，其价格也在逐年下降。

　　3D 打印机是一种采用快速成型技术的设备，它以数字 3D 模型文件为基础，运用粉末状金属或塑料等材料，通过逐层打印的方式来构造物体。3D 打印技术的特点在于几乎可以打印出任何形状的物品。

　　3D 打印机的工作步骤如下：首先通过计算机辅助设计（CAD）软件，对打印物体进行 3D 建模，如果有现成的模型也可以（如人物、模型等），然后对建成的 3D 模型逐层截面（切片），并将这些切片数据传送到 3D 打印机上，指导打印机逐层打印。3D 打印机采用分层加工，叠加成型来完成 3D 实体的打印。每一层的打印分为两步，首先在需要成型的区域喷洒一层特殊胶水，胶水本身很小，且不易扩散。然后喷洒一层均匀的粉末，粉末遇到胶水会迅速固化黏结，而没有胶水的区域仍保持松散状态。这样在一层胶水一层粉末的交替下，实体模型将会被"打印"成型，打印完毕后只要扫除松散的粉末即可得到成品，而剩余的粉末还可循环利用。3D 打印遇到孔洞、悬臂等复杂结构时，"墨水"中就需要加入凝胶剂或其他物质，以提供支撑空间。这部分材料不会被成型，最后只需用水或气流冲洗掉支撑物便可形成孔隙。3D 打印机与传统打印机最大的区别在于它使用的"墨水"是实实在在的原材料。

1.3.3　计算机基本体系结构

1. 计算机体系结构基本概念

　　计算机结构（Architecture）是指计算机系统逻辑设计方案，它是以程序员的角度去看计算机系统中数据的存储和处理过程。计算机系统结构一般由大厂商或企业联盟制定公布，它们较少发生变化，一旦系统结构发生变化，必然造成新旧硬件之间的不兼容。

　　计算机组成（Organization）是指计算机硬件的物理设计方案，组成的目的是实现系统结构规定的具体功能，因此它更多地关心实现功能的各个芯片单元，以及它们之间的连接总线。

　　目前计算机的结构大致相同，但是不同的生产厂商采用了不同的组成方式。例如，目前台式计算机和笔记本计算机都采用控制中心结构，内存条的结构与性能都相同，但是笔记本计算机安装空间大大小于台式计算机，因此在计算机组成上采用了不同的实现方式；其次，Intel 公司和 AMD 公司的 CPU 电气参数和机械尺寸均不相同，因此在组成上需要采用不同的主板。

2. 现代计算机的基本设计思想

　　第一台现代计算机的设计者阿塔纳索夫提出了计算机最重要的基本设计思想：

（1）以二进制的方式实现数字计算和逻辑计算，以保证计算精度。

（2）利用电子技术实现控制和计算，以保证计算速度。

（3）采用计算功能与存储功能相分离的结构，以简化计算机的设计。

3. 冯·诺依曼计算机结构

　　1945 年，冯·诺依曼提出了"存储程序"的设计思想。后来，人们把利用这种思想设计的计算机系统统称为"冯结构计算机"（如图1-26所示）。

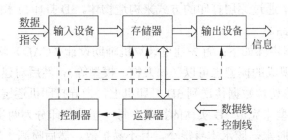

图1-26 冯·诺依曼计算机系统结构原理图

冯·诺依曼结构也称为普林斯顿结构，它是一种将指令存储器和数据存储器合并在一起的计算机结构。指令存储地址和数据存储地址指向同一个存储器的不同物理位置，因此指令和数据的宽度相同，如Intel 8086处理器的指令和数据都是16位宽。

目前大部分计算机采用冯·诺依曼结构。如图1-27所示，在目前的x86系列计算机中，输入设备有键盘、鼠标、话筒等；输出设备有显示器、音箱、打印机等；还有一些设备既可以作输入设备，也可以用于输出设备，如计算机网络等；存储器主要有内存、高速缓存、硬盘、U盘等；计算机中的运算器主要由CPU实现；早期冯·诺依曼设想的控制器是一种硬件设备或电路，而目前主要由程序（如操作系统）来控制整个系统的运行；冯·诺依曼结构中的控制线和数据线，主要由计算机主板上的总线（如FSB总线、PCI-E总线、USB总线等）和集成电路芯片（如北桥芯片、南桥芯片等）共同实现。

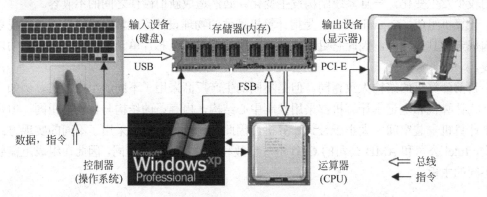

图1-27 冯·诺依曼计算机结构在微机中的实现示意图

4. 哈佛计算机结构

一些嵌入式计算机系统需要较大的运算量和较高的运算速度，为了提高数据吞吐量，在一些嵌入式系统中会采用哈佛结构。

如图1-28所示，哈佛结构计算机有两个明显的特点：一是使用两个独立的存储器模块，分别存储指令和数据；二是使用两条独立的总线，分别作为CPU与存储器之间的专用通信路径，这两条总线之间毫无关联。

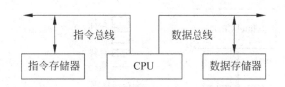

图 1-28　哈佛计算机系统结构原理图

在哈佛结构计算机中，CPU 首先到指令存储器中读取程序指令内容，解码后得到数据地址；再到相应的数据存储器中读取数据，并进行下一步的操作（通常是执行）。程序指令存储和数据存储分开，可以使指令和数据有不同的数据宽度。

采用哈佛结构的 CPU 有 IBM 公司的 PowerPC 处理器，安谋公司的 ARM9、ARM10 和 ARM11 处理器等。大部分 RISC（精简指令系统）计算机采用哈佛结构。

5．早期计算机的三总线系统结构

如图 1-29 所示，早期的 IBM PC 计算机采用三总线系统结构，这种结构是将所有计算机部件和外部设备都挂接在一条 ISA（工业标准结构）总线上，这条总线由控制总线、数据总线、地址总线组成。这种结构的优点是设计简单，缺点是所有部件和外部设备都使用同一条总线，容易造成系统性能上的瓶颈。

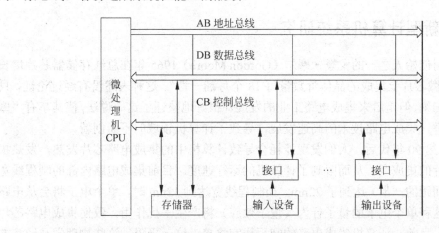

图 1-29　计算机三总线系统结构

以后，在 286～Pentium II 计算机的发展过程中，逐步形成了南北桥结构的设计方案。这种设计采用了多总线设计方案，总线与总线之间通过桥接芯片（南桥和北桥）进行连接，信号通过桥接电路逐级传输。这种方案的优点是系统易于扩充，缺点是结构过于繁杂。

6．目前 x86 计算机控制中心结构

1998 年，英特尔公司在 Pentium III 计算机中推出了计算机控制中心系统结构。目前计算机还是采用以 CPU 为核心的控制中心分层结构。控制中心结构以三个 Hub 芯片为控制中心，它们是存储器控制 Hub（MCH、北桥芯片）、I/O 控制 Hub（ICH、南桥芯片）和固件控制 Hub（FWH、BIOS 芯片），控制中心系统结构如图 1-30 所示。

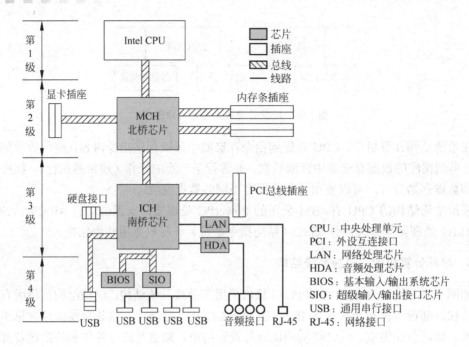

图 1-30   Intel 控制中心系统结构原理图

1.3.4   新型计算机系统研究

英特尔公司创始人之一的戈登·摩尔（Gordon Moore）1965 年在总结存储器芯片增长规律时指出，"微芯片上集成的晶体管数量每 18 个月翻一番"。这种表述没有经过论证，只是一种现象的归纳，但是后来集成电路工业的发展却很好地验证了这一说法，使其享有"摩尔定律"的荣誉。集成电路技术的高速发展，导致了计算机领域的不断创新。

进入 20 世纪 90 年代后，人们发现能耗会导致计算机中的集成电路芯片发热，发热极大地影响了芯片的集成度，从而限制了计算机的运行速度。目前集成电路内部的制程线宽（两个晶体管间距的一半）达到了 22nm，当制程线宽达到 12nm 时，单个电子将会从电路中逃逸出来，这种单个电子的量子行为（量子效应）将产生干扰作用，致使集成电路芯片无法正常工作。目前，计算机集成电路的制程线宽将接近这一极限，这些物理学及经济方面的制约因素，促使科学家们在进行新型计算机的研究和开发。

1.   神经网络计算机

神经网络计算机旨在模仿人的大脑神经系统，它以神经细胞为单位，通过神经细胞网络来传递、处理信息，从而找到重现人类智能的恰当模型。神经网络计算机具有判断能力和适应能力。神经网络计算机的信息不是存在存储器中，而是存储在神经元之间的联络网中。如果有节点断裂，计算机仍有重建信息的能力。它还具有联想记忆、视觉和声音识别能力、自学习能力等功能，特别适合于模式识别、自动控制优化和预测等领域。

目前，神经网络计算机的研究已形成了较为系统的理论模型与算法，但神经网络计算机的实现至今没有重大突破，主要困难在于网络规模过大、突触联系密度太高等。

2．超导计算机

超导是导体在接近绝对零度（-273.15℃），电流在某些介质中传输时，所受阻力为 0 的现象，即使传输大电流也不会发热。1962 年，英国物理学家约瑟夫逊（Josephson）提出了"超导隧道效应"，即由超导体-绝缘体-超导体组成的器件（约瑟夫逊元件），当在两端施加电压时，电子就会像通过隧道一样无阻挡地从绝缘介质中穿过，形成微小电流，而该器件的两端电压为 0。利用约瑟夫逊器件制造的计算机称为超导计算机，这种计算机的耗电仅为用半导体器件耗电的几千分之一，它的开关转换速度只有几个皮秒（1000GHz），比半导体元件快数百倍。

由于超导现象只有在超低温（-196℃）状态下才能发生，因此在高温（高于-196℃）状态下获得超导效果，还有许多困难需要克服。

3．量子计算机

与现有计算机类似，量子计算机同样由存储元件和逻辑门元件构成。在现有计算机中，每位晶体管存储单元只能存储一位二进制数据，非 0 即 1。在量子计算机中，数据采用量子位存储。由于量子的叠加效应，一个量子位可以是 0 或 1，也可以同时为 0 和 1。所以，一个量子位可以存储两位二进制数据，就是说同样数量的存储单元，量子计算机的存储量比晶体管计算机大。量子计算机的优点一是能够实行并行计算，加快了解题速度；二是大大提高了存储能力；三是可以对任意物理系统进行高效率的模拟；四是信息处理所需要的能量接近于 0，能实现发热量极小的计算机。

量子计算机也存在一些问题，一是对微观量子态的操纵太困难；二是受环境影响大，量子并行计算本质上是利用了量子的相干性，遗憾的是，在实际系统中，受到环境的影响，量子相干性很难保持；三是量子编码是迄今发现的克服量子消相干（量子与外部环境发生相互作用，导致量子相干性的衰减）最有效的方法，但是它纠错复杂，效率不高。

4．光子计算机

光子计算机是以光子代替电子，光互连代替导线互连。与电子相比，光子具备电子所不具备的频率和偏振，从而使它负载信息的能力得以扩大。光子计算机的主要优点是光子不需要导线，即使在光线相交的情况下，它们之间也丝毫不会相互影响。一台光子计算机只需要一小部分能量就能驱动，从而大大减少了芯片产生的热量。光子计算机的优点是并行处理能力强，具有超高速运算速度。目前超高速电子计算机只能在常温下工作，而光子计算机在高温下也可工作。光子计算机信息存储量大，抗干扰能力强。光子计算机具有与人脑相似的容错性，当系统中某一元件损坏或出错时，并不影响最终的计算结果。

光子计算机也面临一些困难。一是随着无导线计算机性能的提高，就要求有更强的光源。二是光线严格要求对准，全部元件和装配精度必须达到纳米级。三是必须研制具有完备功能的基础元件开关。

5．生物计算机

生物计算机的运算过程是蛋白质分子与周围物理化学介质的相互作用过程。计算机的转换开关由酶来充当，生物计算机的信息存储量大，能够模拟人脑思维。利用蛋白质技术生产的生物芯片，信息以波的形式沿着蛋白质分子链中单键、双键结构顺序的改变，从而传递了信息。蛋白质分子比硅晶片上的电子元件要小得多，生物计算机完成一项运算，所需的时间仅为10ps。由于生物芯片的原材料是蛋白质分子，所以生物计算机有自我修复的功能。

蛋白质作为工程材料来说也存在一些缺点，一是蛋白质受环境干扰大，在干燥的环境下不能工作，在冷冻时又会凝固，加热时会使机器不能工作或者不稳定。二是高能射线可能会打断化学键，从而分解分子机器。三是DNA（脱氧核糖核酸）分子容易丢失和不易操作。

未来的计算机技术将向超高速、超小型、并行处理、智能化方向发展。超高速计算机将采用并行处理技术，使计算机系统同时执行多条指令或同时对多个数据进行处理。计算机也将进入人工智能时代，它将具有感知、思考、判断、学习以及一定的自然语言能力。随着新技术的发展，未来计算机的功能将越来越多，处理速度也将越来越快。

1.4　计算机的技术指标

计算机的主要技术指标有性能、功能、可靠性、兼容性等技术参数，技术指标的好坏由硬件和软件两方面的因素决定。

1.4.1　计算机性能指标

1. 计算机的性能指标

计算机的性能主要取决于CPU的计算速度与存储器容量。计算机运行速度越快，在某一时间片内处理的数据就越多，计算机的性能也就越好。存储器容量也是衡量计算机性能的一个重要指标，大容量的存储空间一方面是由于海量数据的需要，另一方面，为了保证CPU进行计算时，数据流不至于中断，就需要对数据进行预存预取，这加大了对存储器容量的要求。计算机的性能可以通过专用的基准测试软件进行测试。例如，计算机能不能播放高清视频影片是有没有这项功能的问题，但是视频画面效果如何则是性能问题。为了得到好的画面质量，就必须使用高频率的CPU和大容量内存。因为高清视频数据量巨大，低速系统将导致严重的动画效果和马赛克效果。

（1）CPU工作频率。CPU工作频率是最简单的衡量计算机性能的指标，CPU工作频率越高，程序运行速度越快。但是目前CPU频率的提高遇到了"频率高墙"问题，即CPU频率达到一定高度后，导致了CPU工作温度的急剧升高（80℃以上），这造成了计算机工作不稳定，甚至很容易导致CPU烧毁。为了解决这个问题，目前主要采用多核CPU技术、64位计算技术，以及提高CPU运行效率的技术解决方案。因此，CPU工作频率是一个很重要但并不是唯一的计算机性能指标。

（2）MIPS性能指标。MIPS（百万指令每秒）用于描述CPU的处理速度。由于RISC指令长度短，功能简单；而CISC指令长短不一，功能强大，因此，单纯用MIPS来衡量计算机的运行速度是不全面的。另外，一台计算机的 CPU 速度再快，如果相应的外部设备速度跟不上，如磁盘读写速度缓慢等，就会严重制约计算机的处理能力。因此，MIPS 适用于衡量"计算密集型"（如图形处理）任务，而不适用于衡量"数据密集型"（如数据库操作）任务。人们在提高 CPU 速度的同时，也在设法提高外部设备的处理速度。较全面地衡量一台计算机的性能指标，应该是它每秒钟处理事务的能力，即考虑了输入/输出等操作的综合处理速度能力。大型计算机具有数据丰富而 MIPS 较小的特点，台式计算机也极少用 MIPS 来衡量性能。

2. 基准测试

计算机性能测试也称为基准测试，测定计算机的性能指标有很多标准，因而也就有很多的测试软件，每种测试方案都有自己的优势和不足，应当注意到任何测试都无法模拟真实办公环境中计算机的负载情况。

基准测试是根据应用的需要，定义一组特性进行测试，主要特性有以下 4 个方面。

（1）办公效率性能。指运行与办公有关的软件如字处理、商务演示和财务处理等软件时，计算机系统所能达到的性能，测试参数是一个与办公软件有关的性能的集合。例如，常用的测试软件有 SYSMark 2007、PCMark Vantage 等。

（2）多媒体性能。指用户运行视频、音频、图像等软件时的技术性能。常用的基准测试软件有 Sisoftware Sandra 2008 等。

（3）3D/浮点性能。指计算机运行 3D 图形时的显示性能，如游戏等。基准测试程序有 3DMark Vantage 2008 等。

（4）因特网性能。指计算机在因特网服务器中进行数据处理时的性能。常用基准测试程序有 WebMark 2004 和 SYSMark 2007。基测程序 WebMark 2004 软件可以测试不同环境下的电子商务应用性能，以及在不同环境下 PC 的性能。

3. Linpack 基准测试

全世界最权威的超级计算机排名是 TOP500（世界最快 500 台超级计算机），TOP500 以 Linpack 测试值为基准进行排名，每年发布两次，显示各国高性能计算的科研实力。

Linpack 测试程序用 C 语言或 Java 语言编写，它主要用于求解线性方程和线性最小平方问题。测试程序提供了各种线性方程的求解方法，如各种矩阵运算等。Linpack 测试值为计算机每秒钟计算多少次。例如，2012 年美国的"红杉"超级计算机 TOP500 排名第1，它的实测 Linpack 性能达到了每秒 16 324 万亿次（16.324petaflops）运算，峰值运算速度高达每秒 20 132 万亿次。

Linpack 测试仅反映了计算性能的一个方面，它主要适用"计算密集型"问题，而不适用服务器和普通计算机的"数据密集型"问题，普通计算机极少采用 Linpack 测试。

4. 服务器能效基准测试

SPECpower_ssj2008 是一项新的计算机能效测试基准，参与发起这一指标的厂商有 AMD、Dell、HP、Intel、IBM、加州伯克利分校等。SPECpower_ssj2008 基准测试的目的在于建立一个接近于实际工作环境中的性能/功耗评价基准，期望改变以往只重视服务器系统最大性能指标，而忽视系统能源消耗的观点。

SPECpower_ssj2008 的测试单位是 overall ssj_ops/watt（平均每秒处理 Java 事物的性能/瓦）。Java 是目前最常用的商业编程环境，因此采用 Java 虚拟机作为测试基准。

SPECpower_ssj2008 测试平台由 4 个要件构成：被测服务器系统，测试控制系统，功耗分析器和温度传感器。测试基本流程是：由控制系统按照被测系统 CPU 负载的 10%～100%（每 10%为一个量级），依次发出不同量级的请求，并持续一定时间，记录下该时段内的 ssj_ops 数据和系统功耗平均值，完成一次系统测试最少需要 70min。记录完全部数据后，以 ssj_ops 的总和除以功耗总和，为最终的 SPECpower_ssj2008 指标。

5. 平均性能与突发性能

目前 CPU 工作频率越来越高，CPU 内核也越来越多。但是，按 Ctrl+Alt+Delete 组合键，调出"Windows 任务管理器"窗口，选择"性能"选项卡，可以看到，CPU 的利用率大部分时间都在 10%以下。根据专家估计，台式计算机 CPU 的平均利用率在 5%左右。那么用户购买高频率、多核心 CPU 有什么用途呢？

在计算机使用中，有些用户常常埋怨计算机启动时间太长，要"等半天"才能使用。如果对计算机启动时间进行认真测试，会发现启动时间不过一两分钟左右，为什么用户的心理时间会感觉很长呢？这是计算机的使用特点造成的，因为用户在计算机启动、大型软件启动的这段时间里，既不能去干其他事情，又看着屏幕无所事事，超过了心理学上的"30s等待"最佳时间。用户希望计算机的任何操作，实现"点击就用"的要求。由此可见，用户对计算机性能的要求不是"平均性能"，而是"突发性能"。购买高性能的计算机主要用于满足用户对"突发性能"的要求。

1.4.2　计算机功能指标

计算机的功能指标指计算机是否支持某一特定的操作，如计算机是否提供 IEEE1394 接口、计算机是否支持键盘关机、计算机是否支持无线网络等。功能指标往往通过某一应用软件或实际操作进行测试。随着计算机的发展，3D 图形功能、多媒体功能、网络功能、无线通信功能等，都已经在计算机中实现，语音识别、笔操作等功能也在不断探索解决之中，计算机的功能将越来越多。计算机硬件提供了实现这些功能的基本硬件环境，而功能的多少、处理的方法主要由软件实现。例如，网卡提供了信号传输的硬件基础，而浏览网页、收发邮件、下载文件等功能则由软件实现。计算机的所有功能，用户可以通过软件或硬件的方法进行测试。

在计算机功能测试中，应当注意驱动程序是否安装正确；某些功能在 BIOS 设置中是否打开或关闭；操作系统某些服务是否启动，操作系统的环境参数是否设置正确等。

1.4.3　计算机可靠性指标

1. 可靠性指标

可靠性指计算机在规定工作环境下和恶劣工作环境下稳定运行的能力，一般用无故障工作时间来衡量。例如，计算机经常性死机或重新启动，都说明计算机可靠性不好。可靠性是一个很难测试的指标，往往只能通过产品的生产工艺、产品的材料质量、厂商的市场信誉来衡量。在某些情况下，也可以通过极限测试的方法进行检测。例如，不同厂商的主板，由于采用同一芯片组，它们的性能相差不大。但是，由于采用不同的工艺流程、不同的电子元件材料、不同的质量管理方法，它们产品的可靠性将有很大差异。为了提高主板的可靠性，有些厂商采用了 8～12 层印制电路板、蛇行布线、大量贴片电容、高质量的接插件、高温老化工艺等措施，大大提高了主板的可靠性。

计算机的可靠性与不同厂商的设计水平、制作工艺、元器件质量等有非常密切的关系。但是它很难进行精确测定。

2. 整机可靠性测试

计算机可靠性测试主要包括环境测试、寿命测试、电气测试、现场测试和特种测试。通常环境测试有温度条件测试（如 CPU 工作温度）、电气条件测试（如主板工作电压）、设备振动测试、电磁干扰测试和人为因素测试等。

稳定性测试通常采用烤机的方法进行，对新安装的计算机，就是让它不停地运行某个测试软件。但是，这种测试方法也存在缺点，如果设置为全面测试，则长时间对磁盘读写反而会降低硬盘的使用寿命。采用烤机方法进行测试前，往往首先测试一次计算机的整体性能，烤机结束后，再进行一次性能测试，比较两者之间的差异。

3. 元器件的可靠性筛选

对于安装前的电子元器件的特性测试一遍，然后，对测试的元器件施加外应力，经过一定时间的试验后，再把主要特性复测一遍，以剔除不合格的元器件。这一过程称为筛选。电子元器件的筛选一般经过三个大的筛选过程：元器件工艺筛选、元器件成品筛选和整机安装调试筛选。筛选的方法主要有以下几种。

（1）高温保存筛选。这是一种加速器件生存寿命的试验。把元器件放在高温烘箱内，温度通常在 120～300℃，通过热应力加速集成电路内部硅芯片的电化效应，使潜在的故障加速暴露。这对于引线焊接不良、氧化层缺陷、污染等都有很好的筛选效果。

（2）功率老化筛选。将元器件放在高温环境中，再连续加上一定的功率（超过元器件的最大耗散功率），经过一段时间的试验后，再进行测试筛选。这与实际情况比较接近，是一种有效的筛选方法。它对于集成电路内部的沟道漏电、硅片裂纹、芯片封装不良等缺陷都有良好的筛选效果。

（3）温度冲击试验。采用高、低温交替冲击的办法，剔除有潜在故障的元器件。在剧烈的高、低温交变作用下，元器件内各种材料的热胀冷缩不匹配、芯片引线温度系数不匹配、芯片裂纹、封装不良等缺陷都会加速暴露出来。

（4）振动、冲击筛选。在短时间内对元器件施加一定频率、一定加速度的振动，冲击负荷，借以发现元器件内部连接不良、瞬间短路、开路等不合格的元器件。

（5）湿度筛选。把元器件放在 4～65℃、相对湿度为 98％的环境中存放几十小时，再观测其镀层及电气参数，以剔除不合格产品。这种筛选主要用于检查元器件封装不严、气密性差和引线镀层质量不高的故障。

4．模拟故障测试

故障测试是较为重要的一环，主要对象是主板、CPU、内存、硬盘、显示卡及显示器等。进行故障测试一定要有耐心，对每一项都要作严格测试。例如，可以采用突然关闭电源检测主机的恢复能力；采用轻微拍击机箱或显示器外壳的方法检测主机的防震动能力；对主机内部的内存条、显示卡等部位，采用电吹风局部加热，检测这些设备对环境温度的敏感性；在 BIOS 中调高系统总线频率，检测内存、硬盘等设备的超频能力等。

5．极限负载测试

极限负载测试是指在计算机上尽可能多地加入外部设备，检测主机的工作能力。例如，在内存插座插满大容量内存条，检测主板负载内存的能力；在 BIOS 中调整系统总线频率，检测 CPU 的超频能力；在主机中连接两个硬盘和两个光驱，检测电源的负载能力；将显示器的分辨率和刷新频率调整到最大，检测显示器的工作状态；在 Windows 下同时运行多个大型程序，并同时播放视频文件，检测系统的处理能力等。在极限负载情况下（使用资源需求比较大的 Windows7，而不是 WindowsXP），主机功率消耗和发热量都会增大，计算机稳定性和可靠性方面的问题就比较容易暴露。

1.4.4　计算机兼容性指标

PC 由于方便组装和易于扩充，加速了计算机的普及，而计算机设备制造商们为此做出了巨大贡献。但是，计算机由不同厂商生产的产品组合在一起，它们之间难免会发生一些"摩擦"，这就是通常所说的不兼容性问题。兼容性是指产品在预期环境中能正常工作，无性能降低或故障，并对使用环境中的其他部分不构成影响。计算机的兼容性分为硬件和软件两部分，硬件工作环境大部分是指 Intel 公司的 x86 平台，软件环境一般指 Windows 操作系统平台。为了保护计算机用户和计算机设备生产商的利益，计算机硬件设备和软件产品都遵循向下兼容的设计原则，即老产品可以正常工作在新一代的产品环境中。

软件兼容性指软件运行在某一个操作系统下时，可以正常运行而不发生错误。例如，在 Windows XP 下正常运行的软件，在 Windows 8 下也能够正常运行，这时认为 Windows 8 的兼容性较好。硬件兼容性指不同硬件设备在同一操作系统下运行性能的好坏。例如，A 内存条在 Windows 8 中工作正常，B 内存条在 Windows 8 下不能工作，因此说 B 内存条的兼容性不好。硬件产品的兼容性不好，一般可以通过驱动程序或补丁程序解决；软件产品的不兼容，一般通过软件修正包或产品升级解决。

目前没有一个通用的兼容性测试软件，兼容性测试要求用户自己制定测试方案并实施。硬件兼容性测试相对简单，软件兼容性测试较为复杂。软件的兼容性一般在干净的操作系统上进行测试。首先应当测试这个软件与常用软件的兼容性，例如，测试一个游戏软件时，应该考虑它与常用软件的兼容性，不能安装了这个游戏软件后，连 Word 都不能运行了。二是考虑软件之间相互的影响，例如，用户安装一个查毒软件后，单独运行很好，可是再安装瑞星杀毒软件时，查毒软件会提示瑞星软件含有病毒。三是操作系统的兼容测试，例如，某个软件是在 Windows XP 下开发的，在 Windows 8 下不能运行，检查后发现，原来需要的一个文件在 Windows 8 默认安装下不存在。

习　题

1-1　简要说明 Altair 8800 微机哪些设计思想具有重要的指导意义。

1-2　简要说明 3D 打印的基本方法。

1-3　简要说明阿塔纳索夫提出的计算机基本设计思想。

1-4　简要说明计算机的主要技术指标。

1-5　简要说明计算机的可靠性与哪些因素有关。

1-6　讨论中国的珠算盘为什么没有发展成为一种自动计算的机器。

1-7　讨论"摩尔定律"对 IT 工业的影响。

1-8　讨论 PC 被智能手机取代的可能性，从技术、经济、使用习惯等方面分析。

1-9　写一篇课程论文，讨论微机标志性产品的技术意义和社会意义。

1-10　进行台式计算机安装实验，记录计算机主要部件、安装步骤、安装注意事项。

第2章 计算机中的主要电子元件

电子元器件是计算机电路的基本组成部分，电子元件指对电路参数发生影响的独立元件，它们的特点是自身消耗电能，需要外界电源；电子器件指对电路参数不产生影响的器件，包括各种连接类器件、插座、连接电缆等。

2.1 常用电子元件

2.1.1 电阻

1. 电阻的类型与功能

电阻器（以下简称电阻）是应用最广泛的电子元件。电阻的制作材料有碳膜、金属膜、线绕、陶瓷、水泥等，其中碳膜电阻最为常用。电阻有固定电阻和可调电阻，大部分为固定电阻。电阻的安装工艺有分立电阻（如图2-1所示）和贴片电阻，计算机中大量使用贴片电阻。电阻主要用于控制和调节电路中的电流和电压，或用于消耗电能的负载。例如，分流、分压、限压、限流、保护、滤波、阻抗匹配等工作。

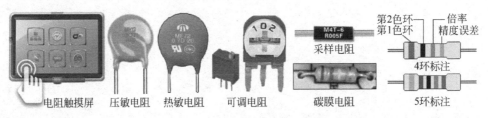

图2-1　计算机常用分立电阻元件

2. 贴片电阻

贴片电阻（如图2-2所示）具有耐高温、可靠性高、高频特性优越、温度系数与精度误差较小等优点。贴片电阻体积小，适合波峰焊和回流焊工艺，配合自动贴片机可以实现电子产品的规模化生产。贴片电阻体积小，价格便宜，能大面积减少印制电路板的面积，从而减小产品外观尺寸，贴片电阻在计算机电路中的应用非常广泛。

图2-2　计算机中常用的贴片电阻元件

3. 电阻排

电阻排也称为排阻或集成电阻，它是封装在一起的若干个电阻。它们之间可以是串联，也可以是并联。排阻可以简化电路板设计，减小安装空间，保证焊接质量。如图 2-2 所示，排阻在印制电路板上往往用"RN"加数字表示，例如 RN39 表示编号为 39 的排阻。

4. 电阻的标注方法

电阻性能参数的标注方法有直接标注法、色环标注法和数字标注法。

（1）直接标注法。电路原理图中的电阻元件往往采用直接标注法，它将电阻编号、阻值等参数直接标注在电路原理图上。精度误差用百分数表示，未标精度误差值的电阻为 ±20% 的误差。

（2）色环标注法。分立电阻主要采用色环标注法，普通电阻用 4 色环标注，精密电阻用 5 色环标注。电阻端头有色环的为第 1 环，另一端为末环（如图 2-1 所示）。4 色环标注中的第 1、2 环分别代表阻值的前两位数；第 3 环代表倍率（即在前两位数后加 0 的个数）；第 4 环代表误差。第 1、2、3 环每种颜色所代表的数值为：棕=1，红=2，橙=3，黄=4，绿=5，蓝=6，紫=7，灰=8，白=9，黑=0。第 4 环颜色为：金色= ±5%；银色= ±10%；无色= ±20%。

【例 2-1】 某个分立电阻的 4 个色环依次是：黄、橙、红、金色时，标称阻值为 4300Ω，精度误差为 ±5%。

（3）数字标注法。印制电路板（PCB）上的贴片电阻往往用字母"R"加数字进行标示，例如，"R8"表示编号为 8 的贴片电阻（如图 2-2 所示）。贴片电阻在元件自身上采用 3 位数字进行"ABC"式标注，其中 A、B 数表示电阻标称值的第 1、2 位有效数字，C 为倍率（前面两位标称值后加 0 的个数），即 $R=AB×10^C$ 或 $R=ABC×10^D$，单位为 Ω。

【例 2-2】 贴片电阻标注为"472"时，阻值 $R=47×10^2=4700Ω$。需要注意的是标注为"470"的贴片电阻其阻值为 47Ω；只有标注为"471"的贴片电阻的阻值才为 470Ω。

贴片电阻采用 4 位数字标注时，第 1、2、3 位数表示电阻标称值的第 1、2、3 位有效数字，第 4 位数为倍率，单位为 Ω。

【例 2-3】 某个贴片电阻的标注为"4700"时，阻值为 $R=470×10^0=470Ω$；标注为"1003"时，阻值为 $R=100×10^3=100kΩ$。

（4）数字+符号标注法。小于 10Ω 的电阻，由于小数点不便书写，通常用字母"R"表示小数点。

【例 2-4】 某个贴片电阻的标注为"6R2J"时，阻值为 6.2Ω，J 为精度误差为 ±5%。

对于精密电阻，往往用字母 m 代表单位为毫欧姆电阻的小数点。

【例 2-5】 某个贴片电阻的标注为"4m7"时，阻值为 4.7mΩ。

标注为"0"或"000"的电阻是跳线或保险电阻，阻值为 0Ω。

2.1.2　电容

1. 电容的基本特性

电容的基本特性是"储能"和"隔直通交"。在电路中，电容只有在充电过程中才允许电流通过，充电过程结束后，电容达到饱和状态，这时直流电就不能通过电容了，因此，电容在电路中起着"隔离直流"的作用。交流电之所以能通过电容，是因为交流电不仅方向往复交变，它的大小也在按规律变化。电容接在交流电源上时，电容连续地充电和放电，电路中就会流过与交流电变化规律一致的充电电流和放电电流。

电容的容量受温度、电压、时间变化影响较大，电容在常温下容量最大，但是随着温度上升或下降，其容量都会下降。

2．电容的类型

电容器（以下简称电容）的储能介质有无机介质、有机介质和电解介质三大类型。无机介质电容包括陶瓷电容、云母电容（趋于淘汰）等。多层陶瓷电容的综合性能很好，一般应用在 GHz 级超高频电路中，如 CPU、GPU 等外围电路。有机介质电容有薄膜电容，这类电容经常用在音箱电路中，优点是较精密、耐高温高压。电解介质电容有液态铝电解电容、固态铝电解电容、钽电解电容等，电解电容广泛用于主板、显卡、电源等产品。电容的安装工艺有直插分立式和贴片式。

3．陶瓷电容

陶瓷电容具有体积小、寿命长、可靠性高、适合表面安装等特点。

（1）片式多层陶瓷电容（MLCC）。如图 2-3 所示，陶瓷电容由多个平行陶瓷板组成，陶瓷介质每层只有几个微米厚，以错位的方式叠合起来（几百层），经过一次性高温烧结形成。

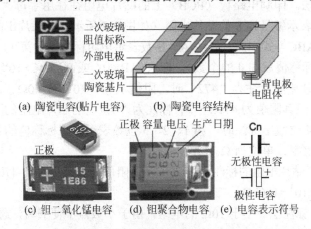

图 2-3　陶瓷电容结构和其他贴片电容

（2）陶瓷电容的特性。陶瓷电容的电气性能稳定，它最大的特点是耐高温，抗高压，高频特性好。例如，6.3V/10μF 的陶瓷电容，在 150℃ 的高温环境下，可以承受 400V 的瞬间直流电而不被击穿，其耐压性能是液态电解电容的 4 倍，而体积只有液态电极电容的 1/25。这大大精简了主板供电部分的设计，也解决了主板散热的难题。

4．液态铝电解电容

电解电容采用金属箔（铝或钽）为正极，与正极紧贴金属的氧化膜（氧化铝）是电介质，阴极由导电材料、电解质（液体或固体）和其他材料共同组成。

电解电容的体积和电容量都非常大，比其他类型的电容大几十到数百倍。其次，电解电容价格比其他种类的电容具有压倒性优势，成本相对较低。

液态铝质电解电容的介电材料为电解液。液态铝质电解电容在环境温度过热时，电解液与正负极铝箔长时间受热，容易失去平衡，内部气体量增加到一定程度时，容易导致电容失效，甚至导致膨胀爆裂。

液态铝质电解电容的正负极铝箔浸滞在电解液中，如果电路板（如主板）长期不使用，电解液产生的化学反应会造成电极受损。长时间不使用的电路板工作时，电路板中电解电容的泄漏电流会增大，导致电容温度增高而变形，甚至造成电容爆裂现象。其次，电解电容的介质损耗和容量误差较大（最大允许偏差为+100%、-20%）。

5. 固态铝电解电容

固态铝电解电容采用固态导电高分子材料取代电解液作为阴极，导电高分子材料的导电能力比电解液高出两三个数量级，应用于铝电解电容后，可以大大降低 ESR（等效串联电阻），改善温度频率特性，而且高分子材料的可加工性好，易于封装。

固态铝电解电容的结构与液态铝电解电容相似（如图 2-4 所示），多采用直插分立式封装。铝电解电容的阳极为铝，阴极材料采用固态有机半导体浸膏替代了液态电解质，在提高各项电气性能的同时，有效解决了电解液蒸发、泄漏、易燃等问题。

图 2-4　固态铝电解电容的结构

6. 固态电解电容与液态电解电容的区分

液态电解电容在顶部刻有"K"或"十"字形的防爆凹槽，而固态电解电容顶部平整，没有防爆凹槽；此外，液态电解电容一般有各种颜色的塑料外皮，而固态电解电容大多采用白色铝合金外壳；液态电解电容一般采用立式封装，固态电解电容大多采用贴片式封装。

7. 电解电容的极性

电解电容的引脚有正负极区分，在电路中不能接反。在电源电路中，输出正电压时，电解电容的正极接电源输出端，负极接地；当电源电路输出负电压时，则电解电容的负极接输出端，正极接地。电源电路中的滤波电容极性接反时，电容的滤波作用会大幅降低，这一方面会起电源输出电压的波动；另一方面因为反向通电，这时相当于一个电阻的电解电容会发热；当反向电压超过某个值时，电容的反向漏电电阻将变得很小，这样通电工作不久后，可使电容因过热而炸裂损坏。

如图 2-5 所示，对没有剪腿的电解电容，腿长的一边为正极；对已经安装在板卡上的电解电容，有"-"标记一侧为负极；对贴片电解电容，有色块一侧为负极；对于印制电路板，有丝网印刷的多条斜线（白色）标记一侧为负极；大部分贴片陶瓷电容没有极性。需要注意的是，对钽电容来说，有白色、黑色或棕色边条标记（或"+"）的一侧为正极。

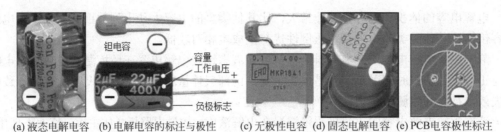

(a) 液态电解电容　(b) 电解电容的标注与极性　(c) 无极性电容　(d) 固态电解电容　(e) PCB电容极性标注

图 2-5　计算机常用分立式电容极性标注方法

8. 电容的标注方法

电容在电路原理图中往往直接标注它们的编号、容量、误差等技术参数。

电容在 PCB（如主板）上用字母"C"加数字表示，例如，"C12"表示编号为 12 的电容。

体积较大的分立电容，往往在电容上直接标注：容量、工作电压、温度等参数，允许误差用百分数表示，未标的为±20%的允许误差。

贴片电容采用数字标注法时，标注方法与电阻相同（ABC 标注），前两位表示有效数字，第 3 位数字是倍率（即 0 的个数），第 4 位的字母是误差（可省略），单位为 pF。

【例 2-6】　某贴片电容标注为"472"时，表示电容容量为：$C=47\times10^2=4700pF$。

2.1.3　电感

1. 电感的基本特性

电感器（以下简称电感）是将绝缘导线（如漆包线等）在磁环（或绝缘骨架）上绕一定的圈数制成。电感和电容一样，也是一种储能元件，它能把电能转变为磁场能，并在磁场中储存能量。直流信号通过线圈时，直流电阻就是导线本身的电阻，因此压降很小，直流信号可以顺利通过。当交流信号通过线圈时，线圈两端会产生自感电动势，自感电动势的方向与外加电压的方向相反，这阻碍了交流信号的通过。电感的特性是通直流，阻交流，频率越高，线圈阻抗越大。

2. 电感器的类型

如图 2-6 所示，电感有空心电感（空心线圈）与实心电感（铁氧体线圈，磁环）。电感的封装形式有分立式电感和贴片式电感，计算机电路板中大量使用了贴片电感。

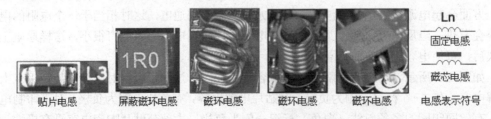

贴片电感　　屏蔽磁环电感　　磁环电感　　磁环电感　　磁环电感　　电感表示符号

图 2-6　计算机中常用电感类型

为了得到较大的电感值，电感需要用较多的漆包线绕制，为了减少电感本身电阻对直流电流的影响，需要用线径较粗的漆包线。为了提高电感值和保持较轻的重量，一般在电感中插入了磁环，以提高电感的自感能力，借此提高电感量。

电感对高频噪声有很好的屏蔽作用。电感中的磁芯或磁环，采用了铁氧体材料，这种材料具有很高的导磁率，它可以使电感的线圈绕组之间，在高频高阻情况下产生的电容最小。磁环在不同的频率下有不同的阻抗特性，在低频时阻抗很小，当信号频率升高后，磁环的阻抗急剧变大，以至于电流通过铁氧体材料时，使得高频能量在磁环中转化为热能，对高频噪声起到了很好的屏蔽作用。

3．电感的标注方法

电感采用直标法、色标法和数字标注法。

色标法与电阻类似，采用棕、黑、金色环表示电感误差。

直标法是将电感的标称电感量用数字直接标在电感表面，用英文字母表示允许偏差。这种方法通常用于小功率电感，单位为 nH 或 μH，用“R”代表小数点。

【例 2-7】　4R7=4.7μH；6R8=6.8μH；1R0=1.0μH。

数字标注法常用于贴片电感，标注方法与电阻相同，电感单位为 μH。

【例 2-8】　102J=$10×10^2$=1000μH，J=精度误差±5%。

2.1.4　晶振

石英晶体振荡器（以下简称晶振）的作用在于产生原始的时钟频率信号，这个频率通过时钟频率发生器芯片（集成电路）的倍频或分频后，就成了计算机中各种总线和芯片的时钟信号。石英晶振时钟能提供非常高的精度和稳定度，石英晶振的振荡频率在周围的温度、湿度和电压变化时，几乎不影响晶振频率的变化。

1．石英晶振的结构

石英晶体（俗称水晶）的成分是SiO_2（二氧化硅），它是较好的光学材料，而且也是重要的压电材料。石英晶体有天然晶体和人工合成晶体两种，天然石英晶体大多含有杂质，而且形态不一，因此计算机电路中的晶体振荡器多采用人造石英晶体。

如图2-7所示，从石英晶体上按一定的方位角切下一个薄片（晶片），在晶片的两个对应面上涂敷银层作为电极，在每个电极上各焊一根引线接到管脚上，再加上封装外壳就构成了石英晶振。晶振一般用金属外壳封装，也有用玻璃、陶瓷或塑料封装的。

图 2-7　无源石英晶体振荡器结构与表示符号

2．石英晶振的压电效应

石英晶体虽然不像弹簧类的物体，振动时能看见明显的变形。但从微观上看，石英晶体由于外界的机械作用（压缩、伸拉），内部正离子（Si_4+）和负离子（O_2-）的相对位置会发生变化，正负电荷中心不重合时，就会产生极化现象，极化使晶体表面产生电荷，这种现象称为压电效应。压电效应应用非常广泛，如压电陶瓷片、一次性打火机就是利用了压电效应。

如果将石英晶片放入交变电场中，由于电场的作用，会引起晶片内部正负电荷中心的移动，这一位移又会导致晶体发生形变，这种特性称为逆压电效应。石英晶振就是利用了晶体的逆压电效应制造的。

3．石英晶振的谐波效应

计算机对晶振的振荡频率要求越来越高，但是石英晶片的厚度与振动频率成反比，工作频率越高，要求晶片越薄。基频25MHz的晶片厚度为0.06mm，这样的厚度还可以做到。但是100MHz的晶片厚度只有0.001 67mm，即使厚度可以做到，晶振的损耗也非常高，成品也容易碎裂。因此，石英晶体的基频只有27MHz左右，始果需要频率更高的晶振，必须使用特殊结构的石英晶片，使其在基频上出现3、5、7次以上的谐波，并在晶振电路中增加选频电路，使其谐振频率为晶体的3次或5次谐波，从而得到高频振荡信号。例如，采用3次谐波得到的25MHz晶振，晶片厚度为0.20mm。这种谐波晶振易于生产，成本较低，但是需要增加选频电路，否则只能使用基频。

4．石英晶振的特性

石英晶片的化学性能非常稳定，热膨胀系数非常小，振荡频率也非常稳定。即使在剧烈变化的环境下，晶振的谐振频率也非常准确。普通晶振可达到$10^{-5}\sim10^{-4}$量级的频率精度，普通晶振频率在几十千赫兹至50MHz之间。对于有特殊要求的晶振，频率最高可达到1GHz，但是成本非常高。

2.1.5　二极管

1．二极管工作原理

二极管最重要的特性是单向导电性。在电路中，电流只能从二极管的正极流入，负极流出。在正向电压作用下，二极管的导通电阻很小；而在反向电压作用下，二极管的导通电阻趋向无穷大。二极管常用在整流、隔离、稳压、极性保护、编码控制、频率调制等电路中。二极管结构如图2-8所示。

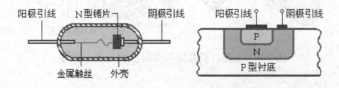

图2-8　分立式二极管（左）和贴片式二极管（右）结构

在二极管两端加正电压时，就会产生正向电流。当正向电压较小时，二极管的电阻较大。当正向电压超过一定数值时，二极管的电阻变得很小，电流会急剧上升。锗二极管的起始导通电压约为0.2V。当给二极管加反向电压时，仅有很小的反向电流（10mA左右），而且该电流并不随反向电压的增长而变化，这种情况下的电流称为反向饱和电流。但是，当反向电压加到一定值后，反向电流会突然增大，出现二极管击穿现象。

2．二极管极性识别

二极管在电路原理图和电路板（PCB）中，常用字母"D"加数字表示，如"D14"表示编号为14的二极管。计算机常用二极管如图2-9所示。

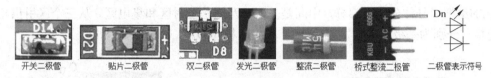

开关二极管　　贴片二极管　　双二极管　发光二极管　整流二极管　桥式整流二极管　二极管表示符号

图 2-9　计算机常用二极管

小功率二极管的识别很简单，如果二极管外壳上标有符号，则有三角形箭头的一端为正极，竖线一端是负极；如果二极管上标有色环（白色或黑色），带色环的一端为负极；如果二极管外壳标有极性色点（白色或红色），则标有色点的一端为正极；LED（发光二极管）的正负极可从引脚长短来识别，长脚为正，短脚为负；LED通常呈透明状态，管壳内的电极清晰可见，内部电极较宽较大的一方为负极，而较窄小的一方为正极。用万用表测量二极管正反向电阻，以阻值较小的一次测量为准，黑表笔所接的一端为正极，红表笔所接的一端为负极。

用数字万用表测试二极管时，红表笔接二极管的正极，黑表笔接二极管的负极，这时测得的阻值是二极管的正向导通阻值，然后将表笔反过来测量，即红表笔接二极管的负极，黑表笔接二极管的正极。如果两次测得的阻值均很小，说明二极管存在短路故障；如果两次测得的阻值均为无穷大，说明二极管开路故障；如果两次测得的阻值差别很大，则二极管正常。

3．二极管的类型

计算机常用的二极管有整流二极管、稳压二极管、开关二极管、发光二极管等。常用二极管的类型如图2-10所示。

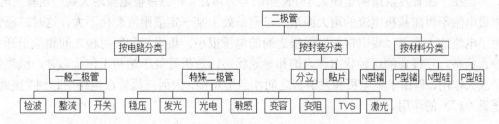

图 2-10　常用二极管不同分类方法

2.1.6　三极管

晶体三极管（以下简称三极管）最重要的特性是：以基极微小的电流变化量来控制集电极电流较大的变化量。电流放大倍数对于某一个三极管而言是一个固定值，但随三极管工作时基极电流的变化，也会有一定的改变。三极管一般用于放大电路、开关电路、稳压电路等。

1．三极管的基本结构

三极管结构如图2-11所示，三极管是在一块半导体基片上制作两个相距很近的PN结，两个PN结把半导体分成三部分，中间是基区，两侧是发射区和集电区。从三个区引出相应的电极，分别为基极（b）、发射极（e）和集电极（c）。

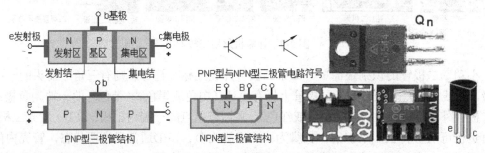

图 2-11　常用三极管结构和电路符号

三极管按材料划分有锗管和硅管，每一种又有 NPN 和 PNP 两种结构形式，使用最多的是硅 NPN 和锗 PNP 两种三极管，它们除了电源极性不同外，其工作原理相同。

2．三极管的放大状态

当加在三极管发射结的电压大于 PN 结的导通电压，并处于某一适当的值时，三极管的发射结正向偏置，集电结反向偏置，这时基极电流对集电极电流起着控制作用，使三极管具有电流放大作用，电流放大倍数 $\beta=\Delta I_c/\Delta I_b$（$\Delta I_c$ 为输出电流增量，ΔI_b 为输入电流增量），β 值为几十至一百多。

3．三极管的饱和导通状态

当加在三极管发射结的电压大于 PN 结的导通电压，并当基极电流增大到一定程度时，集电极电流不再随基极电流的增大而增大，而是处于某一定值附近变化不大，这时三极管失去了电流放大作用，集电极与发射极之间的电压很小，集电极和发射极之间相当于开关的导通状态。三极管的这种状态称为饱和导通状态。三极管处于饱和工作状态时，虽然失去了放大作用，但由于集电极和发射极之间相当于短接，因而三极管在电路中起到"接通"（逻辑"1"）的作用。

4．三极管的截止状态

当加在三极管发射结的电压小于 PN 结的导通电压，基极电流为零，集电极电流和发射极电流都为零时，三极管这时失去了电流放大作用，集电极和发射极之间相当于开关的断开状态，这时三极管处于截止状态。处于截止状态的三极管，由于发射结和集电结均反向偏置，相当于集电极与发射极之间断路，它失去了放大作用，所以这时三极管可以起到电路开关中的"关闭"（逻辑"0"）作用。

从上述三个工作状态可见，放大电路中的三极管大都工作在放大区。如果将三极管交替应用在截止区和饱和区，它就可以起到电子开关的作用，这个特点在数字电路中得到了广泛应用。

2.1.7　场效应管

1. 场效应管的类型与特点

场效应晶体管（FET）按结构不同分为结型和绝缘栅型两大类，结型场效应管（JFET）因有两个 PN 结而得名，绝缘栅型场效应管（JGFET）则因栅极与其他电极完全绝缘而得名。在绝缘栅型场效应管中，应用最为广泛的是 MOSFET（金属-氧化物-半导体场效应晶体管），此外还有 PMOS、NMOS 和 VMOS 场效应管等。

按沟道半导体材料的不同，结型和绝缘栅型各分为 N 沟道和 P 沟道两种类型。计算机中的场效应管大多为绝缘栅型 N 沟道场效应管，其次是绝缘栅型 P 沟道场效应管，结型管在计算机电路中极少应用。

如果按导电方式划分，场效应管又可分成耗尽型与增强型。结型场效应管均为耗尽型，绝缘栅型场效应管既有耗尽型的，也有增强型。绝大多数场效应管都是增强型的，耗尽型场效应管主要用于无线电设备。场效应管类型与电路符号如图 2-12 所示。

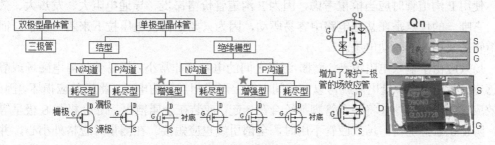

图 2-12　场效应管类型与电路图标示符号

场效应管外形与普通晶体三极管相似，但控制特性完全不同。场效应管是一种受电压控制的半导体器件，而晶体三极管是电流控制器件。场效应管具有工作频率高、功率大、输入阻抗高、热稳定性好、噪声低、制造工艺简单等优点，适用于制造超大规模集成电路。电路中常用场效应管作为放大电路的缓冲级、模拟开关和恒流源电路等。

2. 绝缘栅增强型场效应管工作原理

各种类型的场效应管都有栅极 G、源极 S 和漏极 D 三个工作电极。它的特点是栅极的内阻极高，采用二氧化硅材料时可以达到几百兆欧，属于电压控制型器件。

绝缘栅 N 沟道增强型场效应管结构如图 2-13 所示，它是在一块掺杂浓度较低的 P 型硅衬底上，用光刻、扩散工艺制作两个高掺杂浓度的 N+区，并用金属铜或铝引出两个电极，称为漏极 D 和源极 S。然后在半导体表面覆盖一层很薄的 SiO_2（二氧化硅）绝缘层，在漏极与源极之间的绝缘层上再装一个铜或铝电极，称为栅极 G。另外，在衬底上也引出一个电极 B，这就构成了一个 N 沟道增强型场效应管，它的栅极与其他电极之间是绝缘的。

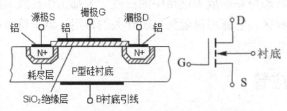

图 2-13　绝缘栅 N 沟道增强型场效应管结构

绝缘栅 N 沟道增强型场效应管的漏极 D 接电源正，源极 S 接电源负时，栅极 G 和源极 S 之间的电压为 0，沟道不导电，管子处于截止状态。如果在栅极和源极之间加一正向电压 V_{GS}，并且使 V_{GS} 大于或等于场效应管的开启电压 V_T，则场效应管开通，在漏极-源极之间流过漏极电流 I_D。V_{GS} 超过 V_T 越大，导电能力越强，漏极电流 I_D 越大。

3．场效应管的应用

场效应管用于放大电路时，由于输入阻抗高，可以采用容量较小的耦合电容，不必使用电解电容。场效应管在电路中用于：阻抗变换、可变电阻、恒流源、电子开关等。

P 沟道管与 N 沟道管最重要的区别在于：P 沟道管的导通条件是栅极电压比漏极电压低 5V 以上，N 沟道管的导通条件是栅极电压比源极电压高 5V 以上。

使用 P 沟道管时应当慎重考虑，因为 P 沟道管价格昂贵、导通电阻大、发热大、效率低。它唯一的优点是在某些电路中容易驱动，因为只要把栅极电压拉下来就可以了，而 N 沟道管需要更高的驱动电压。

场效应由于输入电阻很高，而栅-源极之间的电容又非常小，极易受外界电磁场或静电的感应而带电。而少量电荷就可以在极间电容上形成相当高的电压，将场效应损坏。因此，场效应管在出厂时往往将各个管脚都绞在一起，或装在金属箔内，使 G 极与 S 极呈等电位，防止积累静电荷。场效应管不用时，全部引线也应短接。在测量时应格外小心，并采取相应的防静电措施。部分场效应管在栅极和源极之间增加了一个保护二极管，这样平时就不需要把各个管脚短路了。

目前部分场效应管在漏极与源极之间增加了一个反向的漏源二极管（如图 2-12 所示），二极管的正向开关时间小于 10ns，反向恢复时间为 100ns，该二极管在电路中可起钳位和消振的作用。

4．场效应管与晶体三极管的比较

场效应管是电压控制元件，而三极管是电流控制元件。在只允许从信号源取较少电流的情况下，应优先选用场效应管；而在信号电压较低，又允许从信号源取较多电流的条件下，应选用三极管。

场效应管是利用多数载流子导电，所以称为单极型器件；而三极管是既有多数载流子，又是利用少数载流子导电，因此称为双极型器件。

有些场效应管的源极和漏极可以互换使用，栅压也可正可负，灵活性比三极管好。

场效应管能在小电流和低电压条件下工作，而且制造工艺成熟，可以将很多场效应管集成在一块硅芯片上，因此场效应管在大规模集成电路中得到了广泛的应用。

在计算机电路板上，三极管和场效应管都标注为"Q"，但标注"MQ"的是 MOS 场效应管。

三极管与场效应管的工作原理虽然不同，但是分析电路时，为了便于理解，P 沟道可看成 PNP 三极管；N 沟道可看成 NPN 的三极管；三极管与场效应管的各极引脚可以近似对应（如基极→栅极、发射极→源极、集电极→漏极），这样分析会更直观。但是，需要注意的是，三极管（NPN 型）发射极电位比基极电位低（约 0.6V），场效应管源极电位比栅极电位高（约 0.4V）。

2.2　电路保护元件

保护元件的主要功能是保护子电路、IC 芯片和 I/O 接口等。当电流及电压出现异常时，保护元件能以断电和减压的方式，防止电子元件受到损害。保护元件类似传统的保险丝，不过电子保护元件具有重复使用和自动恢复通电功能，而且体积较小；缺点是价格较高，不适用于高电压产品。

保护元件按功能可以分为过电流保护（热敏电阻）、过电压保护（压敏电阻）、ESD（静电释放）保护、防雷保护（电涌保护器）等器件。目前 CPU 插座、内存插座、显卡供电等大电流供电回路中，都串接了电路保护器件。在键盘接口、鼠标接口、USB 接口的供电回路中，往往也设计有保护器件。

2.2.1　异常过电压

在计算机系统和网络线路上，经常会受到外界和内部瞬时异常过电压的干扰。这种过电压（或过电流）也称为浪涌电压（或浪涌电流），它是一种瞬变干扰。为了避免浪涌电压损害电子设备，一般采用分流防御措施，即将浪涌电压在非常短的时间内与大地短接，使浪涌电流分流入地，达到削弱和消除过电压、过电流的目的，从而起到保护电子设备安全运行的作用。

异常过电压可能来自计算机系统外部，也可能是计算机内部设备或电路自生的。外部过电压可以通过导线、电路、管道传导进入；也可以通过静电感应和电磁感应侵入。过电压的出现可能有规律性和周期性，但更多的情况下呈现随机状态。异常过电压形成的原因有以下几种。

1. 雷击过电压

雷击直接对设备、装置放电时，设备装置所承受的是"直击雷过电压"，这种情况发生概率非常小。通常的雷击过电压是指"感应过电压"，当雷击对地面某一点放电时，在它周围方圆 1.5km 范围内的导线、导体中都会有一定幅值的瞬态电压产生。雷电冲击波的特点是持续时间短，但峰值高。计算机电源中的各种异常电压或电流如图 2-14 所示。

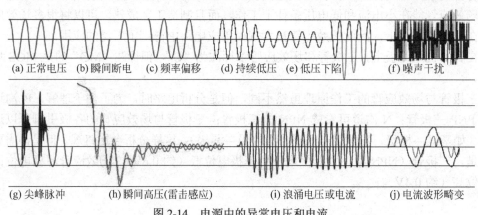

(a) 正常电压　(b) 瞬间断电　(c) 频率偏移　(d) 持续低压　(e) 低压下陷　(f) 噪声干扰

(g) 尖峰脉冲　　(h) 瞬间高压(雷击感应)　　(i) 浪涌电压或电流　　(j) 电流波形畸变

图 2-14　电源中的异常电压和电流

2．开关过电压

开关过电压是指电路中的断路器、隔离开关、继电器、脉冲调制开关（PWM）等通断转接时，电路对地以及开关两端所产生的过电压。开关过电压的持续时间比雷击过电压长，在数百微秒到 100ms 之间，并且衰减很快。

3．静电过电压

ESD（静电释放）是指能量在两个具有不同静电势能的实体之间的转移。这种转移一般是通过接触或通过电离环境放电（放电脉冲）发生的。在天气干燥的冬天，人体与衣服之间的摩擦会使人体带电，当带电的人与电子产品接触时，就会对电子产品（如 U 盘）放电，这是一种典型的静电释放。ESD 的特点是电压很高（数 kV），但时间很短（ns 级）。IEC61000-4-2 规定的模拟接触静电放电的电压等级为 2～8kV，相应的电流峰值为 7.5～30A。

4．瞬态过电压

瞬态过电压指交流电网上出现的浪涌电压、振铃电压、火花放电等瞬间干扰信号，它的特点是作用时间极短，但电压幅度高，瞬态能量大。瞬态过电压会造成计算机系统的电压波动，当瞬态过电压叠加在计算机系统的输入电压上时，会使输入系统的电压超过计算机系统内部器件的极限电压，损坏计算机系统内部器件和设备，因此必须采用抑制措施。

5．操作过电压

在计算机应用工作中，经常会遇到带电插拔的情况发生，如 U 盘的带电插拔等。此外，还可能遇到“错电”事故，即设计用于 110V 电源的设备错误地接入 220V 的系统中，或设计用于 220V 电源的设备错误地加上 380V 电压等，这样所引起的过电压，不仅是接入电压的峰值，还有过渡过程的震荡电压。

6．异常过电压预防方法

异常过电压成因复杂，持续时间和电压、电流的强度差异很大，因此防护异常过电压有时是个复杂而困难的任务。在大部分情况下，硬件设计工程师采用 SPD（电涌保护器）防护雷击过电压和瞬态过电压；采用压敏电阻器用来防护持续时间较短的瞬态过电压，对于持续时间较长的瞬态过电压只能用熔断器、断路器等器件来防护。对于静电过电压和操作过电压，往往采用保险电阻和 TVS（瞬态电压抑制器）进行防护。

2.2.2　保险电阻

保险电阻主要用于电源电路输出和二次电源的输出电路中。保险电阻的阻值低（几欧姆至几十欧姆），功率小（1/8～1W）。它们的作用是在电路发生过电流时及时熔断，保护电路中的其他元件免遭损坏。保险电阻一旦熔断，需要人工更换才能修复。

0Ω 电阻是一种保险电阻（如图 2-15 所示），一般用在数字/模拟混合电路中，为了减小数字电路和模拟电路的相互干扰，而在电源入口点又需要连接在一起，因此往往采用 0Ω 电阻进行连接，既达到了数字地和模拟地之间无电压差；又利用了 0Ω 电阻的寄生电感，滤除了数字电路对模拟电路的干扰。

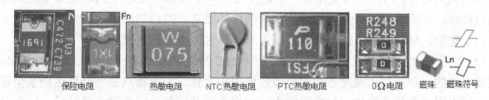

图 2-15　计算机常用保护元件

0Ω 电阻也可以作为保险电阻使用。PCB 如果发生短路或过电流等故障时，0Ω 电阻承受电流的能力较弱（0Ω 电阻也有一定的电阻，只是很小而已），过电流时先将 0Ω 电阻熔断，从而使电路断开，防止更大事故的发生。

一些空置的跳线在通过高频信号时，相当于天线，向外发射（或吸收）电磁波，采用 0Ω 电阻后，这种现象就会得到有效的控制。

0Ω 电阻还可为调试预留位置，可根据需要决定是否安装其他阻值的电阻。

计算机为了减少故障率，在键盘接口、鼠标接口、USB 接口等处设计了保险电阻，高端显卡电路中也使用了保险电阻。在电路板中，保险电阻往往用"F"进行标记。

2.2.3　热敏电阻

1. NTC 负温度系数热敏电阻

为了避免计算机在开机瞬间产生的浪涌电流，在电源电路中串接一个功率型 NTC（负温度系数）热敏电阻器（如图 2-15 所示），可以有效地抑制计算机开机时的浪涌电流。NTC 热敏电阻在完成抑制浪涌电流作用后，通过电流的持续作用，NTC 热敏电阻的阻值将下降到非常小的程度，它消耗的功率可以忽略不计，不会对正常的工作电流造成影响。NTC 热敏电阻也可以在电路中起到温度监测的作用，在电路工作过程中，可以根据 NTC 热敏电阻的阻值大小来判断设备温度，而后做出相应控制。

NTC 热敏电阻以锰、钴、镍和铜等金属氧化物为主要材料，采用陶瓷工艺制造而成。

这些金属氧化物材料具有半导体性质，在导电方式上完全类似于锗、硅等半导体材料。低温时，这些氧化物材料的载流子（电子和孔穴）数量少，所以其电阻值较高；随着温度的升高，载流子数目的增加，电阻值会降低。

NTC 热敏电阻具有负温度系数，也就是说温度下降时它的电阻值会升高。热敏电阻的温度曲线是非线性的，例如，在 25℃时阻值为 10kΩ 的电阻，在 0℃时阻值会提高到 28.1kΩ，70℃时阻值会降低为 2.95kΩ。

由于热敏电阻是一个电阻，电流流过它时会产生一定的热量，因此电路设计人员会确保拉升电阻足够大，以防止热敏电阻自热过度，否则系统测量的是热敏电阻发出的温度，而不是周围环境的温度。

2．PTC 正温度系数热敏电阻

PTC（正温度系数）热敏电阻有陶瓷材料和高分子聚合物材料两种类型。

（1）陶瓷型 PTC 热敏电阻。陶瓷型 PTC 热敏电阻是以钛酸钡为基底，掺杂其他多晶陶瓷材料制造而成。PTC 热敏电阻是一种温度敏感型半导体电阻，当 PTC 热敏电阻超过一定的温度时，它的阻值随着温度的升高呈阶跃性的增高。PTC 热敏电阻在电路中有以下用途：自动消磁，延时启动，恒温加热，温度补偿，过电流保护，过热保护等。

（2）高分子 PTC 热敏电阻。高分子聚合物 PTC 热敏电阻（以下简称高分子 PTC 电阻）是近年出现的一种新型正温度系数过电流过温保护元件。它的特点是当温度达到某个设定值时，其电阻值会显著增加，呈高阻状态，相当于断开回路。而当温度降低后，它自动复位导通，恢复至低阻状态。因此高分子 PTC 电阻又称为自恢复保险丝（如图 2-15 所示）。这种“断开-自动恢复”的过程可重复数千次，目前主要用于小功率电路的短路和过载保护。

（3）高分子 PTC 电阻在计算机中的应用。计算机会受到来自交流电源的浪涌电流和尖峰脉冲的影响，造成电路工作不正常，严重时会导致内部器件的损坏。因此，计算机电路中，大量使用了高分子 PTC 电阻。

主板和显卡使用的高分子 PTC 电阻，通常是绿色或黄色贴片元件（如图 2-15 所示），体积比贴片电容稍微大些。一般在芯片上标记有字母“P”，在电路图和 PCB 上，标记为“F”。

用户经常会对键盘、鼠标、USB 等接口进行热插拔。热插拔操作时，由于瞬间接触不良，很容易产生点与点之间的高电压。例如，I/O 接口的工作电压为 3.3V，一旦产生高电势差，输入的电压会比正常电压高出很多倍，导致 I/O 接口或 USB 接口控制芯片烧毁。为了防止这种现象发生，一些主板在 I/O 接口和 USB 接口中安装了高分子 PTC 电阻，以保护主板上的接口控制芯片。

2.2.4 TVS 保护器件

1．ESD 保护方法

随着集成电路内部晶体管尺寸的不断缩小，速度越来越快，集成电路内部的晶体管更容易受到低能量级的击穿损坏。在发生 ESD（静电释放）事件时，硅芯片可能会开裂，芯片内部的金属线路也容易出现开路或短路现象。传统方法是采用 10～100pF 的电容旁路掉这些 ESD 能量。现在由于信号频率越来越高，使用这些器件时，将导致信号失真到无法识别的程度。目前大多数高速数据端口要求 ESD 保护器件电容不超过 1~2pF。

目前大多数集成电路芯片内部设计了有限的 ESD 保护功能,允许承受人体携带 1~2kV 的静电脉冲。虽然这在电路板装配时足以保护集成电路芯片,但无法在交付给最终用户时起到足够的保护作用。

2. TVS 二极管工作原理

TVS(瞬态电压抑制器)二极管是在稳压二极管(齐纳二极管)工艺基础上发展起来的一种新产品,其电路符号和普通稳压二极管相同,外形上与普通二极管没有差异(如图 2-16 所示)。TVS 二极管在电路中一般工作于反向截止状态,这时它不影响电路的任何功能。当电路中由于雷电,各种电器干扰出现大幅度的瞬态干扰电压或脉冲电流时,TVS 二极管能在极短的时间内(最高达 1×10^{-12}s)迅速转入反向导通状态,使阻抗骤然降低,同时吸收大电流,并将电路的电压箝位在所要求的安全数值上,从而确保后面的电路元件免受瞬态高压冲击而损坏。干扰脉冲过去后,TVS 二极管又转入反向截止状态。

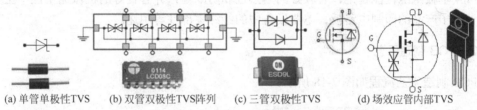

(a) 单管单极性TVS　(b) 双管双极性TVS阵列　(c) 三管双极性TVS　(d) 场效应管内部TVS

图 2-16　TVS 二极管元件和电路结构

TVS 元件通常采用集成电路方式生产,因此可以看到各种单向、双向及以阵列方式的单芯片产品。TVS 器件内通常含有若干个 TVS 二极管,具有多路保护作用。IEC61000-4-2(国际电工委员会)标准规定,ESD 防护器件必须达到最小可以防护 8kV(接触)和 15kV(空气)的 ESD 冲击。

如图 2-17 所示,笔记本计算机、USB 接口、IEEE 1394 接口、音频接口、LCD、键盘、鼠标、耳机、充电器、手机等,由于频繁与人体接触,极易受到静电释放(ESD)的冲击,通常接入 TVS 二极管保护器件。

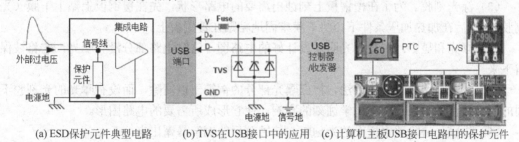

(a) ESD保护元件典型电路　(b) TVS在USB接口中的应用　(c) 计算机主板USB接口电路中的保护元件

图 2-17　TVS 二极管在 USB 接口中的应用

2.3　PCB 结构与布线

PCB(印制电路板)基板采用绝缘隔热,且不易弯曲的 FR4 材料制作。PCB 表面的细小线路材料是铜箔（通常采用无氧铜），铜箔原本覆盖在整个 PCB 上，在 PCB 制造过程中，部分铜箔被蚀刻处理后，留下来的部分就形成了细小的线路。这些线路称为传输线或导线，它们用于 PCB 上器件的电路连接。PCB 的颜色有绿色或棕色，这是阻焊漆的颜色，它是绝缘防护层，也可以防止电子元件焊接到不正确的地方。

2.3.1　PCB 制造工艺

1. 基板 FR4 材料

PCB 的基板采用 FR4 材料，FR4 是一种耐燃材料的等级代号。它指树脂材料经过燃烧后，必须能自行熄灭。FR1、FR2、FR3 是性能不同的三种阻燃纸板，而 FR4 采用阻燃玻璃纤维布板，FR5 是耐高温阻燃玻璃纤维布板。PCB 所用的 FR4 材料有多种类型，但计算机电路板多数采用环氧树脂加玻璃纤维布制造的复合材料。

FR4 基板绝缘性能稳定，有较好的耐热性和防潮性，并有良好的机械加工性，主要用于各种电子产品的印制电路板、电器设备中的绝缘零部件等用途。

2. PCB 制造工艺

PCB 制造工艺流程如图 2-18 所示。

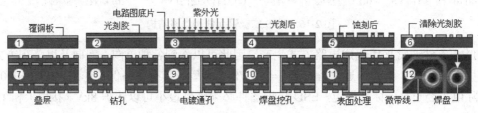

图 2-18　4 层 PCB 制造工艺流程示意图

（1）化学清洗。多层 PCB 由多块覆铜板（FR4+铜箔）组成。为了在覆铜板上得到质量良好的蚀刻电路图形，先要对覆铜板表面进行清洗，并使铜箔表面达到一定的粗化程度。

（2）涂光刻胶。为了在覆铜板上刻蚀出需要的电路形状，先在覆铜板上贴上干膜（光刻胶）。然后在加热加压条件下，将干膜牢固地粘贴在覆铜板上。

（3）曝光和显影。用紫外光照射设计好的电路图，这时电路部分没有曝光，它将被保留下来。

（4）蚀刻。用化学反应方法，将已曝光部分的铜箔予以清除，而没有曝光的光刻胶下面的铜箔被保留下来，不受化学蚀刻的影响，使它形成所需要的电路图形。

（5）去膜。清除覆铜板上的光刻胶，使蚀刻后的铜箔暴露出来。

（6）清洗。将蚀刻后的覆铜板进行清洗，清除光刻胶。

（7）叠层。将覆铜板按次序叠放好，然后进行多层加压，冷却后就是多层板了。

（8）钻孔。利用数控钻孔机在精确条件下，对覆铜板进行钻孔。

（9）电镀通孔。为了使通孔能在各层之间导通，必须对通孔进行镀铜。电镀通孔后必须对 PCB 进行清洗。

（10）焊盘挖孔。为了将焊盘露出来，就必须在绝缘层上挖孔，将焊盘等不需要绝缘的地方露出来。

（11）表面处理。将 PCB 浸上助焊剂，然后从两个风道之间通过，风道中的热压缩空气将印制电路板上的多余焊料吹掉，得到一个平整、均匀的焊料涂层。

（12）检查合格后，包装及出货。

2.3.2　PCB 叠层结构

PCB 一面为电子元件，另一面为传输线时，这种 PCB 为单面板。双面板的两面都可以布线，因此布线面积比单面板大一倍，适合用在复杂电路上。多层板的优点是：装配密度高，体积小；电子元器件之间的连线缩短，信号传输速度提高；方便布线；对于高频电路，加入地平面层，使信号对地平面形成恒定的低阻抗。但是层数越多制造成本越高，质量检测较麻烦。计算机中的电路板通常采用 4～12 层板，一般而言，6 层 PCB 的成本大约是 4 层 PCB 的 1.3 倍。

PCB 由多块覆铜板粘贴组成，覆铜板厚度在 0.2～2.0mm，铜箔厚度在 10～50μm。4 层 PCB 结构如图 2-19 所示。

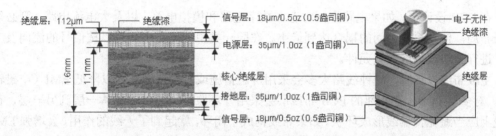

图 2-19　4 层 PCB 剖面结构示意图

PCB 的布线层数通常是偶数，并且包含最外面的两层。奇数层 PCB 原材料成本略低于偶数层 PCB，但是奇数层 PCB 加工成本高于偶数层 PCB，因为奇数层 PCB 需要增加非标准的层叠黏合工艺。另外，奇数层 PCB 容易弯曲，多层电路在黏合工艺后冷却时，不同的层压力会引起 PCB 弯曲。

目前大多数计算机主板采用 6 层 PCB 结构，6 层 PCB 上面和下面两层为信号层 S1 和 S3，中间分别是接地层 G1、内部信号层 S2、电源层 P 和接地 G2。将信号层放在电源平面和地平面两侧，既可以防止相互之间的干扰，又便于对线路做出修正。而且可使线路相距足够远的距离，减少彼此之间的干扰，并有足够的电流供应。PCB 不同层信号的布局有不同的方案，如表 2-1 所示。

表 2-1　4/6/8 层 PCB 布局方案

布线层数	第 1 层	第 2 层	第 3 层	第 4 层	第 5 层	第 6 层	第 7 层	第 8 层
4 层方案 1（优选）	S1	G1	P1	S2	—	—	—	—
4 层方案 2（次选）	S1	P1	G1	S2	—	—	—	—
4 层方案 3	G1	S1	S2	P1	—	—	—	—
6 层方案 1（优选）	S1	G1	S2	P1	G2	S3	—	—

续表

布线层数	第1层	第2层	第3层	第4层	第5层	第6层	第7层	第8层
6层方案2（次选）	S1	G1	S2	S3	P1	S4	—	—
6层方案3	S1	S2	G1	P1	S3	S4	—	—
6层方案4	S1	G1	S2	G2	P1	S3	—	—
8层方案1（优选）	S1	G1	S2	G2	P1	S3	G3	S4
8层方案2（优选）	S1	G1	S2	P1	G2	S3	P2	S4
8层方案3（次选）	S1	G1	S2	S3	P1	S4	G2	S5
8层方案4	S1	G1	S2	P1	P2	S3	G3	S4

注：S=信号层，G=地平面层，P=电源平面层

2.3.3　PCB 布线原则

1．PCB 布线原则

在 PCB 设计中，如果电路中同时存在数字电路和模拟电路，以及大电流电路，则必须分开布局，使各系统之间的耦合达到最小。在同一类型的电路中，可以按信号的流向及功能，进行分块或分区放置元件。

主板布线设计时，时钟线路大多会采用屏蔽措施或者靠近地线，以降低 EMI（电磁辐射）。对多层 PCB，在相邻的 PCB 布线层会采用开环原则，即传输线从一层到另一层，在布线上应当避免传输线形成环状。如果布线构成了闭环，就起到了天线的作用，会增强 EMI 辐射强度。

在高速 PCB 线路设计中，布线长度一般都不会是时钟信号波长 1/4 的整数倍，否则会导致谐振现象，产生严重的 EMI 辐射。同时布线要保证回流路径最小而且通畅。去耦电容的设置要靠近电源管脚，并且电容的电源布线和地线所包围的面积要尽可能的小，这样才能减小电源的波纹和噪声，降低 EMI 辐射。

主板中的传输线像天线一样传递和发射电磁干扰信号，因此在合适的地方截断这些"天线"是防止 EMI 的有效方法。天线断了，再以一圈绝缘体将其包围，它对外界的干扰就会大大减小。如果在断开处使用滤波电容，还可以更进一步减少电磁辐射泄漏。这种设计能增强高频信号工作时的稳定性，防止 EMI 辐射的产生。

线路之间的间距越小，互感效应就越明显，信号质量也越差。因此线路间距越大越好，但因主板空间有限，线路间距一般为三倍线宽为佳。

所有平行信号线之间要尽量留有较大的间隔，以减少串扰。如果有两条相距较近的信号线，最好在两线之间走一条地线，这样可以起到屏蔽作用。

传输线要避免急转弯，转向不能是直角。转弯角度过小的布线在高频电路中相当于电感元件，会对其他设备产生干扰。其次传输线的直角和锐角在高温下容易剥落。

印制电路板上若有大电流器件，如指示灯、喇叭等，它们的地线最好分开单独布线，以减少地线上的噪声。

如果 PCB 上有小信号放大器，则放大前的弱信号线要远离强信号线，而且布线要尽可

能的短，如有可能还要用地线对其进行屏蔽。

2. PCB 导线宽度与间距

（1）印制电路导线宽度。印制电路导线的最小宽度与导线上的电流大小有关。导线宽度越大则通过导线的电流可以越大，导线上的电压降也大；但是线宽太大则布线密度不高，电路板面积增加。如果电流负荷以 20A/mm^2 计算，当覆铜箔厚度为 0.5mm 时（大部分电路如此），则 1mm（约 40mil）线宽的电流负荷为 1A 左右。因此导线宽度 1～2.54mm（40～100mil）就能满足一般应用要求。大功率电路板上的地线和电源，可以根据功率大小适当增加线宽；在小功率数字电路中，为了提高布线密度，一般最小线宽为 0.254～1.27mm（10～15mil）就能满足要求。同一电路板中，电源线、地线比信号线粗。

（2）印制电路导线间距。印制电路导线之间的间距为 1.5mm（60mil）时，线间绝缘电阻大于 20MΩ，线间最大耐压可达 300V；当线间距为 1mm（40mil）时，线间最大耐压为 200V。因此在中低压（线间电压不大于 200V）电路板上，线间距可以取 1.0～1.5mm（40～60mil）。在低压数字电路中，不必考虑击穿电压，只要生产工艺允许，线间距可以很小。

3. 印制电路上元件的焊盘

对 1/8W 的电阻，焊盘引线直径为 28mil 就足够了；而对于 1/2W 的电阻，焊盘直径为 32mil 左右。引线孔偏大时，焊盘铜环宽度相对减小，这会导致焊盘的附着力下降，容易脱落；如果引线孔太小，则元件安装困难。边框线与元件引脚焊盘最短距离不能小于 2mm，（一般 5mm 较合理）否则下料困难。

4. 蛇形布线

电路板采用蛇形布线（如图 2-20 所示）的原因有两个：一是为了保证"时钟线等长"的设计理念，电信号在铜介质微带线中的传输速度为 15cm/ns 左右，CPU 到北桥芯片的时钟信号在 200MHz 以上高速运行，这些信号对线路的长度非常敏感，不等长的时钟线路会引起信号不同步，造成系统不稳定。因此某些时钟信号线路需要以弯曲路径的方式布线，以调节线路长度。另一个使用蛇形布线的原因是，尽可能减少电磁辐射对主板其他部件的影响。因为信号线不等长会造成两条线路阻抗不平衡而形成共模干扰。因此，在主板布线设计中将信号线以蛇形线方式处理，使线路阻抗尽可能一致，以减小共模干扰。同时，蛇形线在布线时也会最大限度地减小弯曲的摆幅，以减小环形区域的面积，从而降低辐射强度。

采用蛇行布线虽然有以上好处，但并不是说在主板布线设计时，使用蛇行布线越多越好。因为过多过密的主板布线会造成主板布局疏密不均，对计算机主板稳定性有一定的影响。好的布线应当是电路板上各部分线路密度差别不大，并且尽可能均匀分布。

传输线过长会增大分布电容和分布电感，造成信号质量恶化，信号上升时间越小，就越易受分布电容和分布电感的影响。因此要求蛇形布线的间距不小于两倍线宽。

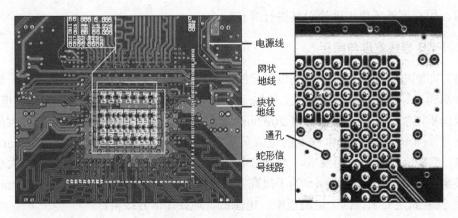

图 2-20   计算机主板布线

2.3.4   PCB 上的过孔

多层 PCB 的层与层之间是绝缘的，为了实现各层之间的电气连接，必须在 PCB 的绝缘层上打孔，然后在孔壁上镀铜，就可以连通内外层电路了，这种孔称为过孔或通孔。过孔是连接电路的"桥梁"，但是过孔太多会导致电路性能下降。

1．过孔的类型与功能

过孔一是用于各层之间的电气连接；二是用于器件的固定或定位。从制造工艺上看，过孔分为三类：盲孔、埋孔和通孔（如图 2-21 所示）。盲孔位于印制电路板的顶层和底层表面，具有一定深度，用于表层线路和下面的内层线路连接。埋孔是印制电路板内层的连接孔，它不会延伸到电路板的表面。这两类孔都位于电路板的内层，层压前利用通孔成型工艺完成。第三种为通孔，通孔贯穿整个电路板，由于通孔在工艺上易于实现，成本较低，所以绝大部分 PCB 均使用通孔。高密度 PCB 设计时，设计工程师总是希望过孔越小越好，这样电路板上可留有更多的布线空间。此外，过孔越小，寄生电容也越小，这样更适合用于高速电路。

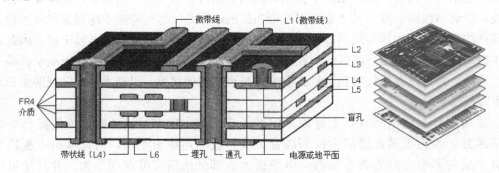

图 2-21   6 层 PCB 剖面示意图

2．过孔工艺

PCB 上钻孔的费用通常占制板费用的 30%～40%。小尺寸过孔会带来成本的增加，而且过孔尺寸受到钻孔和电镀等工艺的限制。过孔越小，钻孔花费的时间越长，也越容易偏离中心位置。当过孔深度超过钻孔直径的 6 倍时，就无法保证孔壁能均匀地镀铜。例如，6 层 PCB 的厚度（通孔深度）为 50mil（1.2mm）左右，所以 PCB 钻孔直径最小只能达到 8mil（0.2mm）。

3. 高速 PCB 中的过孔设计

从成本和信号质量两方面考虑，选择合理尺寸的过孔大小。例如，对 6～12 层的内存模块 PCB 设计，选用 10/20mil（钻孔/焊盘）的过孔较好；对一些高密度小尺寸的电路板，可以尝试使用 8/18mil 的过孔。对电源或地线的过孔，则可以考虑使用较大尺寸，以减小过孔的阻抗。

安装孔是固定板卡的螺丝孔，如果不用于接地，周围 5mm 内不能用铜箔。如果这些孔用于接地，则周围有一圈铜箔，电路板的地线通过金属螺丝与机箱的金属外壳相连，可以起到屏蔽的作用。

2.4　集成电路制造工艺

电子集成技术按工艺分为两种，一是以硅芯片工艺为基础的集成电路芯片，二是以薄膜技术为基础的薄膜集成电路。计算机主要采用硅芯片集成电路技术。

2.4.1　CMOS 电路工作原理

集成电路主要实现各种逻辑功能，而这些逻辑功能由许多的硅晶体管实现。

1. MOS 晶体管结构

MOS 晶体管结构如图 2-22 所示。MOS 晶体管有 NMOS 晶体管和 PMOS 晶体管两种类型。以 NMOS 晶体管为例，每个晶体管有三个接口端：栅极（Gate）、源极（Source）、漏极（Drain），由栅极控制漏极与源极之间的电流流动。MOS 晶体管的源极与漏极是完全对称的，在应用中只有根据电流的流向才能最后确认源极与漏极。

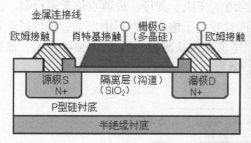
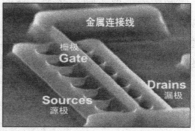

图 2-22　MOS 晶体管结构和实物放大图

MOS 晶体管本质上是一个电压控制的电阻器，施加在栅极与沟道之间的电压（栅-源电压）决定着沟道内自由载流子（电子和空穴）的浓度，从而控制源-漏电流，而漏-源电压控制电流的流向。

隔离层采用二氧化硅（SiO_2）作为绝缘体材料，它的作用是保证栅极与 P 型硅衬底之间的绝缘，阻止栅极电流的产生。栅极往往采用多晶硅材料，它起着控制开关的作用，使 MOS 晶体管在"开"和"关"两种状态中进行切换。源极（S）和漏极（D）往往采用 N 型高浓度掺杂半导体材料。CPU 中的 MOS 晶体管采用 P 型硅作衬底材料。

当栅极输入电容 C_{GC} 的充放电电流和漏源极电流数值相等时，所对应的工作频率为 MOS 晶体管的最高工作频率。

2．MOS 晶体管的导通状态

MOS 晶体管的基本工作原理如图 2-23 所示，当在栅极（G）施加相对于源极（S）的正电压 V_{GS} 时，栅极上的正电荷在硅衬底上感应出等量的负电荷。随着栅极电压 V_{GS} 的增加，硅衬底中接近于隔离层（二氧化硅）表面处的负电荷也越多，这时就会在隔离层与 P 型硅衬底之间形成一个由负电子组成的沟道区。当电子的积累达到一定水平时，就会形成可运动的电荷。这时，源极区域的电子就会经过沟道区到达漏极区域，形成由源极流向漏极的电流。显然，栅极电压 V_{GS} 越大，沟道区表面处的电子密度也越大，沟道区的电阻越小，源极流向漏极的电流也越大，这时 MOS 晶体管处于导通状态，这时晶体管状态为逻辑"1"。

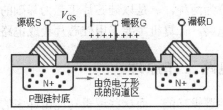

图 2-23　MOS 晶体管处于导通时的状态

3．MOS 晶体管的截止状态

如图 2-24 所示，当改变漏极与源极之间的电压 V_{DS} 时，MOS 晶体管沟道区的形状逐渐发生变化。随着漏极与源极之间电压 V_{DS} 的增加，栅极与源极之间的电压 V_{GS} 与漏极与源极之间的电压 V_{DS} 之间的差值 V_{GD} 逐渐减小，因此漏极端的沟道区变薄。当达到 $V_{DS}=V_{GS}$ 时，在漏极端形成了临界状态。这时沟道区变成了契形，最薄点位于漏极端，而源极端仍然保持原先的沟道厚度，这时 MOS 晶体管处于饱和状态。由以上分析可以看到，当晶体管控制端栅极（G）没有触发电压时，电流无法从源极（S）流向漏极（D），晶体管处于"关闭"状态，此时晶体管状态为逻辑"0"。

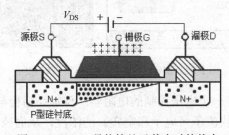

图 2-24　MOS 晶体管处于截止时的状态

由以上分析可以看出，晶体管的开关状态可以由栅极电压 V_{GS} 控制。但是，有一个前提条件，即栅源电压 $V_{GS}=0$ 时，没有导电沟道产生。只有当施加在栅极上的电压大于器件的门限电压时，器件才开始导通。

4．CMOS 电路结构

单个 MOS 晶体管作为逻辑电路导通时，会有源源不断的电流通过，这使得 MOS 晶体管功率居高不下。而事实上 MOS 晶体管只需要传递信号，无论是采用电流或电压方式都可以，而不需要 MOS 晶体管有较高的功耗。为了降低 MOS 晶体管的功耗，专家们又开发了 CMOS 电路。

CMOS 电路由 PMOS 晶体管和 NMOS 晶体管互补配对组成（如图 2-25 所示），它们串联在一起。NMOS 晶体管当栅极接正电压时，晶体管会导通；PMOS 晶体管则完全相反，当栅极接负电压时，通过在绝缘区下方聚集正电荷来导通。由于 PMOS 晶体管和 NMOS 晶体管具有相反的导通特性，因此无论什么时候都只有一个 MOS 晶体管导通，另一个必然关闭。这样达到了既能传递电压信号，又没有电流功耗产生的效果。理论上 CMOS 电路的静态功耗为 0，但是受材料和制造工艺的限制，CMOS 电路的实际功耗不能忽略不计。

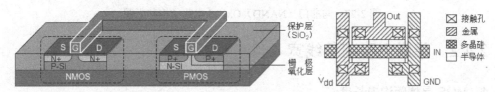

图 2-25　反相器（NOT）CMOS 电路结构（左）和电路版图（右）

5．CMOS 电路工作原理

反相器的 CMOS 电路结构和开关原理如图 2-26 所示。

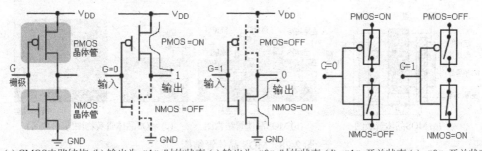

(a) CMOS电路结构 (b) 输出为"1"时的状态 (c) 输出为"0"时的状态 (d)"1"开关状态 (e)"0"开关状态

图 2-26　反相器 CMOS 电路符号（左）和开关原理示意图（右）

如图 2-26（b）所示，在信号输入端施加控制信号 G=0 时，PMOS 晶体管为接通状态（ON），NMOS 晶体管为断开状态（OFF），假设 PMOS 一端接电源时，则信号输出为 1；与之相反，当信号输入 G=1 时，PMOS 晶体管为断开状态（OFF），NMOS 晶体管为接通状态（ON）。假设 NMOS 一端接于地时，则信号输出为 0。

还可以看到，一个单输入的逻辑值，需要一个 CMOS 电路来完成。而两个输入的逻辑值，则需要两个 CMOS 电路来完成，其他以此类推。

CMOS 电路为 CPU 逻辑设计提供了一个极好的技术基础。布尔逻辑变量只有 "0" 和 "1" 两个二进制值，而 CMOS 电路为逻辑值提供了一一对应的关系。在图 2-26 中，PMOS 晶体管与电压 V_{DD} 连接，用于表示逻辑 "1"。NMOS 晶体管与数字地连接，用于表示逻辑 "0"。

如图 2-27 所示，并联的 PMOS 晶体管可以用于产生 NAND（与非）逻辑；串联的 NMOS 晶体管可以用于产生 NOR（或非）逻辑。与非门（NAND）和或非门（NOR）各需要两对晶体管电路，而与门（AND）和或门（OR）各需要三对晶体管电路。与非门（NAND）和或非门（NOR）都具有逻辑上的完备性，仅用它们中的任意一个，就可以实现所有布尔逻辑。因此，在计算机 CMOS 电路中，NAND、NOR 是最基本的逻辑电路，其他逻辑电路都可以通过它们之间的相互组合进行设计。

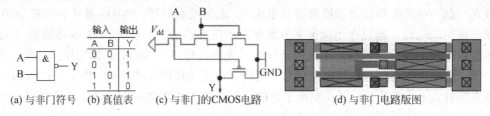

(a) 与非门符号　(b) 真值表　(c) 与非门的CMOS电路　(d) 与非门电路版图

图 2-27　与非门（NAND）CMOS 电路结构和版图

2.4.2　集成电路制程线宽

1. MOS 晶体管沟道长度

MOS 晶体管最重要的参数是沟道长度（L），如图 2-28 所示，沟道长度是电流从源极（S）流到漏极（D）经过的距离。因为导电通道看起来像一个电流沟道，所以称为 "沟道长度"（也称为 "物理栅长"）。垂直于沟道长度的有效源漏区尺寸称为沟道宽度（W）。

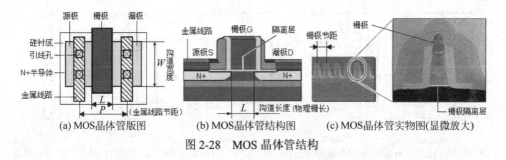

(a) MOS晶体管版图　(b) MOS晶体管结构图　(c) MOS晶体管实物图(显微放大)

图 2-28　MOS 晶体管结构

MOS 晶体管的沟道长度越小，晶体管的工作频率就越高。当然，改变栅极隔离层材料（如采用高 k 值氧化物）和提高沟道电荷迁移率（如采用低 k 值硅衬底材料），都可以提高 MOS 晶体管工作频率。提高 MOS 晶体管栅源电压也可以提高工作频率，这也是一些 CPU 超频爱好者经常采用的方法。

一旦沟道长度（L）确定后，就可以根据电流的大小选择相应的沟道宽度（W）。如果沟道宽度较小，那么晶体管发热也减小了。因此当宽长比（W/L）的值越小时，电阻也就越小，电流也越小，晶体管发热也越小，则 CPU 可以运行在更高的频率上。但是，MOS 晶体管中的寄生电容随宽长比（W/L）增加而变大，它们将影响 MOS 晶体管的开关速度。

2. 集成电路半节距与制程线宽

节距（Pitch）为集成电路内第 1 层两个平行单元之间的距离（P），半节距为节距的一半。如图 2-28 和图 2-29 所示，金属线路的半节距为两个线路之间距离的一半；栅极半节距为两个平行栅极之间距离的一半。值得注意的是，"制程线宽"（或简称为线宽）是指 CPU 栅极半节距，而不是金属线路的半节距。

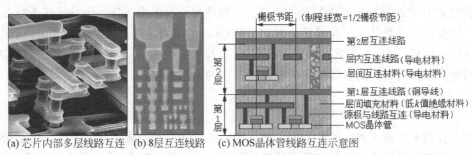

(a) 芯片内部多层线路互连　(b) 8层互连线路　(c) MOS晶体管线路互连示意图

图 2-29　CPU 芯片内部线路互连结构

集成电路内核由多层组成（如图 2-29 所示），两层之间的金属线路一般比沟道长度（物理栅长）宽一些，因为它承载的电流要大一些。另外，金属线路沉淀在层间填充材料（低 k 值绝缘材料）上，在层与层互连的表面会出现忽高忽低的台阶，容易造成金属线路断裂，因此金属线路必须加宽。这样，第 1 层线路宽度最小，最上层线路宽度最大（如图 2-29（b）所示）。例如，45nm 制程线宽的 CPU，栅极半节距为 45nm（制程线宽），物理栅长为 18nm，金属线路的半节距为 54nm。

沟道长度（物理栅长）的最小尺寸取决于集成电路制程工艺精度，但是当沟道长度小于 5nm 时，就会产生隧道效应。由于源极与漏极非常接近，电子将会自行穿越沟道，通过栅极控制电流的方法将彻底失效，这也意味着基于 CMOS 技术的集成电路制造工艺将走到尽头。以现有材料和工艺估计，沟道长度 5nm 的电路将以 13nm 制程工艺生产。

根据 ITRS（国际半导体技术发展路线论坛）的规划，半导体产品实现重大工艺改进的规律为：每代半导体产品的线宽大约实现 0.7 倍的缩小。例如，上一代 CPU 产品制程工艺为 65nm 线宽时，则下一代产品线宽为 45nm。集成电路两代产品之间的时间跨度为两三年，这是由技术和市场等综合因素决定的。半导体技术发展规划如表 2-2 所示。

表 2-2　ITRS 制定的半导体技术发展规划

技术指标	技 术 参 数				
工业化生产日期/年	2004	2006	2008	2010	2012
制程线宽/技术节点/nm	90	65	45	32	22
栅极半节距/nm	90	65	45	32	22
物理栅长/nm	37	25	18	13	9
第 1 层金属线路半节距/nm	107	75	54	38	27

集成电路芯片的制程线宽受到光刻技术的制约，光刻技术包括曝光机、光源、掩模、

光刻胶等一系列技术，其中光刻机是决定芯片线宽的关键设备。光源的聚焦性能越好，分辨率就越高，能够刻出的晶体管沟道越窄。从 65nm 工艺开始，光刻机采用了波长更短的激光光源，光刻机使用的激光波长越短，晶体管就可以达到更小的制程线宽。

2.4.3　集成电路生产工艺

CPU 芯片制造是一项高度复杂的工艺，一般需要五百多个工序，而且还在不断改进和完善。目前只有少数几家厂商具备研发和生产 CPU 的能力。例如，2007 年 Intel 公司兴建的第一座可以量产 45nm 工艺处理器的晶圆工厂，投资为 30 亿美元。下面以一个简单 CMOS 电路的制作过程为例，简单说明集成电路中一层的工艺流程。

1．掩模版图生成

在计算机上完成 CPU 内核（die）电路的版图设计只是完成了前期工作，还必须将这些设计电路图制成集成电路生产使用的具体掩模板（如图 2-30 所示），这个过程称为制版。制版技术的目的是生成一套分层的掩模板，将设计好的版图和数据通过图形生成器，转移到一种涂有感光材料的优质玻璃板（掩模板）上，然后通过分步重复，产生一定数量的重复图形阵列，通常一套掩模有十几块分层掩模板。

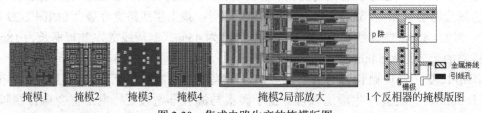

图 2-30　集成电路生产的掩模版图

2．硅原料提纯

生产 CPU 等集成电路芯片的主要材料是硅（Si），硅是一种非金属元素，具有半导体性质。为了生产集成电路芯片所需的硅材料，必须通过提炼得到纯洁的原硅。在硅提纯过程中，将原材料硅放进一个巨大的石英熔炉进行熔化。向熔炉里放入一颗晶种，以便硅晶体围着这颗晶种生长，直到形成一个纯洁的单晶硅。

3．晶圆切割

硅晶体制造出来后，被整型为一个圆柱体。然后利用金刚石或激光切割机，将硅晶棒切割成圆形硅晶片（晶圆），然后对它进行磨平抛光，使晶圆表面达到镜面状态。标准晶圆直径为 300mm（12 英寸），厚度不足 1mm，面积大约为 70 683mm^2。在晶圆上制造的集成电路芯片内核如图 2-31 所示。

一个晶圆可以划分成许多个细小的区域，每个小区域将成为一个芯片的内核，当 CPU 内核为 200mm^2 左右时，一个 300mm 的晶圆可以生产两百多个 CPU 内核。

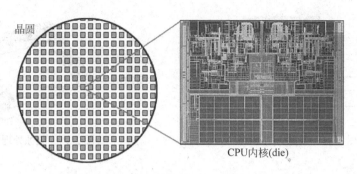

晶圆

CPU内核(die)

图 2-31 晶圆与 CPU 内核

4. 氧化沉积

氧化沉积工艺的目的是在已经清洗干净的 N 型硅片表面生成一层二氧化硅（SiO_2）层，作为 P 型衬底（p 阱）掺杂的屏蔽层。氧化工艺过程是将硅片置于有氧气的高温环境中，使硅晶片在高温下发生化学反应，在硅片表面形成二氧化硅层。二氧化硅是掺杂的主要屏蔽层。同时二氧化硅是绝缘体，它又是金属引线与硅衬底，金属引线与金属引线之间的绝缘层。初始氧化工艺如图 2-32 所示。

随后在二氧化硅层涂敷"光刻胶"材料，光刻胶经过紫外线照射后会变软、变黏，使光刻胶在特定的溶液中溶解，便于下一步的清洗处理。涂光刻胶工艺如图 2-33 所示。

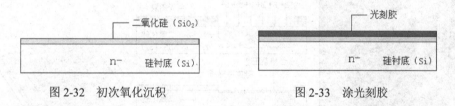

图 2-32 初次氧化沉积   图 2-33 涂光刻胶

5. 掩模光刻

光刻复印工艺类似于照相技术，掩模版图相当于照相的底片。将制作好的电路掩模版图贴放在光刻胶的上方，用波长为 2000～4500A 的紫外光照射掩模版图，这时会在光刻胶上形成与掩模版图相反的感光区。掩模版图空白处被紫外线光照射到的地方，光刻胶将产生化学变化，然后将这些软化的光刻胶清除干净。被掩模版图遮挡的地方，会形成一个光刻胶保护层，它是需要保留下来的区域。掩模光刻工艺如图 2-34 所示。

6. 刻蚀处理

刻蚀是将没有光刻胶保护的硅片上层材料腐蚀清除，这些上层材料可能是二氧化硅、氮化硅、多晶硅、金属层等。刻蚀是集成电路制造中的关键工艺之一，刻蚀设备的投资在整个芯片生产设备中约占 10%～15%，它的工艺水平将直接影响最终产品质量。刻蚀有干法刻蚀和湿法刻蚀，干法刻蚀是利用等离子体进行刻蚀，湿法刻蚀是利用腐蚀液体进行。通过刻蚀，形成了多晶硅条、金属铜条、硅本体等。掩模光刻和刻蚀是两个不同的工艺步骤，但它们是连续进行的，因此也往往统称为光刻。在刻蚀工艺中，保留了光刻胶下面的二氧化硅，它作为下一个离子注入工艺的屏蔽层（如图 2-35 所示）。

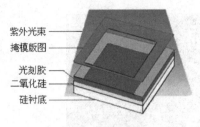

图 2-34　掩模光刻

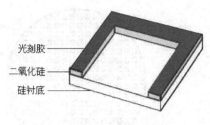

图 2-35　刻蚀处理

7. 掺杂工艺

掺杂工艺是在硅衬底上形成不同类型的半导体区域。将一定浓度的三价元素（如硼等）或者五价元素（如磷、砷等）掺入半导体衬底中。例如，在 N 型衬底上掺硼，可以使原来的 N 型衬底电子浓度变小，或者将 N 型衬底改变为 P 型。如果在 N 型衬底表面掺磷，可以提高衬底表面的杂质浓度。

在集成电路内核工艺中，大多采用离子注入掺杂法。首先通过高能离子束轰击硅片表面，在掺杂窗口处，杂质离子被注入硅体。其他部位被硅表面的保护层屏蔽。通常离子注入的深度较浅，而且浓度较大，必须使它们均匀分布。离子注入掺杂工艺如图 2-36 所示。将硅片上的所有光刻胶清除后，就得到了带有沟槽的硅基片。

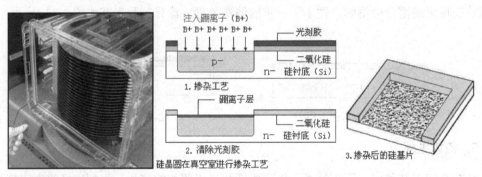

图 2-36　离子注入掺杂工艺

8. 金属引线

通过金属溅镀技术，在硅表面沉积一层金属层，将每个晶体管的栅极、源极、漏极之间用铜金属连接起来。这样就形成硅晶体管之间的连接线路，以保持本层电路之间的连接。

通过以上一系列的氧化处理、涂敷光刻胶、掩模光刻、掺杂工艺、退火处理、杂质清洗、金属引线等工艺步骤后，就形成了 CPU 核心的第 1 层半导体电路。

9. 多层连接

为了加工新一层电路，必须再次生长硅氧化物，然后沉积一层多晶硅，涂敷光刻胶，重复掩模、蚀刻等过程，得到含多晶硅和硅氧化物的沟槽结构，重复多遍后形成一个多层结构。CPU 核心往往有 7～11 层，层与层之间还必须留出一些金属连接孔洞，这样不同层之间的电路就可通过孔洞连接起来，它们之间形成了一个三维连线网络，将数亿个晶体管连接成为一个整体电路。芯片内核的线路连接如图 2-37 所示，线路为铜材料，宽线用于电源供应，细线是信号线。电子以 2GHz 或更高速度在不同层之间流上流下，形成信号传递处理工作。

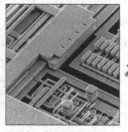

图 2-37　CPU 内核线路连接（局部放大）

10．测试封装

晶圆加工完成后，将接入自动测试设备，对晶圆上的每一个 CPU 核心（die）进行全面测试（如图 2-38 所示）。测试工作完成后，将晶圆用金刚石切割机分割成单个 CPU 核心（如图 2-39 所示），然后对 CPU 核心进行接线封装。接线是一种高度自动化的过程，开始时将芯片固定到一个引脚框架上，接线设备将金丝线压焊在芯片周围的焊盘上，金丝线的另一端连接到纤细的金属引脚。连接芯片的金丝非常细，1g 黄金可以制作成 56m 长的金丝。然后将 CPU 核心（die）封入一个陶瓷或复合材料的封壳中，防止环境对它的危害。

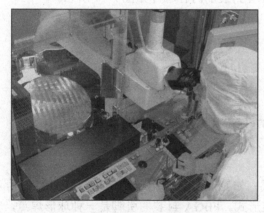

图 2-38　CPU 测试　　　　　　　　　图 2-39　CPU 核心切割

封装后的 CPU 需要进行工作频率标定测试，加工质量好的 CPU 被标定为高频率 CPU；一些工作状态不稳定的 CPU 降低工作频率再进行标定；个别 CPU 可能存在某些功能上的缺陷，如果问题出在高速缓存上，制造商可以屏蔽掉部分缓存，作为低端 CPU 产品。然后锁定 CPU 倍频电路。最后用激光在 CPU 金属外壳上标记公司名称、产品型号、编号与产地、性能参数等技术指标，最后包装出厂。

2.4.4　集成电路封装形式

集成电路中芯片的封装起着固定、密封、保护芯片和增强导热性能的作用。芯片封装技术有 DIP、QFP、PGA、BGA、LGA 等形式，芯片面积与封装面积之比越接近于 1，适用工作频率越高，耐温性能越好。

1．DIP封装

早期8088/8086计算机的内存芯片容量很小，一般有256K×1b、1M×4b等形式。这种内存芯片采用DIP（双列直插式封装）技术，DIP封装是在主板上安装一个DIP插座，然后将内存芯片直接插入DIP插座中。DIP封装如图2-40所示。

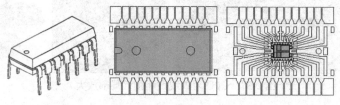

图2-40　DIP封装芯片

2．TSOP封装

20世纪80年代，内存芯片采用TSOP（薄型小尺寸封装）封装技术，以后发展为TSOP Ⅱ封装。TSOP封装是在芯片周围制作出引脚，采用SMT（表面贴装技术）工艺，直接将芯片附着在PCB表面。TSOP封装的寄生参数较小，可靠性较高，适合高频应用。同时具有成品率高、价格便宜等优点，因此得到了广泛应用。采用TSOP封装的内存芯片在超过150MHz后，会产生较大的电磁干扰。TSOP Ⅱ封装的内存芯片如图2-41所示。

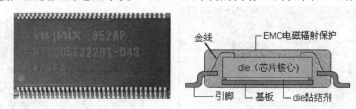

图2-41　TSOP Ⅱ封装的内存芯片外观和内部结构

3．FBGA封装

BGA（球栅阵列封装）封装有多种形式，如MicroBGA、TinyBGA等，DDR3内存芯片普遍采用FBGA（细间距球栅阵列）封装形式。FBGA封装的引脚是一种球形焊点，它们按阵列形式分布在芯片下面，FBGA封装如图2-42所示。

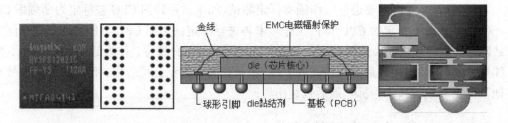

图2-42　FBGA封装内存芯片外观、底部和内部结构

采用FBGA封装的内层芯片，在相同容量下体积只有TSOP封装的1/3。FBGA封装的内存核心（die）面积与芯片封装面积之比为1:1.14左右。

FBGA基板到散热体的散热路径仅有0.2mm，这大大提高了内存芯片长时间运行的可靠性，芯片速度得到了大幅度提高。FBGA 封装芯片的中心引脚形式也有效地缩短了信号传导距离，使信号衰减减少，芯片的抗干扰、抗噪声性能得到了大幅提升。因此 FBGA 封装的芯片电气寄生参数小，信号传输延迟小，适合工作在高频状态。

在 FBGA 封装方式中，内存芯片通过一个个锡球焊接在 PCB 上，由于焊点和 PCB 的接触面积较大，所以内存芯片在运行中所产生的热量可以很容易地传导到 PCB 上，并散发出去。而在 TSOP 封装中，内存芯片通过引脚焊接在 PCB 上，焊点和 PCB 的接触面积较小，使得芯片向 PCB 传热相对困难。FBGA 封装还可以从内存芯片背面散热，且热效果良好。测试表明，采用 FBGA 封装的内存芯片，可使传导到 PCB 上的热量达到 88.4%，而 TSOP 封装的内存芯片传导到 PCB 上的热量为 71.3%。另外，由于 FBGA 封装芯片结构紧凑，芯片耗电量和工作温度相对降低。

FBGA 封装的引脚比 TSOP 封装的引脚多，TSOP 最多为 304 个引脚，BGA 封装为 600 个引脚，FBGA 原则上可以制造 1000 个引脚，这使它支持 I/O 端口的数量增加了很多。

习　题

2-1　简要说明电阻、电容、电感等电子元件的主要功能。

2-2　简要说明场效应管与三极管的不同。

2-3　简要说明高分子 PTC 热敏电阻的主要功能。

2-4　简要说明 CPU 节距和制程线宽之间的关系。

2-5　某 CPU 最大功耗为 130W，工作电压是 1.3V，CPU 有 200 个电源针脚，那么每个针脚的平均电流是多少？

2-6　讨论电路板为什么采用蛇形布线。

2-7　讨论为什么大多数厂商不愿意使用公版设计方案。

2-8　讨论在相同规格下，主板越重质量越好吗。

2-9　写一篇课程论文，论述电子元器件在计算机中的应用。

2-10　使用仪器设备对电子元器件的电气参数进行测试使用。

第 3 章
CPU 系统结构与故障维修

CPU（中央处理单元）也称为微处理器（Microprocessor）或处理器（Processor），它是计算机的核心部件，CPU 性能的高低直接反映了计算机的基本性能。

3.1 CPU 类型与组成

3.1.1 CPU 的发展

1971 年 11 月，Intel 公司的 Ted Hoff（特德·霍夫）设计了世界上第一个微处理器 Intel 4004（如图 3-1 所示），这是一个里程碑式的产品。Intel 4004 是一款 4 位微处理器，指令和数据分开存储，分别有 4KB 指令缓存单元和 1KB 数据缓存单元。Intel 4004 CPU 有 45 条指令，工作时钟为 740kHz，能执行 4 位运算，支持 8 位指令集及 12 位地址，每秒运算 5万次。它采用 P 沟道 MOS 晶体管技术制造，核心大小为 3mm×4mm，芯片集成了 2250个晶体管，制程线宽为 10μm，工作电压为 15V，市场售价为 200 美元左右。4004 CPU 原先是为一家名为 Busicom 的日本公司而设计的，用来生产 Busicom 电算机。

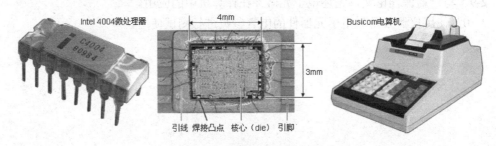

图 3-1   Intel 4004 CPU 和 Busicom 电算机（1971 年）

CPU 按产品市场可分为 x86 系列和非 x86 系列。目前 x86 系列 CPU 生产厂商只有 Intel、AMD、VIA 三家公司，x86 系列 CPU 在操作系统一级相互兼容，产品覆盖了 90% 以上的桌面计算机市场。非 x86 系列 CPU 生产厂商有 IBM、Sun、HP、ARM、MIPS、日立、三星、现代、中国科学院计算研究所等企业和单位。非 x86 系列 CPU 主要用于大型服务器和嵌入式系统，这些产品大多互不兼容，在桌面计算机市场中占有份额极小。Intel 公司 CPU 技术发展如表 3-1 所示。

表 3-1　Intel 公司主要 CPU 产品技术发展

CPU 系列	微结构代码	研发代号	工作频率	制程线宽	晶体管数	首次发布日期
4004	—	—	740kHz	10μm	2250	1971 年 11 月
8086	—	—	4.77MHz	3μm	2.9 万	1979 年 6 月
80286	—	—	6MHz	1.5μm	13.4 万	1982 年 2 月
80386	—	—	16MHz	1.5μm	27.5 万	1985 年 10 月
80486	—	—	33MHz	1.0μm	120 万	1989 年 6 月
Pentium	P5	—	60MHz	0.8μm	310 万	1993 年 3 月
Pentium Pro	P6	—	150MHz	0.50μm	550 万	1995 年 11 月
Pentium II	P6	Klamath	233MHz	0.35μm	750 万	1997 年 5 月
Pentium III	P6	Katmai	450MHz	0.25μm	950 万	2000 年 2 月
Pentium 4	Netburst	Willamette	1.5GHz	0.18μm	4200 万	2000 年 11 月
Pentium 4	Netburst	Northwood	2.0GHz	0.13μm	5500 万	2002 年 1 月
Pentium 4	Netburst	Prescott	2.8GHz	90nm	1.25 亿	2004 年 2 月
Pentium D	Netburst	Smithfield	2.8GHz	90nm	1.1 亿	2005 年 5 月
Pentium EE	Netburst	Smithfield	3.2GHz	90nm	2.30 亿	2005 年 11 月
Core Duo	Core	Yonah	2.16GHz	65nm	1.51 亿	2006 年 1 月
Core 2	Core	Merom	2.9GHz	65nm	2.91 亿	2006 年 7 月
Core i7	Nehalem	Bloomfield	3.2GHz	45nm	7.31 亿	2008 年 11 月
Core i5	Nehalem	Lynnfield	2.13GHz	45nm	3.82 亿	2009 年 8 月
Core i3	Nehalem	Clarkdale	3.33GHz	32nm	5.59 亿	2010 年

3.1.2　CPU 的类型

1. Intel 公司 CPU 产品类型

Intel 公司的 CPU 产品按照市场应用可分为桌面型、移动型、服务器型和嵌入式 4 大类型；每个类型又分为不同的大系列和子系列。如桌面型 CPU 产品有 Core（酷睿）系列、Pentium（奔腾）系列、Celeron（赛扬）系列等，奔腾系列和赛扬系列产品属于早期产品，目前正在逐步淡出市场。酷睿系列 CPU 是 Intel 公司目前主推的产品系列，酷睿系列分为桌面型和移动型两类产品，并经历了 Core、Core 2、Core i5、Core i7 几代产品的发展。不同系列的 CPU 产品在外观上没有太大差别，但是设计技术和生产工艺各不相同。除嵌入式系列外，Intel 其他系列的 CPU 产品在软件上相互兼容。Intel 公司的 CPU 产品有十多个大系列，几百个子系列，上千个型号，典型产品如表 3-2 所示。

桌面型 CPU 是 Intel 公司的主推产品，很多新设计和新工艺都是在桌面型产品上取得成功后，再推广到其他系列产品中。桌面型 CPU 产品主要用于商业办公和家庭个人计算机。

移动型 CPU 主要用于笔记本计算机和平板电脑。移动型 CPU 的性能要低于桌面型 CPU，移动型 CPU 的主要特点是低功耗和低发热。

服务器型 CPU 的性能高于桌面型产品，但是价格大大高于桌面型产品。服务器型 CPU 产品的特点是可以利用多个 CPU 组成多处理器系统。

嵌入式 CPU 主要用于工业控制计算机（如 Intel 8051）和智能手机（如 Intel PXA272）。

表 3-2　Intel 公司主要 CPU 产品系列

产品类型	产品系列	产品型号			
		45nm	65nm	90nm	130nm
桌面型	酷睿系列	Core i7[4] Core2 Quad[4] Core2 Duo[2]	Core2 Quad[4] Core2 Duo[2]	Core [2] Core2 Duo[2]	N/A
	奔腾系列	Pentium E5200[2]	Pentium EE[2] Pentium D[2]	Pentium D[2] Pentium 4[1]	Pentium 4[1] Pentium Ⅲ[1]
	赛扬系列	N/A	Celeron D[1]	Celeron[1]	Celeron[1]
移动型	移动酷睿	Core2 Quad M[4] Core2 Duo M[2] Core2 Solo[1/2]	Core2 Quad M[2] Core2 Duo M[2] Core Solo[1]	N/A	N/A
	凌动系列	Atom N230 系列[1] Atom N330 系列[2] Atom Z500 系列[1]	N/A	N/A	N/A
	迅驰系列	N/A	Centrino 2[1]	Centrino[1]	N/A
	移动奔腾	NA	N/A	Pentium M[1]	Pentium M[1]
	移动赛扬	Celeron M[1]	Celeron M[1]	Celeron M[1]	Celeron M[1]
服务器型	至强系列	Xeon [2/4/6/8]	Xeon[2]	Xeon[1]	Xeon[1]
	安腾系列	N/A	Itanium 2[2]	Itanium 2[2]	Itanium[1] Itanium 2[1/2]

注：［ ］内数值为 CPU 内核数；N/A 为没有相应产品。

2. AMD 公司 CPU 产品类型

Intel 与 AMD 公司的 CPU 虽然在性能和软件兼容性方面不相上下，但配套的硬件平台并不能相互完全兼容。例如，它们需要不同的主板进行产品配套。AMD 公司目前典型的 CPU 产品如表 3-3 所示。

AMD Phenom 系列，中文商标为"翌龙"。有 PhenomⅡ、Phenom 两个子系列的产品，有 4 内核、3 内核的产品，是 AMD 主推产品。

AMD Athlon 系列，中文商标为"速龙"。有 Athlon X2、Athlon FX、Athlon 等子系列。

AMD Sempron 系列，中文商标为"闪龙"，是 AMD 系列低端产品。

AMD 笔记本系列 CPU 中文商标为"炫龙"，产品分类较为繁杂。

AMD Opteron 系列，中文商标为"皓龙"，主要用于服务器产品。

表 3-3　AMD 公司 CPU 产品系列

产品类型	产　品　型　号			
	45nm（K10）	65nm（K8L）	90nm（K8）	130nm（K7）
桌面型	Phenom Ⅱ X4[4/6] Athlon Ⅱ X2[2]	Athlon X2[2] Phenom X2[2]	Athlon 64 X2[2] Athlon 64[1]	Athlon 64 [1]
移动型	Turion Ⅱ [2] Athlon Ⅱ [2]	Turion X2[2] Athlon 64 X2[2]	Turion 64[1] Mobile[1]	Mobile[1]
服务器型	Opteron[4]	Opteron[2]	Opteron[2]	Opteron[1]

注：[ ]内数值为 CPU 内核数。

3.1.3　CPU 型号标识

1．CPU 型号标识方法

如图 3-2 所示，Intel CPU 在金属外壳上蚀刻了几行字母，它们的具体含义如下。

Intel 商标/生产日期/产品型号
产品型号
S-Spec 编码/CPU 封装地
主频/二级缓存/前端总线频率/兼容规范
产品出厂编号

图 3-2　Intel CPU 产品标记

第 1 行按"Intel 商标/生产日期/产品型号"进行标记，如 INTEL 08 i7-920。

第 2 行标记为产品型号，如 INTEL CORE i7。

第 3 行为 S-Spec 编码和 CPU 封装地。CPU 产地有 COSTA RICA（哥斯达黎加），MALAY（马来西亚），CHINA（中国）等。如标记为"SLBCH COSTA RICA"时，"SLBCH"是 S-Spec 编码，"COSTA　RICA"表示 CPU 芯片在哥斯达黎加最后封装。

第 4 行为 CPU 技术参数，按"主频/二级或三级缓存/前端总线频率/兼容规范"顺序排列。如"2.66GHZ/8M/4.80/08"的标记表示：CPU 主频 2.66GHz，CPU 三级高速缓存 8MB，前端总线频率 4.8GT/s，08 为平台兼容标准。不同型号的 CPU，这一行参数各不相同。

第 5 行是产品出厂编号，Intel 公司没有公布编号的具体含义。

2．S-Spec 编码方法

S-Spec 编码是 Intel 公司为方便用户查询 CPU 产品所制定的一组编码，它标注在 CPU 包装盒的标签和 CPU 金属外壳上（如图 3-2 所示）。S-Spec 编码很好识别，它们为 5 位，以"SL×××"进行标记，"×××"为英文字母或数字。没有 S-Spec 编码的 CPU 大多是工程测试样品。

通过 Intel 官方网站（http://processorfinder.intel.com/Default.aspx），可以直接查到 S-Spec 编码 CPU 的相关性能参数和技术文档（如图 3-3 所示）。这些技术参数包括 CPU 主频、CPU 电源标准、前端总线频率、CPU 插座形式、制程工艺、发热功率、工作电压等。大部分技术参数很好理解，个别参数的含义如下。

PCG（平台兼容性指南）参数是 CPU 发挥正常功能所必需的电源标准版本，PCG 参数还提供哪种 CPU 可用于哪种主板的简便识别方法。这个标准仅适用于桌面 CPU，笔记本 CPU 和服务器 CPU 均无此参数。

图 3-3　Intel Core i7 CPU 的 S-Spec 编码实例

3. 工艺步进

工艺步进编号表示 CPU 设计或制造的修订版本。工艺步进参数使用"字母+数字"表示。一般英文字母和数字越大，CPU 核心工艺就越新，也意味着 CPU 工作更稳定，例如，Intel Core2 E8500 CPU，有"E0"和"C0"两种工艺步进，而 E0 核心要比 C0 核心更稳定。

CPU 从设计到最终推向市场，会经历无数苛刻的系统测试。即使如此，有些细小的问题还是要到实际应用的时候才能发现。对于在使用中发现的问题，Intel 公司会推出新步进的 CPU，解决已经发现的问题。其次，CPU 制造工艺一直处于不停的升级之中，这些升级未必是很大的改进，而是局部的，某些细节工艺的提升，这种情况也会使得 CPU 采用新的步进工艺。仔细比较就会发现，工艺步进实际上与某款特定型号的 CPU 无关，一款特定步进的晶圆可以应用在多款 CPU 核心制造上。

CPU 制造工艺的逐步提升和硬件纠错是工艺步进提升的原因。通常来说，新步进的 CPU 超频能力更强，发热也会略低。如果两颗 CPU 型号相同，但工艺步进不同，从 CPU 超频角度看，CPU 升级步进工艺的同时，一般也会提高 CPU 的超频能力。提高 CPU 性能的方法如图 3-4 所示。

提高CPU性能的方法
改进体系结构：流水线技术，超标量技术，高速缓存技术，分支指令预测技术，乱序执行技术，64位处理技术，同步多线程技术，多核结构，内存控制器集成结构，图形处理单元集成结构，虚拟化技术，节能技术，温度控制技术，采用模块化设计
改进指令系统：x86指令系统，MMX指令扩展，SSE指令扩展，3DNow! 指令扩展，IA-64指令系统
改进生产工艺：减小制程线宽，采用新型栅极隔离层材料，采用新型内核填充材料，采用新型内核线路材料，增加晶体管数量，改进封装技术
改进工作环境：加大电源功率，降低工作电压，进行温度监测，消除电磁干扰，提高前端总线速率

图 3-4　提高 CPU 性能的基本方法

3.1.4 CPU 基本组成

1. CPU 基本组成

大部分 CPU 采用 LGA 或 FC-PGA 封装形式。FC-PGA 封装是将 CPU 核心封装在基板上，这样可以缩短连线，并有利于散热。LGA 采用无针脚触点封装形式。如图 3-5 所示，CPU 由半导体硅芯片、基板、针脚或无针脚触点、导热材料、金属外壳等部件组成。

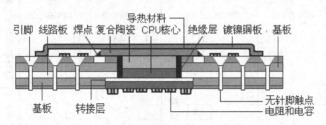

图 3-5　CPU 基本组成剖面图

（1）外壳（IHS）。CPU 金属外壳采用镀镍铜板，它的作用是保护 CPU 核心不受外力的损坏。外壳表面非常平整光滑，这有利于与 CPU 散热片的良好接触。

（2）导热材料（TIM）。在金属外壳内部与复合陶瓷之间，填充了一层导热材料，导热材料一般采用导热膏，它具有良好的绝缘性和极佳的导热性能，它的功能是将 CPU 内核发出的热量传导到金属外壳上。

（3）CPU 核心（die）。CPU 核心是一个薄薄的硅晶片，尺寸一般为 12mm×12mm×1mm 左右。目前 CPU 核心中有多个内核（2/4/6/8 个），8 内核的 Intel Xeon CPU 集成的晶体管数达到了 24 亿个。

（4）转接层。CPU 核心与基板之间有一个转接层，它的作用有三个：一是将非常细小的 CPU 内核信号线转接到 CPU 针脚上；二是保护脆弱的 CPU 核心不受损伤；三是将 CPU 核心固定在基板上。转接层采用复合材料制造，有良好的绝缘性能和导热性能。在转接层上，采用光刻电路与 CPU 内核的电路直接相连。在转接层下面，采用焊点与基板上的线路相连。

（5）基板。金属封装壳周围是 CPU 基板，基板的功能一是连接转接层与 CPU 针脚，另外一个功能是设计一些电路，防止 CPU 内核的高频信号对主板产生干扰。

（6）电阻和电容。基板底部中间有的电容和电阻，主要用于消除 CPU 对外部电路的干扰，以及与主板电路进行阻抗匹配。每个系列的 CPU 产品，这些电容和电阻的排列方式都有所不同。

（7）针脚。基板下面的镀金无针脚触点，是 CPU 与外部电路连接的通道。

2. CPU 内核组成

Core i7 系列 CPU 内核如图 3-6 所示，Core i7 CPU 一共有 4 个物理内核，内核面积为 18.9mm×13mm=246mm^2。每个 CPU 核心可以同时支持两个线程运行。每个核心都具有单独的 L1 与 L2 级高速缓存，同时 4 个核心使用共享的 L3 级高速缓存。在 Core i7 CPU 内部首次引入了 IMC（集成内存控制器）和 QPI（快速路径互连）总线。

Core i7 CPU 内核分为核心（Core）与非核心（UnCore）两大部分。核心部分包括 CPU 执行流水线和 L1、L2 级高速缓存。非核心部分为 L3 级高速缓存、集成内存控制器（IMC）、快速路径互连总线（QPI），以及功耗与时钟控制单元等。

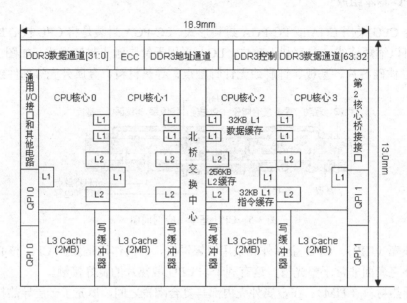

图 3-6   Intel Core i7 CPU 内核示意图

3.1.5   CPU 接口形式

CPU 是一个独立的产品，它需要通过接口与主板连接后才能工作。CPU 接口经过多年的发展，采用的插座形式有双列直插（DIP）插座、Socket 零插拔力插座、LGA（触点阵列封装）无针脚插座、BGA（球栅阵列封装）表面贴装等形式。不同类型的 CPU 接口，它们的插孔数量和形状都不相同，工作电压也不相同，不能互相混用，因此插座一般采用防呆设计。

从 80486 开始，CPU 开始使用一种"Socket"的零插拔力（ZIF）插座，它通过插座旁边杠杆的开合，可以将 CPU 很轻松地放入插座中，然后将压杆压回原处，利用插座本身结构产生的挤压力，将 CPU 的引脚与插座牢牢地接触，以消除 CPU 引脚与主板插座接触不良的问题。拆卸 CPU 时，只需要将压杆轻轻抬起，则压力解除，CPU 即可轻松取出，Socket 插座即使多次使用也不会造成磨损。Socket 插座大多根据 CPU 引脚的多少进行编号，如 Intel 公司早期使用的 Socket 370、Socket 423、Socket 478 等 CPU 插座；AMD 公司使用的 Socket 754、Socket 939、Socket 940 等插座，AMD 公司目前仍然在使用这类插座，如 940 针的 Socket AM2+、938 针的 Socket AM3 插座（如图 3-7 所示）。

Intel 公司 LGA 775、LGA 1156、LGA 1366 封装的 CPU 插座没有针脚，只有一排排整齐排列的金属圆点，因此 CPU 不能利用针脚进行固定，而需要一个安装扣架固定，使 CPU 可以正确压在 LGA 插座上的弹性触须上。LGA 封装原理与 BGA 封装相同，只不过 BGA 是用锡焊在主板上，而 LGA 插座可以随时解开扣架，更换芯片（如图 3-7 所示）。

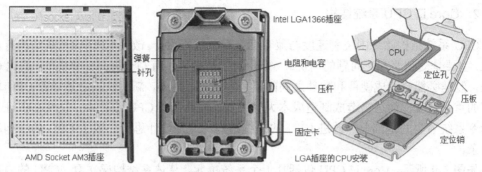

图 3-7　主板上的 CPU 插座形式与安装方法

　　AMD 公司的 CPU 产品采用了短针脚设计，Intel 公司则取消了 CPU 针脚。因为针脚有一定的电容性，会产生噪声干扰，加上针脚形同天线，非常容易接收干扰。而且针脚越长，噪声信号越大。虽然减短针脚可以降低噪声，但针脚太短又可能出现接触不良，而且增加了生产成本。LGA 无针脚封装技术虽然成本较高，但能解决干扰问题。

3.2　CPU 基本结构

3.2.1　CPU 系统结构

1. CPU 工作过程

　　如图 3-8 所示，CPU 工作过程大致如下：指令和数据在执行前，首先要加载到内存或 CPU 内核的高速缓存（L1/L2/L3 Cache）中，这个过程称为缓存。CPU 根据指令指针（PC）寄存器指示的地址，从高速缓存或内存中获取指令；然后对分支指令进行预测工作，这个过程称为取指令（IF）。CPU取到指令后，需要判断这条指令是什么类型的指令，需要执行什么操作，并负责把取出的指令译码为微操作（μOP）指令，这个过程称为译码（DEC）。指令译码后可以得到操作码和操作数地址，然后根据地址取操作数。然后需要对多条微操作指令分配计算所需要的资源（如寄存器、加法器等），这个过程称为指令控制（ICU）或指令分派。当

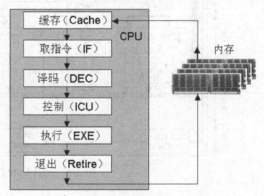

图 3-8　CPU 指令执行过程示意图

操作数被取出来以后，计算单元（如 ALU）根据操作码的指示，就可以对操作数进行正确的计算了，指令的计算过程称为执行（EXE）。执行结束后，计算结果被写回到 CPU内部的寄存器堆中，有时需要将计算结果写回到缓存和内存中，这个过程称为退出（Retire）或写回。到此为止，一条指令的整个执行过程就完成了。

2．Core i7 CPU 系统结构

CPU 系统结构始终围绕着速度与兼容两个目标进行设计。改变 CPU 的系统结构有很多困难，主要是受到兼容性问题的困扰。一个全新的结构虽然有利于提高计算性能，简化 CPU 结构，但是必然会造成硬件和软件之间的不兼容现象。另外，新的结构必然导致 CPU 加工工艺的重大改变，而这将造成制造成本大幅增加。因此，在 CPU 设计中，往往在保证与以前指令系统兼容的基础上，改进 CPU 的系统结构。这种设计思想导致了 CPU 的结构越来越复杂。

如图 3-9 所示，Core i7 CPU 包括几十个系统单元。从体系结构层次看，CPU 的内部结构主要有缓存单元（Cache）、取指单元（IF）、译码单元（DEC）、控制单元（ICU）、执行单元（EXE）、退出单元（RU）等。

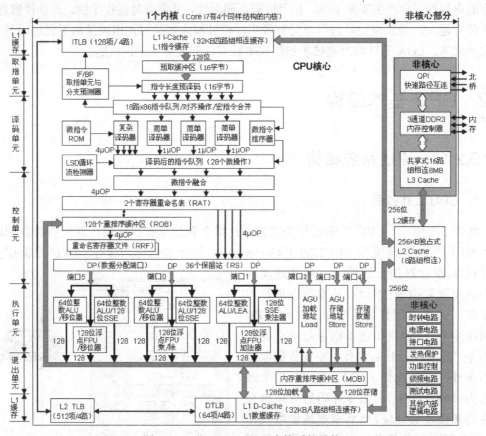

图 3-9　Intel Core i7 CPU 内核系统结构

3．Core i7 CPU 指令执行速度

如图 3-9 所示，Core i7CPU 每个单核有 5 个 64 位整数算术逻辑运算单元（ALU），3 个 128 位的浮点处理单元（FPU）。CPU 中每个核心在最好的情况下，理论上每个时钟周期可以进行以下操作：取指令或数据 128 位/周期；译码 4 条 x86 指令（1 个复杂指令，3 个简单指令）/周期；发送 7 条微指令/周期；重排序和重命名 4 条微指令/周期；发送 6 条微指令到执行单元/周期；执行 5×64 位=320 位整数运算/周期；或执行 3×128 位=384 位浮点

运算/周期；完成并退出 4 条微指令（128 位）/周期。CPU 在 3.2GHz 频率下的峰值浮点性能为 51GFLOPS（双精度）或者 102GFLOPS（单精度）。

Core i7CPU 有 4 个物理核心，以下讨论单核下的基本结构和工作原理。

3.2.2　高速缓存单元

1. 存储器局部性原理

对大量程序运行情况的统计表明，在一个较短的时间内，指令的地址往往集中在内存地址空间的很小范围内。这种对局部范围的内存地址频繁访问，而对此范围以外的地址则访问比较少的现象，称为存储器局部性原理。局部性分为时间局部性和空间局部性，时间局部性指近期被访问的程序代码，很可能不久将再次被访问；空间局部性是指地址上相邻近的程序代码，可能会被连续地访问。

指令地址的分布一般是连续的，即程序往往重复使用它刚刚使用过的数据或指令。再加上循环程序段和子程序段需要重复执行多次，因此，对这些地址的访问就具有空间上集中的倾向。

数据分布的随机性较大，集中存放的倾向不如指令明显。但是程序中经常使用数组这种数据结构，它在内存单元中的分布也是相对集中的。

2. 高速缓存技术

根据存储器局部性原理，可以在内存与 CPU 寄存器之间设置一个高速（与计算单元速度同步）的和容量相对较小的存储器，将一部分马上需要执行的指令或数据，从内存复制到这个存储器中，供 CPU 在一段时间内使用。这个介于内存与 CPU 之间的高速存储器称为 Cache（高速缓冲存储器，来自法语 cacher，原意是隐藏，发音为 cash）。CPU Cache 全部操作由硬件进行控制，对软件和程序员都是透明的。

Intel 公司从 80486 开始采用 Cache 技术来改善 CPU 性能，其他存储器与 Cache 之间的关系如图 3-10 所示。

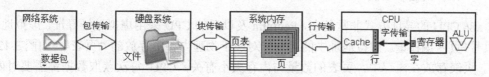

图 3-10　其他存储器与 Cache 之间的关系

3. 高速缓存的命中率

CPU 访问存储系统时，在存储系统中找到所需数据的概率称为命中率，命中率计算方法如下所示，命中率越接近于 1 越好。

$$命中率 = \frac{命中次数}{访问次数} \qquad (3\text{-}1)$$

CPU 访问存储系统时，通常先访问 Cache，由于 CPU 所需要的信息不会百分之百地在 Cache 中，这就存在一个命中率的问题。从理论上说，只要 Cache 的大小与内存的大小保持适当比例，Cache 的命中率是相当高的。对于没有命中的指令或数据，CPU 只好再次访问内存，这时 CPU 将会浪费更多的时间。

为了保证 CPU 访问 Cache 时有较高的命中率，Cache 中的内容一般按一定的算法进行替换。较常用的算法有"最近最少使用算法"（LRU），它是将最近一段时间内最少被访问过的 Cache 数据行淘汰出局。目前 CPU 高速缓存的命中率可达到 95% 以上。

4. Core i7 CPU 高速缓存结构

Core i7 CPU 高速缓存结构如图 3-11 所示。Intel 公司将 CPU 中的缓存分为一级缓存（L1 Cache）、二级缓存（L2 Cache）和三级缓存（L3 Cache）。在 L1 缓存中，分为数据缓存（D-Cache）和指令缓存（I-Cache），两者可以同时被 CPU 访问，减少了争用缓存造成的冲突，提高了处理器效能。L1Cache 容量一般为 32KB（AMDL1Cache 为 64KB）；L2Cache 容量为 128KB～2MB；L3Cache 容量一般在 2～12MB。Cache 容量是提高 CPU 性能的关键。

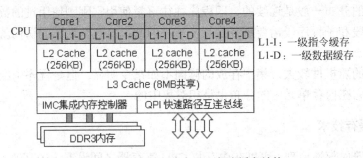

图 3-11　Intel Core i7 CPU 高速缓存结构

CPU 中 80% 的数据申请都可以在 L1 Cache 中命中，只有 20% 的数据申请需要另外查找；而这 20% 的数据申请中的 80%，又可以在 L2 Cache 中找到；在拥有 L3 Cache 的 CPU 中，只有大约 4% 左右的数据申请需要从内存中调用。可见，3 级缓存结构大大提高了 CPU 的运行效率。

5. TLB 的基本功能

x86 CPU 的寻址方式非常复杂，Pentium 及以后的 CPU 采用虚拟地址寻址，虚拟地址=虚页号+页内偏移量。虚拟地址中的虚页号对应于物理内存中存放的"页表"（如图 3-12 所示）。页表存放在内存中，页表的数量与内存大小有关。CPU 每次获取数据都需要对内存进行两次访问。第一次是根据虚拟地址访问内存页表，获得访问数据的实页号；第二次是根据虚拟地址中的页内偏移访问数据的物理地址，这种访问模式对 CPU 性能影响很大。

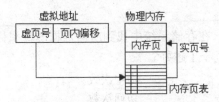

图 3-12　虚拟地址与物理地址的映像

为了减少 CPU 访问内存的次数，CPU 内部设计了 TLB（快表）。TLB（如图 3-13 所示）

是一个专用的高速缓存，用于存放近期经常使用的页表项，内容是内存中页表部分内容的副本。这样，CPU 进行地址转换时，可以在 TLB 中直接进行。只有偶尔在 TLB 不命中时，才需要访问内存中的页表。TLB 是将虚拟内存地址转换成物理内存地址的硬件单元。CPU 寻址时会优先在 TLB 中进行查询，这样 CPU 的性能就得到了提高。

3.2.3　取指令单元

1．指令预取单元结构

Intel Core i7 CPU 的指令预取单元（IFU）由 16 字节（128 位）的指令预取缓冲区、16 字节的指令长度预译码单元和指令分支预测器组成（如图 3-13 所示）。

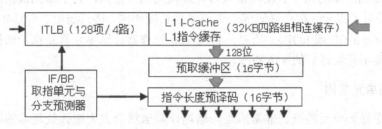

图 3-13　Intel Core i7 CPU 取指令单元结构

2．指令预取缓冲区

Core i7 处理器在每个时钟周期内，可以从 L1 I-Cache（指令缓存）中取回一个长度为 16 字节（128 位）的指令块。如果指令的平均长度不超过 4 个字节，那么 Core i7 平均每个时钟周期可以处理 4 条指令。如果指令的平均长度为 5 字节，那么 Core i7 平均每个时钟周期最多能处理 3 条指令。这样，当指令长度过大时，就无法满足译码器的需求。如果指令预取单元一次能取回 32 字节的代码块，那么译码器就能保证每个时钟周期译码 5 条指令。

需要注意的是，处理器的很多指令长度有可能大于 5 个字节。在 SSE 扩展指令集中，一个简单的 SSE 指令可以在两个寄存器之间完成数据传输。在 64 位模式中，SSE 指令的长度经常会高达 7～9 个字节。

3．指令长度预译码器

x86 指令的长度是可变的，因此很难确定这些指令的长度。为了使指令长度不影响指令的执行速度，Core i7 处理器在正式译码前，会对指令长度进行预译码。指令长度预译码后，就可以区分出简单指令和复杂指令，并且将它们分派到不同的译码器。

4．指令分支预测器

在进行分支指令处理时，CPU 需要对执行指令进行预测，以避免出现译码中断。x86 分支指令包括无条件分支（如 CALL 语句）和有条件分支（如 IF 语句）。无条件分支总是改变程序的流程。有条件分支则分为两种情况，当条件成立时，改变程序流程；当条件不成立时，按原有顺序执行下一条指令。应用程序中约有 10%的语句是无条件分支，10%～20%的语句是有条件分支。如果 CPU 中没有分支指令预测单元，当遇到"if then else"这样的语句，就必须等待条件判断成立之后，才能继续执行计算，这会浪费不少时间。

分支指令预测的基本设计思想是：设立一个分支目标缓冲区（BTB），其中存放最近一次运行时，分支判断成功的信息（如指令地址、分支目标、指令指针等）。如果当前指令与分支目标缓冲区中某一条指令的地址相同，则确定该指令是分支指令，并预测成功，从分支目标缓冲区直接获得目标指令指针。反之，则顺序取指令。

分支指令预测技术在不改变指令系统的情况下，大幅度提高了 CPU 流水线的计算性能，缺点是实现技术复杂。

3.2.4　译码单元

由于 x86 指令集的指令长度、格式与寻址模式相当复杂，为了简化数据通道的设计，x86 处理器采用了将 x86 指令译码成一个或多个长度相同、格式固定、类似 RISC 指令形式的微指令（Micro-OP 或 μOP）。所以，目前 x86 处理器计算单元真正执行的指令是译码后的微指令，而不是编译后的 x86 指令。

1．译码单元结构

x86 指令译码单元的设计非常困难，增加译码虽然会大大增强处理器的译码能力，但是译码单元电路复杂，会提高 CPU 内核的复杂度和功耗。如图 3-14 所示，Core 处理器的译码单元设计有 4 个译码器，其中，3 个简单指令译码器，1 个复杂指令译码器，每个时钟周期可以生成 7 条微指令（μOP）。

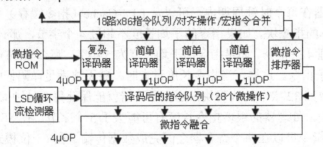

图 3-14　Intel Core i7 CPU 译码单元结构

指令译码分为硬件电路译码和微指令译码，从运算速度上看，硬件电路译码的速度比微指令译码要快，但是硬件译码电路复杂，而且扩展指令时，需要重新设计硬件译码电路。微指令译码速度慢，但是指令扩展容易实现。

2．简单指令译码器（SD）

简单译码器可以用来处理对应一条微指令的简单 x86 指令，例如，所有的 SSE 指令都可以用简单译码器处理，生成一条微指令。在实际应用中，往往采用硬件电路实现简单 x86 指令的译码。

3．复杂指令译码器（CD）

对于复杂的 x86 指令，往往采用微指令进行译码器设计，复杂译码器用来处理对应 4

条微指令的复杂 x86 指令。如果遇到非常复杂的指令，还可以借助旁边的微码 ROM 取得微指令序列。例如，向量指令是一种复杂的 x86 指令，它需要微码 ROM 和译码器共同完成译码工作。由于应用程序很少使用复杂的 x86 指令，因此复杂指令译码器对 CPU 的整体性能影响不大。

4. 循环回路探测器（LSD）

一旦译码器将 x86 指令译码成微操作指令后，就将微指令放入译码后的指令队列（微操作缓冲区），这时循环流检测器（LSD）就会对微指令进行循环预测。循环流检测器用于正确预测循环的结束，它记录下每个循环结束前所有的详细分支地址，当下一次同样的循环程序运行时，CPU 内核的 ROB（重排序缓冲区）和 RS（保留站）就可以准确快速地完成任务。

5. 微指令 ROM

复杂译码器能将 x86 指令译码为 1～4 个微指令长度，而比这还要复杂的指令（如 15 个字节长度的指令），就需要由微指令 ROM 和复杂译码器共同处理。微指令控制的基本思想是：将复杂的 x86 指令编制成多条微指令，以简化控制操作；然后由若干微指令组成一段微程序，解释执行一条复杂的 x86 指令；微指令编制好后，事先存放在 ROM 控制存储器（CM）中，执行复杂 x86 指令（多于 4 条微指令）译码时，由微指令 ROM 和复杂译码器共同译码。由于微指令译码速度慢于硬件译码，因此对不常使用或复杂的指令才调用微指令译码。

3.2.5　控制单元

1. 指令控制单元基本结构

Core 处理器的指令控制单元（ICU）采用乱序执行技术（OOO），如图 3-15 所示，主要部件包括寄存器重命名表（RAT）、重排序缓冲区（ROB）、重命名寄存器文件（RRF）和保留站（RS）等。

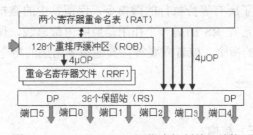

图 3-15　Intel Core i7 CPU 指令控制单元结构

2. 乱序执行（OOO）技术

乱序执行指 CPU 允许多条指令，不按程序规定的顺序，分开发送给各相应电路单元进行处理，然后将处理结果重新排序。

例如，某一程序片段有 5 条指令，这时 CPU 乱序执行引擎将检查这些指令能否提前执行（相关性检查）；如果没有指令和数据相关，就根据各单元电路的空闲状态，将能够提前执行的指令立即发送给相应电路执行。各单元乱序执行完指令后，乱序执行引擎再将运算结果重新按原来程序指定的顺序排列。

在按序执行中，一旦遇到指令依赖的情况，流水线就会停滞，如果采用乱序执行，就可以跳到下一个非依赖指令并发布它。这样，执行单元就可以总是处于工作状态，把时间浪费减到最少。采用乱序执行技术的目的是为了使 CPU 内部电路满负荷运转，提高 CPU 运行程序的速度。

3. 寄存器重命名（RAT）

在具有多个执行单元（如 ALU）的 CPU 设计中，多个执行单元可以同时计算一些没有数据关联性的指令，从而总体提升计算效率。在乱序执行技术中，不同的指令可能会需要用到相同的通用寄存器（GPR），特别是指令需要改写该通用寄存器的情况下，为了让这些指令能并行计算，解决方法是对一些寄存器进行重命名，不同的指令可以通过具有相同名字，但实际不同的寄存器来解决。

Core i7 的寄存器重命名表（RAT）指明每一个寄存器要么进入重排序缓冲区（ROB），要么进入重命名寄存器文件（RRF），并且 ROB 保存绝大多数最近的推测执行状态，而 RRF 则保存绝大多数最近执行的非推测状态。RAT 分配给每一个微操作在 ROB 中一个目的寄存器，微指令读取它们 ROB 中的源操作数，并发送到保留站（RS）。

4. 重排序缓冲区（ROB）

经过寄存器重命名后，微指令将分发到 ROB（重排序缓冲区）中，同时发送到 RS（保留站），这个阶段称为分发。ROB 的职责就是始终保持跟踪微指令的运行，并且控制它们的退出。ROB 将乱序执行完毕的微指令，按照原始顺序重新排序，以保证所有的微指令在逻辑上实现正确的因果关系。

5. 保留站（RS）

RS（保留站）保存了所有等待执行的微指令，保留站中的微指令和数据可以直接进入 ALU（算术逻辑运算单元）。RS 的另一个作用是监听内部总线，保留站内是否有需要读取 L1 或 L2 缓存乃至内存的指令，或者需要等待其他指令结果的指令。

3.2.6　执行单元

1. 执行单元（EXE）结构

如图 3-16 所示，执行单元包括 5 个 64 位的整数算术逻辑运算单元（ALU），3 个 128 位的浮点处理单元（FPU）和 3 个 128 位的 SSE 向量处理单元（其中两个与 ALU 共用）。其中 3 个浮点单元和 3 个 SSE 单元共享某些硬件资源。

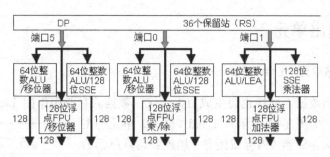

图 3-16　Intel Core i7 CPU 执行单元结构

2. 数据分配端口（DP）

为了配合 Core i7 的 36 个保留站（RS），Core i7 设计了 6 个数据分配端口（DP），每个端口有多个不同的单元，以执行不同的任务。然而在同一时间内，一个数据分配端口只能由一条微指令进入。因此也可以认为，Core i7 处理器有 6 个执行单元，在每个时钟周期内可以执行最多 6 个操作（或者说 6 条微指令）。

3. 整数执行单元（IEU）

Core i7 处理器的单核有 3 个 64 位 IEU（复杂整数执行单元，即 ALU），每个执行单元可以独立处理一个 64 位的整数数据；另外，Core i7 还有两个 SIU（简单整数处理单元，即 ALU）来快速运算较简单的任务。

对 x86 CPU 来说，Core CPU 首次实现了在 1 个时钟周期内，并行完成 5 条 64 位的整数运算。但是，由于 3 组整数执行单元使用了各自独立的数据分配端口，因此 Core i7 处理器的单核可以在一时钟周期内同时执行 3 组 64 位的整数运算。

4. 浮点处理执行单元（FPEU）

Core 处理器内核中包含兼容 IEEE 754 和 IEEE 854 标准的浮点处理单元，用于加速 x86 浮点运算。浮点运算需要很高的精度，计算量大，结构也异常复杂。在处理器中，浮点运算与整数运算的指令调度是完全分离的，并且它们的处理方式也完全不同。

Core i7 处理器的单核具有 3 个并行工作的浮点处理执行单元（FPEU），可以同时处理向量和标量的浮点数据，位于端口 1 的 FPEU-1 浮点处理执行单元负责加减等简单的运算，而端口 0 的 FPEU-2 浮点处理执行单元则负责乘除等运算，端口 5 的 FPEU-5 浮点处理执行单元则负责移位等运算。这样 Core i7 具备了在一周期内完成 3 条浮点指令的能力。

5. 向量执行单元（SSE）

向量计算是一种新型的浮点指令，MMX（64 位）、3DNow!（64 位）、SSE（128 位）都是向量指令集，向量指令也称为 SIMD（单指令多数据流）。

Core 处理器单核能够在单循环内完成 128 位向量运算，这样 Core 处理器可以将 128 位的大量 MUL（乘法）、ADD（加法）、Load（加载）、Store（存储）、COM（比较）、JMP（跳转）等指令，集成在一个周期中全部完成，使运算性能得到大幅提高。

3.2.7　退出单元

1．载入/存储单元（Load/Store）结构

运算需要用到数据，同样也会生成数据，这些数据的存取操作由 Load/Store（载入/存储）单元来完成（如图 3-17 所示）。Load（载入）单元的主要功能是将数据从存储器（内存或缓存）加载到运算单元的寄存器中（内存中的数据不变）；Store（存储）单元主要功能是将计算结果从寄存器写回存储器中（内存中的数据可能改变）。在 Core i7 处理器中，一个 Store 操作可分解成为两个微操作，一个用于计算地址，另外一个用于数据存储，这种方式可以提前预知 Store 操作的地址，初步解决了数据相关性问题。

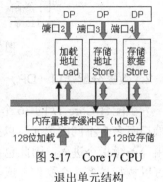

图 3-17　Core i7 CPU
退出单元结构

在 CPU 中，Load/Store 操作（如 MOV、PUSH 等）十分频繁，约占所有指令的 1/3，因此它对系统性能的影响很大，特别是 x86 这样通用寄存器（GPR）较少的 CPU。Load 操作的发生频率比 Store 操作高，并且，Store 操作并不是影响系统性能的关键因素。因为在数据开始写入后，CPU 可以马上开始进行下面的工作，而不必等到写入操作完成。"缓存-内存"控制会负责将数据的整个部分写入到缓存，并复制到内存。

2．内存重排序缓冲区（MOB）

MOB 的主要功能是对指令乱序执行的结果，重新按原指令顺序进行排序。从 MOB 中移出一条指令就意味着这条指令执行完毕了，这个阶段称为 Retire（退出），相应地，MOB 往往也称为退出单元。

在一些超标量 CPU 设计中，退出阶段会将 MOB 的数据写入 L1 D-Cache（1 级数据缓存），而在另一些设计里，写入 L1 D-Cache 由另外的队列完成。例如，Core i7 处理器的这个操作就由 MOB（内存重排序缓冲区）来完成。

3.3　CPU 设计技术

3.3.1　x86 指令系统

1．x86 基本指令集

Intel 公司于 1978 年发布了 8086 指令集。这些指令分为两部分，一部分为标准 8086 指令，另一部分为 8087 浮点处理指令，一共 166 条，这些指令奠定了 x86 指令集的基础。

x86 指令是一种复杂指令系统，而且没有什么规律。x86 指令长度为 1～15 字节不等，大部分指令在 5 个字节以下。从 Pentium Pro CPU 开始，Intel 公司将长度不同的 x86 指令，

在 CPU 内部译码成长度固定的 RISC（精简指令系统）指令，这种方法称为微指令或微操作（μOP）指令。

2. MMX 扩展指令集

1997 年，Intel 公司推出了 MMX（多媒体扩展）指令集，它包括 57 条多媒体指令。MMX 指令主要用于增强 CPU 对多媒体信息的处理能力，提高 CPU 处理 3D 图形、视频和音频信息的能力。在传统 8086 指令集中，无论多小的数据，一次只能处理一个数据，因此耗费时间较长。为了解决这一问题，在 MMX 技术中采用了单指令多数据（SIMD）技术，可使用一条指令对多个数据同时进行处理，它一次可以处理 64 位任意分割的数据。

3. SSE 扩展指令集

1999 年，Intel 公司在 Pentium Ⅲ CPU 产品中推出了 SSE（数据流单指令序列扩展）指令集，Intel 和 AMD 公司希望用 SSE 指令集来取代 x87 浮点指令集。

SSE 指令集主要包含优化内存中连续数据块传输指令，提高 3D 图形运算效率的 SIMD 浮点运算指令，MMX 整数运算增强指令等。这些指令对图像处理、浮点运算、3D 运算、视频处理、音频处理等多媒体应用起到全面强化的作用。

4. x86-64 指令集

AMD 公司推出的 x86-64 指令集主要用于 x86 系列 CPU 进行 64 位计算。x86 是最成功的指令集，从目前来看，x86 指令集并不会很快淘汰，因为它是全球主流应用软件所采用的标准指令集，因此延续 x86 指令集的使用寿命是目前最经济的方式。

3.3.2　流水线技术

流水线技术是现代计算机系统设计中的一项关键技术。

1. 流水线的基本设计方法

流水线设计的基本方法是：将一个重复的指令执行过程分解成为若干个子过程，而每个子过程都可以在专门设计的功能段上与其他子过程同时执行。每个子过程称为流水线的"级"或"段"。"级"的数量称为流水线的"深度"。各个功能段所需的时间应尽量相等，否则，时间长的功能段将成为流水线的瓶颈，会造成流水线的"堵塞"和"断流"，功能段的时间一般为一个时钟周期。

在 CPU 中，一条指令的执行过程可以分解为：取指令（IF）→指令译码（DEC）→取操作数（MEM）→执行计算（EXE）→写回结果（WB）。当指令获取单元读取了第 1 条指令后，马上进行第 2 条指令的获取操作，并不需要等待指令执行完成后再进行。CPU 的译码、执行等单元也是这样，这就形成了一条流水线作业系统。虽然流水线使指令的执行周期延长了，但能使 CPU 在每个时钟周期都有指令输出。流水线的不同结构如图 3-18 所示。早期在 CPU 内部设计过多条流水线（如图 3-18（e）所示），但由于制造复杂，目前很少采用这种设计方案。目前大部分 CPU 设计方案是采用一条流水线，但是设计多个功能处理单元（如图 3-18（f）所示）。

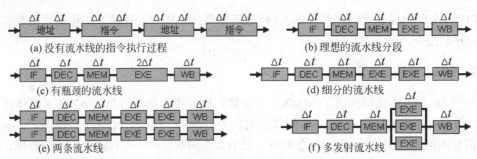

图3-18　不同形式的流水线结构示意图

2．理想的流水线

流水线设计的关键在于时序的合理安排，如果前级操作时间恰好等于后级的操作时间，设计最为简单，前级的输出直接汇入后级的输入即可。如果前级操作时间大于后级的操作时间，则需要对前级输出的数据适当缓存，才能汇入到后级输入端。如果前级操作时间恰好小于后级操作时间，则必须通过复制逻辑，将数据流分流，或者对前级数据采用存储后处理方式，否则会造成后级数据溢出。理想的流水线必须具备以下条件：

（1）所有指令都必须通过相同的流水段顺序流出。

（2）两个流水段之间不共享任何资源。

（3）通过所有流水段的操作和传输延时都相等。

（4）调度一个指令进入流水线后，不会对流水段中其他部件造成影响。

理想的流水线工作过程如图3-19所示。

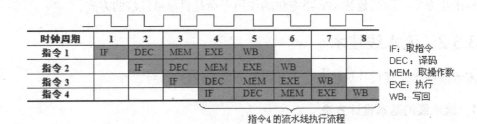

图3-19　理想状态下的CPU流水线指令执行流程

流水段的时间是由最慢的流水段来决定的，因此，可以将几个操作合并成一个流水段，也可以将一个操作拆分成几个流水段，而不会影响流水线性能。

3．流水线中的相关性

相关性是指一条指令的运行依赖于另一条指令的运行。流水线的性能会受到流水线中指令之间相关性的影响。流水线的相关性包括数据相关、资源相关和控制相关。

（1）数据相关。流水线中的一条指令计算产生的结果，可能将在后面的指令中使用，这种情况称为数据相关。

【例3-1】　某个程序指令队列如下：

A=100　　　（指令1）

B=200　　　（指令2）

C=A+B　　　（指令 3）

从以上程序可见，指令 1、指令 2 与指令 3 存在数据相关。在极端情况下，一条指令可以决定下一条指令的执行（如转移、中断等）。消除相关性的方法如下：一是保证在 $i+1$ 阶段执行的指令和 $1\sim i$ 阶段执行的指令无关；二是根据前一流水段的反馈来使用暂停指令或终止指令。如图 3-20 所示，在第 5 个时钟周期中，指令 2 正在取操作数 B=200 时，指令 3 同时进入了执行阶段，这时将产生错误的运算结果。因此指令 3 和指令 4 在第 5 个周期中，必须插入一个暂停周期（气泡），以消除数据相关性。暂停周期可以在程序编译时插入空操作指令（NOP）进行处理。

时钟周期（t）	1	2	3	4	5	6	7	8	9		IF：取指令
指令1：取A	IF	DEC	MEM	EXE	WB						DEC：译码
指令2：取B		IF	DEC	MEM	EXE	WB					EXE：执行
指令3：C=A+B			IF	DEC	气泡	MEM	EXE	WB			MEM：取操作数
指令4：保存结果				IF	气泡	DEC	MEM	EXE	WB		WB：写回

图 3-20　程序代码 C=A+B 在流水线中执行的时空图

（2）资源相关。流水线中的一条指令可能需要另一条指令正在使用的资源，这种情况称为资源相关。两条指令使用相同的寄存器或内存单元时，它们之间就会存在资源相关。例如，不能要求一个 ALU 既作地址计算，又作加法操作。

【例 3-2】　某个程序指令队列如下：

FOR　A≤100　　（指令 1）

A=A+1　　　　（指令 2）

B=B+A　　　　（指令 3）

END

从以上程序可见，指令 2 与指令 3 存在资源相关。消除资源相关的方法有插入暂停周期（气泡）、重定向技术、设置相互独立的指令 Cache 和数据 Cache 等。

（3）控制相关。分支指令会引起指令的控制相关性。如果一条指令是否执行依赖于另外一条分支指令，则称它与该分支指令存在控制相关。

【例 3-3】　某个程序指令队列如下：

```
IF p1 {
    s1
    };
```

从以上程序可见，p1 与 s1 存在控制相关。解决控制相关的基本方法是：与控制相关的指令不能移到分支指令之前，与控制无关的指令不能移到分支指令之后，减少或消除控制相关的方法是减少或消除分支指令。

4．数据冒险

在流水线的实际操作中，不可避免地会出现数据冒险问题。数据冒险是指在流水线中的数据尚未准备好之前，就对其进行访问操作。因此在硬件电路上，可以采用旁路技术消除这一问题。其次是流水线在运行中，可能会发生数据多取或漏取的现象，当发生这些异常情况时，需要有专门的异常检测处理电路。

5．Core i7 CPU 流水线设计

Core i7 和 Core 2 CPU 都采用 14 级流水线设计，而此前 Pentium 4 CPU（Northwood 核心）的流水线为 20 级；Pentium D CPU（Prescott 核心）流水线为 31 级。从技术方面看，流水线越长，CPU 工作频率提升潜力越大；负面影响是一旦产生分支预测失败或者高速缓存取指令不能命中，CPU 就需要到内存中取指令，这时流水线必须清空（如图 3-21 所示），并重新执行流水线操作，因此耽误的延迟时间就会增加。例如，Pentium D CPU 发生分支预测失败或者缓存没有命中时，就会产生 39 个时钟周期的延迟。流水线越长，相关性和指令转移两大问题也越严重。因此，流水线并不是越长越好，找到一个速度与效率的平衡点才是最重要的。

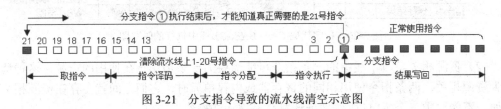

图 3-21　分支指令导致的流水线清空示意图

Intel 公司没有公布 Core i7 CPU 的流水线结构，可以参考 Intel Atom CPU 16 级流水线（如图 3-22 所示），大致了解 Core i7 CPU 的流水线结构。

时钟周期:	1	2	3	4	5	6	7	8	9	10	11	12	13	14	15	16
流水线:	IF1	IF2	IF3	ID1	ID2	ID3	SC	IS	IRF	AG	DC1	DC2	EX1	FT1	FT2	IWB/DC1
	取指令			译码			分发		读寄存器	存取数据缓存			执行	多线程处理		写回

图 3-22　Intel Atom CPU 16 级流水线执行流程

6．超标量技术

超标量技术是集成了多条流水线的 CPU（如图 3-18（e）所示），并且每个时钟周期可以完成一条以上的指令。80486 以下的 CPU 都属于单流水线结构，Pentium 及以上的 CPU 都具有超标量结构。流水线和超标量虽然可以提高指令运算速度，但是提高速度很难超过数倍。要想 10 倍、100 倍地提高运算速度，唯一解决的方法是设计多核 CPU，以及采用多 CPU 系统结构（如集群系统）。

3.3.3　多核 CPU 技术

为什么不用单核设计高性能 CPU 呢？这是因为功耗和发热问题限制了单核 CPU 不断提高性能的途径。如果通过提高 CPU 主频来提高 CPU 的性能，CPU 的功耗就会以指数级的速度急剧上升，很快就会触及所谓"频率高墙"的阻挡。CPU 温度和功耗的上升，使得 CPU 厂商不得不采用多核结构来提高 CPU 性能。

多核 CPU 带来了更强的并行处理能力，大大减少了 CPU 的发热和功耗。目前多核 CPU 有 2 核、4 核、8 核甚至过多内核的产品。2007 年，美国发布的"万亿级"80 核研究用 CPU 芯片，面积只有指甲盖大小，功耗为 62W。2011 年，Intel 公司实验型 CPU 最高主频达到

了 8.3GHz，而所需电能只有 83mW。Intel 公司还向公众展示了在 48 个奔腾级别核心整合为一体的实验型 CPU 技术。Intel 公司 48 核 CPU 测试如图 3-23 所示。

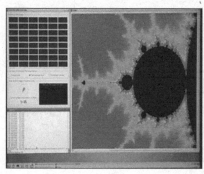

图 3-23　Intel 48 核 CPU 测试和主板

多核 CPU 的内核拥有独立的 L1 和 L2 缓存，共享 L3 缓存、内存子系统、中断子系统和外设。因此，系统设计师需要让每个内核独立访问某种资源，并确保资源不会被其他内核上的应用程序争抢。

多核的出现让计算机系统设计变得更加复杂。如运行在不同内核上的应用程序为了互相访问、相互协作，需要进行一些独特的设计。例如，高效进程之间的通信机制、共享内存的数据结构等。程序代码的迁移也是个问题，大多数软件开发商对单核 CPU 结构的程序设计进行了大量投资，如何使这些代码最大限度地利用多核资源，也是一个急需解决的问题。目前应用程序在从单核环境向多核系统的迁移过程中。

多核 CPU 需要软件的支持，只有在基于线程化的软件上，应用多核 CPU 才能发挥出应有的效能。目前大多数软件都是基于单线程的，多核 CPU 并不能为这些应用程序带来效率上的提高，因此多核 CPU 的最大问题是软件问题。

3.3.4　CPU 设计热功耗

1. CPU 功耗

CPU 功耗（功率）是一项重要技术参数，根据电路基本原理，CPU 功耗如下：

$$CPU_{功耗} = F \times C \times V^2 \qquad (3-2)$$

式中，F 为 CPU 内部晶体管的开关频率，C 为 CPU 内部电容负载，V 是 CPU 核心工作电压。可见要降低 CPU 的功耗，可以通过降低 CPU 运行频率、减少 CPU 工作电压和寄生电容来达到目的。目前台式计算机 CPU 的功耗为 50～130W。

2. CPU 设计热功耗（TDP）

TDP（设计热功耗）是反映 CPU 热量释放的技术指标，它的含义是当 CPU 达到最大负载时释放出的热量，单位为 W。TDP 并不是 CPU 的实际功耗，显然 TDP 小于 CPU 的实际功耗。CPU 功耗是对主板提出的要求，要求主板能提供相应的电压和电流；而 TDP 是对散热系统提出的要求，要求散热系统能把 CPU 发出的热量发散掉。

Intel 公司 Coer i7 CPU 热功耗与 CPU 温度的关系如图 3-24 所示。

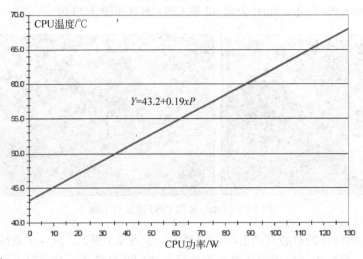

图 3-24　Intel Coer i7 CPU 功耗与温度的关系

TDP 值越小说明 CPU 发热量小，散热也越容易。对于笔记本计算机来说，电池的使用时间也越长。Intel 和 AMD 对 TDP 的定义并不完全相同。TDP 值不能完全反映 CPU 的实际发热量，因为目前 CPU 都设计有节能技术，实际发热量显然要受节能技术的影响。节能技术越有效，实际发热量越小。

3.3.5　CPU 节能技术

统计资料表明，当前主流配置的台式计算机平均工作功率大约为 200W，嵌入式系统平均工作功率为 30W 左右。这需要昂贵的封装、散热片以及冷却环境，并且 CPU 中的大电流会使产品寿命和可靠性降低。

1．动态功耗与静态功耗

CPU 中的功耗有两种：来自晶体管开关的动态功耗和来自漏电流的静态功耗。动态功耗又有：电容的充放电过程；MOS 晶体管中 PN 结同时打开时，形成的瞬间短路电流等。静态功耗有：MOS 晶体管扩散区和衬底形成的反偏电流；关断晶体管时通过栅极的电流等。CPU 芯片的漏电流会随温度而变化，所以芯片发热时，静态功耗会上升。

在 130nm 制程工艺以前，CPU 的功耗主要是动态功耗，静态功耗所占比例很小。在 90nm 制程工艺以后，由于线宽变小，漏电流问题严重。近几年，静态功耗问题逐渐被重视。Intel 公司发布的 45nm 的 Penryn 微结构 CPU，通过使用高 k 值电介质和金属栅极，来减轻静态功耗。也可以在 CPU 芯片空闲时，降低 CPU 频率和工作电压，来削弱漏电流的影响。但这种方式仍然无法完全解决漏电流引起的问题。尤其在芯片处于空闲时，大量的逻辑单元和复杂的时钟电路仍然需要消耗一定的电能。

2．CPU 节能设计的基本方法

减少 CPU 功耗的理想方案是不同工作模式下采用不同的工作电压，但这会造成 CPU

设计太过于复杂。例如，这种方案需要考虑不同电压区域的隔离、开关及电压的恢复、触发器的状态、存储器中数据的恢复等问题。简单的设计方法是：按照高性能高电压，低性能低电压的原则进行设计，即使用多种时钟频率来降低芯片中部分单元的工作频率。

Core i7 CPU 增强了电源管理功能，CPU 中大部分功能单元在不使用时，可以进入睡眠状态以降低耗电。另外，Core i7 CPU 内部的多条总线为了提高传输带宽，加大了总线位宽，但是多数情况下并不需要如此大的传输位宽，因此这些总线平时只开放较低的位宽，在没有信号传输时，也可以进入睡眠状态。

3.3.6　CPU 温度控制技术

Intel 公司从 Pentium 2 开始，在 CPU 内部设计了温度控制电路。这项技术的目的在于对 CPU 进行过热保护，避免 CPU 因为温度过高而引发火灾。

1. CPU 温度状态控制

对 CPU 的测试表明，当 CPU 内核温度超过了某个警戒值时，CPU 将启动温度控制电路来降低 CPU 工作频率，防止温度进一步上升。CPU 温度控制状态如图 3-25 所示。

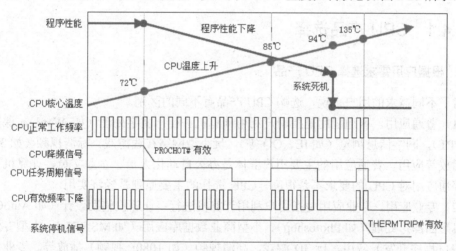

图 3-25　CPU 温度控制电路工作状态示意图

对 Pentium 4 系列 CPU 来说，CPU 的警戒温度值为 72℃，极限温度为 135℃。当 CPU 内核温度达到 72℃时，CPU 内部的温度控制系统向 CPU 发送 PROCHOT#（CPU 降频信号）指令；CPU 内核的温度控制电路激活后，它会发出一个按比例（可以在 BIOS 中设置比例值）降低的 CPU 任务周期信号，强制 CPU 的工作频率按这个信号指定的周期运行，达到降低 CPU 工作频率的目的。当 CPU 温度继续升高到 85℃时，CPU 性能下降幅度将超过 50%。如果 CPU 温度继续升高到 94℃，就会出现系统死机现象。当 CPU 温度继续升高到 135℃时，CPU 将自动发出关机指令（THERMTRIP#），从而关闭计算机系统。

目前普遍使用的酷睿 i 系列 CPU 产品，警戒温度和极限温度是多少呢？Intel 公司没有给出一个明确的说法。根据 Intel 公司的设计热功耗（TDP）规定，只要不超过 Tj Max 温度就算是正常工作。例如，Intel Core i5 的 Tj Max 温度是 105℃，根据 Intel 公司的说法，只要不超过 105℃都是正常工作范围。但是 105℃是否就是警戒温度尚不得知。

2．CPU 内部温度监控系统

Intel 公司早在 Pentium 4 CPU 中就集成了温度控制电路（TCC），Intel 公司将它命名为温度监控器（TM）。目前的 CPU 采用第 3 代温度监控系统，它的特点是：在 CPU 内核中集成了两套相互独立的热敏二极管。第一套热敏二极管监测 CPU 温度，并传输给主板上的温度监控电路，这套电路通过关闭系统来保护 CPU，不过只是在紧急情况下才会启用。第二套热敏二极管集成在 CPU 内核温度最高的部位，如 ALU（算术逻辑单元）附近。CPU 工作时，这两套热敏二极管的电阻和电流会随温度而变化。

各款 CPU 的警戒温度和极限温度值，由 CPU 制造商根据制造工艺和封装形式确定，并在技术白皮书中给出。为了防止用户自行设定而带来危险，Intel 将 CPU 的警戒温度和极限温度写入 CPU 内部的温控电路中，用户无法修改它们。

3.4　CPU 故障分析与处理

3.4.1　CPU 产品选择

1．根据应用需求选择 CPU 产品

对于不同需求的用户来说，选购 CPU 产品有不同的区别。

（1）普通应用。普通应用是指用户利用计算机进行：文字处理（如 Word），课堂教学（如 PPT），网络信息浏览（如 IE、QQ 等），玩小型网络在线游戏，标清视频（如 360P 视频）播放等应用。普通应用的主要用户群体是办公自动化人员、企业文员、计算机初学者等。普通应用对 CPU 的要求不是很高，CPU 选择的主要原则是经济实用。

（2）专业应用。专业应用是指用户利用计算机进行：计算机辅助设计（如 AutoCAD）、计算机平面图形处理（如 Photoshop）、小型商业数据库应用（如 MS SQL）、大型专业软件（如 C++程序开发）应用、玩 3D 游戏、高清视频（如 1080P 视频）播放等。专业应用的主要用户群体是企事业单位专业人员，他们对 CPU 的要求较高，CPU 选择的主要原则是高速低热。

（3）高级应用。高级应用是指用户利用计算机进行：专业视频编辑（如 Premiere），三维图形设计（如 3D Max），网络服务器（如 IIS）应用，大型工程设计等。主要用户群体是大型企事业单位、超级计算机 DIY（自己动手做）爱好者等。对高级应用来说，CPU 选择的原则是越快越好，一般选择最新、最快，也是最贵的 CPU 产品。

2．Intel 与 AMD 公司产品类型选择

x86 系列 CPU 主要有 Intel 和 AMD 两家公司的产品，两家公司在 CPU 产品上的电气参数和机械参数都不相同，因此需要不同的主板进行配套。

Intel 公司是 CPU 市场的领导者，因此它的 CPU 产品在硬件上稳定性较好，在软件应

用上兼容性较好，但是同类产品在价格上高于 AMD 公司。

AMD 公司 CPU 产品的最大优势在于价格便宜，而且对 CPU 超频支持较好。它的缺点是外部设备的驱动程序不足，这在安装新推出的操作系统或非 Windows 操作系统时，会遇到不兼容等问题。

3．盒装与散装 CPU 的选择

CPU 产品有盒装与散装两种类型。盒装与散装 CPU 没有本质区别，它们在质量和性能上是相同的，主要差别是质保时间的长短以及是否带散热风扇。一般而言，盒装 CPU 保修期要长一些，通常为三年，而且附带有一台散热风扇，散装 CPU 质保时间一般是一年，不带散热风扇。但是，散装 CPU 由于没有包装，很容易造成 CPU 的一些外部损伤。

3.4.2　CPU 超频方法

1．为什么进行 CPU 超频

超频是人为地提高某个部件规定的工作频率，使它的性能得到大幅度提升。CPU 公司在同一系列的产品中，按 CPU 工作频率的高低进行价格划分，因此超频最明显的动机是从低价低性能的 CPU 中，获得与高价 CPU 相同的性能。

CPU 超频需要采用高质量的主板、性能高和质量好的内存条，另外还需要增强系统的散热能力（如 CPU 散热、北桥芯片散热、内存条散热等），这使得 CPU 超频带来经济上的好处会抵消殆尽。况且 CPU 超频后，随之而来会出现一些系统稳定性方面的问题。因此，CPU 超频仅仅是计算机爱好者的一种乐趣而已。

2．CPU 超频的可行性

一条 CPU 生产线投资达三十多亿美元，而 CPU 公司有数千个不同型号的产品，不可能为每个型号的产品建立或调整一条生产线。为了降低 CPU 的设计和生产成本，大部分同一系列不同型号的 CPU，在设计中采用了同一系统结构，在制造上也采用同一生产线，在加工中采用同一制程工艺，甚至同一批次生产。最后通过 CPU 检测，将性能稳定的 CPU 标记为高频率型号，性能不太稳定的 CPU 标记为低频率型号。如果同一批次的 CPU 产品性能都很稳定，则人为地限定 CPU 的性能（锁频），使 CPU 在正常状态下，只能工作在某个规定的频率上。CPU 内部的 Cache 对 CPU 性能的影响也很大，通常 CPU 生产厂商也会对用户可使用的 Cache 容量进行人为分割或锁定。

人为频率锁定或 Cache 分割的方式，可以通过设备在硬件电路上进行自动处理；也可以利用 CPU 内部的微程序进行软件锁定，而且软件处理方式更加灵活方便。

CPU 工作频率的人为限定，为 CPU 超频提供了良好的基础。

3．外频的基本概念

"外频"是一个复杂而且容易混淆的概念。如图 3-26 所示，计算机中的集成电路芯片和总线均按规定的时钟频率工作，而时钟频率由外部时钟电路（晶振+时钟芯片）按指定的标准（如 Intel CK505）提供，这是"外频"这一概念的基本含义。也就是说，外频是指从外部输入到某个部件的时钟频率。

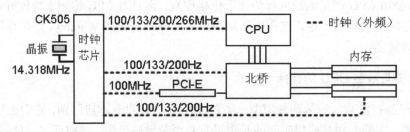

图 3-26   计算机系统 CK505 时钟频率标准（部分）

CK505 时钟标准为不同部件提供了不同的外频，对一些重要的部件，还提供了数个可供选择的标准外频。例如，CPU 可供选择的标准外频有 100/133/200/266MHz。在支持 CPU 超频的主板中，可以对标准外频进行修改，如将外频修改为 125MHz 或其他值。

4．倍频的基本概念

计算机中不同部件的工作速度不同，有些部件的工作速度与外频相同，例如，PCI 总线的外频为 33MHz，它工作的时钟频率也为 33MHz。也有些部件的内部工作频率大大高于外频。例如，CPU 内部工作频率远远高于外频，这就需要对外频进行倍频。CPU 内部工作频率（或 CPU 主频）与外频之间的相对比例关系称为倍频（或倍频系数）。

CPU 工作频率与外频和倍频的关系如下：

$$工作频率（MHz）=外频（MHz）×倍频 \tag{3-3}$$

根据以上公式，可以反向推算出 CPU 的外频。如 CPU 主频为 3.2GHz，倍频为 24 时，外频为 3200MHz÷24=133MHz。

5．CPU 超频对硬件的要求

CPU 超频对计算机的部分硬件设备有特殊要求：一是要有足够超频潜力的 CPU，二是支持 CPU 超频的主板，三是性能强大和可靠性高的内存条，四是有较强散热能力的设备（风扇、热管、水冷等），以及其他部件。

Intel 公司自 1998 年以来的 CPU，倍频是锁定不能改变的。在部分 CPU 中（如 AMD CPU），倍频是"封顶锁定"的，也就是可以改变倍频到更低的数字，但不能超过规定的最高倍频。在极少数 CPU 中，倍频是完全放开的，这类 CPU 是超频极品。提高或降低倍频进行 CPU 超频是最简单的超频方法，这种方法只影响到 CPU 的速度，而不会影响计算机其他部件。如果 CPU 的倍频已经锁定，就只能通过改变外频进行超频，而改变外频进行超频时，可能会带来各种各样的问题。

6．超频的方法与步骤

常见的超频方法是通过 BIOS 进行设置。计算机启动时按 Delete 键（部分计算机按 F1、F2、Esc 键），就可以进入 BIOS 设置菜单。如果主板支持超频功能，则在 BIOS 中有专门的超频设置项目。每个主板厂商对 CPU 超频的设置方法都不尽相同，如图 3-27 所示，技嘉公司的部分主板采用了图形界面 BIOS，它的 CPU 超频设置在 N.I.T.菜单中。

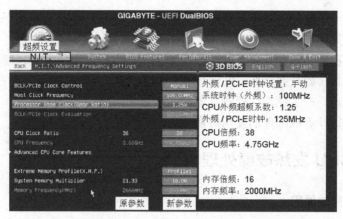

图 3-27　技嘉 X79 系列主板 CPU 超频 BIOS 参数设置

【例 3-4】某 Intel Core i7 CPU 的工作频率为 3.6GHz，外频为 100MHz，倍频为 36（没有锁频）。如图 3-27 所示，下面以技嘉 X79 系列主板的 BIOS 超频设置进行说明。

（1）没有超频前，CPU 工作频率=100MHz（外频）×36（倍频）=3.6GHz。

（2）开机启动，进入 BIOS 超频设置菜单（N.I.T.）。将 CPU 外频超频系数提高到 1.25，这时 CPU 外频=100MHz×1.25=125MHz。如果 CPU 倍频已经锁定，则 CPU 此时的工作频率=125MHz×36=4.5GHz。这项工作要逐步进行，外频超频系数一次不能提高太多。

（3）如果 CPU 倍频没有锁定（Intel 产品极少），则可以在 BIOS 中，继续将倍频提高到 38，此时 CPU 工作频率=125MHz×38=4.75GHz。

（4）内存频率设置。外频为 100MHz 时，原内存倍频为 21.33，内存传输频率=100MHz×21.33=2.133GHz；当外频调高到 125MHz 后，就会使内存的传输频率同步提升到125MHz×21.33=2.666GHz，这会使内存工作在不稳定状态；因此必须将内存倍频减小为 16，这样内存传输频率=125MHz×16=2000MHz。

（5）Intel 酷睿 i 系列 CPU 具有自动超频功能（睿频技术），CPU 会自动根据程序运行情况改变 CPU 工作频率。为了保证系统的稳定性，必须在 BIOS 中关闭"睿频"功能。

（6）保存 BIOS 设置参数，重启计算机进行超频稳定性测试。如果发生过热、死机、重启等故障，则需要进行：调整 CPU 电压，加大散热力度，降低外频等工作。

以上是一个反复调整的过程，不能指望一次超频成功。

7. CPU 工作电压对超频的影响

超频时，如果不论采用多好的散热器都不能提高 CPU 工作频率时，可能是 CPU 没有获得足够的电压。这时必须在 BIOS 设置中提高 CPU 的工作电压。

提高 CPU 工作电压会导致 CPU 工作不稳定，甚至导致系统重新启动。每个 CPU 都有厂家推荐的电压设置，可以在厂家的网站上找到它们。CPU 电压的最大值由出厂时决定，并且无法更改，因此不要超过厂家推荐的最大工作电压。提高 CPU 工作电压后，发热量会大幅度增长，这时必须加强 CPU 的散热功能。

8. CPU 超频的危害

（1）系统发热。CPU 超频时，它会产生更多的热量，如果散热不充分，就有可能造成系统崩溃。不过一般的发热并不会烧坏计算机，例如，CPU 本身有发热保护功能，而系统随机重启是最常见的过热征兆。

（2）工作不稳定。超频使得某些部件（如主板、内存、集成显卡、硬盘等）运行在高于规定的技术参数（如时钟周期、电压、功率、温度等）下，长时间工作在这种状态下时，会导致系统不稳定，产生经常性死机、蓝屏、重启等问题。

（3）可能缩短计算机部件的使用寿命。

3.4.3　CPU 发热故障处理

1．CPU 发热的原因

（1）CPU 超频。一些计算机爱好者喜欢进行"CPU 超频"工作，如果散热不好，超频会造成 CPU 发热严重。

（2）散热装置不良。CPU 的工作电压越高和运行速度越高，所产生的热量也越大，因此必须使用品质良好的散热装置，来降低 CPU 的表面温度。

（3）机箱散热风道不良。散热片和散热风扇的体积越大，散热效果越好；安装散热装置后，应留有充分的散热空间及散热风道。

2．检查机箱中散热装置是否正常

（1）检查 CPU 散热片和风扇是否被灰尘堵死了，或者风扇轴里边油泥太多时，会导致风扇散热性能下降。清理风扇表面和散热片上的灰尘；对于风扇轴里的油泥，必须拆开风扇用纯酒精清洗，然后再加油。

（2）查看 CPU 散热风扇的电源线是否连接好，用手拨动风扇，看旋转是否灵活。

（3）检查机箱的风道是否合理，把机箱里面乱七八糟的线都绑在一起固定住。

（4）加电启动系统，查看 CPU 风扇是否正常。如果风扇不转或转动速度低，会导致 CPU 散热不良，必要时更换散热效果更好的 CPU 风扇。

（5）观察 CPU 引脚是否有氧化现象（表面发黑），这种情况多发生在南方潮湿多雨季节。可用酒精棉球将氧化部位擦干净，吹干后再安装到 CPU 插座。

3．检查 BIOS 中 CPU 参数设置是否正确

（1）检测 CPU 电压设置是否正确。如果 CPU 工作电压过高，会使 CPU 工作时发热而死机；如果工作电压太低，CPU 也不能正常工作。

（2）检查 CPU 频率设置。CPU 的外频设置过高会出现死机现象；如果外频设置过低，会使系统运行速度太慢。

（3）检查芯片组设置。检查 CPU 与主板芯片组是否匹配，与内存条的型号或速度是否匹配，与外部设备接口的速度是否匹配等。

4．笔记本计算机发热处理

笔记本计算机的散热器由内置的温度传感器控制，散热风扇一般分为三个档次的风力：空闲，负载中等，负载高。当笔记本处于空闲状态时，散热风扇一般不启动，这时笔记本

很安静；当笔记本达到中等负载，系统温度在 50～55℃时，笔记本散热风扇启动，这时散热风扇声音不大；当笔记本处于高负载，系统温度在 60～70℃时，散热风扇就会全速运行，这时散热风扇噪声很明显。

如果笔记本发热严重，可以购买一个笔记本散热板，将笔记本放置在散热板上使用，这样可以明显缓解笔记本温度过热的问题。

3.4.4　CPU 负载 100%故障处理

1．CPU 占用率过高故障处理

（1）防杀毒软件造成 CPU 占用率很高。目前的杀毒软件都加入了对网页、插件、邮件的随机监控，这无疑增大了 CPU 的负担。因此，应尽量使用最少的监控服务或者关闭杀毒软件的文件监控功能。

（2）驱动程序没有经过认证，造成对 CPU 占用率达到 100%。大量测试版的驱动程序在网络上泛滥，这些程序没有经过微软公司的认证，很容易造成设备与操作系统的冲突，而导致 CPU 占用率过高。尤其是显卡驱动程序要特别注意，建议使用微软公司认证的或由产品厂商官方发布的驱动程序，并且严格核对型号和版本。有时可以适当升级驱动程序，但是最新的驱动程序不一定是最好的。

（3）计算机病毒、木马程序造成 CPU 占用率 100%。大量计算机病毒在系统内部迅速复制，造成了 CPU 占用资源居高不下。用可靠的杀毒软件彻底清理内存和硬盘，经常性地升级杀毒软件和防火墙，加强防范意识。

（4）打开多个在线视频网页时，CPU 占用率达到 100%。为了方便观看在线视频，用户往往同时打开多个视频网页，一边观看视频，一边等待另一网页进行视频数据缓冲。网络在线视频数据数据量很大，需要不断进行数据传输和数据解包，特别消耗 CPU 资源。因此，不要一次打开过多的视频网页。

（5）某些常用软件 CPU 占用达到 100%。一些常用软件如浏览器 IE、压缩软件 WinRAR、视频编辑软件、图形处理软件等，本身占用了很高的 CPU 资源，要减少同时使用这些软件，或者用其他同类软件代替。

2．CPU 常见故障分析

CPU 故障的现象主要是死机和速度降低，造成 CPU 故障的主要原因是散热不良。CPU 常见故障如表 3-4 所示。

表 3-4　CPU 常见故障现象

故障现象	故障主要原因分析
死机	CPU 超频；CPU 散热不良；CPU 工作电压过低；电源供电不足等
运行速度降低	CPU 温度过高引起自动降频等
重新启动	CPU 温度过高等

3.4.5 CPU 故障维修案例

【例 3-5】 开启"睿频"功能，导致 CPU 温度增加。

（1）故障现象。计算机配置为，CPU Core i5，双核 4 线程；操作系统为 Windows 7 的 64 位版，在 Windows 7 操作系统中安装了虚拟机 VMware 软件，在虚拟机中安装了 Windows XP SP3 操作系统。在 Windows 7 下玩大型全屏游戏时，经常会出现屏幕闪烁现象，CPU 温度为 60 多摄氏度。在 VMware 虚拟机里玩同一大型游戏时，CPU 温度达到了 92℃。

（2）故障处理。虚拟机非常消耗系统资源，而在虚拟机里运行大型软件时，会导致系统性能不足。由于酷睿 i5 采用睿频技术，CPU 这时会自动超频，加速运行，因此导致 CPU 发热增加。在 BIOS 中关闭"睿频"功能，这时 CPU 温度最高只有 70℃了。

（3）经验总结。不同程序都满载运行（CPU 使用率均为 100%）时，它们的发热量不一定相同。例如，运行 Intel Burn Test（CPU 稳定性测试软件）和进行视频压缩（压片）时，CPU 使用率都达到了 100%，但是压片时 CPU 的温度要高于测试程序；同样，进行 Furmark（显卡测试软件）的温度比玩游戏高。在虚拟机中运行某个软件时，酷睿 i5 会使用到专用的虚拟机指令（VT-x），这些虚拟机的电路非常复杂，会导致 CPU 发热更大。

【例 3-6】 CPU 散热风扇设计问题，导致运行软件温度过高。

（1）故障现象。新买的机器，散热没有问题，空载时用 EVEREST 软件检测的温度是：主板 25℃左右；CPU 开机不运行任何软件时，表面温度 64℃左右，核心温度 15℃左右；硬盘 25℃左右；显卡 50℃左右。玩游戏时，CPU 最高达到 80℃左右，运行 QQ 软件时，CPU 为 70℃左右。

（2）故障处理。打开机箱，开机后触摸 CPU 铝散热片，感觉温度不高。分析 CPU 表面温度高，核心温度低，可能是风扇对着散热片吹，将热量吹到了 CPU 表面，导致 CPU 表面温度升高。然后尝试降低散热风扇的转速，发现 CPU 表面温度下降，而核心温度升高，说明散热风扇有问题。更换一个竖立横吹的散热风扇，故障消除。

（3）经验总结。散热风扇的选择和安装非常重要，往下吹的风扇容易对 CPU 表面散热不利，竖立横吹的散热风扇容易导致将热风吹到内存条或北桥芯片；大风量风扇噪声过高等。散热片安装时，一是要保证与 CPU 表面接触良好，二是风扇的震动会导致接触不良。

【例 3-7】 旧笔记本计算机发热严重，CPU 利用率高。

（1）故障现象。三年前购买的一台高配置笔记本计算机，4GB 内存。平时主要用于上网浏览网页，或者看在线视频。但是看视频时笔记本发热很厉害，感觉视频画面也卡得非常厉害，而且经常停顿。有时为了方便，开两个视频页面，一个看，一个先缓冲。这时候机器几乎要崩溃了，风扇噪声非常大，发热非常厉害。打开任务管理器，发现 CPU 使用率在 70%以上。

（2）故障处理。按道理三年前高配置的笔记本计算机，看在线视频应该不成问题。分析故障原因有：笔记本散热风扇灰尘严重？CPU 与风扇散热片之间的硅胶干涸？感染了计算机病毒？下载软件时被强制安装过恶意软件？

笔记本没有重启，说明发热还没有达到极限，硅脂不一定要换。没有拆机，用强力吸尘器对准笔记本出风口，控制好距离，开吸尘器抽出灰尘，结果散热效果明显。

CPU 使用率过高，检查到底是哪个进程所致。打开任务管理器，看到有两个浏览器进程，检测发现主要是浏览器进程占用了较高的 CPU 使用率；但打开任务管理器后，可以看到 CPU 使用率会从 70%左右降低到 30%～40%；为什么打开进程管理器后 CPU 使用率会下降呢？说明有可能是病毒或恶意软件所致。重新安装操作系统，故障排除。

（3）经验总结。笔记本计算机在使用过程中要注意散热良好。

习　题

3-1　Intel 公司的 CPU 产品有哪些类型？

3-2　简要说明 CPU 工作过程和主要部件。

3-3　简要说明存储器局部性原理。

3-4　画出 CPU 温度升高与程序性能的关系图，并说明典型温度点发生的现象。

3-5　一个 4 核 3.2GHz 的 Core i7 CPU，时钟周期是多少？CPU 性能如何？

3-6　讨论可以用软件的方法设计 CPU 吗。

3-7　讨论 CPU 引脚为什么越来越多。

3-8　讨论 CPU 超频的理论依据。

3-9　写一篇课程论文，论述 CPU 系统结构设计方面的技术。

3-10　利用 CPU-Z 等软件测试 CPU 基本技术参数。

第4章 主板系统结构与故障维修

主板是计算机重要的部件，计算机性能是否能充分发挥，硬件功能是否足够，硬件兼容性如何等，都取决于主板的设计。主板质量的高低，也决定了硬件系统的稳定性。主板与 CPU 关系密切，每次 CPU 的重大升级必然导致主板的换代。

4.1 主板主要技术规格

4.1.1 计算机控制中心结构

1. Intel 控制中心结构

Intel Core i7 计算机的控制中心系统结构如图 4-1 所示。

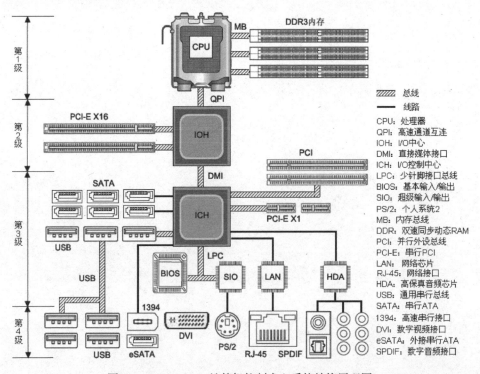

图 4-1　Intel Core i7 计算机控制中心系统结构原理图

2．1-3-5-7 规则

计算机控制中心系统结构可以用"1-3-5-7"的规则来简要说明。这就是：1 个 CPU，3 大芯片，5 大接口，7 大总线。需要注意的是"1-3-5-7"是指主要结构而言，实际产品会有一些增减。而且，目前 AMD 公司已经将北桥芯片集成到了 CPU 内部，英特尔公司也有产品将图形处理功能和内存控制功能集成到 CPU 内部，因此控制中心结构会有所变化。

（1）1 个 CPU。CPU 处于系统结构的顶层（第 1 级），控制着系统的运行状态，下面的数据必须逐级上传到 CPU 进行处理。从系统性能考察，CPU 的运行速度大大高于其他设备，以下各个总线上的设备越往下走，性能越低。从系统组成考察，CPU 的更新换代将导致南北桥芯片组的改变，内存类型的改变。从指令系统进行考察，指令系统进行改变时，必然引起 CPU 结构的变化，而内存系统不一定改变。因此，目前计算机系统仍然是以 CPU 为中心进行设计的，近期内也没有改变的迹象。并不像有些技术书籍上所说的那样，目前计算机已经转移到了以内存为中心进行设计。

（2）3 大芯片。即 IOH（北桥芯片），ICH（南桥芯片），FWH（BIOS 芯片）。在 3 大芯片中，北桥芯片主要负责显示数据与 CPU 数据的交换；南桥芯片负责数据的上传与下送。北桥芯片虽然功能较少，但是数据传输任务繁重，对主板而言，北桥芯片的好坏决定了主板性能的高低。南桥芯片连接着多种低速外部设备，它提供的接口越多，计算机的功能扩展性越强。BIOS 芯片则主要解决硬件系统与软件系统的兼容性。

（3）5 大接口。即 SATA（串行 ATA）接口，SIO（超级输入输出）接口，LAN（以太网）接口，DVI（数字视频）接口，HDA（高级数字化音频）等接口。部分高端产品还会提供 eSATA（外部 SATA）、mSATA（迷你 SATA）、IEEE 1394（高速串行接口）、WiFi（无线局域网）、蓝牙、SAS（串行连接 SCSI）、RAID（磁盘阵列）等接口。

（4）7 大总线。即 QPI（快速路径互连/前端总线），MB（内存总线），PCI-E（串行图形显示总线），PCI（并行外部设备互连总线），DMI（南北桥连接总线），LPC（少针脚总线），USB（通用串行设备总线）等。

3．1-3-5-7 结构的技术特点

控制中心系统结构具有很好的层次性，从结构上可以将它们划分为 4 级。控制中心系统结构有以下特点：

（1）从系统速度上考察，第 1 级工作频率最高，然后速度逐级降低。

（2）从 CPU 访问频率考察，第 4 级最低，然后逐级升高。

（3）从系统性能考察，前端总线和北桥芯片最容易成为系统瓶颈，然后逐级次之。

（4）从主要芯片考察，CPU 主要进行数据处理，北桥芯片主要承担数据中转，南桥芯片提供微型计算机多种硬件功能，BIOS 负责硬件兼容性能。

（5）从连接设备多少考察，第 1 级的 CPU 最少，然后逐级增加。

（6）如图 4-1 所示，在计算机系统结构中，上层设备较少，但是速度很快。CPU 和北桥芯片一旦出现问题（如发热），必然导致系统致命性故障。而下层接口和设备较多，发生故障的概率也就越大（如接触性故障），但是这些设备一般不会造成致命性故障。

4.1.2　ATX 主板技术规格

1. 主板技术规格类型

计算机主板的发展经历了 XT、AT、ATX 等阶段，每次主板技术规格的改变，都会带来一次重大的技术革新。这也造成了计算机的不兼容性现象。在几种主板规格中，ATX 主板规格使用时间最长，使用时间长达十年。计算机主板技术规格如表 4-1 所示。

表 4-1　主板主要技术规格

技术规格	产　品　系　列	市场主流
主板规格	ATX、mini-ITX、EPIC、CPCI 等	ATX
外设总线	PCI-E、PCI、PCI-X、USB 等	USB
芯片组厂商	Intel、AMD、VIA、nVIDIA 等	Intel
Intel 芯片组	8 系列、7 系列、6 系列、5 系列、4 系列、3 系列等	7 系列

ATX 是英特尔公司等计算机厂商制定的主板技术标准，ATX 技术标准对主板、电源和机箱做出了一系列的基本技术要求。其他板卡、机箱、电源等设备生产厂商可以按照规定的技术标准设计产品，以保证这些设备能够相互兼容和正确连接。

主板厂商为了降低生产成本，往往在基本规格上进行面积缩小，发展出一些其他规格的主板，如 Micro ATX、mini-ITX、PC104 等。

虽然主板厂商都遵循 ATX 标准，但是这并不意味着所有 ATX 主板都是完全兼容的。一是 Intel 和 AMD 两大系列 CPU 的电气和机械参数不同，因此主板 CPU 插座不能相互兼容，但是其他设备（如内存、电源、机箱等）可以相互兼容；二是 Intel 和 AMD 两大系列主板的芯片组不同，因此在性能和兼容性方面有所差异；三是同一公司的主板，由于芯片组不同，它们之间也互不兼容。例如，采用 Intel 4 系列芯片组的主板，无法安装 Intel 公司 Core i 系列的 CPU，只有 Intel 5 系列芯片组的主板才能支持 Core i 系列 CPU。

2. ATX 主板

ATX 是英特尔等公司 1995 年推出的主板、电源和机箱技术规格，如图 4-2 所示，ATX 标准有 ATX（标准板）、Micro ATX（微型板/小板）、Flex ATX（已淘汰）。

为了避免计算机部件在空间上的重叠现象，ATX 标准规定了主板上各个部件的高度限制；ATX 标准还对机箱位置进行了定义，如机箱顶部右上角电源预留空间和右下角驱动器预留空间也做了相应规定。为了保持设计上的灵活性，ATX 主板在机箱后部定义了一个 I/O 接口区（长 158mm，高 44.5mm），该区域与主板有 3.8mm 的空隙，并建议机箱其他三个面各留出 35.1mm 的隔离区。

ATX 标准还规定了机箱电源的散热风扇将空气向外排出，这样就少了将空气向内抽入所发生的积尘现象。

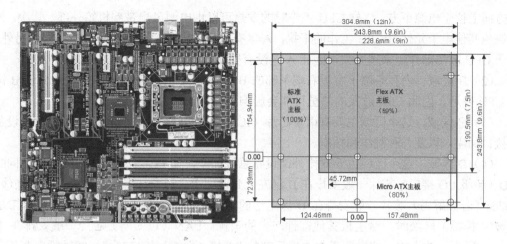

图 4-2　标准 ATX 主板和不同规格 ATX 主板的基本尺寸

3．Micro ATX 主板

Micro ATX 主板是 ATX 的简化版，推出 Micro ATX 规格的目的是降低系统成本，减少系统对电源的需求。Micro ATX 主板的尺寸和电源都更小，而且主板上外部设备总线插座也减少为 4 个。如图 4-2 所示，主板尺寸为 244mm×244mm。

MicroATX 主板可以使用普通 ATX 机箱，也可以使用特制的 MicroATX 小型机箱。Micro ATX 主板可使用 ATX 电源，也可以使用专用的 SFX 电源（极少用），SFX 电源是从 ATX 电源修改而来，只是减少了电源功率与部分供电线路。

4．标准 ATX 主板的功能区域

ATX 标准定义了主板功能区域，如图 4-3 所示，标准 ATX 主板有 4 个功能区域。

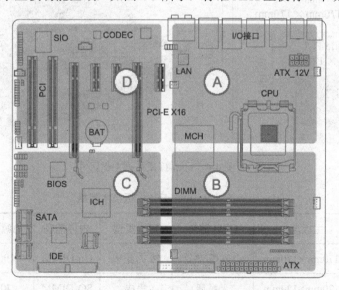

图 4-3　标准 ATX 主板的功能区域划分

（1）A 区域。CPU、北桥芯片（MCH）和 I/O 接口在主板右端的 A 区。这个区域在垂

直方向上位于电源下方，这样 CPU 工作时的发热可以由电源风扇带到机箱外部。其次，为了避免其他电子元件对 CPU 工作的干扰，A 区有大量的电容、电感和防干扰电路。另外，由于 CPU 散热部件越来越庞大，因此 A 区没有安排其他大型器件。

（2）B 区域。内存条位于主板右端下部的 B 区，ATX 电源插座也在 B 区。由于 B 区离 CPU 较近，因此 CPU 散发的热量可能会影响到内存条的工作状态。

（3）C 区域。这个区域主要有南桥芯片（ICH）、BIOS 芯片、CMOS 电池、各种设备的接口插座，以及各种跳线和插座。

（4）D 区域。这个区域主要安排外部设备总线插座，如 PCI-E 和 PCI 总线插座。同时 SIO（超级 I/O 接口）芯片一般安排在 D 区左上角，便于主板左边缘的各种外设接口布线；Codec（音频解码）芯片一般安排在 D 区上边的中间位置，主要目的是减少音频信号 D/A（数字/模拟）转换时，对主板其他部件产生的干扰；LAN（以太网）芯片一般安排在 D 区与 A 区之间的上方，这样便于与主板后部的 RJ-45（网络）接口布线；时钟频率芯片一般安排在 D 区总线插座中间位置。由于 D 区需要安装各种板卡（如显卡），因此在机箱垂直方向上方留有足够的空间。

4.1.3　mini-ITX 主板规格

mini-ITX 是由威盛电子（VIA，中国台湾）定义的一种结构紧凑的微型化主板设计标准，它有 mini-ITX、Nano-ITX 和 Pico-ITX 三种技术规格。它主要用于小尺寸空间的专业计算机设计，如汽车、家庭影院、网络设备中的计算机等。mini-ITX 向下兼容 Micro-ATX 主板。mini-ITX 主板的技术规格如图 4-4 和表 4-2 所示。

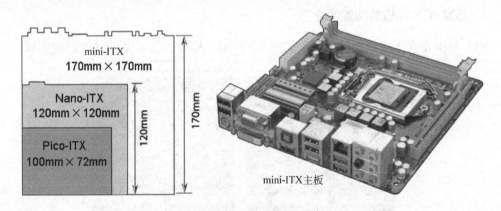

图 4-4　mini-ITX 系列主板尺寸

表 4-2　mini-ITX 主板技术规格

技术规格	主板尺寸	CPU 散热	显卡类型	内存插座	电源功率	推出日期
mini-ITX	170mm×170mm	小风扇/热管	独立/集成	Un-DIMM	100W	2001
Nano-ITX	120mm×120mm	无风扇	集成	SO-DIMM	70W	2004
Pico-ITX	100mm×72mm	无风扇	集成	SO-DIMM	30W	2007

mini-ITX 系列主板由于空间狭小,因此采用超低功率的 x86 处理器(如双核 Atom),CPU 散热器一般采用固定在主板上,很少采用散热器加风扇冷却,部分产品采用热管散热。mini-ITX 主板将显卡、声卡和网卡连接都集成在主板上。它具有与普通 PC 相同的输出接口,如 USB 端口、音频输入和输出接口、DVI/VGA 显示接口、网络接口等。I/O 总线插座仅保留了一个,内存条插座也只有一两个。Pico-ITX 主板技术规格如图 4-5 所示。

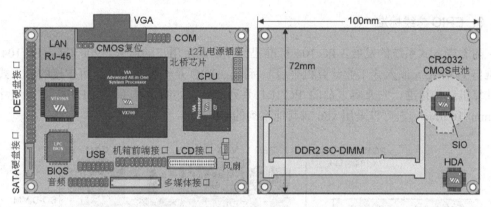

图 4-5　Pico-ITX 主板正面(左)和背面(右)技术规格

4.1.4　工业计算机主板规格

1. 工业控制计算机的组成与发展

工业控制计算机一般由平台系统、外围 I/O 接口模板、人机接口以及软件组成。平台系统包括机箱,CPU 主板,无源背板,电源以及风扇;外围 I/O 接口模板有模拟量输入/输出模块(温度、压力、位移、转速、流量等),数字量输入/输出模块(脉冲信号,数据,指令等),存储模块(电子硬盘、闪存等)等;这些种类齐全的 I/O 模块与平台系统的配合使用,很容易构成满足工业控制需要的系统。

随着 x86 系列 CPU 性能和稳定性的提升,以及 Windows 操作系统的广泛应用,使得 PC 不再局限于个人用户领域。如图 4-6 所示,在 PC 技术的推动下,早期曾经各霸一方的工业控制计算机总线,如今逐步发展为与 PC 兼容的工业控制计算机总线。

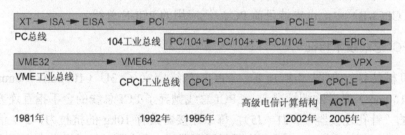

图 4-6　工业控制计算机总线的发展

2. PC/104 总线标准

PC/104 总线标准诞生于 1992 年,它是专门为工业控制计算机定义的工业总线标准。PC/104 具有小型化主板尺寸(90mm×96mm),低功耗模块(1~2W),受到了嵌入式产品生产厂商的欢迎。PC/104 总线标准大量用于工业控制计算机领域，如机载设备、电力控制、医疗仪器、视频监控等领域。PC/104 有三个标准：PC/104（基于 ISA 总线），PC/104+（基于 ISA+PCI 总线），PCI-104（基于 PCI 总线），标准中的 104 指总线采用 104 个端口的总线。但是 PCI-104 工业计算机采用 120 个端口的 PCI 总线（如图 4-7 所示）。

3．EPIC 总线标准

随着嵌入式系统的发展，PC/104 标准已经无法满足用户的需求，2005 年，PC/104 协会推出了 EPIC（嵌入式工业计算机平台）标准。EPIC 是一种开放的、可扩展的嵌入式单板计算机结构标准，它兼容之前的 PC/104 系列产品。如图 4-7 所示，EPIC 主板尺寸为 115mm×165mm。它可以采用 x86 或其他系列的 CPU。

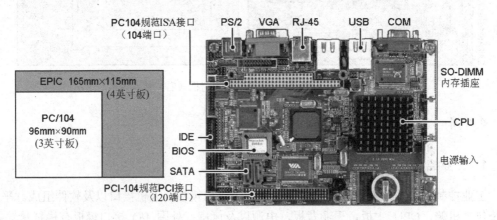

图 4-7　EPIC 主板尺寸和工业控制计算机 EPIC 主板

4．CPCI 总线标准

CPCI（Compact PCI，紧凑型 PCI）总线是 PICMG（国际工业计算机制造者联合会）1994 年提出的工业计算机总线标准。CPCI 总线在电气、逻辑和软件方面，与个人计算机广泛使用的 PCI 标准完全兼容。简单地说，CPCI 总线=PCI 总线电气标准+欧洲标准针孔连接器+欧洲卡标准。采用 CPCI 总线技术的工控计算机有高可靠性、高密度的优点。在 CPCI 的新标准（CPCI-E）中，也支持目前 PC 广泛应用的 PCI-E 总线。

5．CPCI 总线技术特征

（1）机械特性。如图 4-8 所示，CPCI 总线定义了 3U（100mm×160mm）和 6U（233mm×160mm）两种欧洲标准卡。CPCI 总线抛弃了 PCI 总线的金手指互连方式，改用 2mm 密度的"针孔连接器"（J1～J5），每个连接器具有 10kg 的抗拉力，I/O 信号通过板卡后部的针孔连接器引出。CPCI 总线采用无源背板（母板），背板提供多个标准 CPCI 插槽，CPCI 板卡通过后部的针孔连接器，插入到背板插座中，这种弹性连接提高了连接的可靠性。19 英寸的标准 CPCI 总线机箱可以容纳 21 个 CPCI 总线插槽。

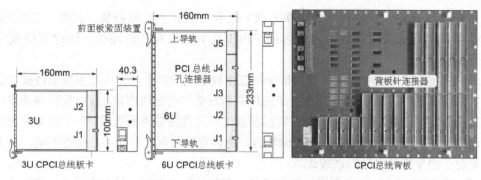

图 4-8　CPCI 总线板卡尺寸和机箱背板

（2）电气特性。CPCI 总线虽然机械特性与 PCI 总线不同，但是 CPCI 总线的电气参数与桌面 PC 的 PCI 总线完全兼容，在 32 位/33MHz 总线接口下，能提供 133MB/s 的带宽；PICMG3.0 规定的 CPCI 总线速度可达 2Tb/s。如图 4-9 所示，CPCI 总线可以采用与桌面 PC 完全相同的 CPU、接口芯片，以及外设，也可以采用其他系列的处理器构成 I/O 板卡。这极大地缩短了工控计算机产品推向市场的时间，同时具有桌面 PC 带来的规模经济和低成本特性。CPCI 技术的最大特点是支持热插拔；并且可以自动识别板卡，自动配置系统资源，很容易实现即插即用（PnP）。

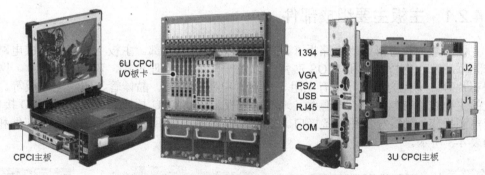

图 4-9　CPCI 工控计算机和 CPCI 主机板（3U）

（3）软件兼容性。CPCI 可以使用与桌面 PC 相同的相关软件，因此操作系统、驱动程序和应用程序都感觉不到两者之间的区别。CPCI 总线可以根据需要，选择符合功能要求的操作系统，如 Windows、Linux、VxWorks、QNX 等。

6．CPCI 总线的优点

（1）支持热插拔。CPCI 技术的最大特点是支持热插拔（Hot Swap）。CPCI 总线的针孔连接器（J1～J5）具有三种不同长度（长、中、短）的引脚插针，板卡插入或拔出时，电源、地线、总线信号等按序进行接触或脱离。在不切断电源的条件下，可拔出故障板卡，插入备份板卡，保持系统连续不间断运行，这对于不能停机的系统非常重要。

（2）易维修性。在桌面 PC 中，更换一块板卡相当耗时，用户需要打开机箱盖板，由于主板与外围设备之间可能会有一些连接电缆，在更换板卡时必须将这些连线断开，这一过程很容易出错。而 CPCI 板卡采用正向安装，反向拔出，四周固定。CPCI

总线可以从机箱前面拔插板卡，更换 CPCI 板卡无须拆下机箱盖板。此外，CPCI 总线的 I/O 接线都设计在后面板，前面板的 CPCI 板卡上没有任何连线，因此更换板卡非常快捷简便。

（3）抗震性。桌面 PC 中外设的板卡插在主板总线插槽上，板卡与主板总线插槽的连接处容易在震动中接触不良。CPCI 板卡的顶端和底部均有导轨固定，前面板紧固装置将板卡与机箱固定在一起，CPCI 板卡与背板插槽通过针孔连接器紧密连接。板卡在 4 个方向锁紧和固定，使板卡在剧烈的冲击和震动场合，也能保证持久连接而不会接触不良，最大限度地避免了由于震动引起的系统故障。

（4）散热性。CPCI 总线为发热板卡提供了顺畅的散热路径。机箱中，板卡底部的风扇加速了散热进程，冷空气可以随意在板卡之间流动，并将热量带走。无源背板垂直地面安装，有效地防止了震动破坏和尘埃累积，提高了散热性能。

（5）开放性。CPCI 总线是一个开放平台，它支持多种处理器和多种操作系统，这有利于系统集成商、设备供应商提供更加快捷的服务，为用户提供更高性价比的产品。

4.2　芯片组结构与性能

4.2.1　主板主要组成部件

主板一般为长方形印制电路板（PCB），安装在机箱内部。主板上的核心集成电路芯片有北桥芯片、南桥芯片和 BIOS 芯片，以及一些 SIO 处理芯片、音频处理芯片、网络处理芯片等。主板的电子元件有电阻、电容、电感、晶振、晶体管、印制电路板等。主板上的主要线路有信号线、电源线、地线。主板上还有 CPU 插座、总线插座、I/O 接口、直流电源插座、跳线等各种设备接口。ATX 主板如图 4-10 所示。ATX 主板主要部件和接口如表 4-3 所示。

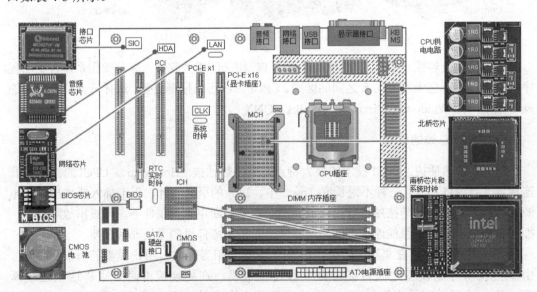

图 4-10　Intel X58 芯片组主板

表 4-3　ATX 主板主要部件和接口一览表

部件类型	主 要 部 件
集成电路	北桥，南桥，BIOS，系统时钟，SIO，音频，网络，电源，稳压，桥接等芯片
电子元件	电阻，电容，电感，晶振，二极管，三极管，场效应管，电池，PCB 板等元件
主板线路	信号线（数据、地址、控制），电源线，地线（信号地、电源地）等线路
总线插座	Socket CPU，DIMM 内存，PCI-E×16，PCI-E×1，PCI，USB 等插座
I/O 接口	SATA，eSATA，KB，MS，音频，LAN，DVI，VGA，1394 等
其他插座	24 脚 ATX 电源，8 脚 CPU_12V 电源，前置面板按键和指示灯，前置音频，CMOS 电池清除，CPU 风扇，机箱风扇等插座

4.2.2　Intel 北桥芯片技术特征

1. 芯片组的功能

主板芯片组（Chipset）由北桥芯片和南桥芯片组成（如图 4-11 所示），主板性能的高低取决于北桥芯片，主板功能的多少与南桥芯片有关。随着 CPU 结构越来越复杂，对主板芯片组的设计要求越来越高，Intel 公司设计和制造的芯片组很快占据了市场主流。

Intel X58北桥（AC82023 IOH）　　Intel ICH10南桥（AF82801JR）

图 4-11　Intel X58 芯片组

（1）北桥芯片（NB）的功能。一是支持各种类型规格的内存（如 DDR3），主板支持内存的最大容量等；二是支持显卡的总线接口（如 PCI-E），部分北桥芯片内部还内置了图形处理芯片；三是负责北桥芯片与 CPU 之间的信号传输；四是负责南-北桥芯片之间信号的上传下达。

（2）南桥芯片（SB）的功能。主要负责 SATA 硬盘接口管理，ACPI（高级电源管理），PCI 总线，USB 接口等；另外，南桥芯片还需要与 BIOS 芯片、SIO 芯片、HAD 音频芯片、LAN 网络芯片等进行通信和数据交换。

2. Intel 芯片组系列

Intel 公司的主板芯片组按"字母+数字"的形式命名。字母表示芯片组的产品类型，数字表示芯片组性能的高低，数字越大，芯片组性能越高。目前 Intel 公司常用的芯片组系列有：8 系列（Z87/H87/H81/H85 等），7 系列（Z77/Z75 /X79/X77/Q77/Q75/H77/B75 等），

6 系列（Z68/P67/H67/H61 等），5 系列（X58/P57/H57/Q57/P55/H55/B55 等），4 系列（X48/P45/G45 等）。Intel 公司常用芯片组如表 4-4 所示。

表 4-4　Intel 常用芯片组性能

技术指标	Z77	H77	Z68	P67	X58	P45
CPU 结构	IVB/SNB	IVB/SNB	IVB/SNB	IVB/SNB	QPI	FSB
CPU 超频	支持	不支持	支持	支持	不支持	不支持
CPU 图形核心	支持	支持	支持	不支持	不支持	不支持
内存支持	DDR3	DDR3	DDR3	DDR3	DDR3	DDR2
SATA 2.0/3.0	6/2	6/2	6/2	6/2	6/0	6/0
USB 2.0/3.0	14/4	14/4	14/0	14/0	14/0	8/0
RIAD 技术	支持	支持	支持	支持	不支持	不支持
PCI-E 传输频率(GHz)	5	5	5	5	5	2.5

3．Intel 4 系列北桥芯片功能

Intel G43 北桥芯片（GMCH）集成的功能如图 4-12 所示。Intel G43 北桥芯片负责与 CPU 的联系，并进行内存控制，PCI-E 总线数据在北桥芯片内部的传输，支持内存的类型（DDR3 等）和最大容量等，还集成了显卡功能。北桥芯片是主板上离 CPU 最近的芯片，这主要是考虑到北桥芯片与 CPU 之间通信密切，为了提高通信性能而缩短传输距离。北桥芯片的数据处理量非常大，发热量也越来越大，所以北桥芯片需要安装散热片，用来加强北桥芯片的散热。

图 4-12　Intel G43 北桥芯片（GMCH）集成功能

4．Intel Core i 系列 CPU 配套的北桥芯片内部结构

AMD 公司从 K8CPU 开始，将内存控制器集成在 CPU 内部，简化了主板结构。Intel 公司在 Core i 系列 CPU 内部也集成了内存控制器（IMC），这样北桥芯片（IOH）的功能也大大减弱，Intel X58 北桥芯片内部结构如图 4-13 所示。

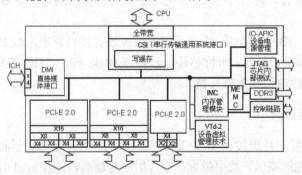

图 4-13　Intel X58 北桥芯片（IOH）内部结构

5．单芯片主板结构

2009 年，Intel 公司开发了单芯片（集成南北桥）主板。如图 4-14 所示，集成显示模块（IGFX）和内存控制模块（IMC）都被设计在 CPU 里。如果需要外接独立显卡时，显示模块通过 FDI（适应性显示接口）总线与主板南桥芯片连接（取代 FSB 前端总线）；CPU 与南桥芯片之间的通信采用 DMI（直接媒体接口）总线（取代 QPI 总线）。

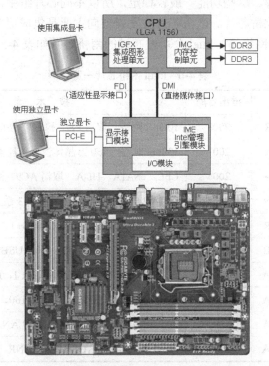

图 4-14　Intel 单芯片集成主板结构

单芯片主板能否成为将来发展的潮流难以判断，一方面是多核 CPU 带来的富余计算能力需要寻找新的出路，而集成显示模块恰好是一种"杀手级"应用；另一方面是显示芯片厂商也不会坐以待毙，利用 GPU（图形处理单元）进行编程计算也是一种回击。从计算机发展过程看，早在 PentiumⅢ时代就出现过单芯片结构主板，方法是将南北桥的功能集成在一个芯片中，但是随着对显示性能要求的不断提高，这种结构淡出了市场。目前 VR（虚拟现实）技术的发展，对显示技术提出了很高要求，因此单芯片主板会不会遇到显示性能瓶颈还有待观察。从功耗设计看，CPU 和 GPU 加在一起的热功耗将会达到 300W 左右，这对主板的设计是一个不小的考验；从散热设计考虑，将 CPU 和 GPU 两个发热大户搅和在一起，会不会使 CPU 变成一个火山口？目前 Intel 公司在中低端产品中采用单芯片主板结构，高端主板仍然采用 1-3-5-7 结构。

4.2.3　Intel 南桥芯片技术特征

Intel 公司将南桥芯片称为 ICH（输入/输出控制中心）。南桥芯片一般位于主板 C 区，在 PCI-E 总线插槽附近。这种布局是考虑到南桥芯片连接的 I/O 总线较多，离 CPU 远一些有利于布线。相对于北桥芯片来说，南桥芯片的数据处理量不大，所以南桥芯片不需要安装散热片。南桥芯片不与 CPU 直接相连，而是通过局部总线方式（如 Intel 的 DMI）与北桥芯片相连。Intel ICH10 南桥芯片连接设备如图 4-15 所示；Intel ICH10 南桥芯片内部结构如图 4-16 所示。

南桥芯片负责 I/O 总线之间的通信，如 PCI、USB、LAN、SATA、音频、键盘、实时时钟、高级电源管理等。这些功能一般较稳定，所以不同芯片组中，可能存在南桥芯片是相同的，不同的只是北桥芯片。南桥芯片的发展方向主要是集成更多的功能，如 RAID、IEEE 1394、WiFi 无线网络等。Intel 公司发布过的南桥芯片如表 4-5 所示。

表 4-5 Intel 南桥芯片一览表

芯片代码	芯片型号	推出日期	技 术 参 数
ICH10	FW82801JR	2008	10GbE 网络，取消 PS/2 和 LPT 接口，用于 5/4 系列芯片组
ICH9	FW82801IR	2007	130nm 制程，460 万晶体管，功耗 4W，用于 4 系列芯片组
ICH8	FW82801HR	2006	GbE，eSATA，HDA，取消 AC97 和 IDE 接口
ICH7	FW82801GR	2005	SATA 2.0，AMT，用于 945 和 3 系列芯片组
ICH6	FW82801FR	2004	PCI-E ×16、SATA150、RAID 0+1、USB2.0
ICH5	FW82801EB	2003	PCI 2.2、SATA150、ATA100、USB2.0、
ICH4	FW82801DA	2002	PCI 2.2、USB2.0、ATA100、PCI、LAN、AC97
ICH3	FW82801CA	2001	笔记本计算机、USB2.0、ATA100、CNR、AC97
ICH2	FW82801BA	1999	PCI 2.2、ATA100、4USB1.1、LAN、360 脚、1.8V
ICH1	FW82801AA	1999	PCI 2.2、ATA33、USB1.1、1CNR、AC97

注："芯片型号"末尾带"R"时，表示芯片组具有 RAID 功能。

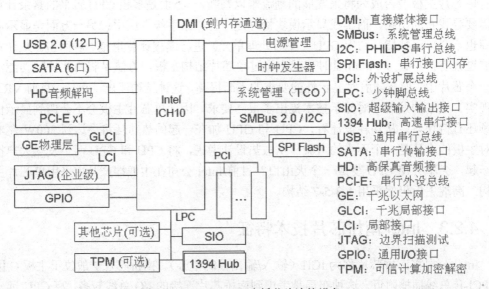

图 4-15　Intel ICH 10 南桥芯片连接设备

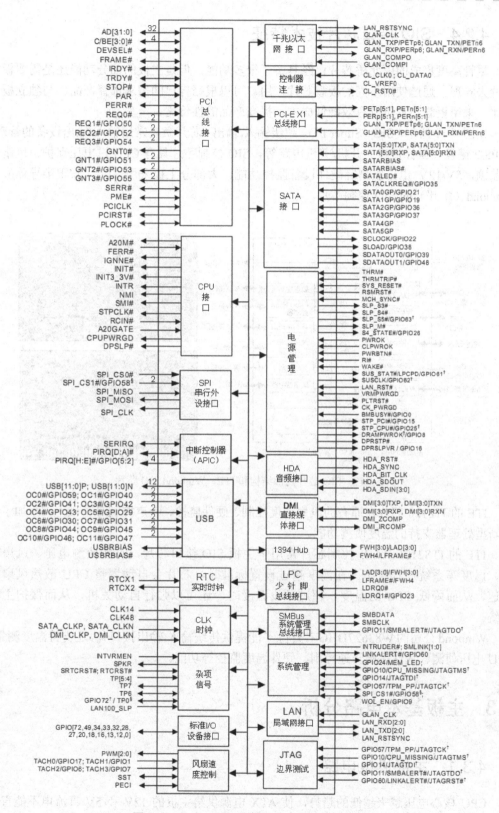

图 4-16　Intel ICH10 南桥芯片内部结构与信号

4.2.4 SIO 接口芯片技术特征

尽管高度集成的南北桥芯片已经具备了很多功能，但是主板的部分功能还是需要板载芯片去实现。通过使用不同的板载芯片，用户可以根据自己的需求选择产品。与独立板卡相比，采用板载芯片可以有效降低成本，提高产品的性价比。

如图 4-17 所示，SIO（Super I/O，超级输入/输出）芯片负责常用输入/输出设备的管理，如 PS/2 键盘和鼠标接口、开机/关机电路等，SIO 控制芯片具有 CPU 过电压保护，风扇转速监测，5V/12V 电压监测等硬件设备监控功能。大部分主板采用 ITE（联阳半导体）或 Winbond（华邦）的 SIO 控制芯片。

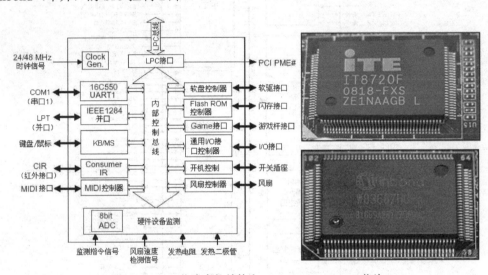

图 4-17　SIO 芯片内部结构和 ITE、Winbond SIO 芯片

ITE 的 IT8720 芯片在原有的风扇速度控制、硬件监控、噪声控制等基础上，添加了更多新型处理器支持的温度侦测功能。

ITE 的 IT8212F RAID 控制芯片常用于主板 SIO 接口芯片，它能侦测电压、风扇转速、温度等系统运行状态。在温度超过设置标准时，芯片会自动调整 CPU 散热风扇的转速，从而降低 CPU 的温度。超过预设温度时，还可以强行自动关机，从而保护主板系统。

Winbond 公司的 W83627DHG 芯片除了能提供传统输入/输出接口外，还支持温度测量、CPU 电压侦测、线性风扇转速控制、硬件温度监控等功能。

4.3　主板基本电路分析

4.3.1　主板供电电路

CPU 核心电压越来越低的趋势，使 ATX 电源供给主板的 12V 和 5V 直流电不能直接给 CPU、南北桥芯片、内存等设备供电，需要在主板上另外设计供电电路（DC-DC），进行高直流电压到低直流电压的转换。

1. 主板供电电路的要求

目前 CPU 功耗非常大（70～150W），从低负荷到满负荷运行时，电流变化也非常大。为了保证 CPU 能够在快速的负荷变化中，不会因为电流供应不上而无法工作，因此 CPU 供电电路要求具有非常快速的大电流响应能力。其次，CPU 供电电路也是主板上信号强度最大的地方，处理不好会产生串扰效应，从而影响到主板的其他电路。

2. VRD 电源标准

VRD（电压调节标准）是 Intel 公司在 2006 年发布的 CPU 供电标准，VRD 标准在主板中增加了一个信号通道，将检测到的温度信号传送给 CPU 的 FORCEPR# 引脚，由 CPU 对 DC-DC 电源模块进行保护。一旦电源模块过热，FORCEPR# 信号就会启动，自动降低 CPU 倍频系数，并且降低 CPU 核心电压，以减少电能消耗。

VRD11.1 标准主要用于 Intel 公司 Croe2 处理器，它支持 PSI（电源状态检测）功能，允许 CPU 处于空负载或轻度负载状态时，主板 DC-DC 电路可以关闭部分供电回路（自动变相），同时对 CPU 工作频率进行调节，达到 CPU 在轻负载下的节能效果。APS（自动变相）功能需要主板的 PWM（脉宽调制器）芯片（如 ISL6336）和 BIOS 支持，另外还需要 CPU 的支持。支持 VRD 11.1 标准的主板，在 BIOS 设置中一般有 C2/C2E 和 C4/C4E 两个选项。它取代了早期 Pentium 4 处理器常用的 C1 挂起状态，C1 挂起状态由操作系统发出的 HLT（停机）命令触发，然后 CPU 就会进入到低功耗的待机状态。

VRD 11.1 规定的 VID（电压标识符）和 VCC（CPU 核心电压值）如表 4-6 所示。VCC_MAX 电压分为 256 级，最高电压从 1.60 000V 开始，以下每个级别减少 0.006 25V。

表 4-6　VRD 11.1 规定的 VID 和 VCC_MAX 值

VID7	VID6	VID5	VID4	VID3	VID2	VID1	VID0	VCC_MAX
0	0	0	0	0	0	0	0	OFF
0	0	0	0	0	0	0	1	OFF
0	0	0	0	0	0	1	0	1.600 00
0	0	0	0	0	0	1	1	1.59 375
...	...	...	...	...	...	...	...	...
1	0	1	1	0	0	0	1	0.506 25
1	0	1	1	0	0	1	0	0.500 00
1	1	1	1	1	1	1	0	OFF
1	1	1	1	1	1	1	1	OFF

3. 主板单相供电电路工作原理

主板 DC-DC 供电电路广泛采用开关电源供电方式，供电电路通常由 PWM 芯片、MOSFET（场效应开关管）、电容、电感线圈等组成。图 4-18 是主板 CPU 多相供电电路中，一相 DC-DC 供电电路的简单示意图，这个电路是一个简单的开关电源。+12V 直流电压来自 ATX 电源的输入（8 脚 CPU_12V 插座），通过一个电感线圈（L1）和电容（C1）对输入电流进行滤波后，输入到由两个（Q1、Q2）MOSFET 管组成的开关电路。PWM 芯片发出脉冲信号，控制开关管 Q1 与 Q2 轮流导通，从而输出高频脉冲电压。高频脉冲电压经过 L2 和 C2 组成的滤波电路后，得到平滑稳定的 CPU 核心电压（V_{core}）。DC-DC 供电电路除了为 CPU 提供更加纯净稳定的电流外，还起到了降压限流的作用。在供电电路中，电容和电感线圈的规格越高，以及场效应管的数量越多，供电的品质就越好。

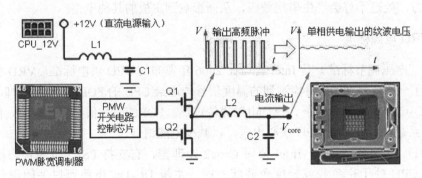

图 4-18   主板 CPU 一相供电电路示意图

主板除 CPU 需要 DC-DC 供电电路外，PCI-E 显卡、内存、北桥芯片等部件，都需要单独设计 DC-DC 供电电路。单独设计的优点是，每个电源模块单独对相应部件进行电压过载保护，不会因为某个稳压器的故障使整个系统崩溃。这种设计方案提高了供电系统的可靠性，也有助于电源电路的散热。更重要的是 CPU 电路上的电压变化，不会影响到内存和显卡的电压。

4. 主板多相 DC-DC 供电电路

供电电路在实际应用中存在电源转换效率的问题，电能不会 100%转换，一部分消耗的电能会转化为热量散发出来，所以供电电路总是存在发热问题。值得注意的是，温度越高说明电能转换效率越低。如果电源电路转换效率不高，那么采用一相供电就无法满足 CPU 的需要，所以出现了三相或多相供电电路。多相供电电路带来了主板布线的复杂化，如果布线设计不合理，会影响 CPU 工作的稳定性。

一般单相供电电路能提供大约 30～60A 的电流，二相电路能提供大约 60～120A 的电流，如此累加，供电相数越多，能提供的电流就越大。目前 CPU 满载功耗往往达到 100W 以上，为了满足 CPU 供电需求，除了使用更好的电子元件来提升每相供电电流外，增加供电相数更容易达到目的。

主板供电电路有多种设计方案。例如，主板 CPU 供电电路采用三相供电时，设计方案有 3×2、3×4 等，这里的 3×4 指三相供电，每一相采用 4 个 MOSFET 管。3×4 设计的优点是：在电感线圈释放能量时，供电电路会有大电流通过（特别高功耗较 CPU 的电流会更大），采用多个 MOSFET 管并联，可以降低 MOSFET 管内阻，有效减少发热量。

如图 4-19 所示，典型的 CPU 三相 DC-DC 供电电路，有一个 PMW 芯片（如 ISL6312）；三相×4 个 MOSFET 管（如 AOD472、AOD452）；有三个屏蔽电感线圈（如 L3、L4、L5）；以及若干个电容。

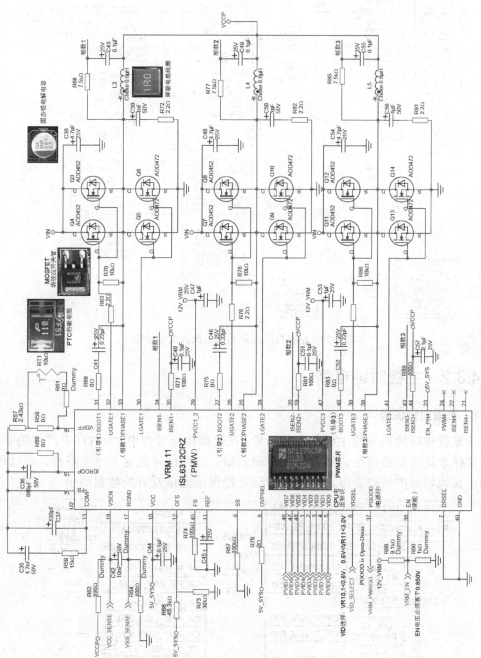

图 4-19　Intel主板三相供电电路

主板系统的电源分配如图 4-20 所示。

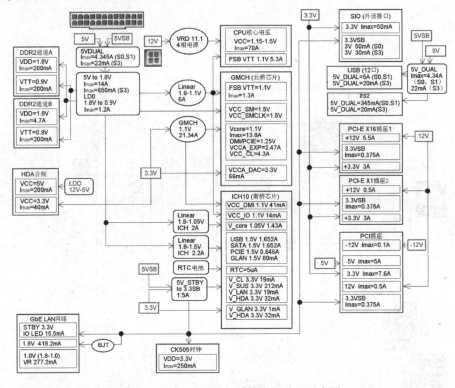

图 4-20　Intel G43 主板系统电源分配示意图

4.3.2　主板时钟电路

1. 主板时钟信号

计算机中时钟信号的主要作用是同步。在数据传送过程中，对时序有严格的要求，只有这样才能保证数据在传输过程不出现差错。时钟信号设定了一个基准，可以用它来确定其他信号的时间宽度，另外时钟信号能保证通信双方的数据同步。

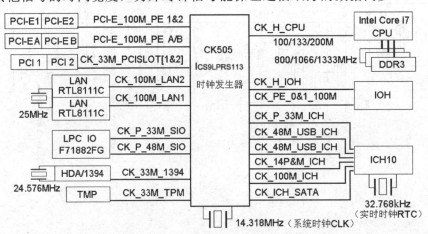

图 4-21　Intel X58 芯片组主板时钟系统

计算机中的时钟频率信号一般标记为"CLK"。频率为 1kHz 的时钟周期为 1ms，1MHz 的时钟周期为 1μs，1GHz 的时钟周期为 1ns。时钟信号发生电路由晶振和时钟信号发生器芯片组成。如图 4-21 所示，系统时钟信号发生器产生的脉冲信号（CLK），不仅直接提供了 CPU 所需的外部工作频率，而且还提供了其他外设和总线所需要的多种时钟信号。

2．主板钟频率的类型

主板上往往有多个晶振，这一方面是主板中每个集成电路芯片的工作频率不同，因此需要不同晶振。其次是主板中有各种不同速率的总线，每条总线有自己独立的传输协议和标准，它们的时钟频率也有所不同。另外一个重要的原因是，晶振产生的时钟信号是高频脉冲信号，如果传输距离过长，会导致信号衰减，而且会受到其他电路的干扰。因此，一方面大部分时钟信号统一由系统时钟信号发生器芯片提供，而另外一些信号（实时时钟、网络时钟、音频时钟等）则由单独的晶振提供。主板中常见的时钟频率如下。

（1）系统时钟（CLK）。系统时钟的晶振频率为 14.318MHz，工作电压为 1.1～1.6V，晶振往往与时钟信号发生器芯片相连，给主板电路提供同步时钟信号。自从 IBM 公司推出第一台 PC 以来，主板一直使用频率为 14.318MHz 的晶振作为基准时钟频率源。这是因为 8088 CPU 工作频率为 4.77MHz，而 14.318MHz 经过 3 分频后，输出频率为 4.77MHz 左右。一直沿用这个时钟频率，或许是为了保持 PC 兼容性的需要。

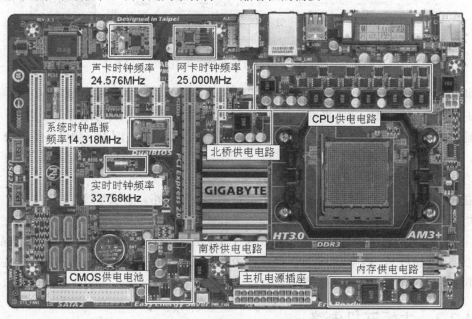

图 4-22 主板时钟电路和供电电路

（2）实时时钟（RTC）。实时时钟的晶振频率为 32.768kHz，工作电压为 0.4V 左右，RTC 与南桥芯片连接。RTC 时钟主要用于显示精确的时间和日期。RTC 之所以采用 32.768kHz 的频率，是因为时钟需要比较准确的 1s 定时，而 32.768kHz 表示为二进制为：2^{15}=[1000 0000 0000 0000]$_2$。这样只需要检测二进制最高位的变化，就可以知道 1s 的时间了，不需要检查每个二进制位，这样电路设计较为简单。由于实时时钟（RTC）与系统时钟（CLK）采用了不同的晶振器件，因此它们之间不会相互影响。

（3）声卡时钟。时钟频率为24.576MHz，工作电压为1.1～2.2V。

（4）网卡时钟。时钟频率为25.000MHz，工作电压为1.1～2.2V。

主板中的时钟电路和供电电路如图4-22所示。

3．系统时钟设计标准

为了标准系统时钟信号的设计和应用，Intel公司制定了频率合成器设计指南，如CK97、CK410、CK505等。符合CK410标准的系统时钟信号发生器电路如图4-23所示。

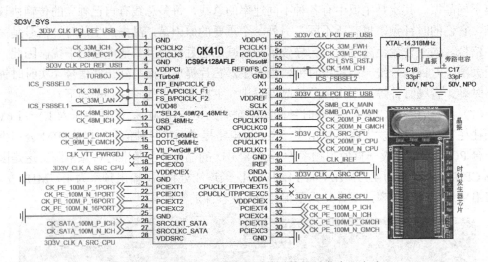

图4-23　符合CK410标准的系统时钟信号发生器电路

时钟发生器芯片输出的频率非常有限，它远远不能直接提供CPU所需要的工作频率。系统时钟发生器只能给CPU提供外部工作频率（外频），在CPU内部还有倍频电路，外频信号通过CPU内部的倍频电路，进行频率提升后给CPU使用。因为倍频电路集成在CPU内部，所以只要处理器厂商彻底封锁CPU的倍频系数，用户就无法调整倍频系数。但是，CPU生产厂商没有封锁外频。

在工作频率较低的系统总线或芯片中，有一个分频电路。它以系统时钟为基准，通过分频电路降低总线时钟频率，以满足工作频率较低的总线或芯片的需求。

主板中常见的时钟信号发生器芯片有ICS、Cypress、IDT、Realtek和Winbond等品牌，如ICS954128AFLF、RTM880N-790等。在少数主板中，时钟信号发生器的功能已经集成在北桥芯片中了。

4.3.3　主板开机电路

1．开/关机电路设计方案

主板设计不同，开机电路会有所不同，但基本电路原理是相同的。即经过开机按键触发主板开机电路工作，开机电路将触发信号进行处理，最终向24孔的ATX电源插座的第16脚（PS_ON）发出低电平信号，将电源第16脚的高电平拉低，触发ATX电源工作，使电源各引脚输出相应的电压，为计算机内部设备供电。

主板开机电路的设计方案有由门电路组成的开机电路；由南桥芯片组成的开机电路；由南桥芯片和 SIO 芯片组成的开机电路；由开机复位芯片组成的开机电路等。

2．开机电路工作条件

为开机电路提供电源、时钟信号和复位信号，具备这三个条件后，开机电路就可以工作了。其中，电源由 ATX 电源的第 9 脚（5VSB）提供，时钟信号由实时时钟（RTC）电路提供，复位信号由电源开关、南桥芯片内部的触发电路提供。

由南桥芯片和 SIO 芯片组成的开机电路原理如图 4-24 所示。

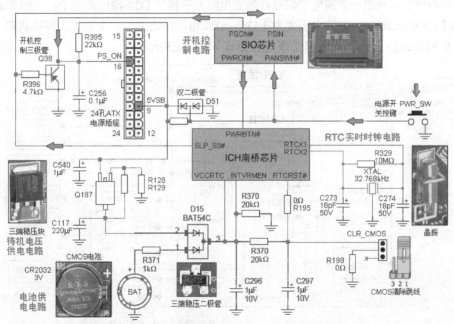

图 4-24　由南桥芯片和 SIO 芯片组成的开机电路原理图

3．关机状态

市电开关打开通电后（未开计算机），ATX 电源的第 16 脚（PS_ON）输出＋5V 电压，ATX 电源的第 16 脚通过控制三极管连接到 SIO 芯片的触发电路中。SIO 芯片内部的开机触发电路没有触发时，SIO 不向三极管 Q38 输出高电平，因此三极管 Q38 为低电平，三极管 Q38 处于截至状态，电源的其他针脚没有电压输出。

ATX 电源的第 9 脚输出＋5V 待机电压（5VSB）。＋5V 待机电压通过稳压三极管 Q187 后，产生＋3.3V 电压，这个电压分为两路，一路通向南桥芯片内部，为南桥芯片供电；而另一路通过 COMS 清除跳线（必须插上跳线帽将它们连接起来）进入南桥，为 CMOS 电路供电；南桥外的实时时钟（RTC）晶振向南桥提供时钟频率信号。

4．开机启动过程

用户按下主机电源开关时，开机按键的电压变为低电平，这时 SIO 芯片内的触发电路没有触发，输出端保持原状态不变（输出高电平），南桥芯片也没有工作。当用户松开开机按键时，这时开机电压由低变高，向 SIO 芯片的 PANSSW#引脚发送一个上升沿触发信号，SIO 芯片内部电路被触发，SIO 芯片输出端引脚 PWRON#向南桥芯片输出低电平信号。南桥芯片收到触发信号后，向三极管 Q38 输出高电平，三极管 Q38 导通，由于三极管的 e 极接地，因此 ATX 电源第 16 脚的电压由高电平变为低电平，ATX 电源开始工作，电源分别向主板输送相应电压，主板处于启动状态。

5. 关机过程

在主机工作状态下，按下主机开关时，开机按键再次变为低电平，各个电路保持原状态不变。在松开开关时，开机键的电压变为高电平，此时 SIO 芯片内部电路再次触发。触发器的输出端向南桥芯片发送一个高电平信号，触发电路向三极管 Q38 输出低电平，三极管 Q38 截止，这时 ATX 电源第 16 脚的电压变为＋5V，ATX 电源停止工作，主板处于停机状态。

计算机系统的开机、关机和系统复位原理如图 4-25 所示。

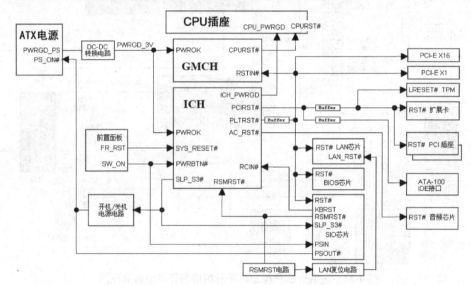

图 4-25　计算机系统开机/关机和系统复位原理图

4.4　总线与接口技术

1964 年，DEC 公司的 PDP-8 计算机首先采用了总线结构，这种结构具有高度的灵活性，允许将各种功能模块插入总线，形成各种配置，因此，总线结构现在几乎已被所有计算机所采用。

4.4.1　总线的类型与带宽

1. 总线的基本类型

总线是多个部件之间的公共信号通道，用于在各个部件之间传输信息。总线由多条信号线路组成，每条信号线路可以传输一路二进制信号。当多个设备连接在总线上时，其中一个设备发出的信号可以为其他所有设备接收。但是在某个时间段内，只能有一个设备能够成功地发送信号。按照总线标准设计制造的设备，都能工作在按同一标准设计制造的设备中。例如，提供 USB 总线接口的手机，可以连接到计算机的 USB 接口，双方进行数据传输。总线的类型也很少改变，以防造成不兼容问题。例如，从 486 计算机开始采用的 PCI 总线（1992 年），到目前还在广泛应用。总线按用途可以分为内部总线、系统总线和外设总线；如果按通信方式可以分为并行总线和串行总线。

（1）内部总线。内部总线用于各种集成电路芯片内部多个单元之间的互连。在集成电路芯片内部，各个功能单元之间的内部总线一般是不开放的，对内部总线的名称、功能和电气参数，各家芯片设计公司很少公布。

（2）系统总线。系统总线用于主板中多个集成电路芯片之间的互连。系统总线的开放情况较为复杂，对于主板或其他设备上使用的系统总线，是部分开放的。例如，主板中的 FSB（前端总线）、QPI（快速链路接口）、HT（超级传输总线）等，芯片设计厂商会公布部分接口的技术参数，但是设备生产厂商使用这些总线时，采用有偿授权使用方式。

（3）外设总线。外设总线用于计算机与外部设备之间的互连。PC 中的外设总线基本上是开放的（其他计算机不一定开放），大部分没有专利限制，如 PCI、PCI-E、USB 等总线。因此，其他设备厂商可以遵循总线标准进行产品设计。

2．总线的带宽

在模拟通信中（频带通信），总线带宽指通信频率之差；在数字通信（基带通信）中，带宽指数据传输速率。计算机中除极少的外部接口（如 VGA 接口、音频接口）使用模拟信号外，计算机内部和大部分外部接口都使用数字通信方式。模拟通信的带宽单位为 Hz（赫兹）；而数字通信的单位较为混乱，有 B/s（字节/秒）、b/s（位/秒）、T/s（传输次数/秒）、Hz（赫兹）等单位，造成这种混乱局面有多方面的原因。

【例 4-1】 DDR3-1333 内存总线带宽为 10.7GB/s；USB 2.0 总线带宽为 480Mb/s；QPI 总线传输频率为 6.4GT/s；FSB 总线带宽为 1600Hz（数据传输频率）等。

3．并行总线组成

并行总线分为 5 个功能组：数据总线、地址总线、控制总线、电源线和地线。数据总线用于设备或者部件之间，数据和指令的半双工传输；地址总线用于指定数据总线上数据的来源与去向，一般采用单向传输；控制总线用来控制对数据总线和地址总线的访问与使用，它们大部分是双向的。在原理性教材中，为了简化分析过程，往往省略了电源线和地线。值得注意的是，不是所有并行总线都有以上 5 个功能组，一些并行总线将数据总线和地址总线进行复用，以简化设计，降低产品成本。计算机中的并行总线有 FSB（前端总线）、HT 总线、内存总线、PCI 总线等。

4．并行总线带宽

并行总线的主要技术参数有总线位宽、总线频率、总线仲裁和总线操作。

总线位宽是指总线一次可以传输数据的位数，如 64 位总线带宽是指数据总线一次可以传输 8 个字节的数据。在并行总线中，总线位宽越大，总线数据传输速率越高。但是更大的总线位宽需要占用更大的主板物理空间，而且连接器也会更大。为了减少数据总线占用太大的物理空间，大部分数据总线与地址总线按重复使用设计（复用）。

总线数据传输的频率称为总线频率，单位为 MHz 或 GHz。在 Pentium Ⅲ 以前的计算机中，总线时钟频率与总线频率是一致的，随着计算机技术的发展，目前在一个时钟周期内可以传输多次数据；在内存总线中，甚至出现了多通道传输结构，这造成了总线频率与总线时钟频率的不一致，因此总线频率与总线时钟频率是两个不同的概念。

总线带宽是每秒钟总线上传输数据的总量。在并行传输中，总线带宽单位是 B/s，并行总线带宽按下式计算：

$$并行总线带宽＝（总线位宽×总线时钟频率×每个时钟周期传输数据的次数）÷8 \qquad (4\text{-}1)$$

或者

$$并行总线带宽＝（总线位宽×总线频率）÷8 \qquad (4\text{-}2)$$

【例 4-2】 PCI 总线位宽为 32 位，总线时钟频率为 33MHz，每个时钟周期内传输一次数据。因此，PCI 总线带宽＝32b×33MHz×1÷8b＝132MB/s。

计算机中各类并行总线性能如表 4-7 所示。

表 4-7　计算机并行总线性能一览表

总线类型	时钟频率/MHz	总线位宽/b	总线频率/MHz	总线带宽
FSB1600	400	64	1600	12.8GB/s
Hyper Transport	800	32	3200	12.8GB/s
DDR3-1600 内存总线	200	64	1600	12.8GB/s
PCI	33	32	33	132MB/s
Hub Link	33	32	66	264MB/s
LPC	33	4	33	16.5MB/s

说明：表中总线带宽为最大理论值。

5．串行总线组成

近年来，串行总线在计算机中的应用方兴未艾，如 PCI-E、SATA、eSATA、QPI、DMI、SPI、SMBus、USB、IEEE 1394 等，都属于串行总线。串行总线的线路设计非常简单，原理上所有信号都可以通过两根线路进行双向传输。例如，USB 总线使用了两根数据线，一根地线和一根电源线。

串行总线在设计时需要考虑以下问题：数据的传输速率；数据位传输顺序（先传最高位或最低位）；通信协议和通信电平；通过何种方式选择某个外设（通过硬件片选还是软件协议选择）；外设如何与集成电路芯片保持同步（采用单独的硬件时钟线或借助于内嵌于数据包中的时钟信号）；数据是在单根线路上传输（在"高电平"和"低电平"之间传输），还是在一对差分线路上传输（两根线路按相反电平方向同时同方向传输）等。除以上特性外，应用中还会有更多要求，如供电方式、噪声抑制、主机与外设之间的最大传输距离、电缆连接方式、接口形式等。

6. 串行总线带宽

串行总线采用多个通道（信道）的方法实现更高的传输速度，通道之间各自独立，多条通道组成一条串行总线。在串行通信中，不存在总线位宽的概念，因为一个通道的收/发端之间是同步或异步的，但是多个串行通道之间并无密切的时序同步关系。例如，PCI-E x16 总线就利用了 16 条 PCI-E x1 通道进行传输，这是 16 个串行通道分别进行数据传输，并不是 16 位位宽的总线。

串行总线的带宽与数据传输频率、数据编码方式、通信协议开销，以及传输通道数等因素有关。总之，串行总线带宽是指总线的传输速率，单位为 b/s（位/秒），为了便于与并行总线比较，有时也将单位转换为 B/s（字节/秒）。值得注意的是，串行传输总线的带宽往往包含协议开销在内。串行总线带宽可按下式计算：

总线有效带宽（b/s）=传输频率（Hz）×数据包大小（b）×每个时钟周期传输几个数据包×总线通道数×数据编码方式×协议开销 (4-3)

由式（4-3）可见，串行总线有效带宽的计算较为复杂。串行总线性能如表 4-8 所示。

表 4-8 计算机常用串行总线性能一览表

总线类型	总线带宽	总线类型	总线带宽	总线类型	总线带宽
QPI	12.8GB/s	USB 1.1	12Mb/s	SPI	3Mb/s
PCI-E 1.0×1	2.5Gb/s	USB 2.0	480Mb/s	SST	1Mb/s
PCI-E 2.0×1	5Gb/s	USB 3.0	5.0Gb/s	SMBus	100kb/s
PCI-E 3.0×1	8Gb/s	DMI	1Gb/s	IEEE 1394b	800Mb/s

说明：表中总线带宽为单向传输模式下的最大理论值，其中包含编码和通信协议开销。

4.4.2 系统总线技术性能

1. FSB（前端系统）总线

FSB 是 CPU 与北桥芯片组（MCH）之间的信号传输通道，它是一种并行传输总线。Intel 处理器的前端总线频率有 1600MHz、1333MHz、1066MHz、800MHz 几种。1333MHz 的 FSB 所提供的内存带宽是 1333MHz×64b÷8=10.67GB/s，这与双通道 DDR2-667 的内存基本匹配。但是如果使用双通道 DDR2-800、DDR2-1066 的内存，这时 FSB 的带宽就小于内存带宽，更不用说使用 3 通道高频率的 DDR3 内存了。与 AMD 的 HyperTransport 总线技术相比，FSB 的带宽瓶颈很明显。目前 Intel 计划用 QPI 总线取代替传统的 FSB 总线。

2. QPI（快速链路互连）总线

QPI 总线是基于数据包传输的点到点互连技术，它是一种串行传输总线，使用高速差分信号和专用时钟通道技术。QPI 总线传输频率为 6.4GT/s（次/秒），一个 QPI 数据包为 80 位，但只有 64 位用于数据（其他位用于流量控制、CRC 校验和通信协议等用途），QPI 总线的每条链路宽度为 20 位，发送一个 QPI 数据包需要 4 个时钟周期，因此每条链路一次可以传输 16 位（2 字节）数据，由于 QPI 总线可以双向传输，因此一条 QPI 总线理论双向带宽为：2（字节）×2（双向）×6.4GT/s=25.6GB/s，单向带宽为12.8GB/s。

3．HT（Hyper Transport）总线

HT是AMD公司提出的一种前端总线技术，HT早期是一种并行总线，目前改造为一种串行总线。HT总线采用点对点的数据传输，每个HT通道有两个单向的点对点连接。在AMD K10处理器中，为其配置了HT 3.0总线。HT 3.0总线在2.6GHz的数据传输频率，32个传输通道的模式下，可以提供41.6GB/s的总线带宽。

在工作原理上，HT 3.0总线与PCI-E总线非常相似，都是采用点对点的单工或双工传输模式，采用抗干扰能力强的LVDS（低压差分信号）信号技术，命令信号、地址信号和数据信号共享一个数据通道，支持DDR双沿触发技术等。两者仅在用途上不同，PCI-E主要用于外设总线，而HT则为系统总线，主要用于两个芯片之间的连接。

4．内存总线

内存总线主要负责内存与北桥芯片之间的并行传输，它是一种并行传输总线。内存总线时钟频率有100/133/166/200MHz等规格，内存总线位宽为64位。DDR3内存在每个时钟周期内可以传输8次数据。内存总线带宽按下式计算：

$$内存总线带宽＝总线位宽×总线时钟频率×每个时钟周期内传输数据的次数$$
$$×通道数÷8 \qquad (4\text{-}4)$$

5．DMI（直接媒体接口）总线

DMI是Intel公司用来连接南北桥芯片之间的串行总线，它取代了以前的Hub-Link总线。DMI采用点对点的连接方式，时钟频率为100MHz。DMI实现了上行与下行各1GB/s的数据传输速率，双向总带宽达2GB/s。

6．SPI（串行外设接口）总线

SPI总线由Motorola公司推出，SPI是一种全双工串行传输总线。SPI总线的芯片只有4根线路，正是这种简单易用的特性，现在越来越多的芯片集成了这种通信协议。SPI总线主要用于一些SIO芯片的连接，传输带宽为3Mb/s。

7．LPC（少针脚）总线

LPC总线采用并行传输，它一般用于SIO芯片连接，LPC总线有8根数据线，数据位宽为4位，允许以33MHz的时钟频率进行同步并行传输。所有连接在LPC总线上的设备共用一个IRQ（中断请求）。

8．SMBus（系统管理总线）总线

SMBus总线1995年由Intel公司提出，主要用于移动PC和桌面PC系统的低速通信。SMBus是一种串行同步通信总线，它只有两根信号线：一根数据线和一根时钟信号线。Windows中显示的各种设备制造商名称和型号等信息，都是通过SMBus总线收集的。SMBus总线带宽为100kb/s，虽然速度较慢，但具有结构简单成本低廉的特点，成为业界

欢迎的接口标准。主板监控系统中传送各种传感器的测量结果，以及 BIOS 向监控芯片发送命令，都是利用 SMBus 实现的。

9. SST（简单串行传输）总线

SST 总线是 Intel 公司推出的一种串行总线，它的传输速率为 1Mb/s。Intel 公司期望用 SST 总线取代传统的 SMBus 总线，实现 PC 管理的优化。

10. PECI（平台环境控制接口）总线

PECI 是一种单线串行总线，它是 SST 总线的一种延伸技术。CPU 内部的数字温度计通过 PECI 输出，指示 CPU 芯片的温度或将温度值提供给风扇速度控制系统。

4.4.3　常用接口技术性能

在计算机系统中，外设与 CPU 之间的信息交换通过接口来实现，因此接口是计算机系统与外设进行信息交换的中转站。

1. SATA 接口

SATA（串行 ATA）接口是 Intel 公司 2001 年发布的接口标准。SATA 比传统的并行 ATA（PATA）接口传输效率高，在 SATA 1.0 标准中，接口带宽为 1.5Gb/s；SATA 2.0 接口带宽为 3.0Gb/s。由于 SATA 接口多用于硬盘接口，本书将在第 6 章中详细讨论这个接口。SATA 接口如图 4-26 所示。

SATA 接口只有 4 根通信线路，第 1 针供电，第 2 针接地，第 3 针发送数据，第 4 针接收数据。由于 SATA 采用点对点传输协议，因此不存在硬盘设备的主从问题，并且每个驱动器独享接口带宽，SATA 接口支持设备热插拔。

2. IEEE 1394 接口

IEEE 1394 接口由苹果公司开发，IEEE 组织于 1995 年批准为总线标准。如图 4-27 所示，IEEE 1394 接口分为小型 4 针和标准 6 针两种型号。

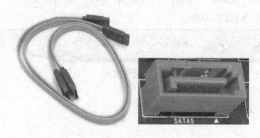
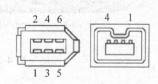

图 4-26　SATA 接口线和插座　　　　　　　图 4-27　1394 插座

IEEE1394 接口以数据包的方式进行串行传输，数据包包含传输的数据信息和相应设备的地址信息。IEEE1394 支持点对点连接，接口电缆长度不能超过 4.5m，最多允许 63 个相同速度的设备连接在同一总线上。因此，利用 IEEE1394 技术，两台 PC 可以共享同一个外设，这是 USB 接口无法实现的技术。IEEE 1394 接口信号如表 4-9 所示。

表 4-9　IEEE 1394 接口 6 芯插座信号

引脚	信号	说明	引脚	信号	说明	引脚	信号	说明
1	VP	电源	3	TPB+	数据+	5	TPA+	数据+
2	VG	地	4	TPB-	数据-	6	TPA-	数据-

说明：4 引脚的 1394 接口没有 VP 和 VG 信号。

3．SIO 接口

计算机早期的 COM（串行通信）接口、LPT（打印终端）接口、MIDI（乐器数字接口）等，目前已经淘汰，大部分主板取消了这些接口。

如图 4-28 所示，目前主板后部的 SIO 接口主要有 PS/2（个人系统/2）键盘或鼠标接口、USB（通用串行总线）设备接口、HDMI（高清数字多媒体接口）、SPDIF（SONY、PHILIPS数字音频接口）、DVI（数字视频接口）、VGA（视频图形阵列）模拟显示器接口、IEEE 1394接口、eSATA（扩展 SATA）外部硬盘接口、RJ-45 以太网接口、音频接口、SD（安全数字）存储卡接口等。

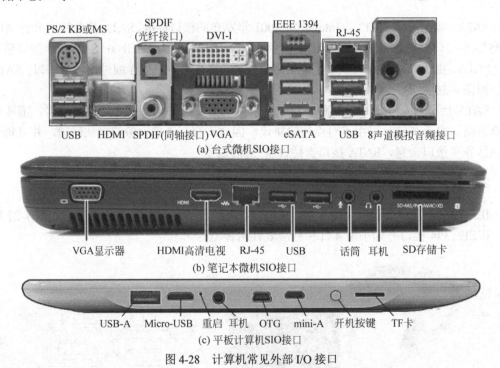

图 4-28　计算机常见外部 I/O 接口

4．TPM 接口

2003 年 3 月，可信赖计算组织（TCG）从硬件和软件两方面制定了 TPM（可信平台模块）标准。采用符合 TPM 标准的安全芯片，它能保护 PC 防止非法用户的访问。TPM芯片具有产生密匙的功能，此外还能进行高速资料加密和解密，以及保护 BIOS 和操作系统不被修改。TPM 接口配合专用软件可以实现以下功能。

（1）TPM 安全芯片的功能。进行范围较广的加密，除了能进行传统的开机加密以及对硬盘加密外，还能对系统登录、应用软件登录进行加密，例如目前常用的 QQ、网游以及网上银行的登录信息和密码，都可以通过 TPM 加密后再进行传输，这样就不用担心信息和密码被人窃取；加密硬盘的任意分区，可以将一些敏感的文件放入该分区以策安全；存储、管理 BIOS 开机密码以及硬盘密码，这些密钥存储在固化的芯片存储单元中，即便是掉电信息也不会丢失。

（2）TPM 的设计思想。为了有效地保护计算机系统的 BIOS、操作系统以及其他底层固件的安全，有必要在系统启动 BIOS 之前，对 BIOS 进行验证。只有确认 BIOS 没有被修改的情况下，系统才启动 BIOS。启动 BIOS 之后，可以进一步验证操作系统和其他底层固件，当所有的验证都通过时，计算机系统才可以正常运行。

（3）TPM 安全芯片结构。如图 4-29 所示，主处理器模块对整个安全芯片进行控制；加密模块完成对称密码算法、杂凑算法等密码算法；接口模块用于与计算机主板上的接口进行连接；DRAM 用于存储中间计算结果；闪存用于存储芯片操作系统（COS）。

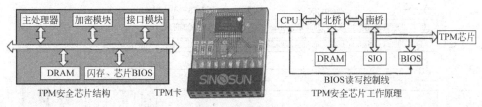

图 4-29　TPM 安全芯片结构和工作原理

（4）TPM 安全芯片工作原理。如图 4-29 所示，CPU 通过读写控制线与安全芯片中的 BIOS 模块直接相连，安全芯片通过完整性校验检验主板上的 BIOS 模块是否被非法修改。安全芯片对计算机提供保护的方法为：计算机启动时，由 TPM 芯片验证当前底层固件的完整性，如正确则完成正常的系统初始化后执行步骤，否则停止启动该信息处理设备；由底层固件验证当前操作系统的完整性，如正确则正常运行操作系统，否则停止装入操作系统。总之，此方法是通过在信息处理设备的启动过程中对 BIOS、底层固件、操作系统依次进行完整性验证，从而保证信息处理设备的安全。启动之后，再利用 11PM 芯片内置的加密模块生成并管理系统中各种密钥，对应用模块进行加解密，以保证计算机等信息设备中应用模块的安全。

4.5　外设总线技术性能

4.5.1　PCI 总线技术性能

1992 年，Intel 公司发布了 PCI（外部设备互连）总线，随后免费公开了 PCI 总线设计标准，这使得 PCI 总线迅速成为计算机的一种标准总线。PCI 总线不但应用在 PC 上，在苹果公司的 iMAC 计算机、工业控制计算机中，也得到了广泛的应用。

1．PCI 总线的优点

PCI 具有以下特点。一是 PCI 总线支持突发数据传输，即传输一个地址信号后，可以传输若干个数据信号，这减少了地址操作，加快了传输速度；二是支持多主控制器（主设备），PCI 总线可以有多个总线主控制器，各主控制器通过总线请求信号和总线允许信号竞争总线的控制权；三是支持即插即用，在新板卡插入 PCI 总线插槽时，系统能自动识别并装入相应的设备驱动程序；四是 PCI 总线不依附于某个具体类型的处理器，这使它具有良好的兼容性；五是 PCI 总线提供了奇偶校验功能，保证了数据的完整性和准确性。

2．PCI 总线插座形式

PCI 地址总线与数据总线采用时分复用方式。这样一方面可以节省接插件的引脚数，另一方面是便于实现突发数据传输，缺点是只能进行单工或半双工数据传输。

PCI 总线插座有 5V 和 3.3V 两种规格，3.3V 规格在台式计算机中应用较少。PCI 总线插座如图 4-30 所示。

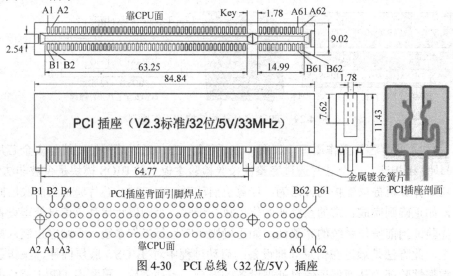

图 4-30　PCI 总线（32 位/5V）插座

3．PCI 总线信号定义

32 位 PCI 总线引脚为 124 条（包含电源、地、保留引脚等）。信号分为必备和可选两部分，主设备的必备信号为 49 条；从设备的必备信号是 47 条。可选信号为 51 条，主要用于 64 位扩展、中断请求和高速缓存支持等。利用这些信号线，可以对数据和地址信息进行控制、仲裁，以实现系统功能。PCI 总线信号如表 4-10 所示。

表 4-10　PCI 总线（32 位）信号与对地阻值

Pin	A 面信号	说　明	R/Ω	Pin	B 面信号	说　明	R/Ω
A1	TRST#	边界测试复位	350	B1	−12V	−12V 电源	∞
A2	+12V	+12V 电源	530	B2	TCK	边界测试时钟	0
A3	TMS	测试模式选择	∞	B3	Ground	地	0
A4	TD1	边界测试输入	350	B4	TD0	边界测试输出	∞

续表

Pin	A 面信号	说　明	R/Ω	Pin	B 面信号	说　明	R/Ω
A5	+5V	+5V 电源	350	B5	+5V	+5V 电源	350
A6	INTA#	中断请求 A	520	B6	+5V	+5V 电源	350
A7	INTC#	中断请求 C	520	B7	INTB#	中断请求 B	520
A8	+5V	+5V 电源	350	B8	INTD#	中断请求 D	520
A9	Reserved	保留	540	B9	PRSNT1#	插卡存在检测 1	∞
A10	+5V	+5V 电源	350	B10	Reserved	保留	∞
A11	Reserved	保留	∞	B11	PRSNT2#	插卡存在检测 2	∞
A12	Ground	地	0	B12	Ground	地	0
A13	Ground	地	0	B13	Ground	地	0
A14	Reserved	保留	∞	B14	Reserved	保留	∞
A15	Reset#		470	B15	Ground	地	0
A16	+5V	+5V 电源	350	B16	CLK	时钟	730
A17	GNT#	总线占用准许	500	B17	Ground	地	0
A18	Ground	地	0	B18	REQ#	总线占用请求	470
A19	Reserved	保留	1950	B19	+5V	+5V 电源	350
A20	AD30	地址/数据 30	470	B20	AD31	地址/数据 31	470
A21	+3.3V	+3.3V 电源	∞	B21	AD29	地址/数据 29	470
A22	AD28	地址/数据 28	470	B22	Ground	地	0
A23	AD26	地址/数据 26	470	B23	AD27	地址/数据 27	470
A24	Ground	地	0	B24	AD25	地址/数据 25	4707
A25	AD24	地址/数据 24	470	B25	+3.3V	+3.3V 电源	∞
A26	IDSEL	初始化/读写片选	590	B26	C/BE3#	命令/字节允许 3	480
A27	+3.3V	+3.3V 电源	∞	B27	AD23	地址/数据 23	470
A28	AD22	地址/数据 22	470	B28	Ground	地	0
A29	AD20	地址/数据 20	470	B29	AD21	地址/数据 21	470
A30	Ground	地	0	B30	AD19	地址/数据 19	470
A31	AD18	地址/数据 18	460	B31	+3.3V	+3.3V 电源	∞
A32	AD16	地址/数据 16	470	B32	AD17	地址/数据 17	470
A33	+3.3V	+3.3V 电源	∞	B33	C/BE2#	命令/字节允许 2	480
A34	FRAME#	帧有效	470	B34	Ground	地	0
A35	Ground	地	0	B35	ITRDY#	主控器发起就绪	470
A36	TRDY#	目标设备就绪	470	B36	TRDY#	目标设备就绪	∞
A37	Ground	地	0	B37	DEVSEL#	设备选择	480
A38	STOP#	暂停信号交换	470	B38	Ground	地	0
A39	+3.3V	+3.3V 电源	∞	B39	LOCK#	锁定	490

Pin	A 面信号	说　明	R/Ω	Pin	B 面信号	说　明	R/Ω
A40	SDONE	缓存监听完成	1660	B40	PERR#	奇偶校验错	1660
A41	SBO#	缓存监听后退	1660	B41	+3.3V	+3.3V 电源	∞
A42	Ground	地	0	B42	SERR#	系统错误	470
A43	PAR	数据偶校验	470	B43	+3.3V	+3.3V 电源	∞
A44	AD15	地址/数据 15	470	B44	C/BE1#	命令/字节允许 1	480
A45	+3.3V	+3.3V 电源	∞	B45	AD14	地址/数据 14	470
A46	AD13	地址/数据 13	470	B46	Ground	地	0
A47	AD11	地址/数据 11	470	B47	AD12	地址/数据 12	470
A48	Ground	地	0	B48	AD10	地址/数据 10	470
A49	AD9	地址/数据 9	470	B49	Ground	地	0
A50	**Key**	**定位卡**		**B50**	**Key**	**定位卡**	
A51	**Key**	**定位卡**		**B51**	**Key**	**定位卡**	
A52	C/BE0#	命令/字节允许 0	480	B52	AD8	地址/数据 8	470
A53	+3.3V	+3.3V 电源	∞	B53	AD7	地址/数据 7	470
A54	AD6	地址/数据 6	470	B54	+3.3V	+3.3V 电源	∞
A55	AD4	地址/数据 4	470	B55	AD5	地址/数据 5	470
A56	Ground	地	0	B56	AD3	地址/数据 3	470
A57	AD2	地址/数据 2	470	B57	Ground	地	0
A58	AD0	地址/数据 0	470	B58	AD1	地址/数据 1	470
A59	+5V	+5V 电源	350	B59	+5V	+5V 电源	350
A60	REQ64#	64 位总线请求	1880	B60	ACK64#	64 位总线确认	∞
A61	+5V	+5V 电源	350	B61	+5V	+5V 电源	350
A62	+5V	+5V 电源	350	B62	+5V	+5V 电源	350

说明：1."＃"表低电平有效；2.AD 为数据/地址复合线路；3.对地阻值不同厂商主板可能存在差异。

4．PCI 总线技术性能

PCI 总线标准的最高版本是 PCI v3.0（2004 年），但市场上广泛使用的标准是 PCI v2.3（2001 年）。PCI 总线位宽有 32 位和 64 位两种类型，目前台式计算机常用的是 32 位 PCI 总线。32 位 PCI 总线工作电压为 5V，信号时钟周期为 30ns，时钟频率为 33MHz，每个时钟周期传输一次数据。如果按十进制计量，最大数据传输带宽为 33MHz×4B×1 次/周期=132MB/s；如果按二进制计量，PCI 总线带宽为：（1 000 000 000/30ns）×4B×1 次/周期=127.2MB/s。这对声卡、网卡等输入/输出设备绰绰有余，但对显卡则无法满足需求。

5．Mini-PCI 总线

mini-PCI 总线是在 PCI 总线基础上发展起来的，mini-PCI 总线的定义与 PCI 基本上一致，只是在外型上进行了微缩。Mini-PCI 总线主要用于笔记本计算机，使用 mini-PCI 总线的设备有内置无线网卡、电视卡，以及一些多功能扩展卡等硬件设备。

Mini-PCI 总线的电路板有三种尺寸，类型Ⅰ的电路板尺寸为 42.5mm×70mm；类型Ⅱ电路板尺寸为 42.5mm×78mm；类型Ⅲ的电路板尺寸为 50.95mm×59.75mm。mini-PCI 总线插座与电路板如图 4-31 所示，mini-PCI 总线信号与功能如表 4-11 所示。

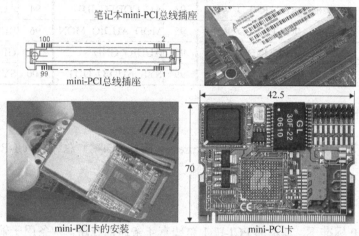

图 4-31　mini-PCI 总线插座与电路板

表 4-11　mini-PCI 总线 Type Ⅰ/Ⅱ信号与功能

引脚	信　号	引脚	信　号	引脚	信　号	引脚	信　号
1	INTB#	2	5V	39	GROUND	40	PAR
3	3.3V	4	INTA#	41	AD[17]	42	AD[18]
5	RESERVED	6	RESERVED	43	C/BE[2]#	44	AD[16]
7	GROUND	8	3.3VAUX	45	IRDY#	46	GROUND
9	CLK	10	RST#	47	3.3V	48	FRAME#
11	GROUND	12	3.3V	49	CLKRUN#	50	TRDY#
13	REQ#	14	GNT#	51	SERR#	52	STOP#
15	3.3V	16	GROUND	53	GROUND	54	3.3V
17	AD[31]	18	PME#	55	PERR#	56	DEVSEL#
19	AD[29]	20	RESERVED	57	C/BE[1]#	58	GROUND
21	GROUND	22	AD[30]	59	AD[14]	60	AD[15]
23	AD[27]	24	3.3V	61	GROUND	62	AD[13]
25	AD[25]	26	AD[28]	63	AD[12]	64	AD[11]
27	RESERVED	28	AD[26]	65	AD[10]	66	GROUND
29	C/BE[3]#	30	AD[24]	67	GROUND	68	AD[09]
31	AD[23]	32	IDSEL	69	AD[08]	70	C/BE[0]#
33	GROUND	34	GROUND	71	AD[07]	72	3.3V
35	AD[21]	36	AD[22]	73	3.3V	74	AD[06]
37	AD[19]	38	AD[20]	75	AD[05]	76	AD[04]

续表

引脚	信　号	引脚	信　号	引脚	信　号	引脚	信　号
77	RESERVED	78	AD[02]	89	AC_SDATA_IN	90	AC_SDATA_OUT
79	AD[03]	80	AD[00]	91	AC_BIT_CLK	92	AC_CODEC_ID0#
81	5V	82	RESERVED_WIP2	93	AC_CODEC_ID1#	94	AC_RESET#
83	AD[01]	84	RESERVED_WIP2	95	MOD_AUDIO_MON	96	RESERVED
85	GROUND	86	GROUND	97	AUDIO_GND	98	GROUND
87	AC_SYNC	88	M66EN	99	SYS_AUDIO_OUT	100	SYS_AUDIO_IN

4.5.2　PCI-E 总线技术性能

2002 年，英特尔等公司发布了 PCI Express（简称 PCI-E）总线。PCI-E 总线采用点对点低电压差分信号进行数据的串行异步传输。

1．PCI-E 总线插座形式

在 PCI-E1.0 标准下，基本的 PCI-E×1 总线有 4 条通信线路，两条用于输入，两条用于输出，总线传输频率为 2.5GHz，总线带宽为 2.5Gb/s（单工）。PCI-E 总线将时钟信号嵌入在数据包中，并且采用 8b/10b（对 8 位数据进行 10 位编码）编码技术，使信号的串扰问题明显降低。PCI-E 总线采用 4 层 PCB 板和标准接头设计时，设备的连接距离达 20cm 以上，PCI-E 总线插座如图 4-32 所示。

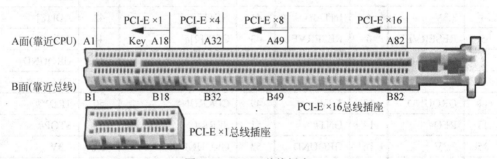

图 4-32　PCI-E 总线插座

PCI-E 总线信号如表 4-12 所示。

表 4-12　PCI-E 总线信号

	B 面引脚	信　号	说　明	A 面引脚	信　号	说　明
以上为×1模式	B1	+12V	+12V 电源	A1	PRSNT1#	热插拔检测
	B2	+12V	+12V 电源	A2	+12V	+12V 电源
	B3	RSVD	保留	A3	+12V	+12V 电源
	B4	GND	地	A4	GND	地
	B5	SMCLK	系统时钟	A5	JTAG2	TCK 测试时钟
	B6	SMDAT	系统总线	A6	JTAG3	TDI 测试数据输入
	B7	GND	地	A7	JTAG4	TDO 测试数据输出
	B8	+3.3V	+3.3V 电源	A8	JTAG5	TMS 测试模式选择

续表

B 面引脚	信　号	说　　明	A 面引脚	信　号	说　　明
B9	JTAG1	+TRST#测试复位	A9	+3.3V	+3.3V 电源
B10	3.3V aux	3.3V 电源	A10	+3.3V	+3.3V 电源
B11	WAKE#	激活信号	A11	PWRGO	电源好
Key	定位卡		Key	定位卡	
B12	RSVD	保留针脚	A12	GND	地
B13	GND	地	A13	REFCLK+	差分信号参考时钟
B14	HSOp(0)	0 号信道	A14	REFCLK–	差分信号参考时钟
B15	HSOn(0)	0 信号对	A15	GND	地
B16	GND	地	A16	Hsip(0)	0 号信道
B17	PRSNT2#	热插拔检测	A17	Hsin(0)	0 信号对
B18	GND	地	A18	GND	地
B19	HSOp(1)	1 号信道	A19	GND	地
B20	HSOn(1)	1 信号对	A20	HSip(1)	1 号信道
B21	GND	地	A21	HSin(1)	1 信号对
B22	GND	地	A22	GND	地
B23	HSOp(2)	2 号信道	A23	GND	地
B24	HSOn(2)	2 信号对	A24	GND	地
B25	GND	地	A25	HSip(2)	2 号信道
B26	GND	地	A26	HSin(2)	2 信号对
B27	HSOp(3)	3 号信道	A27	GND	地
B28	HSOn(3)	3 信号对	A28	GND	地
B29	GND	地	A29	HSip(3)	3 号信道
B30	RSVD	保留	A30	HSin(3)	3 信号对
B31	PRSNT2#	热插拔检测	A31	GND	地
B32	GND	地	A32	RSVD	保留
B33	HSOp(4)	4 号信道	A33	GND	地
B34	HSOn(4)	4 信号对	A34	HSip(4)	4 号信道
B35	GND	地	A35	HSin(4)	4 信号对
B36	GND	地	A36	GND	地
B37	HSOp(5)	5 号信道	A37	GND	地
B38	HSOn(5)	信号对	A38	GND	地
B39	GND	地	A39	HSip(5)	5 号信道
B40	GND	地	A40	HSin(5)	5 信号对
B41	HSOp(6)	6 号信道	A41	GND	地
B42	HSOn(6)	6 信号对	A42	GND	地
B43	GND	地	A43	HSip(6)	6 号信道
B44	GND	地	A44	HSin(6)	信号对
B45	HSOp(7)	7 号信道	A45	GND	地
B46	HSOn(7)	7 信号对	A46	GND	地
B47	GND	地	A47	HSip(7)	7 号信道
B48	PRSNT2#	热插拔检测	A48	HSin(7)	7 信号对
B49	GND	地	A49	GND	地

以上为 x1 模式

以上为 x4 模式

以上为 x8 模式

续表

B 面引脚	信 号	说 明	A 面引脚	信 号	说 明
B50	HSOp(8)	8 号信道	A50	RSVD	保留
B51	HSOn(8)	8 信号对	A51	GND	地
B52	GND	地	A52	HSip(5)	8 号信道
B53	GND	地	A53	HSin(8)	8 信号对
B54	HSOp(9)	9 号信道	A54	GND	地
B55	HSOn(9)	9 信号对	A55	GND	地
B56	GND	地	A56	HSip(9)	9 号信道
B57	GND	地	A57	HSin(9)	9 信号对
B58	HSOp(10)	10 号信道	A58	GND	地
B59	HSOn(10)	10 信号对	A59	GND	地
B60	GND	地	A60	HSip(10)	10 号信道
B61	GND	地	A61	HSin(10)	10 信号对
B62	HSOp(11)	11 号信道	A62	GND	地
B63	HSOn(11)	11 信号对	A63	GND	地
B64	GND	地	A64	HSip(11)	11 号信道
B65	GND	地	A65	HSin(11)	11 信号对
B66	HSOp(12)	12 号信道	A66	GND	地
B67	HSOn(12)	12 信号对	A67	GND	地
B68	GND	地	A68	HSip(12)	12 号信道
B69	GND	地	A69	HSin(12)	12 信号对
B70	HSOp(13)	13 号信道	A70	GND	地
B71	HSOn(13)	13 信号对	A71	GND	地
B72	GND	地	A72	HSip(13)	13 号信道
B73	GND	地	A73	HSin(13)	13 信号对
B74	HSOp(14)	14 号信道	A74	GND	地
B75	HSOn(14)	14 信号对	A75	GND	地
B76	GND	地	A76	HSip(14)	14 号信道
B77	GND	地	A77	HSin(14)	14 信号对
B78	HSOp(15)	15 号信道	A78	GND	地
B79	HSOn(15)	15 信号对	A79	GND	地
B80	GND	地	A80	HSip(15)	15 号信道
B81	PRSNT2#	热插拔检测	A81	HSin(15)	15 信号对
B82	RSVD	保留	A82	GND	地

（左侧跨行标注：以上为 x16 模式）

2. PCI-E 总线基本性能

PCI-E 总线进行数据传输时，数据包除了传输的数据外，还有数据编码（如 8b/10b）、协议（地址、时钟、控制信息等）等方面的开销，使得有效数据仅有 70%左右。PCI-E 总线带宽计算公式如下：

单工有效带宽=传输频率×通道数×每时钟周期传输数据位数×编码效率　　　　（4-5）

【例 4-3】 在 PCI-E 2.0 标准下，PCI-E x32 总线传输频率为 5GHz，传输通道为 32 条，

单工每个时钟周期传输 1 位数据，编码方式为 8b/10b。

PCI-E x32 单工有效带宽=5GHz×32 通道×1b×8/10（编码效率）=128Gb/s

PCI-E 总线性能如表 4-13 所示。

表 4-13　PCI-E 总线性能一览表

标准版本	总线模式	传输频率	编码方式	通道数	单工带宽
PCI-E 1.0	PCI-E ×1	2.5GHz	8b/10b	1	2.5Gb/s
PCI-E 2.0	PCI-E ×1	5GHz	8b/10b	1	5.0Gb/s
PCI-E 3.0	PCI-E ×1	8GHz	128b/130b	1	8.0Gb/s
PCI-E 1.0	PCI-E ×16	2.5GHz	8b/10b	16	40Gb/s
PCI-E 1.0	PCI-E ×32	2.5GHz	8b/10b	32	80Gb/s
PCI-E 2.0	PCI-E ×16	5GHz	8b/10b	16	80Gb/s
PCI-E 2.0	PCI-E ×32	5GHz	8b/10b	32	160Gb/s
PCI-E 3.0	PCI-E ×16	8GHz	128b/130b	32	128Gb/s

说明："单工带宽"是理论带宽，它包含编码开销和协议开销。

3．PCI-E 总线的特点

PCI-E 的特点是可以根据不同设备的传输能力分配不同的传输带宽。x1、x4、x8、x16（x2 模式用于内部接口而非插槽模式）相当于多条串行总线同时传输。

较短的 PCI-E 卡可以插入较长的 PCI-E 插槽中使用。

PCI-E 总线支持+3.3V、3.3Vaux 以及+12V 三种电压。PCI-E 1.0 总线最高能提供 75W 的功率，PCI-E 2.0 标准虽然将功率提高到了 200W，但是大部分主板仍然采用 75W 设计，大功率显卡需要的电源，由主板 12V 电源接口提供。

PCI-E 总线与 PCI 总线相比，导线数量减少了将近 75%。

PCI-E 总线支持不同的通信协议，采用先进的电源管理技术，支持热插拔功能，可以对所有接入设备进行实时监控，同时采用独特的纠错机制，保证总线的稳定运行。

PCI-E 总线在软件层面上兼容 PCI 总线。在硬件上，PCI-E 3.0 总线向下兼容，也就是说 PCI-E 1.0 接口的板卡，可以在 PCI-E 2.0 插槽上使用。

4．mini-PCI-E 总线

mini-PCI-E 是基于 PCI-E 总线的接口，mini-PCI 是基于 PCI 总线的接口，两种接口在电气性能上不同，外形不同，不可混用，并且它们的定位卡不同，弄错了是插不上的。

mini-PCI-E 插槽为 52 针脚（Pin），mini-PCI-E 连接器广泛用于笔记本计算机主板，如 EPC、Netbook、无线网卡、固态硬盘、蓝牙等设备。

mini-PCI-E 的最大带宽为 2.5Gb/s，电路板有：50mm×30mm×5mm（全尺寸），以及 27mm×30mm×5mm（半尺寸）两种规格。mini-PCI-E 总线插座与电路板如图 4-33 所示，mini-PCI 总线信号与功能如表 4-14 所示。

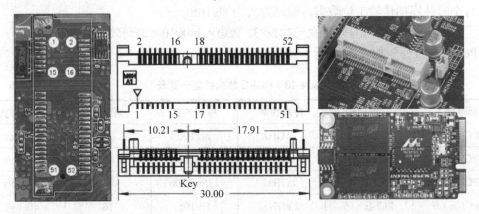

图 4-33　mini-PCI-E 总线插座与电路板

表 4-14　mini-PCI-E 总线信号与功能

引脚	信　　号	引脚	信　　号
1	WAKE#（唤醒）	2	3.3V
3	Reserved（保留）	4	GND
5	Reserved（保留）	6	1.5V
7	Reserved /CLKREQ#	8	Reserved /UIM_PWR（用户识别模块电源）
9	GND	10	Reserved /DATA（用户识别模块数据）
11	REFCLK+	12	Reserved /UIM_CLK（用户识别模块时钟）
13	REFCLK–	14	Reserved /UIM_RESET（用户识别模块复位）
15	GND	16	Reserved /UIM_VPP（UIM可变电压输出）
Key			**Key**
17	Reserved/(UIM_C8)	18	GND
19	Reserved/(UIM_C4)	20	Reserved
21	GND	22	PERST#（PCI-E x复位）
23	PERn0（PCI-E x1数据接收）	24	+3.3Vaux
25	PERp0（PCI-E x1数据接收）	26	GND
27	GND	28	+1.5V
29	GND	30	SMB_CLK（系统管理总线时钟）
31	PETn0（PCI-E x1数据发送）	32	SMB_DATA（系统管理总线数据）
33	PETp0（PCI-E x1数据发送）	34	GND
35	GND	36	USB_D–（USB 2.0差分信号）
37	Reserved	38	USB_D+（USB 2.0差分信号）
39	Reserved	40	GND
41	Reserved	42	LED_WWAN#（信号灯）
43	Reserved	44	LED_WLAN#（信号灯）
45	Reserved	46	LED_WPAN#（信号灯）
47	Reserved	48	+1.5V
49	Reserved	50	GND
51	Reserved	52	+3.3V

4.5.3　USB 总线技术性能

1．USB 总线的多层结构

如图 4-34 所示，USB（通用串行总线）总线采用 4 根电缆，其中两根（D+和 D−）用于数据传送，另外一根是+5V 电源，以及地线。使用时需要注意，千万不要把正负极弄反了，否则会烧坏 USB 设备或计算机南桥芯片。

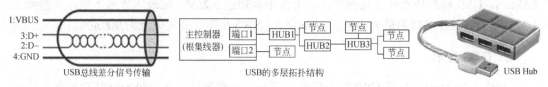

图 4-34　USB 总线拓扑结构

多个 USB 总线可以通过 HUB（集线器）进行星状连接，USB 总线每个电缆段最大传输长度为 5m，USB 最多支持 5 层 HUB，最多可连接 127 个外设。

2．USB 主从通信模式

USB 总线采用令牌通信模式。USB 的任何操作都从系统主机（Host）开始，主设备广播令牌数据包（内容为操作类型、外设地址及端口号等）；总线上的外设（从设备）检测令牌中的地址是否与自身相符，如果相符，则外设向主设备发确认包作为响应，表明传输成功，或者指出自身没有数据进行传输。

在 USB 标准中，主机（Host，智能化设备，如 PC）USB 接口称为 A 设备（A-Device）；外设（智能化或无智能的设备，如 U 盘）USB 接口称为 B 设备（B-Device）。"A 设备"或"B 设备"的概念用于两个设备通信时，确定通信的主从关系，与设备具体采用 A 型接口还是 B 型接口无关。例如，USB-A 型接口既可以作为 A 设备，也可以作为 B 设备，USB-B 型接口也同样如此，这是两个很容易混淆的概念。

3．USB 总线接口形式

如图 4-35 所示，USB 总线的接口形式有标准 A 型、标准 B 型、mini-A 型、mini-B 型、mini-AB 型、Micro-B 型等。USB 信号如表 4-15 所示。

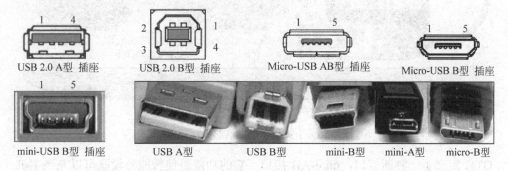

图 4-35　USB 1.1/2.0 总线插座与接头

表 4-15　USB 1.1/2.0 接口信号一览表

引脚	线色	信　号	说　明	引脚	线色	信　号	说　明
1	红线	V_BUS	+5V 电源	3	绿线	DATA+	2.0 数据正
2	白线	DATA−	2.0 数据负	4	黑色	GND	地线

4. USB2.0 总线性能

USB2.标准支持三种传输速度：高速传输 480Mb/s，全速传输 12Mb/s 和低速传输 1.5Mb/s。USB 标准要求在任何情形下，电压不能超过 5.25V；在最坏情形下电压不能低于 4.375V。USB 2.0 接口的最大电流为 500mA，USB 3.0 接口最大电流为 900mA。

5. OTG 技术

OTG（On The Go）是 USB 标准的扩充部分，它主要用于各种外设或移动设备之间的连接，进行数据交换。特别是平板电脑、手机、消费类设备使用较多。

在计算机应用中，外设通过 USB 接口连接到计算机，并在计算机控制下进行数据交换。这种交换方式一旦离开了计算机，各个外设之间无法利用 USB 接口进行操作，因为无法确认哪一个设备作为主机（A 设备），哪个作为从设备（B 设备）。

OTG 技术是在没有主机（Host）的情况下，实现各个从（Slave）设备之间的数据传输。例如，将数码相机直接连接到打印机上，通过 OTG 技术，连接两台设备间的 USB 接口，将数码相片立即打印出来；也可以将智能手机中的数据，通过手机上的 OTG 接口，发送到 U 盘或 USB 接口的移动硬盘中。各种设备的 OTG 接口如图 4-36 所示，手机大多采用 mini-A 或 mini-B 型接口，部分高端设备采用了 Micro-USB 接口。

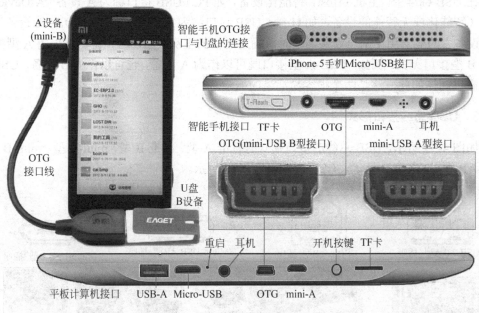

图 4-36　手机和平板电脑的 OTG 接口

OTG 定义了一种新接口，mini-AB 接口，它的功能是使智能外设既可以充当主机（A 设备），也能充当从设备（B 设备）。如图 4-37 和表 4-16 所示，在 mini-AB 接口中，增加了一个 ID 信号引脚，它用来进行设备类型识别。B 设备（从设备）为空，A 设备（主设备）与地信号相连，并且默认为主设备。由于 B 设备（从设备）大部分为 U 盘、移动硬盘，因此一般采用 USB-A 接口形式；而手机和平板电脑大多采用 mini-B USB 接口，因此一般作为 A 设备（主设备）。

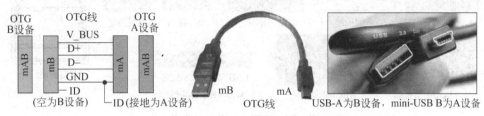

图 4-37　USB 接口 A 设备与 B 设备的连接线

6. mini-USB 接口

mini-USB 接口有 mini-A、mini-B 和 mini-AB 三种接口形式。如果接口是从设备（Slave），那么主机（Host）控制器会检测接口 ID 引脚的电平，判断设备类型；如果 ID 为高电平（ID 为空），则是 B 类设备接入，此时系统作为主机；如果 ID 为低电平（ID 接地），则接口是 A 类设备，系统（Host）将使用对话协议来决定哪个作主设备（Master），哪个作从设备（Slave）。mini-USB 接口信号如表 4-16 所示。

表 4-16　mini-USB 2.0 接口信号一览表

引脚	线色	信号	说　明	引脚	线色	信号	说　明
1	红线	VBUS	+5V 电源	4	—	ID	A 型：与地相连
2	白线	DATA−	数据负				B 型：空
3	绿线	DATA+	数据正	5	黑色	GND	地线

7. Micro-USB 接口

Micro-USB 是 USB 2.0 标准的一个便携版本，它比手机使用的 mini-USB 接口更小，Micro-USB 标准的目标是替代 mini-USB 系列接口。Micro-USB 支持 OTG 技术，Micro-USB 定义标准设备采用 Micro-B 系列插座；OTG 设备使用 Micro-AB 插座。

8. USB 3.0 基本性能

USB 2.0 总线采用半双工通信模式，数据只能单向传输。在 USB 3.0 标准中，USB 总线可以实现数据的全双工传输，主机和外设可以同时发送和接收数据。USB 3.0 在接口中新增了 5 个信号，两个数据输出，两个数据输入，一个 ID 标识，USB 3.0 支持光纤数据传输。

USB 3.0 使用的线缆与 USB 2.0 有很大差异，但是它们的接口规格相同，因此 USB 3.0 接口可以保证良好的向下兼容性。USB 3.0 为了向下兼容 USB 2.0 标准，在一根线缆里专门设置了两套数据传输机制。一套是便于 USB 2.0 接口，另外一套是专用的发送接收高速传输信道。USB 3.0 接口形式如图 4-38 所示，USB 3.0 信号如表 4-17 所示。

USB 3.0 的理论传输速度为 5.0Gb/s，USB3.0 物理层采用 8b/10b 编码方式，这样算下来理论速度也就 4Gb/s，实际速度还要扣除协议开销，在 4Gb/s 基础上要再少点。

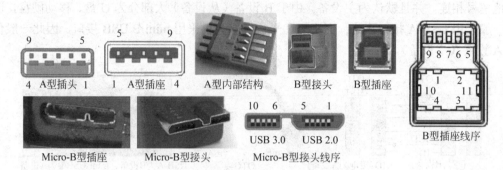

图 4-38　USB 3.0 接头与插座

表 4-17　USB 3.0 接口信号一览表

引脚	线色	信　号	说　明	引脚	线色	信　号	说　明
1	红线	VBUS	+5V 电源	6	红线	DATA-	发送负
2	白线	DATA-	数据负	7	白线	DATA+	发送正
3	绿线	DATA+	数据正	8	绿线	GND	地线
4		ID	标识	9		DATA-	接收负
5	黑色	GND	地线	10	黑色	DATA+	接收正

4.6　主板故障分析与处理

主板集成的组件和电路多而复杂，因此出现故障的频率也相当高。主板出现硬件故障时，往往表现为：反复死机或重启，无法进入系统，计算机无法启动，外部设备不能正常使用等问题。

4.6.1　主板芯片维修技术

主板维修分为"板极维修"与"芯片级维修"，板级维修只需要判断出现故障的电路板，然后进行更换，就可以达到维修设备的目的；芯片级维修需要检测或判断除故障发生的具体部位，然后进行芯片或电子元器件的更换。

1. 板级维修

板级维修需要检测出现故障的电路板或设备，然后进行更换以排除故障。板级维修是计算机销售商对售出产品的一种简单售后服务，这种服务多出现于计算机及类似以板卡结构为主的产品维修中。方法是技术人员凭经验将故障定位到计算机中的某一板卡，或将计算机内部分板卡用已知的好板卡替代测试一遍，同时进行故障定位，然后找相同的板卡进行替代。这种维修方式快捷，故障定位比较容易，在维修工作中使用频繁。板极维修适用于企业计算机管理人员对计算机设备进行维修。板级维修存在以下缺陷。

（1）维修方式仅限于厂商。例如，某一款笔记本计算机的主板损坏，由于笔记本计算机结构的紧凑性和配件的不兼容性，只能使用厂商自己此类型号的主板才可替换。因此，只有厂商和销售商才有能力进行板级维修。

（2）维修成本高。任何一种电路板故障，往往是由于某一个元件发生故障，这个元件的价值往往是几元钱，至多不过二三百元。但板级维修的更换少则数十元，多则近千元。这样的价格一般人难以接受，却又不得不修。

（3）受维修配件影响。因为计算机更新速度快，当某一型号停产后，其维修的零部件只能等待厂商的库存。当用户机器的型号老一些，使用时间长一点，厂商没有这种配件的库存时，故障机器就无法修复，只能报废处理。此外，厂商为了保证产品售后服务的持续性，保障用户的利益，就不得不保存自己产品的各种零部件。这在计算机发展不是太快时，厂商的负担还不算太重；而在计算机产品更新换代日益频繁时，保留越来越多型号的部件将会增加厂商的运营成本。

2．芯片级维修

芯片级维修是查找并更换故障板卡中损坏的芯片或器件，排除硬件故障。芯片级维修使用专用设备将故障定位到某一个或几个电子元件，并通过焊接设备对损坏元器件拆装和更换。这种维修方式的特点是维修材料成本低，可维修除严重物理损坏之外的所有故障。受生产厂商维修配件的限制比板级维修要小得多，维修的对象广泛，几乎可以维修所有电子线路故障。芯片极维修适用于计算机生产厂商的专业人员。芯片级维修存在以下缺陷。

（1）设备投入大。芯片级维修需要专业设备，尤其是现在的集成电路芯片工艺复杂，稍有不慎就可能损害电路板和芯片本身。因此这种维修要求经验丰富的技术人员，还需要有高精度的检测、检修、焊接设备，而这些投资将非常可观。

（2）技术要求高。芯片级维修除了对技术人员有较高要求外，还需要维修设备的电路设计图，而这些图纸因为知识产权问题，往往不会提供给其他企业的人员。现阶段仅局限于少数厂商能够提供这种服务，服务对象也不广泛。例如，一些公司设立的芯片级维修中心，其服务对象也仅限于其代理计算机产品的用户。随着服务意识在市场竞争中的加强，芯片级维修在逐步扩大范围。

3．电路焊接的工艺要求

检修电路板故障前，先清理电路板上的灰尘等杂物，观察电路板是否存在虚焊或焊渣短路等现象，及早发现故障点，节省维修时间。在焊接电路板元件和线路时，应遵循以下操作规程。

（1）禁止在电路带电情况下使用电烙铁焊接芯片和电路。

（2）焊接集成电路芯片引脚时，使用小于 20W 的电烙铁，烙铁头温度小于 280℃，焊接时间一次不要超过 5s，重复焊接不要超过 3 次。

（3）应当使用低熔点焊接材料，不要使用酸性助焊剂。

（4）电容一般连接在电源与地线之间，焊接电容时要注意避免短路。每焊接几个电容，就用万用表测量一次，发现短路应马上查找原因。

（5）烙铁头上锡要适量，过多或过少的焊锡都可能造成虚焊。对于焊盘较大的元件，焊接时应选择焊头较粗的烙铁，并用较高的温度加热。

（6）焊接过程中会在板卡上留下锡渣，应随时清除发现的锡渣，避免电路板短路。

（7）焊接完成后，要对电路板进行检查，查看元件是否有错焊、漏焊和虚焊现象；其次检查焊点是否有毛刺；最后用毛刷清除电路板上残留的锡渣，并将电路板清洗干净。

4．集成电路芯片拆卸

集成电路芯片引脚多而且密集，拆卸起来很困难，很容易损坏集成电路及电路板。以下是一些行之有效的集成电路芯片拆卸方法。

（1）吸锡器拆卸法。吸锡器是一种拆卸集成电路芯片的常用工具，拆卸芯片时，将加热后的电烙铁头放在要拆卸芯片的引脚上，待引脚焊点熔化后，用吸锡器吸入熔化的锡球，全部引脚的焊锡吸完后，集成电路芯片即可取下。

（2）医用空心针头拆卸法。用医用8～12号空心针头几个，针头的内孔正好能够套住芯片的引脚为宜。拆卸时用烙铁将芯片引脚焊锡熔化，及时用针头套住引脚，然后拿开烙铁并旋转针头，等焊锡凝固后拔出针头。这样芯片引脚就和电路板完全分开了。

（3）电烙铁毛刷配合拆卸法。将电烙铁加热到熔锡温度后，将芯片引脚上的焊锡熔化，马上用毛刷扫除熔化的焊锡，使芯片的引脚与电路板分离，用镊子撬下芯片。

（4）增加焊锡熔化拆卸法。给待拆卸的芯片引脚上再增加一些焊锡，使每列引脚的焊点连接起来，这样有利于传热，便于拆卸。拆卸时用电烙铁每加热一列引脚，然后用螺丝刀撬一撬，两列引脚轮换加热，直到芯片拆下为止。

（5）多股铜线吸锡拆卸法。将多股铜芯塑胶线去除塑胶外皮，先将多股铜芯线涂上松香酒精溶液，电烙铁加热后将多股铜芯线放到芯片引脚上加热，这样引脚上的锡焊就会被铜线吸附，然后将吸上焊锡的铜芯线部分剪去，重复进行几次就可以将芯片引脚上的焊锡全部吸走。然后用镊子轻轻撬动芯片，芯片就可以拆卸下来了。

5．贴片式电子元器件的拆卸与焊接

贴片电阻、贴片电容的基片大多采用陶瓷材料制作，这种材料容易破裂，在拆卸和焊接时要掌握好操作方法。先将待焊接的器件放在100℃左右的环境里预热一两分钟，防止器件突然受热膨胀损坏；焊接时温度应控制在200～250℃；焊接时，先用烙铁头对焊点加热，尽量不要碰到器件。焊接完成后，让电路板在常温下自然冷却。

4.6.2 主板部件故障分析

如果按下主机电源开关按钮后计算机无任何反应，这种现象称为不能启动（不能加电/点不亮），造成这种故障的原因很多，可以从以下几个方面重点排查。

1．主板电子元件损坏

（1）主板电解电容失效。主板上的铝电解电容有液态和固态两种类型，液态电解电容（电容顶部刻有K槽）内部的电解液由于时间、温度、质量等方面的原因，会使它发生"老化"现象，这会导致主板抗干扰能力下降，影响计算机的稳定工作。当电解电容因电压过高或长时间受高温熏烤时，会出现爆浆（鼓包、冒泡或淌液）故障，这时电容的容量减小

或失容，电容会失去滤波功能，使提供负载电流中的交流成分加大，造成无法给 CPU、内存、相关板卡供电，致使计算机无法启动。另外，有些电容在爆浆之后，仍然能够启动计算机，但由于部分电路供电不足，会造成计算机工作不稳定，表现为容易死机、重启，经常出现蓝屏等故障。

（2）CPU 周边部件故障。检查 CPU 是否有供电，用万用表测量 CPU 周围的场管及整流二极管是否有损坏。另外，CPU 插座松动时，也会造成不启动。这类故障不容易发现，除了点不亮之外，还有一种表现是能够点亮，但会出现不定期死机的情况。这需要打开 CPU 插座表面的上盖，仔细观察 CPU 插座是否有变形的插针。

（3）保险电阻熔断。如果主板上的保险电阻熔断，就会出现相应的外设不能使用，如找不到键盘或鼠标，USB 设备不能使用等。判别的方法也简单，使用万用表的电阻挡测量其通断性。如果的确是保险电阻熔断，可使用 0.5Ω 左右的电阻代替。

（4）BIOS 芯片损坏。主板加电后如果无任何反应，既不报警，显示器也不亮时，首先考虑主板的 BIOS 是否被计算机病毒破坏。如果有主板测试卡，可通过卡上的 BIOS 指示灯是否亮来判断。当 BIOS 的引导（BOOT）块没有被破坏时，启动后显示器不亮，PC 喇叭有"嘟嘟"的报警声；如果 BOOT 块被破坏，加电后电源和硬盘灯亮，CPU 风扇转，但是系统不启动，这只能通过编程器来重写 BIOS。

2．主板接插件损坏

（1）内存插槽烧毁。在插拔内存条时，由于用力不均，左右晃动，或安装方法不当，造成内存槽内的簧片变形断裂，以致内存插槽报废。要注意在拔插内存条时，一定要拔去主机的电源插头，防止烧毁内存条。

（2）显卡插槽开裂。这种情况一般是用蛮力拆装显卡，以致插槽开裂。因此清理主板时，要正确地拆装各种板卡，以防出现故障。

（3）电源插座虚接或松动。这种情况很少见，往往是清理主板时，拔下主板供电插座时用力过猛所致。如果供电插座完全松动，则主板由于供电出现问题，不会被点亮。如果出现了虚焊，会不定期地出现重启现象。检查时可以在开机状态下用手晃动各个接口部分的电源线，看是否有故障现象出现。

3．主板使用不当造成的问题

（1）主板上有导电异物。拆装机箱时，不小心掉入机箱内的导电物（如小螺丝等），可能会卡在主板的元器件之间，从而引起电路短路现象，使具有短路保护功能的电源自动切断电源供应，计算机进入"保护性停机"状态。

（2）CMOS 设置错误。如果主板具有侦测功能，检查其是否进入了保护状态。有的主板有自动侦测保护功能，当电源电压有异常或者 CPU 超频电压过高等情况出现时，会自动锁定计算机停止工作。表现是主板不启动，这时可将 CMOS 放电后再加电启动。有些主板打开主机电源时按住 RESET 键即可解除锁定。还有一种故障现象是 CMOS 使用的 CR2032 电池有问题，电池加上后，按下电源开关时，硬盘和电源灯亮，CPU 风扇转，但是主机不启动。当把电池取下后，就能够正常启动。

（3）主板驱动程序不兼容。主板驱动程序的丢失、损坏、重复安装，都会引起操作系统引导失败，或造成系统工作不稳的故障。可依次打开"控制面板"→"系统"→"设备管理器"，检查"系统设备"中的项目是否有黄色惊叹号或问号。将有黄色惊叹号或问号的项目全部删除，重新安装主板自带的驱动程序，然后重启。例如，采用 Intel 芯片组的主板要安装 Intel Chipset Software Installation Utility 主板驱动程序，使主板运行稳定性和兼容性更好。

4.6.3 主板常见故障分析

1．主板不能启动故障分析

（1）用户询问。对发生故障的主板，要向用户详细问明主板的具体故障现象（如黑屏、不能启动、噪声等），故障发生时的使用情况（如环境温度、主板使用时间、发生故障时所做的操作等）。没有问清楚故障现象时，最好不要通电检测，以防产生不必要的麻烦。

（2）外观检测。先对主板的外观作一个大致的检查，查看主板上的元件有无烧伤的痕迹，如南北桥芯片、I/O 芯片、供电 MOS 管等。一些电子元件表面颜色较深，轻微的烧伤痕迹很难观察清楚，这时可以将主板倾斜一定的角度，对着日光或灯光进行查看。同时闻一闻主板是否有刺激性气味，这也是主板是否烧伤的依据。如果发现元器件有明显的烧伤，则将烧伤的部分予以更换。仔细观察主板的边缘及背面，检查主板是否有断线等故障，如有则进行补线工作。

（3）关机对 ATX 电源的检测。关机后拔出 ATX 电源的市电插头，再拔出 ATX 电源在主板上的插头，用万用表的二极管挡，测量主板是否有短路的地方。方法是将万用表打到二极管挡位，红表笔接地，黑表笔接触测试点，测量对地阻值。

（4）检测对地电阻。测量 ATX 电源的 3.3V、5V、5VSB、12V 电压是否有对地短路现象。通常它们的对地阻值在 100Ω 以上，如果测量值在 100Ω 以下时，电源可能处于短路状态。值得注意的是，100Ω 只是作为参考数字，而非准确指标，最好的方法是找一块同样的主板进行对比测量。如果有短路的情况，则用更换法排除短路故障。

（5）关机对主板 ATX 电源插座的检测。关机后拔出 ATX 电源的市电插头，再拔出 ATX 电源在主板上的插头，测量主板上 ATX 电源 8 脚（或 4 脚）插头上的 12V（这个电压主要用于为 CPU 提供工作电压）电源接口是否对地短路。如果 12V 电压有短路现象，则测量 CPU 供电电路中的 MOS 管，看是否有击穿现象。在实际维修工作中，多数是上管击穿，可以通过测量各相供电电路上管的 G-S 极、D-S 极之间的阻值，来判断 MOS 管是否被击穿。如果 MOS 被击穿，在条件允许的情况下，将整个一相供电电路的上下 MOS 管都进行更换。测量主板上的 3VSB、1.5VSB、1.2VSB 等待机电压是否对地短路，其中最常见的是 3VSB 电压短路。如果发现这种情况，首先要确定网卡是否有损坏，可以通过测量网卡接口上的对地阻值进行判断，如果网卡接口上的对地阻值正常，则先将网卡摘除，再测量 3VSB 是否正常。除网卡短路以外，最容易引起 3VSB 短路的就是南桥芯片了。

2．主板运行不稳定故障分析

（1）这类故障如果排除了软件问题，则很可能是硬件散热不良引起的。应先检查主板南北桥芯片是不是温度过高，如果温度过高，则要引起足够重视，加装新的散热片。其次检查 CPU 插座的风扇固定卡是否松动或断裂，如果风扇卡断裂，则可能造成 CPU 散热不良而造成死机，可考虑使用其他方法固定散热风扇。

（2）板卡接触不良。一些电容或主板供电电路出现损坏或接触不良时，也会导致系统运行不稳定。其次，电源开关或 RESET（复位）键损坏也会引起这类故障。一些机箱上的开关、指示灯、耳机插座、USB 插座的质量太差，很容易引起接触不良的故障。如果开机后过几秒钟就自动关机，这时最好拆开机箱面板，检查电源开关是不是按下后弹不起来。如果 RESET 键按下后弹不起来，则主机始终处于复位状态，所以主机没有任何反应，与加不上电一样，电源灯和硬盘灯不亮，CPU 风扇也不转。

（3）板卡灰尘太多。主板面积较大，又采用水平放置，很容易聚集灰尘。灰尘可能会引发插槽与板卡接触不良的现象，可以用小气筒对着插槽吹风，清除插槽内的灰尘。如果是插槽引脚氧化而引起接触不良，可以将有硬度的白纸折好，插入槽内来回擦拭。

（4）北桥芯片散热不佳。目前，北桥芯片的发热量越来越大，而部分主板对北桥芯片的散热设计不予重视，这可能会造成北桥芯片散热不良，导致系统运行一段时间后死机。遇到这种情况，可在北桥芯片安装散热片和散热风扇。

3．主板常见故障现象

引起主板故障的主要有电源故障、线路故障、元件故障、环境故障、人为故障等。主板常见故障如表 4-18 所示。

表 4-18　主板常见故障现象

故障现象	故障主要原因分析
死机	机箱带电，造成主板公共地不稳定；主板插座金属触脚簧片变形，管脚氧化等；插座簧片与板卡上的金手指接触不良；主板电容损坏，导致干扰增大；主板布满灰尘，造成信号短路；主板电子器件有故障或主板散热不良；主板与机箱之间短路等
重新启动	主板表面绝缘层损坏，造成信号干扰；主板芯片发热过高，运行不稳定；集成电路芯片和其他器件质量不良；集成电路芯片质量老化，信号驱动能力不足等
不能开机	主板供电环境不良，导致主板电源电路损坏；电网瞬间产生的尖峰脉冲，损坏了主板供电插头附近的芯片；主板上三相稳压电路功率管损坏；电源故障导致主板保护电路工作；主板局部短路，导致主机电源启动保护短路；主板复位键失灵等
运行缓慢	主板电容损坏，导致干扰加大等

4.6.4　主板故障维修案例

【例 4-4】　主板电源 MOS 开关管损坏，导致运行大型程序容易死机。

（1）故障现象。计算机开机能启动，可进入 Windows 系统，可以玩游戏，但是不能玩大型 3D 游戏，一玩 3D 游戏就蓝屏死机。

（2）故障处理。根据维修经验，考虑 CPU 供电电路故障，尤其是滤波电容。取下主板，发现主板才使用了一年多。检查 CPU 周围的滤波电容，外观完好，随机取下一只电容测试，也没有发现问题。用放大镜观察主板上的元件和铜箔，无烧坏和短裂痕迹。

检查 CPU 旁边的开关电源电路，检查相应的反馈支路元件均正常。开机后，无意接触到主板 DC-DC 电路中一只 MOS 开关管，发现开关管表面无工作温度。关机后，将开关管焊下测量，发现工作正常。考虑到开关管工作在高频电压下，普通万用表无法测量。检查开关管型号为 8DN03S，更换一个同型号的开关管，故障消除。

（3）经验总结。主板上的电源一般采用 DC-DC 开关电源电路，这种电路效率高，发热少，但是由于开关电源的固有特性，必须使用大容量电容滤波，以防止尖峰电压。因此，主板电源电路是一个故障多发点，往往引起系统不稳定等现象。

【例 4-5】 主机电源接头与主板接触不良，导致无法通过自检。

（1）故障现象。一台组装机扩充内存，将原内存条拔下，更换为两根内存条。为了方便安装，又将主板电源插头暂时拔出，并做了机箱灰尘清扫工作。更换内存条后插上主板电源，开机后无显示。反复测试多次，自检均告失败，即便插上原来的内存条，故障依旧。

（2）故障处理。首先用替换法排除显示器、显卡、键盘、内存条等故障因素。用万用表对接入主板的电源进行测量，电源输出电压正常。看来故障部位在 CPU 和主板上。产生故障的原因可能有以下几种：一是电气性损伤，在装拆部件过程中，人体产生的静电没有及时对地放电，对机内元器件产生了破坏；二是电源错位插入也会给主板带来致命的伤害；三是机械性损伤，如装拆中用力不当，对板卡造成电路损伤。

先将 CPU 取出，安装到其他计算机上，证实 CPU 无问题。

为了排除其他部件可能带来的影响，主板上除了电源、内存、显卡、显示器外，其余部件全部不作连接，但开机后故障依然存在。

从另一台计算机上接入一组主板电源，接通开机后，故障消除。经仔细检查，发现故障原因是电源插孔内的铜片与主板插座上的接点接触不良，造成主板故障。

（3）经验总结。主板插座与主机电源接头接触不良可能导致主板电路短路损坏。

【例 4-6】 电容失效引起系统启动特别缓慢。

（1）故障现象。开机两分钟内，光驱指示灯微亮，托盘无法弹出，硬盘指示灯不亮，显示器无任何信息显示，计算机不能启动。两分钟后主机开始启动，屏幕上显示启动信息，并且没有任何错误提示，启动之后，计算机工作一切正常。两周后，开机等待的时间持续到了 5min 左右，其他现象和以前一样。如果计算机启动后，在关闭主机的三四分钟内再次启动，则无此问题。

（2）故障处理。首先怀疑计算机中存在病毒，用杀毒软件查毒，没有发现病毒。重新安装操作系统也无济于事，看来问题出在硬件上。用替换法一一替换过所有硬件后，最后将故障锁定在主板上。经仔细检查发现，CPU 插座旁边的两个 $1000\mu F/6.3V$ 的电解电容的上端微微鼓起。于是关闭计算机，取下主板，用两个同型号的电容将两个坏电容换下，开机再试故障排除。

（3）经验总结。主板上的电解电容在长时间使用后，逐渐失效是一种比较正常的现象。电解电容主要用于低频滤波，起到稳定电压和电流的作用。当电解电容逐渐失效时，主板上的电压和电流就会变得不稳定，从而出现各种莫名其妙的问题。遇到这类问题时，最好用容量和电压相同或略高的电容来替换失效电容，替换过程并不复杂，但需要注意焊点之间不要发生短路，否则可能造成严重后果。

习　题

4-1　说明标准 ATX 主板的各个功能区域有哪些主要部件。

4-2　说明南桥芯片的主要功能。

4-3　说明计算机中有哪些常用并行总线和常用串行总线。

4-4　PCI-E 3.0 x32 的总线频率为 8GHz，总线通道为 32 条，采用 128b/130b 编码，试计算总线有效带宽。

4-5　画出主板 CPU 一相供电电路示意图。

4-6　讨论标准 ATX 主板（大板）性能是否比 Mini ATX 主板（小板）强大。

4-7　讨论主板上的插座、跳线连接错误时，通电后会不会烧毁主板。

4-8　讨论为什么串行总线比并行总线传输速率高？

4-9　写一篇课程论文，论述主板直流供电电路或主板器件功能与质量。

4-10　通过实测，按比例测绘最新芯片组 ATX 主板组成图。

第 5 章 内存系统结构与故障维修

计算机中的存储系统用来存放程序和数据。存储器按用途可分为主存储器（内存）和辅助存储器（外存）。外存能长期保存信息，内存用来存放当前正在执行的数据和程序，关闭电源或断电后，内存中的数据就会丢失。

5.1 存储器类型与组成

5.1.1 存储器的基本类型

1. 存储器的分类

随着计算机功能的增强，操作系统和应用程序也越来越庞大，对存储器容量的需求在成比例地增长。不同存储器之间，它们的工作原理不同，性能也不同。计算机常用的存储器类型如图 5-1 所示。

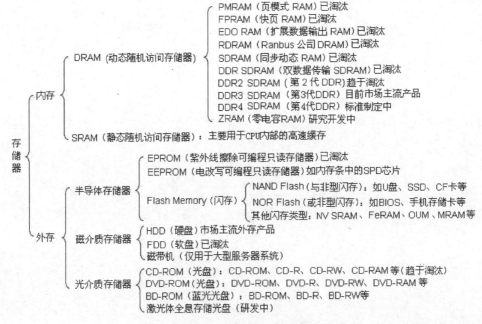

图 5-1　计算机常用存储器类型

2．存储器的材料

（1）内存。内存主要采用 CMOS（互补金属氧化物半导体）工艺制作而成的半导体内存芯片，根据它们的工作原理，内存分为两类，一类是 DRAM（动态随机访问存储器），另一类是 SRAM（静态随机访问存储器），这两类存储器都可以进行随机读写操作，读写速度也高于其他类型的存储器，但是这两类存储器断电后都会丢失其中的数据。

（2）外存。外存（外部存储器）采用的材料和工作原理更加多样化。由于外存需要保存大量数据，因此要求容量大，价格便宜，更为重要的是外存中的数据要求在断电后不会丢失。外存材料主要有：采用半导体材料的闪存（Flash Memory），如电子硬盘（SSD）、U盘（USB 接口半导体存储器）、小型闪存（CF）卡等；有采用磁介质材料的硬盘等；还有采用光介质存储的 CD-ROM、DVD-ROM、BD-ROM 等。

3．JEDEC 内存技术标准

直接与 CPU 进行数据交换的存储器称为"内部存储器"（简称为内存或主存），不能直接与 CPU 进行数据交换的存储器称为"外部存储器"（简称为外存）。例如，硬盘中的数据需要先传输到内存中，才能与 CPU 进行数据交换，因此硬盘为外存设备。

内存技术标准主要由 JEDEC（联合电子设备工程委员会）制定。JEDEC 组织制定的内存技术标准提出了如下一系列详细要求。

（1）电气参数。标准精确地定义了内存芯片的时钟长度、发送、载入、终止等信号的电气参数；规定了内存芯片的类型、工作频率、传输带宽等技术参数。

（2）机械参数。标准规定了内存条上所有信号线路的最大和最小长度；内存条上线路的宽度和线路之间的间距；采用印制电路板的层数，以及各层的功能。

（3）电磁兼容要求。标准对内存条的标记也提出了一定的要求；对内存抑制电磁干扰提出了要求。

【例 5-1】　JEDEC 组织定义的内存技术标准 JESD79-2C-2006，该标准规定了 DDR2 内存采用×4/×8/×16 的数据 I/O 接口，单芯片容量为 256Mb～4Gb。另外还定义了 DDR2 内存的最低技术要求，以及引出端、地址、功能描述、特征参数、真值表和封装等。

JEDEC 内存标准往往采用 PCn-nnnn 的表达方式，例如，PC3-10600 表示采用 DDR3-1333 的内存芯片，数据传输速率（带宽）为 10 600MB/s。

4．内存技术的市场发展

计算机主要采用半导体内存芯片作为内存，其中以 DRAM 芯片应用最为广泛，根据 DRAM 的工作原理和技术性能，内存的发展过程如图 5-2 所示。

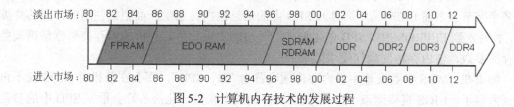

图 5-2　计算机内存技术的发展过程

5.1.2　内存条的组成形式

1．内存条的组成形式

计算机主要采用 DRAM 芯片构成内存系统，它由安装在主板上的内存条组成。从 IBM PC/AT（286）计算机开始，放弃了将内存芯片直接安装在主板上的设计方案，采用了内存条的设计方式，这样既减小了内存占用主板的空间，又方便用户扩充内存容量，在以后的计算机设计中一直沿用了这种方案。

如图 5-3 所示，内存条由 DRAM（内存芯片/内存颗粒）芯片、SPD（内存序列检测）芯片、PCB（印制电路板）、贴片电阻、贴片电容、金手指、散热片等组成。不同技术标准的内存条，它们在外观上并没有太大区别，但是它们的工作电压不同，引脚数量和功能不同，定位卡口位置不同，互相不能兼容。

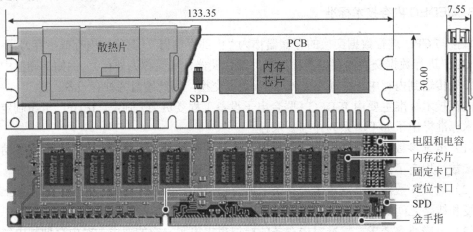

图 5-3　DDR 内存条组成形式

2．SPD 芯片的基本功能

JEDEC 组织从 SDRAM 的 PC100 内存标准开始，规定内存条上必须带有 SPD 芯片。内存条制造商将该内存芯片的基本技术参数预先写入 SPD 芯片，SPD 芯片记录了内存条的类型、工作频率、芯片容量、工作电压，以及各种主要操作时序（如 CL、tRCD、tRP、tRAS 等）和其他技术参数。

SPD 是一个 8 引脚、TSOP 封装、容量为 256 字节或几 KB 的 EEPROM 芯片，工作频率大多为 100kHz，型号多为 24LC01B、24C02A、24WC02J 等。

SPD 的容量虽然有 256 字节，但是 JEDEC 规定的标准信息只用了 128 字节，另外的 128 字节用于内存厂商的专用标注。一般 SPD 中一个字节对应一种参数，有些参数可能需要多个字节来表述（如产品序列号）。SPD 内的信息由内存条生产商根据使用的内存芯片编写，并写入到 EEPROM 中。SPD 的主要功能是协助主板北桥芯片内的内存控制器精确调整内存的参数，使内存达到最佳使用效果。

如果在 CMOS 参数设置中将内存选项设置为"By SPD"，那么在开机时 BIOS 就不再测试内存了，BIOS 直接读取 SPD 中关于内存的技术参数，北桥芯片会根据 SPD 中的参数来自动配置相应的内存时序。当然，用户也可以手工调整一部分内存控制参数。

5.1.3　存储单元工作原理

1. 内存条基本结构

内存条上一般有 4，8 或 16 个内存芯片，每个内存芯片内部有 2/4/8 个逻辑存储阵列组（Bank），每个逻辑存储阵列组有几千万甚至上亿个存储单元（Cell），这些存储单元的组合体称为"存储阵列"，内存条的基本结构如图 5-4 所示。

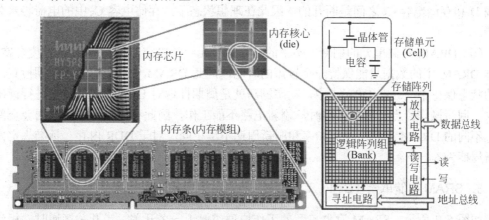

图 5-4　内存条基本结构

2. DRAM 存储单元（Cell）工作原理

（1）DRAM 存储单元电路结构。DRAM 存储单元（Cell）的电路结构如图 5-5 所示，存储单元由 1 个存储单元、1 个 MOS 晶体管（M）和 1 个电容（C_S）组成。DRAM 的这种电路结构非常简单，电路集成度高、容量大，缺点是速度慢。目前内存条中的内存芯片都采用这种电路结构。

（2）存储单元的充电与放电。在 DRAM 存储单元中，晶体管 M 的作用是一个开关器件，它控制着数据输入线 D 端到存储电容 C_S 之间的电流通断。如图 5-5 所示，当晶体管 M 处于闭合（ON）状态时，数据线 D 端到存储电容 C_S 之间是连通的。如图 5-6 所示，当晶体管 M 处于断开（OFF）状态时，数据线 D 端到存储电容 C_S 之间不能连通。可见晶体管开关 M 控制着电容 C_S 的充电和放电。

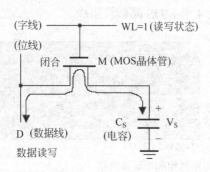

图 5-5　DRAM 存储单元读/写状态

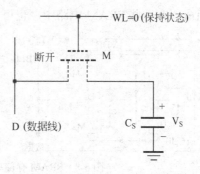

图 5-6　DRAM 存储单元保持状态

（3）存储电容 C_S 的功能。存储电容 C_S 的功能是保存数据，当电容 C_S 中充有电荷时，存储器为逻辑"1"状态，当电容 C_S 中没有电荷时，存储器为逻辑"0"状态。

（4）数据读写线路。WL（字线）的作用是控制 M（晶体管）的开关，当 WL=1 时，M 处于闭合（ON）状态，这时允许在 D（数据线）端进行写或读操作。当 WL=0 时，M 处于断开（OFF）状态，这时 D（数据线）端的信号不能写入或读出，DRAM 保持原来状态。数据线 D 也称为"位线"，它是数据位写入或读出的端点。

（5）存储单元的数据保持。如图 5-6 所示，当字线 WL＝0 时，晶体管 M 处于断开状态，系统无法从数据线 D 写入或读出任何数据，这时 DRAM 处于数据保持状态。由于数据线 D 和存储电容 C_S 之间是断开的，因此在理想状态下，存储电容 C_S 中的电荷将永久地保持。

（6）DRAM 存储单元的刷新。不幸的是存储单元中的电容 C_S 失去电荷的速度非常快，这样 DRAM 中的数据只能保持一个较短的时间，因此 DRAM 中的电容必须定期检查，使它的状态保持不变。在 DRAM 中，动态刷新就是周期性地对 DRAM 中的数据进行读出、放大、回写操作。当计算机断电时，刷新电路不能工作，因此存储单元中的数据会全部丢失。不同的 DRAM 产品，刷新频率和刷新周期不尽相同，对于 DDR 内存，标准规定内存刷新周期为 64ms。

3．SRAM 存储单元（Cell）工作原理

如图 5-7 所示，SRAM 存储单元的工作原理类似于一个开关，当开关接通时，相当于逻辑"1"状态，当开关关闭时，相当于逻辑"0"状态。如果不去改变开关，它就保持上次的状态，因此 SRAM 存储器不需要刷新电路。

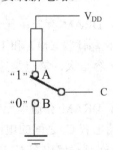

图 5-7　SRAM 开关工作原理元电路结构

SRAM 存储单元由一个双稳态触发器组成，电路结构如图 5-8 所示。它由 6 个 MOS 晶体管组成，在一些 SRAM 电路中，也可以由 4 个 MOS 晶体管组成。

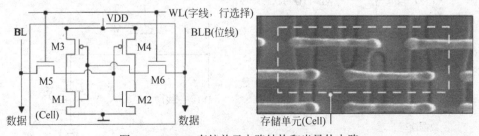

图 5-8　SRAM 存储单元电路结构和半导体电路

如图 5-8 所示，WL 为字线（行选择），BL 和 BLB 为数据输入和输出线，一般简称为"位线"，由它进行数据的读取或写入。

当 WL=0 时，存储单元与外部隔离，处于数据保存状态。

当 WL=1 时，允许对存储单元进行读/写操作。

如图 5-8 所示，一个 SRAM 存储单元由 6 个 MOS 晶体管组成，如果存储一个字节的数据，就需要 8 个存储单元，也就是说保存一个字节的数据需要 48 个 MOS 晶体管。由此可见，在相同的存储容量下，SRAM 电路需要的晶体管比 DRAM 多，这也是造成 SRAM 成本较高的原因。SRAM 的优点是速度快，不需要动态刷新电路。缺点是结构复杂，生产成本高。目前 CPU 内部的部分高速缓存（Cache）采用了 SRAM 作为存储单元。当计算机断电时，SRAM 存储单元中的数据会全部丢失。

5.1.4　内存芯片阵列结构

1. 逻辑存储阵列组（Bank）

内存芯片中的存储单元以"位"（bit）的形式进行存储，由于"位"不便于计算机系统处理，因此内存芯片采用了"存储阵列"结构。内存芯片中的存储阵列称为 Bank（逻辑阵列组）。如图 5-9 所示，存储阵列如同表格，在存储阵列中查找数据的方法与表格检索方法相同，先指定一个行（Row），再指定一个列（Column），根据行号和列号就可以准确地找到所需要的存储单元，这就是内存芯片寻址的基本原理。

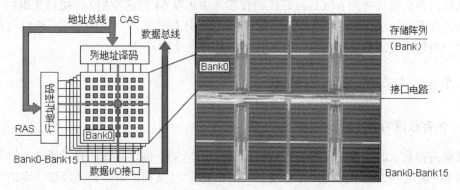

图 5-9　Bank 存储阵列寻址原理（左）和内存芯片（右）

由于技术和成本等原因，不可能制作一个全内存容量的 Bank，而且由于内存工作原理限制，单一的 Bank 将会造成严重的寻址冲突，大幅降低内存工作效率。所以内存芯片将存储阵列分割成多个 Bank。DDR1 内存芯片中的 Bank 为两个或 4 个，DDR2 内存芯片中的 Bank 为 4 个或 8 个，DDR3 中 Bank 为 8 或 16 个。

这样，在内存寻址时就要先确定是哪个 Bank，然后在选定的 Bank 中选择相应的行与列进行寻址。内存芯片一次输入/输出的数据量就是芯片位宽。

2. 物理存储阵列组（Rank）

在 Pentium 以来的 CPU 中，前端总线（FBS）数据通道位宽为 64 位，如果内存系统一次可以传输 64 位数据，CPU 就不需要等待。如图 5-10 所示，北桥芯片中的内存控制器或 CPU 内部集成的内存控制器，以及内存总线（MB）位宽必须为 64 位。

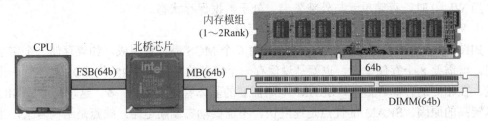

图 5-10　内存总线与其他部件之间的关系

内存条的数据总线位宽等于内存总线（MB）位宽时称为 Rank（物理阵列组/列）位宽。如图 5-11 所示，构成 64 位位宽的一组内存芯片存储单元称为 1 个 Rank。

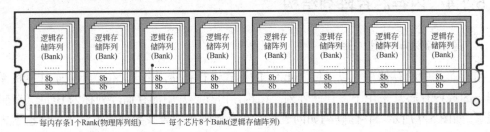

图 5-11　逻辑阵列（Bank）与物理阵列（Rank）之间的关系

既然内存总线位宽为 64 位，最好在内存芯片中也以 64 位的数据 I/O 接口来组织 Bank。但是从内存芯片制造工艺和成本来看，单芯片实现 64 位位宽有一定的难度，所以内存芯片的位宽一般较小，需要采用多个内存芯片才能构成一个内存条。

5.1.5　内存的读写与刷新

1．内存数据的读取过程

读取内存数据时，首先需要进行列地址选定（CAS），确定具体的存储单元，接下来通过数据 I/O 通道将数据输出到内存总线上。在 CAS 信号发出之后，仍要经过一定的时间等待才有数据输出，从 CAS 与读取命令发出到第一次数据输出的这段时间定义为 CL（列地址选通潜伏期）。CL 只在数据读取时出现，单位为时钟周期数，具体耗时由内存芯片的时钟频率决定。

由于内存存储单元中的电容容量很小，所以读取的信号要经过放大才能保证有效的识别。一个 Bank 对应一个读出放大器（S-AMP）通道，数据读取时，读出放大器有一个准备时间（要进行电压比较和逻辑电平的判断）才能保证信号的发送强度。

DDR 内存没有明确的读命令，而是通过控制 WE#（写允许）信号线的状态来达到读/写的目的。WE#有效时为写入命令，WE#无效时就是读取命令。内存数据读取操作过程如图 5-12 所示。

内存单元的读操作形式有：顺序读、随机读、突发读、读-写、读-预充电、读-状态中止等。DRAM 的读操作是一个放电过程，原本逻辑状态为"1"的电容在读操作后，会因为放电而变为逻辑"0"。为了保证数据的可靠性，需要对存储单元中原有的数据进行重写，这个任务由读出放大器（S-AMP）来完成。它根据存储单元的逻辑电平状态，对数据进行重写（逻辑"0"时不重写），数据重写操作可在预充电阶段完成，因此数据重写与数据输出可以同步进行而互不冲突，也不会产生新的重写延迟。而且在读取操作时，读出放大器会保持数据的逻辑状态，起到了 Cache 的作用，再次读取同一数据时，由它直接发送即可，不用再进行新的寻址。

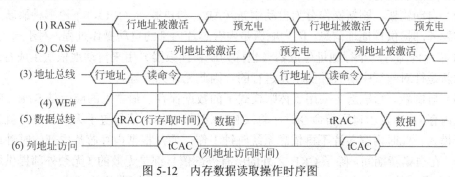

图 5-12　内存数据读取操作时序图

2．内存数据的写入过程

如图 5-13 所示，数据写操作与读过程基本相同，只是在列寻址时，WE#为有效状态，而且没有了 CL（CL 只出现在读取操作中），行寻址与列寻址的时序与读取操作一样。

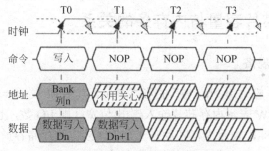

图 5-13　内存数据写入操作时序图

内存单元的写操作有以下一些形式：写-写、随机写、突发写、写到读、写到预充电、写固定长度或全页等。写操作是一种充电过程，内存中每次数据的读写操作和预充电操作都能刷新存储单元中的电荷，为什么还要进行内存刷新呢？因为读写和预充电操作的存储单元是随机的，而且在时间上也不确定，而刷新要求有固定的时间周期，并且对所有存储单元进行刷新。

3．内存系统的刷新过程

DRAM 中存储单元（Cell）中，电容存储的电荷会慢慢泄漏，这就需要对电容进行定时充电。DDR2 内存的电容充电时间一般为 60ns 左右，DDR3 为 36ns 左右。在充电过程中，存储单元不能被访问。定时对存储单元中的电容进行充电的过程称为"动态刷新"，在技术上实现存储单元的动态刷新并不困难。

（1）刷新周期。存储单元刷新时间间隔应当小于存储单元中电容有效保存时间的上限，目前公认的标准刷新时间间隔是 64ms。每隔 64ms 后，内存单元必须再次进行刷新，如此循环进行，直到用户关机为止。显然，刷新操作对 DRAM 的性能造成了一定的影响，这也是 DRAM 相对于 SRAM 取得成本优势的同时所付出的代价。

【例 5-2】 韩国现代 DDR3 1Gb 内存芯片的技术参数规定"8K Refresh Cycles/64ms"，这说明内存芯片中每个 8K（8192）页面的刷新时间应当小于 64ms，那么这个页面中的每个存储单元的刷新时间应当小于 7.8125μs。

（2）自动刷新。刷新操作分为自动刷新（AR）和自刷新（SR），不论哪种刷新方式，都不需要外部提供行地址信息，因为刷新是内存芯片内部的自动操作过程。对于自动刷新，DRAM 芯片内部有一个行地址生成器（也称为刷新计数器）用来自动地依次生成行地址。由于刷新是针对一行中所有存储单元进行的，因此无须列寻址。

（3）自刷新。自刷新主要用于休眠模式下的数据保存，最常见的应用是 STR（睡眠时保存到内存）。在发出自刷新命令时，将 CKE（时钟有效）信号置于无效状态，就进入了自刷新模式。此时内存芯片不再依靠系统时钟工作，而是根据内存芯片内部的时钟进行刷新操作。在自刷新期间，除了 CKE 之外的所有外部信号都是无效的（无须外部提供刷新指令），只有重新使 CKE 信号有效才能退出自刷新模式并进入正常操作状态。

5.2　内存条的基本结构

5.2.1　内存芯片容量与内存条的关系

1．内存芯片技术规格

内存芯片的容量一般采用"M×W"的形式表示，其中 M 表示一个数据 I/O 接口的最大存储容量，单位为 b；W 表示内存芯片输入/输出位宽（即 I/O 数，也称芯片位宽）。

【例 5-3】 64Mb×8，表示内存芯片在一个 I/O 接口的存储容量为 64Mb，内存芯片有 8 个这样的数据 I/O 接口，一个内存芯片总存储容量为 64Mb×8=512Mb。如果采用 8 个这样的内存芯片，则可以构成一个 512MB 的内存条（一个 Rank）；如果采用 16 个这样的内存芯片则可以构成一个 1GB 的内存条（两个 Rank）。表 5-1 是韩国现代（Hynix）公司内存芯片容量的主要技术规格。

表 5-1　Hynix 公司 DDR 内存芯片技术规格

芯片总容量	芯片组成	芯片规格	封装形式	Bank	电压	内存延迟
1Gb	256M×4	DDR3 1066	FBGA 78	8	1.5V	CL7，7-7-7
1Gb	128M×8	DDR3 1600	FBGA 78	8	1.5V	CL10，10-10-10
1Gb	64M×16	DDR3 1333	FBGA 96	8	1.5V	CL9，9-9-9
2Gb	512M×4	DDR3 1333	FBGA 82	8	1.5V	CL9，9-9-9
2Gb	256M×8	DDR3 1333	FBGA 82	8	1.5V	CL9，9-9-9
4Gb	1G×4	DDR3 1333	FBGA 82	8	1.5V	CL9，9-9-9

续表

芯片总容量	芯片组成	芯片规格	封装形式	Bank	电压	内存延迟
512Mb	128M×4	DDR2 533	FBGA 60	4	1.8V	CL4，4-4-4
512Mb	64M×8	DDR2 800	FBGA 60	4	1.8V	CL5，5-5-5
512Mb	32M×16	DDR2 400	FBGA 60	4	1.8V	CL3，3-3-3
1Gb	128M×8	DDR2 800	FBGA 60	8	1.8V	CL5，5-5-5
512Mb	128M×4	DDR 266	TSOP II 66	4	2.5V	CL2
512Mb	64M×8	DDR 400	TSOP II 66	4	2.6V	CL 3-3-3
512Mb	32M×16	DDR 333	TSOP II 66	4	2.5V	CL2.5

2．内存芯片位宽与内存总线的关系

由表 5-1 可见，在相同的内存芯片容量下，位宽有多种不同的设计方案。CPU 的前端总线位宽为 64 位，内存总线（MBus）位宽也为 64 位，这样保证了内存一次就能传输 64 位数据给 CPU。内存条有两种设计方案，一种是将内存条位宽设计为 64 位，这样内存总线一次就可以从一个内存条上读写 64 位数据，目前内存条采用这种设计方案；另一种设计方案是将内存条位宽设计为 32 位，主板安装两个相同的内存条，内存总线同时从两个内存条上读取或写入 64 位数据，早期内存条采用这种设计方案。

3．内存芯片与内存条 Rank 的关系

如表 5-1 所示，DDR 内存芯片数据 I/O 位宽有×4b、×8b、×16b、×32b 等类型。这样，为了组成一个 Rank（64b）就需要多个内存芯片并联工作。

【例 5-4】如图 5-14 所示，采用 16bI/O 位宽的内存芯片时，需要 4 颗（16b×4 颗=64b）内存芯片才能构成一个 64 位（Rank）的内存条；对于 8bI/O 位宽的内存芯片，则需要 8 颗（8b×8 颗=64b）；对于 4bI/O 位宽的内存芯片，则需要 16 颗（4b×16 颗=64b）芯片。

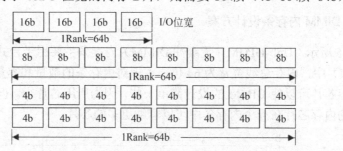

图 5-14　不同 I/O 位宽构成的 64 位内存条

Rank 是一组内存芯片的集合，这个集合的容量不限，但这个集合的总位宽必须与内存总线位宽相符，而且每个内存条至少应当包含一个 Rank 的芯片集合。

随着计算机技术的发展，主板芯片组开始支持多个 Rank。例如，Intel 845 芯片组支持 4 个 Rank。但是在目前的 DIMM 标准中，每个内存条最多可以包含两个 Rank。虽然理论上完全可以在一个内存条上支持多个 Rank，但是由于技术原因没有这么去做，如设计难度、

制造成本、芯片组的配合等。例如，在内存条设计中，可以利用 8 颗 16b 位宽的内存芯片，在一个内存条上构成两个 Rank。

4．内存条的类型

如表 5-2 所示，目前常见的内存条（内存模组）主要有以下几种。

表 5-2　各种类型内存 DIMM 对比表

内存条类型	DDR3	DDR2	DDR	SDRAM
Unb-DIMM	240 脚，无 ECC	240 脚，无 ECC	184 脚，无 ECC	168 脚，无 ECC
SO-DIMM	204 脚，无 ECC	200 脚，无 ECC	200 脚，无 ECC	144 脚，无 ECC
Reg-DIMM	240 脚，有 ECC	240 脚，有 ECC	184 脚，有 ECC	168 脚，有 ECC
Micro-DIMM	—	214 脚，无 ECC	172 脚，无 ECC	144 脚，无 ECC
Mini-DIMM	—	244 脚，有 ECC	—	—

（1）Unb-DIMM（无缓冲双列直插式内存模组）。这是市场上台式计算机使用最多的内存条标准，简称为"DIMM"，分为有 ECC 和无 ECC 两种，市场上绝大部分是无 ECC 型。

（2）SO-DIMM（小外型内存模组）。笔记本计算机使用的 DIMM，分为 ECC 和无 ECC 两种，市场上绝大部分是无 ECC 型。

（3）Micro-DIMM（微型内存模组）。小型笔记本计算机或平板电脑使用的 DIMM。

（4）Reg-DIMM（寄存器内存模组）。这种内存条一般用于 PC 服务器，有 ECC 和无 ECC 两种类型，市场上几乎都是 ECC 型。

（5）Mini-DIMM（小型内存模组）。它是 Reg-DIMM 的缩小版本，在 DDR2 内存中开始采用，主要用于刀片式服务器等对体积要求苛刻的高端计算机。

5.2.2　Unb-DIMM 内存条基本结构

1．Unb-DIMM 内存条设计方案

如图 5-15 所示，Unb-DIMM（无缓冲 DIMM）内存条主要用于台式计算机。主板内存插座（DIMM）中，内存总线位宽为 64 位，主板对内存条的数量和容量都有限制。因此，高位宽的内存芯片可以使 DIMM 的设计简单一些，因为所用芯片少。但是在芯片容量相同时，低位宽的内存芯片在一个内存条中可以容纳更多的芯片。

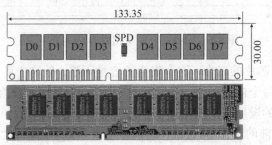

图 5-15　64 位 DDR3 Unb-DIMM 内存条基本尺寸

内存条容量计算公式如下所示：

$$\text{内存条容量} = \text{Bank 容量} \times \text{芯片 I/O 位宽（b）} \times \text{内存芯片数} \div 8 \tag{5-1}$$

【例 5-5】 采用不同位宽的内存芯片，设计一个内存总线位宽为 64b，容量为 1GB 的内存条。

（1）方案 1。如图 5-16（a）所示，采用 128Mb×4 的内存芯片时，1GB 的内存条需要 16 个内存芯片，才能构成一个 64 位的内存条。这种方案的优点是可以采用多个（16 个）低容量的内存芯片，实现高容量的内存条设计，它的缺点是内存条工艺复杂。

（2）方案 2。如图 5-16（b）所示，采用 128Mb×8 的内存芯片设计时，1GB 的内存条只需要 8 个内存芯片，就能构成一个 64 位的内存条。这种方案在台式计算机的内存条设计中应用最为广泛，它有较好的性能价格比。

（3）方案 3。如图 5-16（c）所示，采用 128Mb×16 的内存芯片设计时，1GB 的内存条仅需要 4 个内存芯片，就能构成一个 64 位的内存条。这种方案的优点是可以在高容量的内存芯片上实现少芯片的内存条设计，笔记本计算机由于受到空间的限制，往往采用这种设计方案，它的缺点是要求采用高密度的内存芯片。

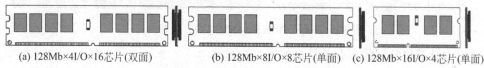

(a) 128Mb×4I/O×16芯片(双面)　　(b) 128Mb×8I/O×8芯片(单面)　(c) 128Mb×16I/O×4芯片(单面)

图 5-16　1GB 内存条的不同设计方案

2. Unb-DIMM 内存条电路结构

如果知道了内存芯片技术参数和 SPD 信息，就可以设计内存条电路结构了。内存条的电路结构差别不大，对于不同容量的内存芯片，只是在数量上有所改变。

图 5-17 是一个 DDR3 内存条的电路结构图，它的内存容量为 1GB，内存条采用 240

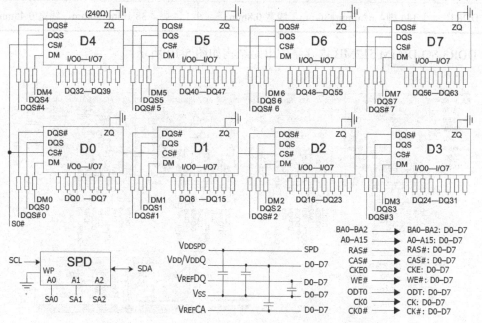

图 5-17　64 位 DDR3 Unb-DIMM 1GB 内存条电路结构

脚的 Unb-DIMM 规格，无 ECC 校验功能。在这个内存条中，采用 128Mb×8（I/O）的内存芯片。由于单个内存芯片的位宽为 8b，意味着 1 个芯片可以同时读/写 8b 数据，而内存条有 8 个内存芯片，这样内存条每次就可以同时读/写 64b 数据。

5.2.3　SO-DIMM 内存条基本结构

如图 5-18 所示，SO-DIMM（小型 DIMM）内存条主要用于笔记本计算机。SO-DIMM 内存条在电气参数和性能上，与 Unb-DIMM 和 Reg-DIMM 内存条相同。而 SO-DIMM 内存条在机械尺寸方面比 Unb-DIMM 内存条更加短小。

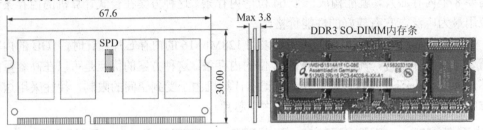

图 5-18　64 位 DDR SO-DIMM 内存条基本尺寸

笔记本计算机常用的内存条规格如表 5-3 所示。

表 5-3　笔记本计算机 DDR 内存条尺寸

内存条类型	SO-DIMM	Micro-DIMM
DDR3	204 脚，67.6mm×30mm，线宽 0.6mm	—
DDR2	200 脚，67.6mm×30mm，线宽 0.6mm	200 脚，38.1mm×30mm，线宽 0.45mm
DDR1	144 脚，67.6mm×30mm，线宽 0.8mm	144 脚，38.1mm×30mm，线宽 0.45mm

DDR3 SO-DIMM 512MB 内存条的电路结构如图 5-19 所示。

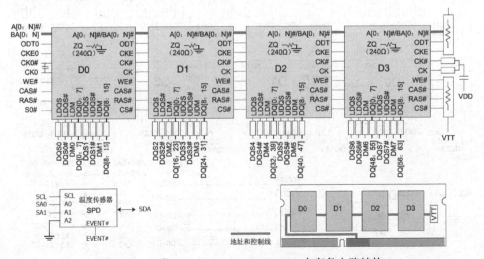

图 5-19　64 位 DDR3 SO-DIMM 512MB 内存条电路结构

5.2.4　Reg-DIMM 内存条基本结构

如图 5-20 所示，Reg-DIMM（寄存器 DIMM）内存条比其他内存条增加了三个关键器件，Registered（寄存器）、PLL（锁相环）和 ECC（错误校验），对于 SDRAM、DDR、DDR2、DDR3 内存条，这三个器件几乎都是相同的。

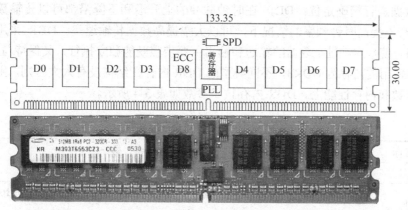

图 5-20　72 位 DDR Reg-DIMM 内存条

随着服务器内存容量的增大，主板上安装的内存条数量会增多，每个内存条上的内存芯片也会增多。以上情况会导致内存系统中各个引脚之间的引线长度产生较大差别，容易导致信号时序产生错位；这使命令与寻址信号的稳定性受到了严峻考验；而且北桥芯片中内存控制器的信号驱动能力也会不堪重负。针对这种情况，服务器内存条采用了寄存器（Registered）结构，也就是在内存条上添加寄存器芯片。这样，每个内存控制信号仅针对数量很少的寄存器，不用针对内存条上每个内存芯片来输出信号，这在很大程度上降低了北桥芯片的负载。寄存器的作用是稳定命令/地址信号，隔离外部干扰。

Reg-DIMM 内存条工作时，北桥芯片发来的命令与地址信号先送入寄存器进行净化并进入锁存状态，通过寄存器中继后再传输至内存芯片。如图 5-21 所示，而内存芯片中的数据则无须经过寄存器而直接传送到北桥芯片。Reg-DIMM 内存条一般用于 PC 服务器市场，并且需要主板北桥芯片的支持。

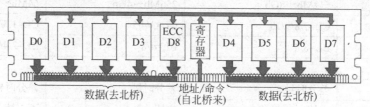

图 5-21　Reg-DIMM 内存条工作原理

5.3　内存主要技术性能

提高内存性能有两种方法，一是提高内存工作频率，二是尽量减少各种内存操作过程中的延迟。另外，内存的性能也取决于操作系统和应用软件的数据存取效率。

5.3.1　内存条接口形式与信号

1．DDR SDRAM（双倍数据速率同步动态随机存储器）内存

DDR SDRAM 简称为 DDR 内存。DDR 采用了延时锁相环（DLL）技术，提供数据选通信号对数据进行精确定位。DDR 在时钟脉冲的上升沿和下降沿都可以传输数据，这样 DDR 内存在不提高时钟频率的情况下，可以大幅提高数据传输速率。DDR 采用了更先进的同步电路，使指定地址、数据的输送和输出主要步骤既能独立执行，又保持与 CPU 完全同步。目前使用的内存为 DDR3，不同类型的 DDR 内存在结构没有太大区别，主要区别在一些技术参数和内存性能上。DDR 内存技术参数如表 5-4 所示。

表 5-4　DDR 内存技术参数比较

技术指标	技　术　参　数		
内存类型	DDR3	DDR2	DDR
JEDEC 标准	PC3-6400/8500/10600/12800	PC2-3200/43003/53007/6400	PC-1600/2100/2700/3200
内存标注	DDR3-800/1066/1333/1600	DDR2-400/533/667/800	DDR-200/266/333/400
核心频率/MHz	100/133/166/200	100/133/166/200	100/133/166/200
I/O 频率/MHz	800/1000/1333/1600	400/533/667/800	200/266/333/400
总线位宽/b	64	64	64
总线带宽/（GB/s）	6.4/8.0/10.7/12.8	3.2/4.3/5.3/6.4	1.6/2.1/2.7/3.2
内存插座类型	240 脚 DIMM	240 脚 DIMM	184 脚 DIMM
接口标准	SSTL-15	SSTL-18	SSTL-2
工作电压/V	1.5±0.075	1.8±0.1	2.5±0.1
芯片封装	78/82/96 球点 FBGA	60/84 球点 BGA	TSOP/TSOP Ⅱ
Bank 数/个	8/16	4/8	2/4
芯片 I/O 位宽/b	×4/×8/×16	×4/×8/×16	×4/×8/×16/×32
单芯片最大容量	512Mb～8Gb	256Mb～4Gb	64Mb～1Gb
CAS 周期	CL=7/8/9/10	CL=3/4/5	CL=1.5/2/2.5/3
突发长度/b	BL=8/4	BL=4/8	BL=2/4/8
预取长度 b	8	4	2
时钟输入	差分时钟	差分时钟	差分时钟
片内终结/ODT	支持	支持	不支持
PCB 层数	8	6/8	6

2．不同 DDR 内存的区别

不同的 DDR 内存不容易从外观上区分，它们只在金手指的定位卡口位置作了更改。SDRAM 内存条有两个定位卡口，到 DDR 时改成了一个定位卡口。如图 5-22 所示，不同规格的 DDR 内存，定位卡口位置会有不同，这样就防止了用户的错误安装。

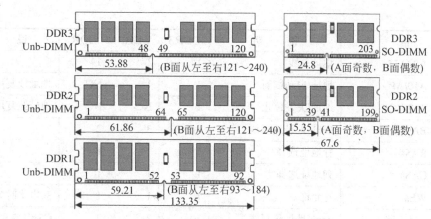

图 5-22　各种 DDR 内存条定位卡口位置

3．DDR3 内存条信号引脚

如图 5-23 所示，内存条最终通过主板上的 DIMM 插座与 CPU 进行数据交换。首先，DIMM 要有 64 个引脚用来进行数据传输，而且要有地址选通线（An）、Bank 地址选通线（BAn）、片选（CS）、数据掩码（DMn）、电源（VDD）、行地址选通（RAS）、列地址选通（CAS）等控制信号引脚。另外，ECC 型与 Reg 型的 DIMM 要有额外的引脚。DDR2 内存条信号如表 5-5 所示。

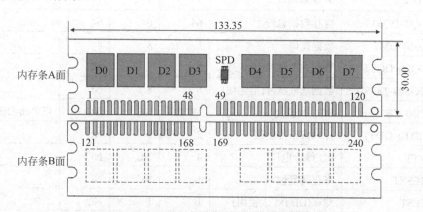

图 5-23　DDR3 的 64 位宽 240 脚 Unb-DIMM 内存条

表 5-5　Unb-DIMM DDR 内存条信号引脚

类型	信　号	说　　明	DDR3	DDR2	DDR	说　　明
电源	VDD	芯片核心工作电源	22	11	9	
	VDDID	核心电压标识	NC	NC	1	
	VDDQ	I/O 接口电源	NC	11	16	
	VREF	参考电压	NC	1	NC	
	VREFDQ	I/O 参考电压	1	NC	NC	
	VREFCA	命令/地址参考电压	1	NC	NC	
	VSS	电源地	59	61	22	

续表

类型	信　号	说　　　明	DDR3	DDR2	DDR	说　　明
地址和命令	A0–A13	地址总线	14	14	14	
	A10/AP	地址/自动刷新	1	1	NC	地址线复用
	A12/BC#	地址/突发停止	1	NC	NC	地址线复用
	BA0–BA2	Bank 地址选择线	3	3	2	
	RAS#	行地址选择	1	1	1	
	CAS#	列地址选择	1	1	1	
	WE#	写允许	1	1	1	高电平时为读允许
	S0#–S1#	Rank 地址选择线	2	2	2	CS#片选信号
时钟	CK0–CK1	时钟	1	2	2	
	CK0#–CK1#	差分时钟	1	2	2	
	CKE0–CKE1	时钟有效	2	2	2	
SPD	VDDSPD	SPD 电压	1	1	1	
	SCL	SPD 时钟线	1	1	1	
	SA0–SA2	SPD 地址选择线	2	3	2	
	SDA	SPD 数据线	1	1	1	
数据与掩码	DQ0–DQ63	内存数据总线	64	64	64	
	DM0–DM7	数据掩码	8	8	8	
	DQS0–DQS7	数据选取脉冲(确认线)	8	8	NC	
	DQS0#–DQS7#	数据选取脉冲(拒绝线)	8	8	NC	
	CB0–CB7	ECC 校验位	NC	NC	NC	仅 Reg-DIMM 有
其他	ODT0–ODT1	片内终结控制线	2	2	NC	
	VTT	I/O 终止电压	4	NC	NC	
	RESET	寄存器复位	1	NC	NC	
	TEST	测试(DIMM 未使用)	1	1	NC	
	NC/DNU	空(未使用)	32	29	32	
		引脚总数	240	240	184	

注：DDR3/DDR2/DDR1 列为信号数，部分信号采用复用；NC 表示未使用，#表示低电平有效。

5.3.2　内存主要技术参数

1．内存的内部时钟频率和外部时钟频率

　　内存有三个频率指标，它们是核心频率、I/O 频率和数据传输频率。核心频率是指内存芯片内部存储单元（Cell）的真实的工作频率（也称为内部时钟频率）；I/O 频率是指内存输入/输出（I/O）缓存中数据的传输频率（也称为外部时钟频率）；数据传输频率是指在内存总线上的数据传输速率。

如图 5-24 所示，SDRAM 内存在时钟脉冲的上升沿传输数据。

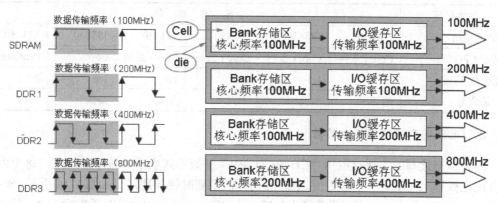

图 5-24　内存的时钟频率和数据传输频率

如图 5-24 所示，在 DDR1 内存中，内存的核心频率与外部 I/O 时钟频率虽然相同，但是在外部 I/O 时钟脉冲的上升沿和下降沿都可以传输数据。以 DDR1-200 内存为例，内部核心频率为 100MHz，由于在一个时钟周期里能传输两个数据，所以内存的外部 I/O 时钟频率虽然为 100MHz，但是数据传输频率为 200MHz。

在 DDR2 内存中，采用了差分时钟，增加数据预取长度、增加数据突发长度等技术后，外部 I/O 时钟频率比内部核心时钟频率提高了一倍。这样，DDR1 和 DDR2 的内部核心时钟频率均为 100MHz 时，DDR2 的数据传输频率达到了 400MHz。

DDR3 内存将内部核心时钟频率提高到了 200MHz 以上，这时外部 I/O 时钟频率达到了 400MHz 以上，由于在外部 I/O 时钟脉冲的上升沿和下降沿都可以传输数据，因此 DDR3 的数据传输频率达到了 800MHz 以上。

内存带宽计算公式如下：

内存带宽（B/s）＝内存传输频率（Hz）×内存总线位数（b）/8　　　　（5-2）

【例 5-6】计算 DDR3 1600 内存条的带宽。

1600 是指内存数据传输频率，内存总线位宽为 64b，所以：

内存带宽＝1600MHz×64b/8＝12800MB/s。

目前计算机使用的内存规格为 DDR3 内存条，内存技术规格如表 5-6 所示。

表 5-6　各种内存条技术规格

技术指标	技 术 参 数					
内存类型	DDR3-1600	DDR3-1333	DDR3-1066	DDR3-800	DDR2-400	DDR-200
核心频率/MHz	400	333	266	200	100	100
I/O 频率/MHz	800	666	533	400	200	100
传输频率/MHz	1600	1333	1066	800	400	200
总线位宽/b	64	64	64	64	64	64
最高带宽（/MB/s）	12800	10664	8528	6400	3200	1600
插座类型	DIMM	DIMM	DIMM	DIMM	DIMM	DIMM
信号引脚/个	240	240	240	240	240	184

续表

技术指标	技 术 参 数					
长×高/mm	133×30	133×30	133×30	133×30	133×30	133×30
适应 CPU	Core i 系列	Core i 系列	Core i 系列	Core i 系列	Core 2	Pentium4
工作电压/V	1.5	1.5	1.5	1.5	1.8	2.5
市场应用	高端	主流	主流	主流	淘汰	淘汰

2．DDR 内存的主要技术参数

内存数据读写的主要延迟用"CL-tRCD-tRP"参数形式表示。按标准规定，每个内存条都应在标识上注明这三个参数值。DDR3 内存的主要时钟周期定义如图 5-25 所示。例如，某个 DDR2-533 的内存延迟参数为"4-4-4"，其中第 1 个数字代表 CL 周期数为 4；第 2 个数字代表 tRCD 周期数为 4；第 3 个数字代表 tRP 周期数为 4。以上延迟参数都是以内存时钟周期 tCK 为单位，它们的时间为：延迟周期数×tCK 的时间。例如，tCK 为 5ns 时，"4-4-4"的延迟时间为：20-20-20（ns）。没有比 2-2-2 更短的延迟周期，因为 JEDEC（内存标准化组织）认为当前的 DRAM 技术还无法实现 0 或 1 周期的延迟。韩国现代 DDR 内存的主要技术参数如表 5-7 所示。

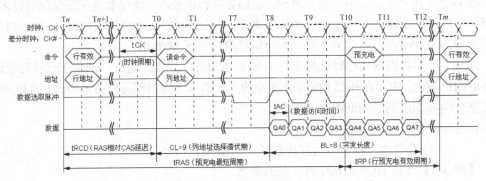

图 5-25　DDR3 内存读操作主要时钟周期和延迟参数

表 5-7　DDR 内存芯片主要技术参数

技术指标	技 术 参 数					
内存类型	DDR3-1600	DDR3-1333	DDR3-1066	DDR2-533	DDR-200	SDRAM-PC100
tCK/ns	1.25	1.5	1.875	5	10	10
CL/tCK	10	9	8	4	2	2
tRCD/ns	12.5	13.5	15	15	20	20
tRP/ns	12.5	13.5	15	15	20	20
tRAS/ns	35	36	37.5	45	50	50
tRC/ns	47.25	49.5	52.5	60	100	70
BL	8	8	8	4/8	2/4/8	1-8
数据预取/b	8	8	8	4	2	无
CL-tRCD-tRP	10-10-10	9-9-9	8-8-8	4-4-4	3-3-3	2-2-2

3．时钟周期（tCK）

如图 5-26 所示，时钟周期（tCK）是内存工作的基本时钟频率，也是内存的一项重要技术指标，tCK 单位为纳秒（ns）。内存时钟频率越高，脉冲长度就越短，在这些长度更短的时钟脉冲串上存取数据，分摊的等待时间也就越少。

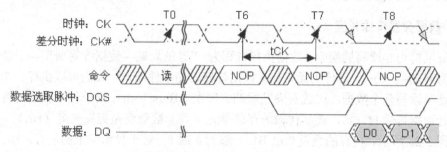

图 5-26　差分时钟的读操作时序

由于内存时钟周期（tCK）与内存工作频率（f）互为倒数关系，即 tCK＝$1/f$，因此，tCK 也说明了内存工作的最大频率。例如，符合 DDR2-400 标准的内存，内部时钟频率为 100MHz，因此，tCK＝10ns。符合 DDR3-800 标准的内存，内部时钟频率为 200MHz，tCK＝5ns。对内存来说，tCK 数值越小，内存工作频率越高，内存数据存取速度也就越快。DDR3-1600 内存的最快时钟周期为 tCK＝1.25ns 左右。

4．列地址选择潜伏期（CL）

如图 5-25 所示，当相关的列地址（RAS#）被选中之后，将会触发数据传输，但是将存储单元（Cell）中的数据输出到内存芯片的 I/O 接口之间，还需要有一定的时间，因为数据触发本身会有延迟，而且还需要进行信号放大，这段时间就是 CL（列地址选择潜伏期）。CL 是在读命令触发后到第一次数据输出之间的时间，CL 的单位是时钟周期（tCK），取值范围为 2～10 个时钟周期。CL 只针对读数据操作，对于数据写入是没有延迟的。

如表 5-7 所示，CL 延迟与内存传输频率之间的关系是：内存传输频率越高，CL 延迟越长。例如，DDR3-1600 的数据传输频率为 1600MHz，而 CL 延迟高达 10 个时钟周期。

5．RAS 相对 CAS 的延迟（tRCD）

如图 5-25 所示，在同一个 Bank（逻辑阵列）中，从行有效到读/写命令发出之间的间隔被定义为 tRCD（RAS 相对 CAS 的延迟），即行地址选通信号（RAS）至列地址选通信号（CAS）之间的延迟，也可以理解为行选通周期。tRCD 可以通过主板 BIOS 经过北桥芯片进行调整。tRCD 以时钟周期为单位，例如 tRCD=10，就代表延迟周期为 10 个时钟周期。

6．行预充电有效周期（tRP）

数据读取操作完成后，如果要对同一 Bank 中的另一行进行寻址，就要将原来的工作行关闭，重新发送行/列地址。Bank 关闭现有工作行，准备打开新行的操作就是预充电。如果接下来读取的存储单元在同一行，则不需要预充电，因为读出放大器正在为这一行服务。如图 5-25 所示，从开始关闭现有的工作行，到可以打开新的工作行之间的间隔就是内存芯片的 tRP（行预充电有效周期），单位是时钟周期，具体时间则视时钟频率而定。

7．预充电最短周期（tRAS）

如图 5-25 所示，tRAS 是指内存芯片行有效至存储单元预充电的最短周期，过了这个周期后就可以发出预充电指令了。

8．数据突发传输长度（BL）

在标准的内存读写周期中，数据执行过程为："寻址周期→数据读写周期→寻址周期→数据读写周期→……"，这样周而复始。根据存储器局部性原理，我们可以执行一个寻址周期后，连续读写几个数据，这就是突发周期。突发（Burst）指在同一行中相邻的存储单元连续进行数据传输的方式，连续传输的存储单元（列）数量就是突发长度（BL）。

如图 5-25 所示，内存的突发长度 BL 一般为 4 或 8，对于显示卡上的显存，BL 长度可能达到了 128～256b。突发传输时，只要指定起始列地址与突发长度，内存就会依次自动地对后面相应数量的存储单元进行读/写操作，而不再需要内存控制器连续地提供列地址。这样，除了第一个数据的传输需要若干个周期外，其后每个数据只需要半个周期（DDR）就可获得。

BL 越大，对于连续的大数据量的传输越有好处；但是对零散的数据，BL 太长反而会造成总线周期的浪费。一般而言，如果内存系统为单通道，BL=8 时，内存性能较好，如果内存系统为双通道平台，一般 BL=4 的性能较好。

5.3.3   DDR3 内存设计技术

1．DDR3 内存性能的提高

DDR3 内存在达到高带宽的同时，其功耗反而可以降低，其核心工作电压从 DDR2 的 1.8V 降至 1.5V，相关测试表明 DDR3 比 DDR2 节省 30%的功耗。

DDR3 由于新增了一些功能，所以在引脚方面有所增加，8b 芯片采用 78 球 FBGA 封装，16b 芯片采用 96 球 FBGA 封装，而 DDR2 则有 60/68/84 球 FBGA 封装三种规格。

如表 5-8 所示，DDR3 的延迟值高于 DDR2，有些用户认为 DDR3 内存的延迟表现不及 DDR2，其实这是一种错误的观念，要评价内存的总体延迟值，需要考虑内存芯片的工作频率。事实上，DDR2 内存延迟时间均为 15ns，而把 DDR3 芯片的工作频率计算在内时，DDR3-1600 的最小内存延迟只有 11.25ns，总体延迟反而比 DDR2 降低了约 25%。

表 5-8   DDR2 与 DDR3 延迟比较

技术指标	技 术 参 数					
内存类型	DDR3-1600	DDR3-1333	DDR31066	DDR2-800	DDR2-667	DDR2-533
数据传输速率/(GB/s)	12.5	10.4	8.5	6.25	5.2	4.2
CL-tRCD-tRP	9-9-9	8-8-8	7-7-7	6-6-6	5-5-5	4-4-4
延迟时间/ns	11.25	12.0	13.125	15.0	15.0	15.0

2．DDR3 内存的技术改进

（1）提高预取位数。DDR3 内存依然采用提升频率的技术，达到提高数据预取位数的目的，这与 DDR2 采用的技术方案相类似。DDR2 的预取位是 4b，也就是说芯片内核频率只有接口频率的 1/4，所以 DDR2-800 内存的核心工作频率为 200MHz；而 DDR3 内存的预取位提至 8b，使芯片内核的频率达到了接口频率的 1/8，这样运行在 200MHz 核心工作频率下的内存，就可以达到 1600MHz 的数据传输频率。

（2）寻址时序。DDR3 的 CL 周期将比 DDR2 有所提高，DDR2 的 CL 一般在 2～5，而DDR3 的 CL 在 5～11 之间，且附加延迟（AL）的设计也有所变化。DDR2 的 AL 范围是 0～4，而 DDR3 的 AL 有三种选项，分别是 0、CL-1 和 CL-2。此外，DDR3 还新增加了一个写入延迟（CWD）时序参数，这个参数将根据工作频率而定。

（3）突发长度。由于 DDR3 的预取位数为 8b，所以 BL=8。为此 DDR3 增加了一个 4b的突发（Burst Chop）模式，即由一个 BL=4 的读取操作加上一个 BL=4 的写入操作来合成一个 BL=8 的数据突发传输，可通过 A12 地址线来控制这一突发模式。而且在 DDR3 内存中，任何突发中断操作都将予以禁止，而且不予支持，取而代之的是更灵活的突发传输控制。

（4）封装。DDR3 由于新增了一些功能，所以在引脚方面有所增加，8b 数据 I/O 接口的芯片采用 78 球 FBGA 封装，16b 数据 I/O 接口芯片采用 96 球 FBGA 封装。而 DDR2 采用 60 球、68 球、84 球 FBGA 封装三种规格。

3．DDR3 内存采用的新技术

（1）重置功能。DDR3 增加了"复位"（Reset）功能，这使 DDR3 的初始化处理变得简单。当 Reset 命令有效时，DDR3 将停止所有操作，并切换到最少量活动状态，以节约电力。

（2）点对点连接。在 DDR3 内存系统中，一个北桥中的内存控制器只控制一个内存通道，而且这个内存通道只有一个插槽，因此，内存控制器与 DDR3 内存条之间是点对点（P2P）的关系，从而大大减轻了地址/命令/控制与数据总线的负载。

（3）温度自动自刷新。为了最大限度地节省电力，DDR3 采用了一种新型的自动刷新设计（ASR）。当 ASR 开始后，通过一个内置于内存芯片中的温度传感器来控制刷新的频率。因为刷新频率越高，电力消耗就越大，温度也随之升高。而温度传感器在保证数据不丢失的情况下，尽量减少刷新频率，降低内存工作温度。

5.3.4　多通道内存技术

多通道内存主要是依靠 CPU 或北桥芯片的控制技术，与内存本身无关。多通道技术核心在于：内存控制器可以在多个不同的数据通道上分别寻址、读写数据。部分 CPU 内部集成了内存控制器，所以计算机是否支持多通道，要看 CPU 是不是支持；另外一部分计算机的内存控制器集成在北桥芯片中，所以是否支持多通道要看北桥芯片。

如图 5-27 所示，主板北桥芯片内部有两个 64b 的 DDR 双通道内存控制器。双通道体系包含两个独立的、具备互补性的内存控制器，两个内存控制器能在 0 等待的情况下同时运行。例如，当控制器 B 准备进行下一次内存存取时，控制器 A 再进行内存读/写操作，反之亦然。两个内存控制器的这种互补性可以让等待时间减少 50%。

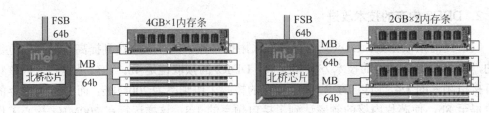

图 5-27　单通道内存技术（左）与双通道内存技术（右）的比较

　　双通道内存的安装有一定的要求。主板的内存插槽的颜色和布局一般都有区分。主板一般有 4～6 个 DIMM 插槽，每两根一组，每组颜色一般不一样。每一个组代表一个内存通道，只有当两组通道上都同时安装了内存条时，才能使内存工作在双通道模式下。另外要注意对称安装，即第 1 个通道第 1 个插槽搭配第 2 个通道第 1 个插槽，以此类推。用户只要按不同的颜色搭配，对号入座地安装即可。如果在相同颜色的插槽上安装内存条，那么只能工作在单通道模式。

　　基准测试程序测试表明，双通道内存带来了内存带宽的增长，但增长幅度并不是理论上的 100%，双通道内存实现了 60%左右的性能提升。在实际应用中，双通道内存的性能提升并没有基准测试程序中那么可观，利用 Photoshop CS 进行测试表明，双通道内存比单通道内存领先幅度为 2%左右。在 Photoshop CS 的测试中，大容量内存带来了更快的运行速度。内存从 1GB 扩充到 2GB 时，滤镜处理时间缩短了 20s；当内存容量增大到 4GB 时，运行时间又减少了 17s；内存增大到 8GB 时，处理时间反而有了微小的加大。因此，是否需要大内存取决于应用程序，多出来的内存反而增加了内存性能的整体延迟。

5.4　内存故障分析与处理

5.4.1　内存数据出错校验

1．存储器引发的故障

　　20 世纪 80 年代，英特尔公司在软件故障分析中发现，α-粒子引发了当时 16KB 内存的大量错误。当时使用的塑料或陶瓷封装中含有钍和铀元素，这一发现轰动了存储器工业，现在内存芯片厂商几乎完全消除了半导体材料中的 α-粒子源。目前造成软件运行错误的干扰来自宇宙射线。IBM 公司的研究人员测试表明，在一个具有大量内存芯片的计算机系统中，宇宙射线大约每个月引发一次软件故障。

　　其他导致内存芯片出错的原因有：电源中的尖峰电压，高频脉冲干扰信号，电源噪声，不正确的内存速率，无线电射频干扰，静电影响等。以上干扰引发的错误不会引起内存芯片的损坏，但是它们将引发临时性数据错误。为了解决以上问题，在 PC 服务器内存系统中，采用了检测错误机制（如奇偶校验），以及纠错机制（如 ECC 校正）。

2．奇偶校验

　　早期内存芯片生产质量不稳定，内存条上都设计有奇偶校验芯片。随着内存芯片技术的提高，内存芯片数据存取的正确性大大增加，从 1994 年开始，大部分内存厂商取消了内存条上的奇偶校验芯片，这样内存条生产厂商可以节约 10%左右的生产成本。在个人计算机的主板芯片组中，也不支持奇偶校验的内存条。但是，在 PC 服务器中，往往采用奇偶校验的内存条。奇偶校验分为奇校验或偶校验，编码规则如表 5-9 所示。

表 5-9 奇偶校验规则表

校验方式	数据位中"1"的个数	校验位值
奇校验	奇数个	0
	偶数个	1
偶校验	偶数个	0
	奇数个	1

奇校验的基本方法是，如果一个字节中"1"的个数为偶数个，则奇校验电路产生一个"1"，并且将它存储在奇校验位中（第 9 位），使全部 9 位数据为奇数个。如果一个字节中"1"的个数为奇数，则奇偶校验电路产生一个"0"，并且将它存储在奇偶校验位中（第 9 位），全部 9 位数据还是为奇数个。这个工作过程由北桥芯片中的硬件电路自动完成。

【例 5-7】假设内存中某个字节中存储了一个用户数据"A"，用户数据"A"的 ASCII 码值为 65，它的二进制数值为"0100 0001"。如果采用奇校验，这个字符的 7 位代码中有偶数个"1"，所以校验位的值为"1"，其 9 位组合编码为 100000011，前 8 位是数据位，最低位是校验码。当在计算机内存中读入这个数据时，内存奇校验电路对这个字节中"1"的个数进行奇校验，如果"1"的个数为奇数个，说明数据没有错误；如果"1"的个数为偶数个，说明这个字节出错了。

在上例中可以看到，奇偶校验可以发现错误，但是不能区分是哪一位出现了错误，因此无法改正错误。因此，奇偶校验可以发现数据错误，但是它不能纠正数据错误。另一种情况是，如果这个字节中有两个"1"发生了错误，奇偶校验也不能检查出来。但由于奇偶校验容易实现，而且一个字节（8b）中两位同时发生错误的概率非常小，因此在计算机服务器中广泛采用奇偶校验进行检错。

3. 错误检测校正（ECC）

在计算机数据存储中，广泛使用 CRC（循环冗余校验码）编码进行数据校验。CRC 编码的算法非常复杂，下面用一个简单的例子来说明纠错的基本原理，它虽然不是 CRC 校验算法，但是它们的设计思想是一致的。

【例 5-8】如图 5-28（左）所示，假设发送端 A 有"12"和"34"两个数据需要传送给接收端 B。如果接收端 B 通过奇偶校验发现数据"34"在传输过程中发生了错误，最简单的处理方法就是通知发送端重新传送出错的数据（34），但是这样会降低传输效率。

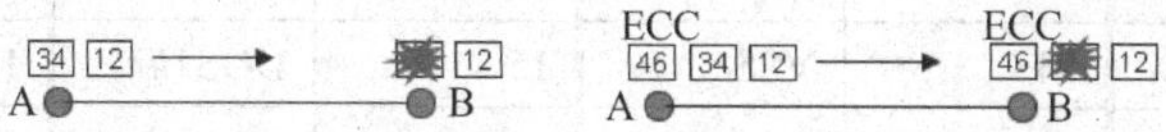

图 5-28 出错重传（左）与出错校正（右）示意图

如图 5-28（右）所示，如果在发送端将两个原始数据相加（12+34），得出一个错误校验码 ECC（12+34=46），然后将原始数据和校验码 ECC 一起传送到接收端。如果接收端通过奇偶校验检查没有发现错误，就丢弃校验码 ECC（46）；如果接收端通过奇偶校验发现数据"34"出错了，就可以利用校验码 ECC（46）减去另外一个正确的原始数据（12），这样就可以得出正确的原始数据（46-12=34）了，不需要发送端重传数据。

CRC 编码的主要思想是：在发送端根据要传送的 k 位二进制码序列，利用多项式为 k 个数据位产生 r 位监督码（CRC 校验码），附在原始数据位后边，构成一个新的二进制码序列数（共 $k+r$ 位），然后发送出去。在接收端，根据原始数据位与 CRC 校验码之间所遵循的规则进行检验，以确定传送中是否出错。

CRC 校验码能检错和纠错，但是纠错的效率不高，或者说对计算资源要求过高。一般在计算机网络中大多采用 CRC 进行检错，发现错误后则采用出错重传（ARQ）技术。

5.4.2　内存条信号测试点

在内存维修工作中，经常需要对内存信号引脚进行检测，以查找故障原因。内存经常用到的检查信号有内存工作电源、内存时钟信号、复位信号等。

1．内存插座信号定义和测试点分布

主板上 DDR3 内存插座的信号引脚安排如图 5-29 所示，可以参照表 5-5，表 5-10 中的参数进行测量。

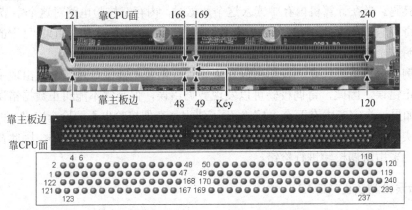

图 5-29　DDR3 主板插座信号引脚分布图

表 5-10　64 位 DDR3 Unb-DIMM 内存条引脚功能定义

引　脚	信　号	引　脚	信　号	引　脚	信　号	引　脚	信　号
1	**VREFDQ**	2	VSS	3	DQ0	4	DQ1
5	VSS	6	DQS0#	7	DQS0	8	VSS
9	DQ2	10	DQ3	11	VSS	12	DQ8
13	DQ9	14	VSS	15	DQS1#	16	DQS1
17	VSS	18	DQ10	19	DQ11	20	VSS
21	DQ16	22	DQ17	23	VSS	24	DQS2#

引　脚	信　号	引　脚	信　号	引　脚	信　号	引　脚	信　号
25	DQS2	26	VSS	27	DQ18	28	DQ19
29	VSS	30	DQ24	31	DQ25	32	VSS
33	DQS3#	34	DQS3	35	VSS	36	DQ26
37	DQ27	38	VSS	39	NC	40	NC
41	VSS	42	NC	43	NC	44	VSS
45	NC	46	NC	47	VSS	48	VTT
Key	**Key**	**Key**	**Key**	49	VTT	50	**CKE0**
51	VDD	52	BA2	53	NC	54	**VDD**
55	A11	56	A7	57	**VDD**	58	A5
59	A4	60	**VDD**	61	A2	62	**VDD**
63	CK1	64	**CK1#**	65	**VDD**	66	**VDD**
67	VREFCA	68	NC	69	**VDD**	70	A10/AP
71	BA0	72	**VDD**	73	WE#	74	CAS#
75	**VDD**	76	S1#	77	ODT	78	**VDD**
79	NC	80	VSS	81	DQ32	82	DQ33
83	VSS	84	DQS4#	85	DQS4	86	VSS
87	DQ34	88	DQ35	89	VSS	90	DQ40
91	DQ41	92	VSS	93	DQS5#	94	DQS5
95	VSS	96	DQ42	97	DQ43	98	VSS
99	DQ48	100	DQ49	101	VSS	102	DQS6#
103	DQS6	104	VSS	105	DQ50	106	DQ51
107	VSS	108	DQ56	109	DQ57	110	VSS
111	DQS7#	112	DQS7	113	VSS	114	DQ58
115	DQ59	116	VSS	117	SA0	118	SCL
119	SA2	120	**VTT**				
121	VSS	122	DQ4	123	DQ5	124	VSS
125	DM0	126	NC	127	VSS	128	DQ6
129	DQ7	130	VSS	131	DQ12	132	DQ13
133	VSS	134	DM1	135	NC	136	VSS
137	DQ14	138	DQ15	139	VSS	140	DQ20
141	DQ21	142	VSS	143	DM2	144	NC
145	VSS	146	DQ22	147	DQ23	148	VSS
149	DQ28	150	DQ29	151	VSS	152	DM3
153	NC	154	VSS	155	DQ30	156	DQ31
157	VSS	158	NC	159	NC	160	VSS
161	NC	162	NC	163	VSS	164	NC

续表

引　脚	信　号	引　脚	信　号	引　脚	信　号	引　脚	信　号
165	NC	166	VSS	167	NC	168	Reset#
Key	**Key**	**Key**	**Key**	169	**CKE1**	170	**VDD**
171	NC	172	NC	173	**VDD**	174	A12/BC#
175	A9	176	**VDD**	177	A8	178	A6
179	**VDD**	180	A3	181	A1	182	**VDD**
183	**VDD**	184	**CK0**	185	**CK0#**	186	**VDD**
187	NC	188	A0	189	**VDD**	190	BA1
191	**VDD**	192	RAS#	193	S0#	194	**VDD**
195	ODT0	196	A13	197	**VDD**	198	NC
199	VSS	200	DQ36	201	DQ37	202	VSS
203	DM4	204	NC	205	VSS	206	DQ38
207	DQ39	208	VSS	209	DQ44	210	DQ45
211	VSS	212	DM5	213	NC	214	VSS
215	DQ46	216	DQ47	217	VSS	218	DQ52
219	DQ53	220	VSS	221	DM6	222	NC
223	VSS	224	DQ54	225	DQ55	226	VSS
227	DQ60	228	DQ61	229	VSS	230	DM7
231	NC	232	VSS	233	DQ62	234	DQ63
235	VSS	236	**VDDSPD**	237	SA1	238	SDA
239	VSS	240	**VTT**				

说明：NC 为没有信号；Key 为定位卡口；VDD 为工作电压；VSS 为地；CK 为时钟信号。

2．内存工作电压和对地阻值测试

内存故障现象都比较直接，并不用花太多的时间，就可以判断故障的部位。如果更换内存条后，机器能够顺利启动并能稳定运行，即可以判断内存条出现了问题。

DDR 内存的时钟和电源信号是故障测试的关键点（如表 5-11 所示）。时钟信号是由主板的时钟电路发送过来的，内存时钟信号如果不稳定，就会导致内存工作不正常。因此，内存上的 VDD、CK 都是一些关键测试点。可以利用内存的阻值卡插在主板上的内存插槽中进行测试。

表 5-11　内存核心工作电压 VDD 的取值范围

内存类型	电压范围/V	标准电压/V	最大电压/V	最小电压/V
DDR3	−0.4～1.975	1.5	1.575	1.425
DDR2	−1.0～2.3	1.8	1.9	1.7
DDR1	−1.0～3.6	2.5	2.7	2.3
SDRAM	−1.0～4.6	3.3	3.6	3.0

例如，对内存的工作电压进行测量时，DDR3 的工作电压为 1.5V。

也可以对内存总线的对地阻值进行测量，所有数据总线和地址总线的对地阻值应当一致。可以通过假负载在断电时测量，对地阻值正常值一般为 600Ω 左右。

利用主板测试卡进行故障测试时，内存测试部分应当显示：C0→C1→C3→C5，如果代码显示不完整，没有显示 C3 和 C5 时，说明相关线路存在故障。

5.4.3　内存常见故障分析

1. 内存故障原因分析

（1）金手指氧化故障。安装和检修内存时，不要用手直接接触内存条的金手指或内存插槽，因为手上的汗液会黏附在内存条金手指上。如果内存条的金手指工艺不良或没有进行镀金工艺，那么内存条在使用过程中就很容易出现金手指氧化的情况，时间长了会导致内存条与内存插槽接触不良。对于内存条金手指氧化造成的故障，不能采用简单的重新拔插内存的解决方法，必须使用软橡皮将内存条的金手指擦一遍，擦到发亮为止，再插回去就可以了。

（2）金手指脱落故障。内存条如果发生短路，会在虚接位置产生电火花，使内存金手指受高温脱落，内存插槽的簧片弹性丧失，发生严重形变，甚至可能烧熔。对于引脚烧熔的内存条，可以仔细检查一下，如果只是接地端烧熔，而内存芯片没有受到任何损伤，也许不会影响到内存条的使用。对于金手指铜皮脱落的内存条，可以使用 502 胶将其小心固定。对于内存插槽弹片变形，可以使用细尖针状物将其拔正，同时清除烧灼残余物。

（3）接触不良故障。主板上内存插槽弹片接触不好，弹片氧化、弹力失控、开路。如主板安装不正确造成变形时，就会导致内存插槽变形，当把内存插入内存插槽时就会出现部分引脚接触不良的情况。

（4）内存槽异物故障。要注意主板内存插槽中是否有其他异物，导致插入内存时无法安装到位。当多次拔插内存条仍然不能解决问题时，最好仔细检查内存插槽是否有变形、内存条引脚变形或损坏等情况。

（5）电信号故障。内存相关线路出现故障，如内存供电、时钟、行选通、列选通、数据线、地址线、控制线等出现故障。主板北桥芯片损坏、PCI-E 显卡插槽短路、时钟 IC 故障，都会影响北桥芯片和内存的正常运行。

（6）带电拔插内存条。内存维修时，正常关机后，如果不拔下电源线插头，主机有＋5VSB 供电。这种情况下如果拔插内存条，就会造成带电拔插，造成内存条损坏。所以在检修主机时，必须把主机的电源插头拔下来，再对各个部件进行维修。

2. 内存常见故障现象

内存常见故障现象如表 5-12 所示。

表 5-12   内存常见故障现象

故障现象	故障主要原因分析
死机，无任何报警信号	内存条与主板接触不良；内存条损坏等
随机性死机	内存条质量不佳；金手指氧化；BIOS 中内存参数设置过高等
运行程序中断	内存条性能下降；金手指氧化；BIOS 中内存参数设置过高等
频繁自动重新启动	内存条质量不佳；金手指接触不良等
不识别内存条	兼容性问题；主板 BIOS 限制；金手指接触不良等
内存容量减少	主板兼容性不好；金手指接触不良；内存条损坏；病毒破坏等
自动进入安全模式	内存质量不佳；BIOS 中内存参数设置过高等
进入桌面后自动关机	内存质量不佳；BIOS 中内存参数设置过高等
加大内存后系统资源反而降低	内存条兼容性不好等
安装 Windows 时错误	内存条质量不佳；金手指接触不良等
经常报告注册表错误	内存条质量不佳；金手指接触不良等

5.4.4   内存故障维修案例

【例 5-9】   内存条插槽弹簧触点接触不良，导致 Windows 启动时文件丢失。

（1）故障现象。启动计算机后，自检了 CPU、内存等设备后，硬盘灯闪烁了几秒钟后就死机了。按下复位键，再次进入 Windows 启动菜单，启动后显示："由于以下文件损坏或者丢失，所以 Windows 无法启动……"。

关机后重新启动计算机，能顺利进入 Windows 系统，运行两个小时后，工作正常。第二天启动时又重新发生故障，按复位键三四次都不能启动。关机后打开机箱，触摸内存条表面，内存条不是很热。随后开机，Windows 系统竟然引导成功，运行两个小时都工作正常。以后几天内，开机后需要反复按复位键，偶尔有一次能够启动。

（2）故障处理。初步判断故障出现在内存上，将两根内存条拔下来，内存条分别编号为 M1、M2，与内存插槽 D1、D2、D3 和 D4 进行排列组合，以找出故障的原因。

经过反复检测，发现内存条只要插在内存插槽 D2 下，系统启动时就会出现文件丢失、不能引导的故障。内存条插在其他插槽都能正常启动。

根据以上检测，第 2 个内存插槽存在故障。于是重新将内存条插在 D2 内存插槽上，用手指按在内存条上方左右轻轻地扳动了几下。开机后可以正常进入 Windows 系统，说明 D2 内存插槽与内存条的金手指接触不良。关机后，用软橡皮把两根内存条的金手指仔细地擦拭干净；再用毛刷清除内存插槽内的灰尘。用无油墨的圆珠笔尖拨动内存插槽的弹簧触点，逐个进行检查，拨动弹簧触点时，发现会从内存插槽的小孔中弹出一些灰尘，可见是这些灰尘导致了内存条接触不良。用吹风清除灰尘后，用无水酒精清洗内存插槽。全部清洗完成后，将两根内存条都插好，重新开机，故障消除。

（3）经验总结。内存插槽在 CPU 附近，CPU 散热风扇排出的灰尘大都落在内存插槽中，容易造成内存条接触不良的故障。

【例 5-10】   内存条插反烧坏后的修复。

（1）故障现象。技术人员在检修计算机时，失误将内存条插反，加电后只见机器内一股清烟升起，机内报警声音不断，马上关机断电。

（2）故障处理。取出内存条检查，发现金手指几个引脚的铜皮已经接近脱落，有严重烧灼的痕迹。再观察主板，发现内存插槽旁边一个型号为"20N03"（参数为 20A30V）的场效应管表面已炸裂，相关引脚的焊锡也烧成了豆腐渣状。用万用表测试，发现场管的 GS、GD 级均已烧断。

主板使用大电流低耐压的场管，从旧主板上取下一只体积大小相同，参数（45A30V）相同的场管代换。用万用表测量，参数均为正常，安装主板测试卡后加电试机，自检通过，主板故障消除。

（3）经验总结。主板内存供电电路大多使用大电流低压场效应管，CPU 周围使用的也是低压大电流场效应管和半桥整流管，还有显卡插槽使用的供电场效应管。这些场效应管功率大，电流大，自身功耗小，发热量小。在代用这类场管时，注意大电流可以代替小电流管，高电压可以代替低电压管。内存使用的场管，耐压在 10V 以上的管子就可以了。

【例 5-11】　内存芯片损坏导致多项计算机故障。

（1）故障现象。学校机房有一台机器开机后发出几声长鸣报警声，屏幕无显示。

（2）故障处理。打开机箱，发现 CPU 和内存插座附近有大量灰尘，用小刷子进行除尘，并将内存条拔下来，清理干净内存条和内存插槽里的灰尘，擦干净内存金手指，安装好内存条后重新开机，机器正常启动后又自动重启了。

重新启动时，出现计算机始终停留在启动画面状态，机器又死机了。随后，冷启动计算机，在启动时进入"安全模式"，系统能够正常进入安全模式。

利用 Ghost 光盘启动计算机，将硬盘所有分区快速格式化，并用 Ghost 将 C 盘重新进行恢复。克隆过程很顺利。系统重新启动后，还是进入死机状态。

再次重启并进入"安全模式"，刚拿鼠标移动了一下，显示器又花屏了。根据情况初步判断，可能显卡有问题。关机后将显卡拆下来，将显卡插槽清扫一遍，并将显卡及金手指进行了清理，重新开机。机器启动后，进入 Windows 启动画面后又一次死机。

分析原因，机器能自检通过，并能进入系统安全模式，说明硬件方面应该没有致命性故障，而软件又是刚刚克隆的新系统，显示器花屏也只有在进入 Windows 系统后才发生，显卡损坏的可能性不大。而在这种情况下，内存和主板就是最大的可疑故障点了。而且机器连 Windows 系统都进不去，足以说明内存或主板有可能损坏了。

将内存条拔下来，更换一根同型号的内存。重新启动后，机器顺利地进入了系统，运行了几个常用软件也没有问题。判断内存条上的某个内存芯片出现了故障。

（3）经验总结。故障检测不能只看表面现象，系统自检通过不能完全说明硬件没有故障，无法进入操作系统也不一定是软件问题，显示器花屏也不一定是显卡故障，应该从更多的角度去思考故障的原因和解决途径。

习　题

5-1　外存主要有哪些类型？

5-2　内存条由哪些部件组成？

5-3　如何提高内存的性能？

5-4　常见的内存条（内存模组）主要有哪些类型？

5-5　设计一条 DDR3@4GB 的 Unb-DIMM 内存，需要多少个什么规格的内存芯片？

5-6　讨论内存容量是否越大越好。

5-7　讨论内存数据串行传输是否会成为今后的发展方向。

5-8　讨论主板是安装两条 2GB 的内存快，还是安装一条 4GB 的内存更快。

5-9　写一篇课程论文，论述 DDR 内存技术或内存芯片结构。

5-10　利用 CPU-Z 等软件测试内存基本技术参数。

第6章

外存系统结构与故障维修

外存系统主要有非易失性半导体存储器、硬盘、光盘等设备。由于硬盘存储容量大，数据可以实现高速随机存取，是主流用户数据外部存储设备。

6.1 闪存结构与故障维修

半导体存储器分为易失性存储器（VRAM）和非易失性存储器（NVRAM）。易失性存储器包括 DRAM（动态随机存储器）、SRAM（静态随机存储器）等，技术较为成熟，是半导体存储技术的主流。非易失性存储器技术包括：ROM（只读存储器），EEPROM（电改写存储器），Flash Memory（闪存），NV SRAM（带备电源的 SRAM），以及新兴的 FRAM（铁电存储器）、MRAM（磁电存储器）、OUM（相变存储器）等。近年来便携式电子产品的发展，使非易失性半导体存储器市场得到了迅速发展。

6.1.1 闪存数据存储原理

1. 闪存的技术特点

闪存（Flash Memory）从 EEPROM 技术发展而来。1980 年，Intel 公司在 EPROM 基础上开发出了以块为单位进行读写的闪存。闪存具备 DRAM 快速存储的优点，也具备硬盘停电存储数据的特性。闪存可以利用现有半导体工艺生产，缺点是读写速度较 DRAM 慢，而且擦写次数也有极限。闪存中以固定的区块为单位进行数据擦除与写入，区块大小一般为 8～128KB 不等。由于闪存不能以字节为单位进行数据的随机写入，因此闪存在速度上目前还不可能作为内存使用。

2. 闪存存储单元的类型

（1）NOR（或非型）闪存。NOR 闪存技术由 Intel 和 AMD 公司主导。NOR 闪存的读操作如同 DRAM，可以直接按地址读，但是 NOR 闪存的写操作按"块"进行。NOR 闪存写操作慢，读操作快，适合于频繁随机读操作的场合，通常用于存储程序代码，并直接在闪存内运行。如计算机中的 BIOS 芯片，手机中的存储芯片，交换机、路由器中的存储器等。手机是 NOR 闪存应用大户，手机中 NOR 闪存的容量通常不大。

（2）NAND（与非型）闪存。NAND 闪存在读写速度上比 DRAM 低得多，这与 NAND

闪存结构设计和接口设计有关。NAND 闪存的性能特点很像硬盘，小数据块操作速度很慢，大数据块速度很快，这种差异远比其他存储介质大。NAND 闪存成本低，主要用来存储用户资料，如 U 盘、存储卡、固态硬盘等，都是利用 NAND 闪存芯片的主流产品。

3．闪存存储单元的结构

（1）SLC（单级储存单元）结构。SLC 闪存采用 1 个晶体管（1T）存储 1 位数据，SLC在速度上比 MLC 快 3 倍以上。

（2）MLC（多级储存单元）结构。MLC 闪存在 1 个单晶体管（1T）中存储了两位数据。MLC 通过不同级别的内部电压，在 1 个存储单元中记录两位信息（00、01、11、10），记录密度比 SLC 提高了 1 倍。但是，这也导致了 MLC 电压变化更加频繁，因此 MLC 的使用寿命远低于 SLC。SLC 芯片可以擦写 10 万次左右，而 MLC 芯片只能承受约 1 万次的擦写。由于 MLC 在 1 个晶体管中存储了两位数据，因此读写时间更长。在相同使用环境下，MLC 能耗比 SLC 多 15%左右。虽然 MLC 缺点很多，但在单芯片容量方面占据了绝对优势，能满足单芯片 4GB、8GB 甚至更大容量的市场需求。

4．闪存数据存储原理

NAND 闪存和 NOR 闪存都采用 MOSFET（场效应晶体管）作为基本存储单元（Cell），因此它们的数据存储原理相同；但是利用存储单元构成存储阵列时，NAND 闪存采用"与非"方式构成存储阵列；NOR 闪存采用"或非"方式构成储存阵列。

闪存的存储单元（Cell）结构如图 6-1 所示，它是一种 N 沟道场效应晶体管，闪存结构的特点是在场效应晶体管中加入了浮空栅极和选择栅极。

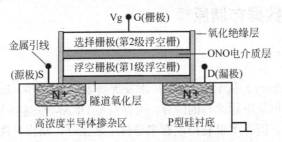

图 6-1　闪存存储单元（Cell）晶体管结构

浮空栅极是一个非常薄的多晶硅氧化膜绝缘体，它负责源极和漏极之间传导电流的控制。向浮空栅极中注入电子时，存储单元中的阈值电压就会升高，浮空栅极带电后（如负电荷），就会在下面的源极和漏极之间感应出正的导电沟道，使场效应晶体管导通，这可以定义为数据"0"。如果将浮空栅极中的电子清除，则不能在下面的源极和漏极之间感应出导电沟道，场效应晶体管就不会导通，这可以定义为数据"1"。也就是说，只要控制浮空栅极中电子的变化，存储单元中的阈值电压也会随之改变，就可以用来表示二进制数据的两种状态。也就是说，可以通过在浮空栅极上放置电子和清除电子两种状态来表示数据"0"和"1"，在浮空栅极中有电子时为"0"，无电子时为"1"。

在闪存存储单元中，当没有外部电流改变存储单元中浮空栅极的电子状态时，浮空栅极就会一直保持原来的状态，这就保证了数据不会因为断电而丢失。

6.1.2　闪存的结构与性能

1. NOR（或非型）闪存电路结构与特点

NOR 闪存芯片内部存储阵列结构如图 6-2 所示，NOR 闪存中每两个存储单元共用一个位线（列地址）和一条电源线，存储单元具有高速写入和高速读取的优点，但是写入功耗过大。在存储阵列布局上，接触孔占用了相当多的空间，因此集成度不高。

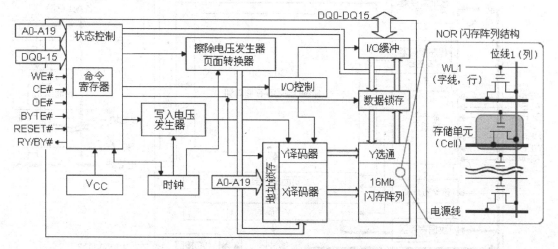

图 6-2　NOR 闪存芯片电路结构框图

NOR 闪存在电路上具有以下特点。

（1）快速随机读数据。NOR 闪存有独立的数据总线和地址总线，能快速随机读取数据。程序代码可以直接在 NOR 闪存中运行，无须将程序代码读入到系统内存中运行。

（2）写入和擦除速度较低。在写入数据之前，NOR 闪存必须先将目标块内所有位都写为 0（擦除操作）。NOR 闪存可以单字节写入，但是不能单字节擦除，必须以块为单位进行擦除操作，然后再写入数据，这种操作方式大大影响了 NOR 闪存的写入性能。

（3）不适用存储大文件。NOR 闪存适合存储程序代码，如 BOIS 等。由于它的擦除和写入速度较慢，而块尺寸又较大，因此 NOR 闪存不适用存储大型数据文件。

2. NAND（与非型）闪存电路结构

（1）NAND 闪存芯片结构。NAND 闪存通过多位直接串联，将每个存储单元的接触孔减小了 1/2 左右，大大缩小了存储芯片的尺寸。NAND 闪存的缺点是多管串联后，读取速度比 NOR 闪存慢。4GB 容量的 NAND 闪存芯片电路结构如图 6-3 所示。

（2）NAND 闪存芯片 I/O 接口。NAND 闪存芯片接口位宽为 8 位或 16 位。每条数据线每次传输 1 个页面信息，8 个 I/O 接口每次可以传输的数据为：（1 个页面）×8。例如，韩国现代 HY27UK08BGFM 闪存芯片的电路结构如图 6-3 所示，闪存芯片存储阵列结构如图 6-4 所示，芯片总容量为 4GB，页面大小为（2KB+64B），8 个 I/O 接口每次可以传输（2048B+64B）×8=16.5KB 数据。

（3）NAND 闪存芯片寻址操作。NAND 闪存采用地址/数据总线复用技术，大容量闪存采用 32 位地址总线，其中，A0～11 对页内存储单元进行寻址，可以理解为“列地址”；A12～29 对区块内的页进行寻址，可以理解为“行地址”（注意，与 DRAM 中的定义不同）。随着 NAND 闪存容量的增大，地址信息会更多，需要占用更多的时钟周期，因此 NAND 闪存的一个重要特点是闪存芯片容量越大，寻址时间越长。

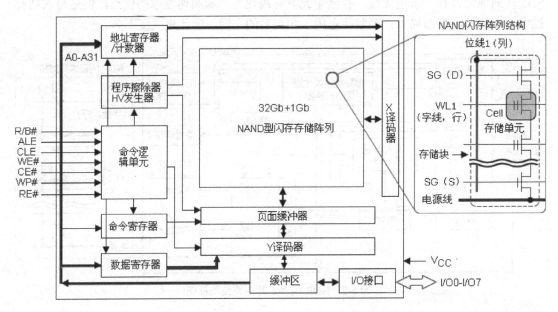

图 6-3　4GB 的 NAND 闪存芯片电路结构框图

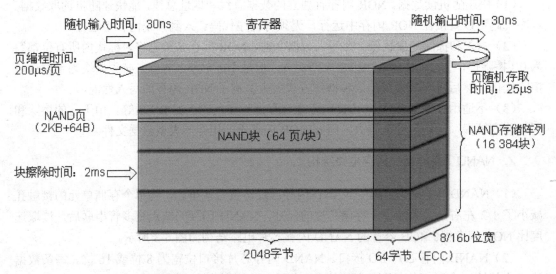

图 6-4　4GB 的 NAND 闪存芯片存储阵列结构

（4）NAND 闪存芯片控制命令。NAND 闪存的基本操作包括复位操作、读 ID 操作、读状态操作、编程操作（写入）、随机数据输入操作和读操作等。

3．NAND 闪存技术性能

韩国现代 HY27UK08BGFM 闪存芯片技术性能如表 6-1 所示。

表 6-1　现代 4GB 的 NAND 闪存芯片技术性能

技术指标	技术参数	技术指标	技术参数
芯片型号	HY27UK08BGFM	页随机存取时间	25μs（最大）
存储容量	4GB（4Gb×8b）	页顺序存取时间	30ns（最小）
接口位宽	8b	页编程时间（写）	200μm
页尺寸	2KB+64B	快速块擦除时间	2ms
块尺寸	128KB+4KB	写/擦除次数	10 万次
存储阵列大小	（2KB+64B）×64 页×16 384 块*	数据保存时间	10 年
工作电压	2.7～3.6V	芯片封装	48 脚 TSOP1

注：*HY27UK08BGFM 采用双芯片堆叠技术，使闪存总存储容量为单芯片的 2 倍。

（1）NAND 闪存中的页（Page）。闪存的基本存储单位是"页"（Page），闪存的页类似于硬盘中的扇区，硬盘中一个扇区的容量为 512B，而闪存每一页的有效容量也是 512B 的倍数，另外还要加上 16B 的 ECC 校验信息。2Gb 以下容量的闪存大多采用（512B+16B）的页容量；2Gb 以上容量的闪存则将页容量扩大到（2048B+64B）。闪存容量越大时，页就会越多，页尺寸也越大，这会导致寻址时间越长。如 128Mb 和 256Mb 的闪存芯片需要 3 个周期传送地址信号；512Mb 和 1Gb 需要 4 个周期；2Gb 和 4Gb 需要 5 个周期。闪存页的容量决定了一次可以传输的数据量，因此大容量页有更好的性能。采用 2KB 的页容量比 512B 的页容量可以提高写性能 2 倍以上。

（2）NAND 闪存中的区块（Block）。闪存的写操作必须在空白存储区域进行，如果目标存储区域已经有数据时，就必须先擦除后写入，擦除就是将存储位设置为"1"（即 FFh），擦除操作是闪存的基本操作，区块（以下简称块）是闪存中最小的可擦除实体。4GB（32Gb）的闪存芯片，一共有 16 384 个块，每个块包含 64 个页，每个页尺寸为 2KB+64B，因此块容量为（2KB+64B）×64 页=132KB。每个块的擦除时间需要 2ms 左右，块容量的大小决定擦除性能。4Gb 以上闪存芯片块容量为 128KB（不计算校验部分），1Gb 闪存芯片块大小为 512B×32 页=16KB。可以看出，如果两者擦除时间相同，则 4Gb 闪存擦除速度为 1Gb 闪存的 8 倍。

（3）NAND 闪存数据出错校验（ECC）。闪存需要进行错误检测与校正（ECC），以确保数据的完整性。闪存的每一页都有一个校验区（512B 的区块为 16B）存储 ECC 编码，如果 ECC 操作失败，就会把该区块标记为损坏，且不能再使用。2Gb 的 NAND 闪存规定，最多可以有 40 个坏块。一些有坏块的闪存之所以能够出厂，主要是闪存裸片容量大，可以利用管理软件负责映射坏块，并由好的存储区块取而代之。

6.1.3　固态硬盘基本结构

SSD（固态盘/固态硬盘）由存储单元和控制单元组成，存储单元一般采用闪存作为存储介质，控制单元采用高性能I/O控制芯片，构成多种形式的半导体移动存储设备。

1．固态硬盘（SSD）的技术特点

固态盘根据不同的接口，可以分为三种类型，一种是各种数码设备中的存储卡；第二种是采用USB接口的小容量U盘；第三种是计算机中使用的固态硬盘，固态硬盘是在机械硬盘上衍生出来的概念，实际上它并没有所谓的"硬盘"和相应的机械结构。

固态硬盘最大的优点是抗震动性好，而且数据保存不受电源控制，缺点是价格偏高。固态硬盘的耗电量只有机械硬盘的 5%左右，对比固态硬盘与机械硬盘的读写速度，固态硬盘比机械硬盘大致快 3～5 倍。

2．U 盘存储技术

如图 6-5 所示，U 盘是利用闪存芯片、控制芯片和 USB 接口技术的一种小型半导体移动固态盘。U 盘容量一般在 128MB～32GB；数据传输速度与硬盘基本相当，可以达到 30MB/s 左右。U 盘没有机械读写装置，避免了使用过程中的碰伤、跌落等损坏。

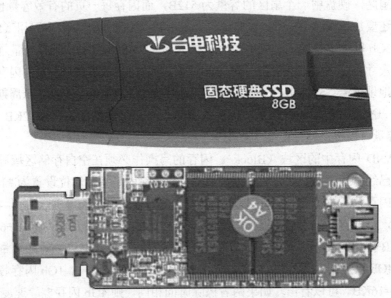

图 6-5　U 盘外观与内部电路

如图 6-6 所示，U 盘电路包括 NAND 闪存芯片、USB 控制芯片、电源芯片、USB 接口等部件，各种容量的 U 盘在电路设计上基本相同，只是采用了不同容量的闪存芯片。

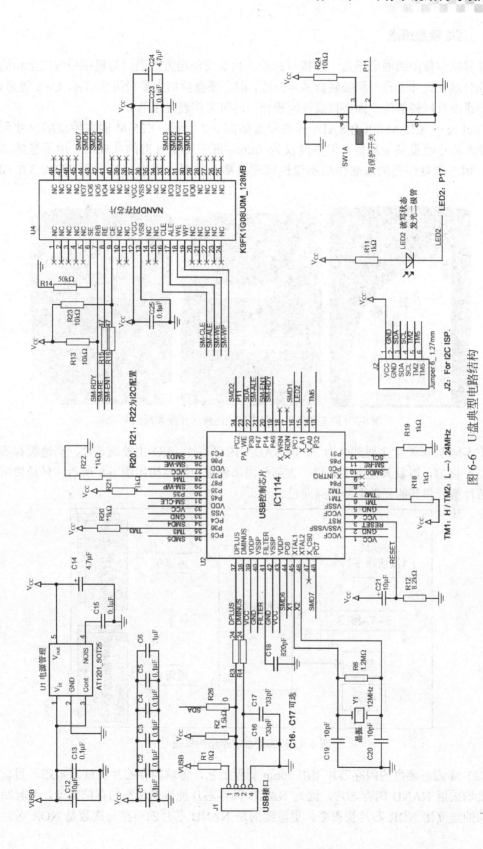

图 6-6　U 盘典型电路结构

3. 固态硬盘组成

计算机中使用的固态硬盘，在接口标准、功能及使用方法上，与机械硬盘完全相同。在产品外形和尺寸上也与机械硬盘基本一致，固态硬盘接口大多采用 SATA、USB 等形式。固态硬盘没有机械部件，因而抗震性能极佳，同时工作温度很低。

Intel 公司 X25-M 80GB SATA 固态硬盘如图 6-7 所示，X25-M 固态硬盘的尺寸和标准的 2.5 英寸硬盘完全相同，但厚度仅为 7mm，低于工业标准的 9.5mm。由于整体功耗极低，固态硬盘外壳的散热作用不像机械硬盘那么重要。固态硬盘采用 SATA 3.0 Gb/s 接口。

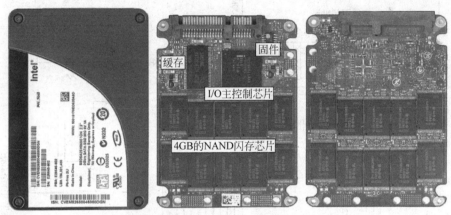

图 6-7　固态硬盘外观与内部电路板（正面和反面）

X25-M 固态硬盘主要部件为 20 颗 NADA 闪存芯片，I/O 主控制芯片，高速缓存芯片和 SATA 接口，以及其他电子元件。大部分固态硬盘电路结构如图 6-8 所示，只是使用的闪存芯片型号和其他元件型号不同而已。

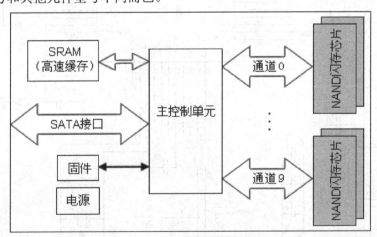

图 6-8　固态硬盘电路结构框图

X25-M 固态硬盘的闪存芯片采用 50nm 制程工艺，每颗闪存芯片容量为 4GB。目前固态硬盘均采用 NAND 闪存芯片，因为 NAND 闪存芯片能提供极高的存储密度，并且写入和擦除的速度比 NOR 芯片快得多。更重要的是 NAND 芯片的可擦写次数是 NOR 芯片的 10 倍。

X25-M 固态硬盘的主控芯片为 Intel 研发的 PC29AS21AA0 芯片，它的主要功能是进行 SATA 接口与闪存芯片之间的控制。

X25-M 固态硬盘增加了专门的缓存芯片来改善读写性能。缓存芯片采用了三星 16MB 的 SRAM 静态存储器芯片 K4S281632I-UC60，大缓存可以大幅提高固态硬盘写请求的命中率，减少了向闪存芯片写入的次数，从而延长了固态硬盘的寿命。

4．固态硬盘技术性能

目前 3.5 英寸机械硬盘平均读取速度在 50～150MB/s，而固态硬盘的平均读取速度可以达到 400MB/s 以上；其次，固态硬盘没有高速运行的磁盘，因此发热量非常低。

测试表明，固态硬盘的平均速度和爆发速度相差不大，而机械硬盘的平均速度则大幅度落后于爆发速度。固态硬盘的最大速度、平均速度和最小速度均处于同一水平线，达到了 400MB/s。同时，固态硬盘的寻道时间为 0，这是机械硬盘无法比拟的。

根据测试，X25-M 工作功耗为 2.4W，空闲下功耗为 0.06W，可抗 1000G 冲击。

6.1.4　闪存卡技术与性能

闪存卡（Flash Card）是在闪存芯片中加入专用接口电路的一种单片型移动固态盘。闪存卡一般应用在数码相机、智能手机等小型数码产品中作为存储介质。由于历史原因，闪存卡市场非常混乱，许多厂商都开发出自己的闪存卡设计和接口方案。如图 6-9 所示，常见闪存卡有 SD 卡、TF 卡、MMC 卡、SM 卡、CF 卡、记忆棒、XD 卡等，这些闪存卡虽然外观和标准不同，但技术原理都相同。手机对闪存卡最为挑剔，数码相机和数码摄像机对闪存卡的要求相对较低。

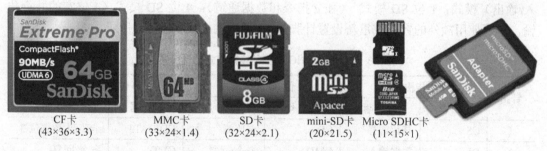

　　　CF卡　　　　　　MMC卡　　　　　SD卡　　　　mini-SD卡　Micro SDHC卡
（43×36×3.3）　（33×24×1.4）　（32×24×2.1）　（20×21.5）　（11×15×1）

图 6-9　常见存储卡类型和基本尺寸

1．SD（安全数码）卡

（1）SD 卡技术规格。SD（Secure Digital，安全数码）卡是目前速度最快、应用最广泛的存储卡，它由多家公司共同创立标准。SD 卡尺寸为 32mm×24mm×2.1mm，它通过 9 针接口与驱动器连接。SD 卡采用 NAND 闪存芯片作为存储单元，它的使用寿命大约十年。SD 卡易于制造，在成本上有很大优势，目前在手机、数码相机、GPS 导航系统、MP3 播放器等领域得到了广泛应用。随着技术的发展，SD 卡逐步发展了 Micro SD、mini-SD、SDHC、Micro SDHC 卡等技术规格。SD 卡和读卡器如图 6-10 所示。

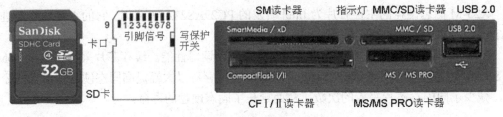

图 6-10　SD 存储卡（左）和多口读卡器（右）

（2）SD 卡性能等级。SD 卡的存储容量为 128MB～2GB，目前最大数据读取速度为 60MB/s，写入速度为 35MB/s 左右，工作电压为 2.7～3.6V，读/写电流只有 27mA 左右，功耗很低。SD 卡的数据传输以块为单位，默认块大小为 512B。如表 6-2 所示，SD 2.0 标准对 SD 卡的性能分为几个等级，不同等级分别满足不同的应用要求。

表 6-2　SD 卡的性等级

速度等级	读取速度/(MB/s)	应用范围
Class 0	低于 Class 2 和未标注速度的情况	
Class 2	2.0	观看普通清晰度电视，数码摄像机拍摄
Class 4	4.0	流畅播放高清电视，数码相机连拍
Class 6	6.0	单反相机连拍，以及专业设备的使用
Class 10	10.0	全高清电视的录制和播放
UHS Class 1	312.0	专业全高清电视实时录制

（3）SD 卡传输模式。SD 卡采用 9 针接口，它支持三种传输模式：SPI（独立序列输入/输出）模式；1 位 SD 模式（独立指令和数据通道）；4 位 SD 模式（4 位宽的并行传输，需要使用额外的针脚或重新设置针脚）。三种传输模式如表 6-3 所示。

表 6-3　SD 和 SDHC 卡三种传输模式的针脚定义

针脚	SPI 传输模式		1 位 SD 传输模式		4 位 SD 传输模式	
	信　号	说　明	信　号	说　明	信　号	说　明
1	CS	芯片选择	CD	卡监测	CD/DAT3	卡监测/数据位 3
2	DI	数据输入	CMD	命令/回复	CMD	命令/回复
3	VSS1	地	VSS1	地	VSS1	地
4	VCC	电源	VCC	电源	VCC	电源
5	CLK	时钟	CLK	时钟	CLK	时钟
6	VSS2	地	VSS2	地	VSS2	地
7	DO	数据输出	DAT	数据位	DAT0	数据位 0
8	RSV	保留	RSV	保留	DAT1	数据位 1
9	RSV	保留	RSV	保留	DAT2	数据位 2

2．SDHC 存储卡

（1）SDHC 卡技术规格。SDHC（安全数字高容量）卡是专为高级数码相机、高画质数码摄像机等专业设备设计的 SD 卡。SD 2.0 标准规定，SDHC 卡的容量大于 2GB，小于等于 32GB。SDHC 卡的技术规格如表 6-4 所示。

表 6-4　各种 SD 卡技术规格

技术参数	SD	mini-SD	Micro SD	SDHC	mini-SDHC	Micro SDHC
尺寸（高×宽）/mm	32×24	21.5×20	15×11	32×24	21.5×20	15×11
厚度/mm	2.1	1.4	1.0	2.1	1.4	1.0
重量/g	2	1	0.5	2	1	0.5
针脚/个	9	11	8	9	11	8
文件系统	FAT 16	FAT 16	FAT 16	FAT 32	FAT 32	FAT 32
工作电压/V	2.7～3.6	2.7～3.6	2.7～3.6	2.7～3.6	2.7～3.6	2.7～3.6
写保护口	有	无	无	有	无	无
最大容量/GB	2	2	2	2-32	2-32	2-32

（2）SDHC 卡文件系统。SDHC 卡必须采用 FAT32 文件系统，因为之前的 SD 卡使用 FAT16 文件系统，支持的最大存储容量为 2GB。由于 SDHC 卡只支持 FAT32 文件系统，因此与以前只支持 FAT16 的 SD 设备存在不兼容现象；而现在支持 FAT32 的机器，可以读取以前 FAT16 和现在 FAT32 格式的 SD 卡。

（3）SDHC 卡的兼容性。SDHC 采用与 SD 标准不同的寻址方式，所以不能兼容之前的某些旧版本 SD 设备，只有符合 SD 2.0 标准的 SD 设备才能使用 SDHC 卡。如果将 SDHC 卡插入某些旧版本的 SD 设备，将不会被这类设备所识别。

3. Micro SDHC 存储卡

（1）Micro SDHC 卡。Micro SDHC（微型安全数字高容量）卡又称为 TF（Trans Flash）卡，它专门针对快速增长的移动通信市场进行设计，在电气规格方面与 SDHC 卡相同。Micro SDHC 卡尺寸为 SD 卡的 1/4 左右，大小与手指甲相当，是目前最小的储存卡。Micro SDHC 卡通过 SD 卡转换器后成为标准 SD 卡使用。

（2）Micro SDHC 卡的兼容性。Micro SDHC 卡与 mini-SD 卡规格不同，因此采用 Micro SD 卡的设备，不能使用 mini-SDHC 卡；而采用 mini-SDHC 卡的设备中，无论是 Micro SDHC 卡还是 Micro SD 卡，都可以使用。

4. SDXC 存储卡

SDXC（容量扩大安全存储卡）是 SD 联盟推出的存储卡新一代标准。SDXC 标准仍然基于 NAND 闪存技术。SDXC 存储卡目前容量为 64GB，理论容量达 2TB。SDXC 存储卡根据标准版本的不同，定义了 50MB/s、104MB/s 和 300MB/s 三种传输速度。为了保持兼容性，SDXC 标准支持 UHS 104（超高速 104MB）接口规格，可在 SD 接口上实现 104MB/s 的总线传输速度，从而实现存储卡 35MB/s 的最大写入速度和 60MB/s 的最大读取速度。支持 UHS 104 接口的 SDHC 存储卡和现有的 SDHC 设备相兼容。SDXC 存储卡只能与装有微软公司 exFAT（扩展文件分配表）文件系统的 SDXC 对应设备相兼容，它不能用于 SD 或 SDHC 对应设备。

6.1.5 闪存常见故障分析

存储卡在使用中经常会遇到一些问题，如有时候将卡插几遍，但设备仍然不能正确读取数据，或者数据写不进卡中，主要有以下一些故障原因。

（1）存储卡金手指污染。某些用户的存储卡在使用中，对存储卡的保护不太好，在存储卡的金手指上经常沾染了油垢，导致读卡不正常。有时存储卡金手指氧化严重，在色彩上较为暗淡或者有斑点，这都会导致存储卡接触不良。故障处理方法是使用软橡皮轻轻擦洗金手指，然后清除。

（2）卡槽内金属触点生锈或者金属簧片变形。计算机设备都支持对存储卡进行热插拔，但是频繁地抽插存储卡，会导致卡槽内读取数据的金属簧片弯曲变形或者生锈。可以用灯光或手电照亮卡槽，观察接口中的金属触点是否在同一高度，如果金属簧片不整齐，则有可能会导致金属触点接触不良。处理方法是尝试用针将变形的金属簧片恢复原状。

（3）读卡设备电压不稳定。高质量的存储卡在数据读取时，对电源的要求非常严格，有时设备中的读卡接口电路供电不正常，也容易导致存储卡数据读取困难。故障处理方法是将存储卡换一个读卡接口或读卡器再进行尝试。

（4）存储卡感染计算机病毒。在笔记本计算机中使用存储卡时，计算机如果染上了病毒，同样会将病毒传染到存储卡，导致存储卡不能正常读数据。处理方法时将存储卡放在其他低端设备（如数码相机等）中进行格式化，以清除计算机病毒。

（5）存储卡非正常格式化。手机与计算机对存储卡格式化时采用的文件系统不一致，例如，对老 SD 卡在计算机中采用 FAT32 文件系统进行格式化时，就会导致原设备（如手机）无法读取卡中的数据。因此，SD 卡在计算机上进行格式化时，应采用 FAT 格式，而不是 FAT32 格式。

（6）存储卡损坏。存储卡在使用中，如果频繁提示"请格式化后再使用"信息，或者在数码相机拍摄过程中，频繁出现死机等现象，这说明存储卡有故障或者是使用寿命已到。有些存储卡反复多次格式化后，能够正常使用，但建议进行数据备份，因为这种情况下物理损坏的可能性很大，能够使用可能是偶然现象。

6.2 硬盘结构与工作原理

6.2.1 硬盘基本组成

1956 年，IBM 公司研制成功了第一台磁盘存储系统 IBM 350 RAMAC，这个硬盘系统采用 50 块 24 英寸直径的磁盘，存储容量为 4.4MB。1983 年，IBM 公司在 IBM PC/XT 计算机中第一次采用了硬盘，当时硬盘容量为 10MB，平均寻道时间为 600ms，硬盘外部数据传输率为 3.3MB/s 左右。目前硬盘容量达到了 2TB，平均寻道时间缩小到了 8ms 左右，平均延迟时间达到了 4ms 左右，硬盘外部接口数据传输率达到了 3Gb/s。

1. 硬盘的类型

硬盘的磁盘直径有 5.25 英寸（已经淘汰）、3.5 英寸、2.5 英寸等规格，目前市场以 3.5 英寸硬盘为主流，2.5 英寸硬盘主要用于笔记本计算机和移动硬盘。

硬盘的接口有串行接口（SATA）、IDE 接口（PATA 或 ATA，已淘汰）、SAS（串行 SCSI）接口、SCSI 接口（已淘汰）、USB 接口等硬盘。SATA 接口硬盘主要用于台式计算机，SAS 接口硬盘主要用于服务器，USB 硬盘主要用作移动存储设备。

硬盘的转速有 4200/5400/7200/10 000/15 000rpm 等，5400rpm 及以下的硬盘主要用于笔记本计算机，7200rpm 硬盘是台式计算机的标准配置，而 10 000rpm 及以上的硬盘主要用于服务器。

2. 硬盘外部组成

灰尘对硬盘有极大的危害，所以硬盘密封很好，硬盘外观如图 6-11 所示。

图 6-11　硬盘外观与接口

（1）硬盘呼吸孔。硬盘在高速工作时会产生大量的热，完全密封的硬盘会导致内部气压增大，影响硬盘的正常工作。硬盘面板或底部有一个小呼吸孔，在孔上贴有一个过滤空气尘埃的过滤器，这样可以保持硬盘内部的无尘。呼吸孔的作用是调节硬盘内部气压，使它与大气气压保持一致，避免剧烈的气压变化使硬盘顶盖突起或凹陷。

（2）盘片伺服孔。硬盘侧面或底部有一个伺服孔（Clock 窗口），伺服孔用于磁头定位信号写入。写入伺服信息后，伺服孔会用标签封闭，一旦打开标签纸，硬盘将报废。硬盘工作时，磁盘表面与磁头之间的间隙非常小，即使微细的灰尘也会导致硬盘磁头的严重故障。因此硬盘部件封闭在一个充满洁净空气的密封盘体内。在普通环境下将硬盘拆开，就意味着硬盘的报废，因此不要轻易尝试。

3. 硬盘基本结构

硬盘主要部件有盘片组件、磁头组件、控制电路板（PCB）、盘体和盖板等。硬盘内部结构如图 6-12 所示。

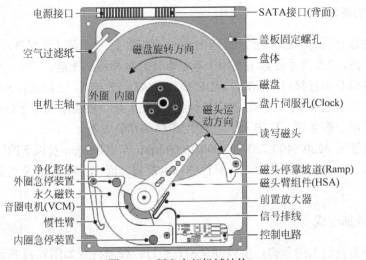

图 6-12　硬盘内部机械结构

4．盘片组件的基本结构

（1）盘片基本规格。盘片组件包括盘片、主轴电机等部件。盘片一般用铝合金作为基片，厚度大约 1mm 左右。根据硬盘容量不同，盘片的数量在 1～5 片。所有盘片都固定在电机主轴上，盘片之间保持绝对平行。盘片尺寸大小与盘片存储容量有关，2.5 英寸的磁盘存储容量约为 3.5 英寸磁盘的一半左右。

（2）磁性材料物理特性。如图 6-13 所示，磁盘上的磁粒子为不规则的六角形，磁粒子平均尺寸在 5～10nm，记录一个磁记录位（1b）大约需要 100 个的磁粒子。由于磁粒子形状不规则，因此交错部分容易形成噪声源；另外，磁粒子还会受到相邻磁粒子反向磁场的影响。可以通过缩小磁粒子的粒径减少交错区域，也可以减小磁性材料膜层厚度来降低相邻磁记录位的相互影响。在单片磁盘存储容量为 30GB 时，如果采用 $20Gb/in^2$ 的记录密度，磁粒子平均粒径为 13nm，膜层厚度为 17nm 左右；在 1TB 容量的硬盘中，磁记录密度为 $148Gb/in^2$ 左右，磁粒子粒径为 8～10nm。

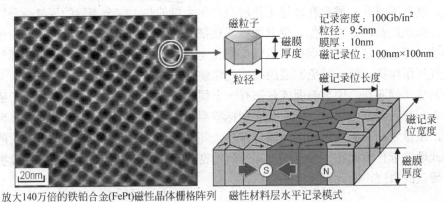

图 6-13　磁性材料层和磁粒子

（3）电机。盘片固定在电机主轴上，由电机驱动进行水平旋转。电机包括线圈、轴承，以及由稀土材料制造的永久磁体等部件。硬盘转速的提高带来了电机磨损加剧，硬盘温度升高，噪声增大等一系列负面影响。因此，硬盘采用液态轴承技术，液态轴承使用油膜代替滚珠，避免了轴承金属面的直接摩擦，将硬盘噪声与温度减至最低；其次油膜能有效地吸收震动，使硬盘抗震能力由 150G（伽利略，重力加速度单位）提高至了 1200G；另外，液态轴承使用寿命较长。

5．磁头组件的基本结构

磁头组件是硬盘中最精密的部件，如图 6-14 所示，磁头组件由磁头、磁头传动臂组件（HAS）、前置放大器、磁头悬架组件（HGA）、音圈电机（VCM）等组成。磁头组件往往由多个磁头传动臂组合而成。

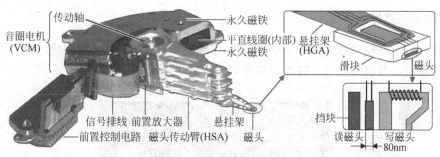

图 6-14　硬盘磁头组件结构

（1）磁头。早期硬盘磁头的读/写功能集成在一起，这对磁头的制造工艺技术要求很高。而硬盘读取数据的速度远远快于写入数据，读/写操作的特性也完全不同，因此硬盘采用了读/写分离的磁头，二者分别工作互不干扰。磁头由滑块（Slider）、GMR 读取磁头、磁感应写磁头等组成，读/写磁头被镶嵌在滑块之中，因此很难分清哪个是磁头，哪个是滑块。磁头大小为 1mm×1mm 左右，磁头和滑块采用半导体晶圆材料，制作工艺上采用半导体光刻工艺制作，目前磁头采用 45nm 光刻工艺制作。

（2）磁头传动臂组件（HSA）。磁头固定在传动臂前端的悬挂架上，后面引出相应的电路，即 HGA（磁头悬挂架组件）。由于同一张盘片两面的 HGA 方向相对，所以有 A、B 两种类型的 HGA，几个 HGA（一张盘片需要一或两个）堆叠在一起，就构成了磁头传动臂组件。磁头传动臂组件结构如图 6-15 所示。

图 6-15　磁头传动臂组件（HSA）结构

（3）音圈电机（VCM）。早期硬盘采用步进电机控制磁头臂的位置，现代硬盘采用音圈电机（VCM）推动磁头传动臂组件（HSA）的运动，磁头的寻道由音圈电机控制。音圈电机由永久磁铁、平直线圈、越位挡块、防震动装置等组成。如图 6-15 所示，磁头传动臂（HSA）的末端是铜线制成的平直线圈，它悬浮在两块永久磁铁之间（如图 6-14 所示）。

（4）前置放大器。如图 6-14 所示，前置放大器位于靠近磁头臂的地方，由于磁头读取的磁信号非常微弱，前置放大器将读取的磁信号放大，最大限度地减少了干扰。前置放大器通过弹性电缆排线与磁头和控制电路板相连。

（5）前置控制电路。如图 6-14 所示，硬盘中所有磁头连接在前置控制电路上，前置控制电路控制磁头上的感应信号、电机转速、磁头驱动和伺服定位等工作。

（6）磁头停泊区。为了避免磁头与盘片之间的磨损，在工作状态时，磁头悬浮在高速转动盘片的上方，不与盘片接触。如图 6-12 所示，磁头不工作时，磁头会自动回位到停靠坡道（Ramp）。硬盘断电时，采用特殊锁定机构将磁头固定在停靠坡道；当磁盘开始旋转时，产生的气流使锁定机构解开，从而解除固定状态。

6. 控制电路板组件

硬盘控制电路板（PCB）位于硬盘背面，电路板下面有一个海绵护垫，起到保护和消除噪声的作用，背板卸开后，控制电路板如图 6-16 所示。

物理层数据读取通道芯片

主控制芯片
SATA信号接口

高速缓存芯片
SATA电源接口

主轴电机

电机控制芯片

图 6-16　硬盘控制电路板组件

硬盘控制电路板有主控制芯片、电机控制芯片、高速数据缓存芯片、数据物理层读取芯片（部分硬盘集成在主控制芯片内）、固件芯片（部分硬盘集成在主控制芯片内）等。主控制芯片负责硬盘数据的读写控制，指令译码，接口控制等工作。数据传输芯片的功能是将磁头前置电路读出的数据经过校正及变换后，经过数据接口传输到主机系统。电机控制芯片的功能包括主轴调速，磁头驱动与伺服定位等。高速数据缓存芯片容量的大小对硬盘性能有很大影响，在读取零散的小文件时，大缓存能带来非常大的优势。硬盘固件芯片里的程序有加电启动电机、硬盘初始化、硬盘缺陷表管理、磁道定位以及故障检测等功能。

6.2.2　硬盘工作原理

1. 硬盘数据存储原理

如图 6-13 所示，硬盘盘片上涂有磁性材料，磁性材料由无数"磁粒子"（10nm 左右）组成，每个磁粒子都有南/北（S/N）两极。利用磁盘中一个很小的区域（100 个左右的磁粒子）来构成一个同一个方向的"磁记录位"（小于 100nm），硬盘利用磁记录位的极性特征来记录二进制数据位。可以人为地设定磁记录位的极性与二进制数据的对应关系，如将磁记录位的南极表示为数字"0"，北极则表示为"1"。

2．磁头飞行间隙的控制

硬盘没有读/写操作时，磁头停留在停靠坡道内。当硬盘读/写数据时，盘片开始旋转，当旋转速度达到额定速度时，磁头就会因盘片旋转产生的气流而抬起，这时磁头才开始向磁盘的数据区移动。磁头读/写操作完成后，磁头又回到停靠坡道，盘片停止旋转。

盘片高速旋转产生的气流相当强，它足以使磁头升起并与盘面保持一个微小的距离。为了使磁头超低空飞行，磁头臂的设计由空气动力学家来完成。如图 6-17 所示，磁头飞行高度约为 10nm 左右。磁头飞行在盘面上方，而不接触盘面的方法，可以避免磁头擦伤盘片表面的磁性涂层，更重要的是不让磁盘损伤磁头。但是，磁头也不能离盘面太远，否则难以读出盘片上的磁信号，或者写入盘片中的磁信号强度不够。

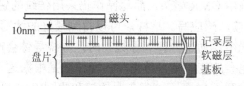

图 6-17　盘片与磁头之间的飞行间隙

3．硬盘读操作工作原理

（1）电磁感应式磁头。早期硬盘采用读/写合一的电磁感应式磁头，但是硬盘的读/写是两种不同的操作，这种二合一的磁头在设计时很难同时兼顾到读/写两种操作特性。专家们发现，读操作大大快于写操作；而且当磁盘记录提高到一定密度后，感应磁头根本无法读取信息，限制了硬盘存储容量的提高。

（2）GMR 磁头结构。1997 年，IBM 公司首度将 GMR（巨磁阻）技术应用于硬盘产品；2005 年，TMR（隧道磁电阻）技术应用在首度面世的垂直记录技术硬盘上。如图 6-18 所示，GMR 磁头由导电材料（导体）、磁性材料和绝缘薄膜材料构成。在 GMR 磁头中，有两个绝缘超薄氧化膜层，它们的功能是防止电磁信号泄漏；磁头中的传感层采用反强磁性体材料，它在夹持的导体中固定了一个磁性体的磁场方向，因此能灵敏地捕捉到外界磁场造成的电阻变化；"栓层"中的磁场强度是固定的，"栓层"中磁场的方向被相邻的"导体"和绝缘层所保护；前几个层控制着磁头的电阻；"自由层"中的磁场强度和方向，随磁头下磁盘表面的磁记录而改变，这种磁场强度和方向的变化会导致磁场电阻的变化；导体的作用是将磁场方向的变化感应为阻值变化，然后将磁阻信号传输到前置放大器进行处理。GMR 磁头利用了"磁阻效应"现象，即磁场方向会因外部磁场而变化，夹持在 GMR 磁头中导体的电阻值，会随盘片上磁场的变化而变化。

（3）TMR 磁头结构。GMR 和 TMR（隧道磁阻）磁头的磁场方向与盘片方向垂直，电流方向则相互不同。GMR 磁头的电流在导体中进行传导，TMR 磁头中的电流是贯通磁头的薄膜进行传导。TMR 磁头在传感层和自由层之间，夹着一个绝缘层。通过减小绝缘层薄膜的厚度，使电流贯通绝缘层的薄膜进行传导称为隧道效应。采用这种结构，就能够得到比 GMR 磁头更高的磁阻效应。

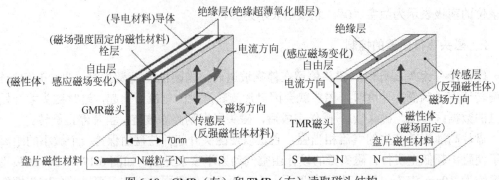

图 6-18　GMR（左）和 TMR（右）读取磁头结构

4. 硬盘写操作工作原理

目前硬盘的读操作采用 GMR 磁头，而写操作仍采用传统的磁感应磁头（GMR 磁头不能进行写操作），即磁阻读，感应写。这样，可以得到最好的读写性能。

根据物理学原理，当电流通过导体（导线）时，围绕导体会产生一个磁场，当电流方向改变时，磁场的极性也会改变，硬盘数据写入操作就是根据这一原理进行的。

硬盘写入磁头结构如图 6-19 所示，磁头由软铁和线圈组成，它是一个实现电磁转换的部件。磁头采用软铁材料是为了提高导磁率，并且不容易被反复变化的磁场所磁化。线圈的作用是在写入数据时，使通过线圈的电流产生感应磁场。

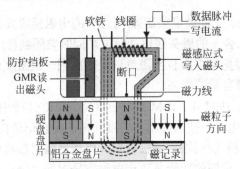

图 6-19　磁盘数据写入工作原理

硬盘写操作原理如图 6-19 所示，在硬盘写电路中，将数据脉冲信号转换成一个具有一定方向和大小的写电流；写电流经过磁头中的线圈时，就会在线圈环绕的软铁（导体）中产生磁力线；由于在磁头中间有一个断口，会使磁力线通过磁盘表面，在磁盘上形成一个局部磁场（图 6-19 中虚线部分）。在局部磁场的作用下，磁粒子的方向也会随之改变，这样就达到了记录数据"0"和数据"1"的目的。

6.2.3　硬盘启动过程

硬盘电路结构如图 6-20 所示。生产厂商在设计硬盘电路时，选用了高集成度的 DSP（数字信号处理）芯片，这样既减小了电路板体积，又提高了硬盘的可靠性。大部分硬盘将部分固件集成在磁盘主控芯片（DSP）中，这样工厂在发现硬盘 BUG 时，可以让用户像写主板 BIOS 一样，更新硬盘的固件程序。

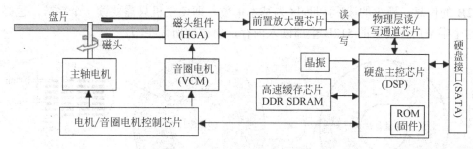

图 6-20　硬盘电路结构框图

硬盘的启动过程如下。

（1）硬盘电路初始化。加电后，硬盘复位电路向硬盘主控芯片（DSP）发出"Reset"信号，使主控芯片执行本芯片中的固件程序，对高速缓存和其他芯片的数据区进行初始化。然后主控芯片检查硬盘内部信号，如果没有发现警告信号，就开始启动硬盘电机。接下来进行硬盘内部测试：检查主控芯片内部的数据缓冲区、输入主控芯片的信号状态等。然后主控芯片分析脉冲信号，检查电机是否达到规定的转速。当电机达到规定转速后，主控芯片开始操作电机/音圈电机控制电路，向磁头发出信号。

（2）硬盘固件初始化。磁头接收到硬盘主控芯片发来的第一个启动指令后，将磁头移动到盘片上的固件数据区，开始读取磁盘上物理 0 磁道物理 1 扇区上存放的固件程序。通过解读固件程序，确定硬盘固件区、用户数据区和保留区的位置。然后读取固件区中的固件信息，确定缺陷列表（P-List 和 G-List），调入 ECC 校验算法公式，读入硬盘内部操作指令等。并将固件数据载入到硬盘高速缓存中，以供进一步操作。以上工作完成后，硬盘初始化完成，主控芯片切换到准备就绪状态，并等待计算机的指令。

（3）主机操作系统引导。计算机上电自检完成后，会将系统控制权交给 INT 13H，这时 INT 13H 会检查主机中是否存在硬盘，而且硬盘是否为第 1 引导设备。如果硬盘存在并为第 1 引导设备，则 INT 13H 会读取硬盘上逻辑 0 磁道上的逻辑 1 扇区（LBA 1）。在这里读取主引记录（MBR），计算机分析执行主引导记录中的主引导程序和分区表后，开始读入和执行操作系统引导记录（OBR），并开始装载系统和启动操作系统的过程。

6.2.4　硬盘逻辑结构

硬盘的逻辑结构指硬盘盘片上信号存储的格式。

1. 磁道

磁盘旋转时，磁头若保持在一个位置上，则每个磁头都会在磁盘表面划出一个圆形轨迹，这些圆形轨迹就称为磁道。一个 1.5TB 容量的硬盘，磁道密度为 190kTPI（7480磁道/mm），磁道宽度在 100nm 以下。两个相邻磁道之间有一个细小的间隙（40nm 左右），磁道相隔太近时，磁性材料会相互产生影响，为磁头读写带来困难。

2. 扇区

如图 6-21 所示，盘片上的磁道划分成许多区域，每个区域称为一个扇区，每个扇区存储 512B 的信息。硬盘的读/写以扇区为基本单位，即使主机只需要读一个字节，也必须一次把这个字节所在扇区的 512B 全部读入内存，再读取所需字节。

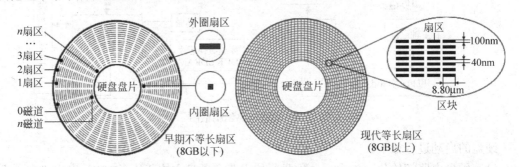

图 6-21　硬盘磁道和扇区的划分

（1）不等长扇区。早期硬盘中，靠近磁盘外圈的扇区比靠近磁盘内圈的扇区面积大，但扇区大小都是 512B，这种扇区结构称为不等长扇区。它的优点是 1 扇区与 n 扇区的角速度相同，数据读写速度也相同，但是不等长扇区严重浪费了硬盘的存储空间。

（2）等长扇区。如图 6-21 所示，目前硬盘都采用等长扇区结构。等长扇区是将所有磁道划分成为长度相等的若干区块（等长区块），每个区块中包含若干个扇区，每个区块中的磁道间距和扇区数量、扇区长度、扇区大小（512B）都是相同的，等长扇区最大限度地利用了硬盘空间。如 1.5TB 硬盘的磁道位密度为 1462kBPI（57KB/mm），扇区密度为 114 扇区/mm 左右。1.5TB 硬盘的逻辑扇区（LBA）数大约为 2.9T 个。在等长扇区结构中，由于磁道周长不一，外圈的区块多，内圈的区块较少。在硬盘恒定转速下读写数据时，磁盘外圈区块的读写速度要高于磁盘内圈的区块。

（3）扇区逻辑结构。硬盘中每个扇区的用户数据区为 512B，但是在用户数据区的前后两端都有一些特定的数据，这些数据构成了扇区的界限标志，计算机凭借这些标志进行扇区识别。每个扇区分为两部分，一部分记录扇区本身的一些数据（如扇区识别标志、扇区检索数据（CHRN）、扇区校验数据等），称为 ID 地址段；另一部分是用户数据段，它记录了数据属性和用户存储的具体数据。硬盘扇区的逻辑结构如图 6-22 所示。

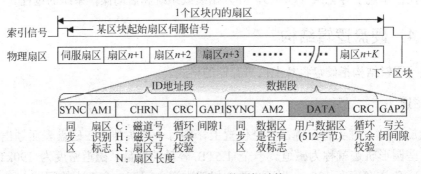

图 6-22　硬盘扇区的逻辑结构

（4）伺服扇区。硬盘上磁道和扇区的划分表面上看不到任何痕迹，磁头很难根据磁道半径来对准磁道，怎样才能在磁道中找出所需要的某一个扇区呢？这就需要在扇区之间增加磁道和扇区定位的信息，这些定位扇区就称为伺服扇区（如图 6-23 所示）。伺服扇区一般写入格雷码（Gray Code）信息，根据格雷码信息可以对某一个磁道的某一个扇区进行精确定位。在一个磁道上，一般有一百多个均匀分布的伺服扇区，不同硬盘的伺服扇区数也不一样。部分大容量硬盘取消了伺服扇区的沿硬盘均匀分布的设计方案，而是将伺服扇区与数据扇区的 ID 地址段合并，仅在硬盘区块（注意，不是扇区）的起始位置写入伺服扇区信息。伺服扇区的信息在硬盘出厂前由厂商使用特殊设备写好，在硬盘使用中，用户不能对伺服信息进行写操作，这样数据的读写操作就不会损坏伺服信息。即使是低级格式化也不能改写硬盘伺服扇区信息。但是，硬盘的震动可能导致磁头偏离伺服扇区。

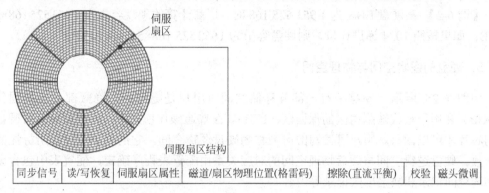

图 6-23　硬盘伺服扇区逻辑结构

3. 柱面

硬盘由重叠的一组盘片构成时，每个盘面都被划分为数量相等的磁道，并从硬盘外圈由 0 开始编号。每个盘片具有相同直径的磁道形成一个圆柱，称为硬盘柱面。硬盘柱面数量与一个盘面上的磁道数是相等的。硬盘柱面结构如图 6-24 所示。

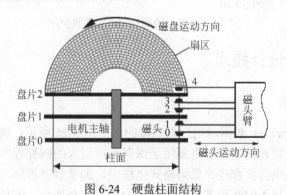

图 6-24　硬盘柱面结构

数据读写可在同一柱面的不同盘片之间进行，通过控制信号选取不同的磁头进行读写，控制信号的速度比机械移动的磁头快得多。因此，数据的读/写按柱面进行，而不是按磁道进行。

【例 6-1】 硬盘 100 号柱面 1 号盘片 A 面磁头在数据写操作完成后，马上转入到本盘片 B 面的同一柱面写入数据；而不是在 2 号盘片的 101 柱面写入数据；读数据也是如此。这种方法减少了磁头的移动，提高了硬盘读/写效率。

4. 硬盘容量

早期硬盘采用 CHS（柱面-磁头-扇区）参数进行寻址，其中柱面取值范围为 0～1023，磁头取值范围 0～255，扇区取值为 0～63，每个扇区容量为 512B。因此，硬盘理论上最大寻址范围为 1024×256×64×512=8GB。显然，CHS 寻址不能满足大容量硬盘的要求。

目前硬盘采用等长扇区结构，因此 CHS 参数不再具有实际意义，硬盘寻址方式也改为线性寻址，即以逻辑扇区（LBA）为单位进行寻址和管理。在 LBA 工作模式下，硬盘容量=LBA×512B。在计算硬盘容量时，计算机按 1024 作为递进计量单位，硬盘厂商则采用 1000 作为递进计量单位，因此厂商标注的硬盘容量与实际容量会小一些。

【例 6-2】 某硬盘 LBA 为 1 953 525 168 时，厂商计算的硬盘容量为 1 953 525 168×512=1TB；如果按照 1024 递进计量，则硬盘容量为 1 953 525 168×512= 0.91TB。

5. 硬盘的逻辑空间与物理空间

如图 6-25 所示，硬盘中有一部分存储空间对用户是隐藏的；隐藏部分包括固件区（OGB）和用于替代缺陷扇区的保留区（IGB）。在普通操作模式下，隐藏部分只有硬盘主控制芯片才可以读写。用户可读写的区域称为硬盘逻辑空间，它的大小与硬盘所标注的容量一致。硬盘逻辑空间与硬盘物理空间的对应关系由配置表程序确定，配置表中包含硬盘的物理空间记录和缺陷扇区记录等内容。

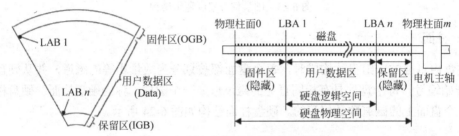

图 6-25　硬盘的物理空间和逻辑空间

6.2.5　硬盘设计技术

1. 硬盘固件技术

硬盘固件（Firmware）数据对用户是隐藏的。如图 6-25 所示，固件存储区域位于硬盘 0 面最前面的几十个物理磁道，它主要用于保存工厂写入的固件程序。固件程序模块用于硬盘内部管理，如上电自检程序、低级格式化程序、加密解密程序、自监控程序、自动修复扇区错误程序等。写入的参数多达百多项，如型号、系列号、容量、口令、生产厂家与生产日期、配件类型、区域分配表、扇区缺陷表、出错记录表、使用时间记录、S.M.A.R.T 表等。数据量从几百 KB 到几 MB 不等。有些参数一经写入就不再改变，如型号、系列号、生产时间等；而有些参数则可在使用过程中由硬盘内部管理程序自动修改，如出错记录、使用时间记录、S.M.A.R.T 记录等。维修人员可以借助专业工具软件（如 PC-3000），读取或修改写入硬盘中的程序模块和参数模块。

硬盘通电自检时，要调用固件中大部分程序和参数。如果硬盘能读出这些程序模块和参数，而且校验正常，硬盘就进入准备状态。如果某些模块读不出或校验不正常，则硬盘初始化失败，硬盘无法进入工作状态。一般表现为，在计算机 BIOS 中无法检测到硬盘或能够检测到硬盘，但是无法对硬盘进行读/写操作。

硬盘固件一般不公开，即使公开的固件，版本号也不能高于市场正在销售的硬盘固件版本。对于普通用户来说，没有必要升级硬盘固件，一般硬盘微小的缺陷可以使用软件补丁程序解决。除非硬盘存在兼容性问题或弥补硬件上的某些缺陷。这些硬盘补丁程序具有很严格的针对性，不是每个同型号的产品都适用，不当的升级会导致严重的硬盘问题。

2．硬盘缺陷修复技术

（1）硬盘存在的缺陷。硬盘不可能实现无缺陷的生产，不同成分的介质材料、抛光缺陷、磁层杂质等，都会导致数据读/写时出错。在硬盘内部，所有不能正常工作的部分都称为"缺陷"。一般表现为高级格式化后发现有坏簇；用硬盘扫描等工具软件检查发现有坏簇标记；或用某些检测工具发现有"扇区错误"提示信息等。根据专业维修公司统计，约有 30%的硬盘故障是由硬盘中的固件信息丢失导致的。

（2）硬盘缺陷表。在硬盘固件区保存有两张硬盘扇区缺陷表，一张是基本缺陷表（P-List，P 表），它由硬盘厂商在硬盘检测后，将硬盘的缺陷扇区写入固件区；另外一张是增长缺陷表（G-List，G 表），它由硬盘自动写入或采用专业软件写入。

（3）基本缺陷表（P-List）。在硬盘出厂前必须进行低级格式化，通过低级格式化，自动找出所有缺陷磁道和缺陷扇区，记录在硬盘的基本缺陷表（P-List）中。低级格式化在对磁道和扇区的编号过程中，将跳过这些缺陷部分，让操作系统和用户不能使用到它们。这样，用户在分区、高级格式化、检查新购买的硬盘时，就不会发现硬盘的缺陷。硬盘基本缺陷表记录有一定数量的缺陷，少则数百，多则数以万计。查看硬盘基本缺陷表需要使用专业软件（如 PC-3000）。

（4）增长缺陷表（G-List）。用户在硬盘使用过程中，可能会出现一些新的缺陷扇区。为了减少硬盘返修率，厂商在硬盘固件中设计了自动修复程序。在硬盘读写过程中，固件如果发现一个缺陷扇区，则自动分配一个备用扇区来替换该缺陷扇区，并将缺陷扇区及其替换情况记录在增长缺陷表（G-List）中，这样，少量的缺陷扇区对用户的使用没有太大的影响。当然，增长缺陷表的记录数不会没有限制，所有硬盘都会限定在一定数量范围内，超过这个限度，硬盘固件自动修复功能也不能再起作用。少量"坏道"可以通过工具软件（如 PC-3000）进行修复，而坏道多了则工具软件也不能修复。

3．硬盘垂直记录技术

硬盘一直采用水平磁记录技术，为了提高硬盘存储密度，每个磁记录位中的磁粒子体积要相应减小。但是，磁粒子小到一定程度后，只需要很小的能量就可以将磁粒子的南北极性翻转，甚至室温下的热能也会使磁粒子极性自动翻转，这就是"热搅动效应"。这会导致保存在硬盘中的数据遭到破坏，不能正确地读出。研究人员发现，水平磁记录技术在存储密度高于 $120Gb/in^2$ 时，无法保存完整的数据。

垂直磁记录（PMR）技术原理如图 6-26 所示，垂直磁记录技术将磁场方向改变了 90°，磁记录垂直于盘面的磁场，从而有效地提升了硬盘表面每平方英寸的磁粒数量，增加了硬盘整体存储容量。采用垂直磁记录技术后，硬盘的基本工作原理和结构都没有发生改变，重要的技术变革在于磁介质、磁头和读写电子器件上。2004 年，东芝（Toshiba）公司发布了首款垂直磁记录硬盘，采用垂直磁记录技术后，硬盘容量提高到了 1TB 以上。

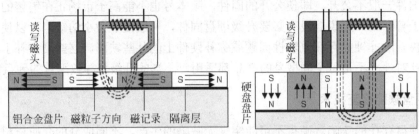

图 6-26   水平磁记录（左）和垂直磁记录（右）

4. 硬盘数据保护技术

目前硬盘无故障运行时间（MTBF）已达 50 万小时以上，但一次故障便足以造成灾难性后果。S.M.A.R.T.（自监测、分析及报告）技术可以对硬盘故障进行监测，监测对象包括磁头、硬盘、电机、电路等，由硬盘监测电路对硬盘运行情况与历史记录及预设的安全值进行分析、比较，当出现安全值范围以外的情况时，硬盘自动向用户发出告警，提醒用户引起注意，并且自动降低硬盘运行速度，将重要数据文件转存到其他安全扇区。

S.M.A.R.T.技术由硬盘自动启动和执行，不需要主板或其他程序配合。只要硬盘电源打开，每隔 8h 就会做一次自动扫描、分析与修复动作。S.M.A.R.T.会在硬盘 15s 没有任何动作的情况下才会工作，一旦准备开始扫描、分析与修复工作时，如果硬盘还有其他工作需要完成，S.M.A.R.T.会往后延长 15min 再开始自动扫描、分析与修复的工作，所以 S.M.A.R.T.不会影响到硬盘的工作效率。

S.M.A.R.T.技术并不是万能的，它只能对渐发性故障进行监测，对一些突发性故障，如磁头突然断裂等，这种技术也无能为力。因此数据备份仍然是最好的选择。

5. 硬盘抗冲击技术

如图 6-12 所示，部分硬盘为了加强抗震动性能，将磁头停泊位置由盘片最内圈的启停区改到了盘片外面的停靠坡道（Ramp）上。当硬盘关机或处于空闲状态时，将磁头移出盘片上方，在坡道上停靠，磁头与盘片不发生接触，抗外部冲击的能力大为增强。

6.3 硬盘性能与故障维修

6.3.1 RAID 磁盘阵列技术

RAID（廉价磁盘冗余阵列）技术的基本设计思想是：用多个硬盘通过合理的数据分布，支持多个硬盘同时进行访问，从而改善硬盘性能，提高数据安全性。

1. RAID 的基本组成

提高硬盘读写速度的方法主要有：一是提高硬盘电机转速，缩短磁头读写数据的时间；二是在硬盘中采用高速缓存技术，将硬盘读取的数据暂存在高速缓存芯片中，减少硬盘读写次数；三是使用 RAID 技术，将若干个硬盘按要求组建成一个磁盘阵列，整个磁盘阵列由 RAID 控制卡管理。

RAID 技术有许多优点：首先是增加了硬盘存储容量；其次是多台硬盘可并行工作，提高了数据传输速率；三是采用校验技术，提高了数据的可靠性。

小型磁盘阵列通常由两个硬盘和 RAID 控制卡组成，大型磁盘阵列机由专用计算机和几十个硬盘组成，存储容量可达到数百 TB。

2. RAID 的级别

RAID 技术是一种工业标准，各厂商对 RAID 级别的定义也不相同。目前广泛应用的 RAID 级别有 4 种，即 RAID 0、RAID 1、RAID 0+1 和 RAID 5。RAID 级别大小并不代表技术的高低，选择哪一种 RAID 级别的产品，视用户要求而定。

RAID 0 没有安全保障，但读写速度快，适合高速 I/O 系统；RAID 1 适用于需要数据备份又兼顾读写速度的系统；RAID 2 和 RAID 3 适用于大型视频系统应用，CAD 处理等；RAID 5 多用于银行、金融、股市、数据库等大型数据处理中心。其他如 RAID 6、RAID 7，乃至 RAID 10、RAID 50、RAID 100 等，都是厂商的自定规格，并无一致标准。不同 RAID 级别的技术性能如表 6-5 所示。

表 6-5 RAID技术性能一览表

技术指标	RAID 0	RAID 1	RAID 2	RAID 3	RAID 4	RAID 5
技术特点	硬盘条带	硬盘镜像	汉明码纠错	奇偶校验	奇偶校验	奇偶校验
校验硬盘	无	无	1～多个	1 个	1 个	分布于多盘
数据结构	分段	分段	字节或块	位或块	扇区	扇区
速度提高	最大	读性能提高	没有提高	较大	较大	较大
容错能力	无	数据 100% 备份	允许单个硬盘错，校验盘除外	允许单个硬盘错，校验盘除外	允许单个硬盘错，校验盘除外	允许单个硬盘错，无论哪个盘
最少硬盘数	2	2	3	3	3	3
硬盘可用容量	100%	50%	$N-1$	$N-1$	$N-1$	$N-1/N$

注：N 为硬盘数量。

3. RAID 0 条带技术

RAID 0 采用无数据冗余的存储空间条带化技术，条带技术是将多个硬盘扇区划分为多个条带，每个条带中有多个扇区，这些条带分布在多个硬盘中。RAID 0 适用于有大量数据需要进行读写的操作（如视频文件读写），RAID 0 没有采用磁盘冗余，因此存储空间利用率高。适用于视频信号存储，临时文件转储，以及对速度要求较高的应用。对于一些一次请求几个扇区的应用（如 Web 网页），RAID 0 无法提高性能。

如图 6-27 所示，用 4 个硬盘组成一个 RAID 0 磁盘阵列。在存储数据时，由 RAID 控制卡将文件分割成大小相同的数据块，同时写入阵列中的硬盘。连续存储的数据块就像一条带子横跨所有的硬盘，每个硬盘上的数据块大小都是相同的。在硬件 RAID 0 技术中，数据块大小有 1KB、4KB、8KB 等，甚至有 1MB、4MB 等大小。

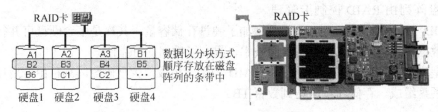

图 6-27　RAID 0 结构示意图

如图 6-27 所示，RAID 0 进行数据写入和读取时，4 个硬盘可以同时进行，读写性能虽然不能提高 300%，但比单个硬盘提高 1 倍的性能是完全可能的。

RAID 0 没有数据备份和校验恢复功能，因此阵列中任何一个硬盘损坏，就可能导致整个阵列数据的损坏。因此，RAID 0 的可靠性比单个硬盘的可靠性要差。RAID 0 最低必须配置两块相同规格的硬盘，但是多于 4 块硬盘的配置是不必要的。

4．RAID 1 镜像技术

如图 6-28 所示，RAID 1 采用两块硬盘数据完全相同的镜像技术，这等于数据彼此备份。阵列中两个硬盘在写入数据时，RAID 1 控制卡将数据同时写入两个硬盘。这样，其中任何一个硬盘的数据出现错误，可以马上从另一个硬盘中进行恢复。这两个硬盘不是主从关系，而是相互镜像的关系。

RAID1 提供了强有力的数据备份能力，但这是以牺牲硬盘容量为代价获得的效果。例如，4 个 1TB 的硬盘组成 RAID 1 磁盘阵列时，总容量为 4TB，但有效存储容量只有 2TB，另外 2TB 用于数据镜像备份。

5．RAID 5 校验技术

RAID 2、3、4、5 可以对硬盘中的数据进行纠错校验，当数据出现错误或丢失时，可以由校验数据进行恢复。在 RAID 2、3、4 中，这种纠错机制需要单独的硬盘保存校验数据。RAID5 不需要单独的校验硬盘，而是将校验数据块以循环的方式放在磁盘阵列的每一个硬盘中，如图 6-29 所示。第一个校验数据块 P1 由 A1、A2、A3、B1、B2 数据块计算出来，以下数据块也采用同样的处理方法。

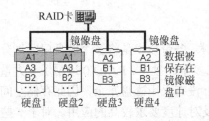

图 6-28　RAID 1 结构示意图

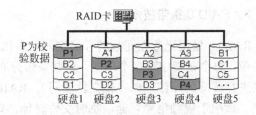

图 6-29　RAID 5 结构示意图

RAID 5 对联机交易系统（如银行、股市等）或大型数据库应用提供了最佳解决方案，这些应用的每一笔数据量都很小，数据输入/输出频繁，而且数据必须容错。RAID5 既要求读写速度快，又要处理数据，计算校验值，做错误校正等。因此，RAID5 的控制较为复杂，成本较高。RAID 5 硬盘如果崩溃，修复硬盘内容将是一个复杂的过程。

6.3.2 硬盘常用接口类型

硬盘接口类型有 SATA、SAS、eSATA、USB、IDE、SCSI 等，IDE 和 SCSI 接口已经淘汰，绝大部分硬盘采用 SATA 接口，SAS 接口主要用于服务器，eSATA 接口主要用于移动硬盘。硬盘本身并不提供 USB 接口，移动硬盘的 USB 接口采用了外围转换电路设计。

1. SATA 接口

（1）串行通信与并行通信。早期硬盘、打印机等外设采用并行通信，计算机内部数据传输也采用并行通信方式。近年随着串行通信技术的发展，串行通信的数据传输速率大大高于并行通信；其次串行接口简单，并行接口复杂；另外串行通信成本大大低于并行通信。因此，目前外设接口几乎都淘汰了并行接口，转而采用串行通信接口。

（2）SATA 接口标准。SATA（串行 ATA）是一种硬盘高速串行通信接口，SATA 采用点对点方式进行串行数据传输，接口及连接线缆针脚较少，成本较低。SATA 接口主要用于硬盘、光驱等设备。2000 年，Intel 等公司提出了 SATA 1.0 标准，目前 SATA 组织已经推出了 SATA 3.0 接口标准，标准分为基本标准和高级标准。基本标准为民用级，内容包括最大接口速率为 6.0Gb/s、采用 NCQ（原生指令排序）技术、供电标准、热插拔、硬盘指示灯等；高级标准为服务器级，内容包括端口复用器、端口选择器、多通道电缆、eSATA 等。SATA 接口如图 6-30 所示。

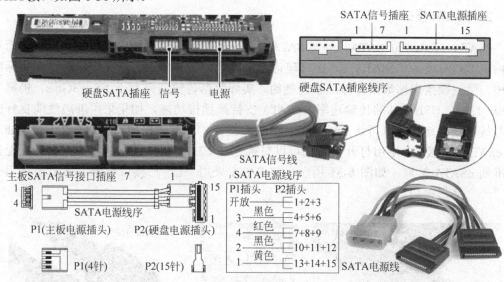

图 6-30 SATA 信号接口与电源接口线序

（3）SATA 数据接口信号。SATA 接口采用 7 针 "L" 形连接器，这避免了插反的情况发生。SATA 端口的地线比数据线的插针要长一些，这是为了在插入数据线时让地线先接触到；而拔出数据线时，地线在数据线之后撤出。有了先入后出的地线，就可以防止热插拔过程中过载电流、过载电压和静电损坏接口芯片。SATA 接口信号如表 6-6 所示。

表 6-6　SATA 数据接口信号

引　脚	信　号	说　明	引　脚	信　号	说　明	引　脚	信　号	说　明
1	GND	地	4	GND	地	7	GND	地
2	TX+	数据发送+	5	RX−	数据接收−			
3	TX−	数据发送−	6	RX+	数据接收+			

（4）SATA 电源接口信号。SATA 最大线路长度为 1m。由于 SATA 采用了低电压差分信号技术，工作电压从并行 ATA 的 5V 降低到了 0.25V，这降低了硬盘功耗，缩小了接口尺寸。SATA 电源线采用 15 针扁平接口，提供+12V、+5V 和+3.3V 的电压。部分 SATA 硬盘同时提供了老式的 4 针 D 型接口。SATA 电源接口信号如表 6-7 所示。

表 6-7　SATA 电源接口信号

引脚	信　号	说　明	引脚	信　号	说　明	引脚	信　号	说　明
1	V33	+3.3V 电源	6	Ground	第 3 路地	11	Reserved	保留
2	V33	+3.3V 电源	7	V5	预充电	12	Ground	第 1 路地
3	V33	预充电	8	V5	+5V 电源	13	V12	预充电
4	Ground	第 1 路地	9	V5	+5V 电源	14	V12	+12V 电源
5	Ground	第 2 路地	10	Ground	第 2 路地	15	V12	+12V 电源

说明：地与负极相连；信号 1～3、4～6、7～9、10～12、13～15 分为 5 组。

2. eSATA 接口

eSATA（External SATA，外部 SATA）是一种扩展 SATA 接口，用来连接外部而不是内部 SATA 设备。eSATA 2.0 接口理论上可以达到 3Gb/s 的传输速率，不过在实际应用中，受到硬盘内部数据传输速率的制约，实际数据传输速率介于 1.5～3Gb/s，仍高于 IEEE 1394、USB 2.0 的传输速率。eSATA 支持热插拔功能，如果采用屏蔽性能良好的信号线，线缆连接长度可达 2m。拥有 eSATA 接口，可以轻松地将 SATA 2.0 硬盘插入到 eSATA 2.0 接口，不用打开机箱就可以更换 SATA 2.0 硬盘。越来越多的主板开始配置标准的 eSATA 接口。如图 6-31 所示，与 SATA 采用"L"形接口不同，eSATA 采用平直"一"字形接口。

图 6-31　eSATA 信号接口

虽然支持热插拔的 SATA 接口标准已经推出，但是 SATA 线缆只能插拔几十次，而 eSATA 线缆能插拔 2000 次左右。eSATA 接口信号如表 6-8 所示。

表 6-8　eSATA 接口信号

引脚	信号	说明	引脚	信号	说明	引脚	信号	说明	引脚	信号	说明
1	GND	地	3	DR−	数据−	5	DT+	数据+	7	GND	地
2	DR+	数据+	4	GND	地	6	DT−	数据−			

3. mSATA 接口

（1）mSATA 接口标准。mSATA 是 SATA 协会开发的 mini-SATA（mSATA）接口标准，mSATA 接口提供与 SATA 接口相同的速度和可靠性。mSATA 接口通过 mini-PCIE 界面传输信号，传输速度支持 1.5Gb/s、3Gb/s、6Gb/s 三种模式。mSATA 接口卡有：51mm×31mm（全尺寸），以及 27mm×30mm（半尺寸）两种规格。mSATA 接口如图 6-32 所示。

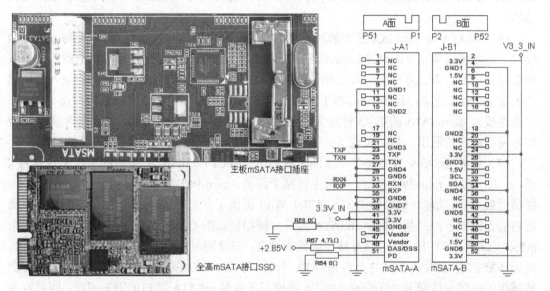

图 6-32　mSATA 接口插座（上）和接口卡（下）的形式与接口信号

（2）mSATA 接口的应用。mSATA 接口多用于固态硬盘（SSD），它有助于节省机器内部空间。采用 mSATA 接口的固态硬盘占用体积比 2.5 英寸标准硬盘更小，因而在笔记本计算机、平板电脑中得到了广泛采用。mSATA 接口的 SSD 体积小，也不占用原有的硬盘安装位，也不用改造光驱，升级方便。平板电脑大部分都采用 mSATA 接口的固态硬盘（SSD），苹果公司的 iPad 也采用东芝和三星公司的 mSATA 接口固态硬盘。如果更小尺寸的平板电脑（如 7 寸或更小），它们配置的固态硬盘则是 BGA 封装的固态硬盘，大小如一张邮票，容量可以达到 8～512GB。

（3）mSATA 与 MSATA 的区别。不能将 mSATA 与 MSATA 混为一谈，MSATA 是 Micro SATA 接口的简写，这个接口一般用于 1.8 英寸的标准硬盘接口或固态硬盘接口，而 mSATA 接口目前仅支持固态硬盘，MSATA 与 mSATA 是两种完全不同的接口。

（4）mSATA 与 mini-PCIE 的区别。mSATA 与 mini-PCIE 接口插座在外观上相同，

电路卡的尺寸也相同，引脚信号在物理上兼容，但并不能直接互连使用。因为 mSATA 接口的定义与普通的 mini-PCIE 接口稍微有点区别（第 43 针），最关键的区别是：mSATA 接口卡的数据信号需要连接到 SATA 控制器进行处理；而 mini-PCIE 接口卡的数据信号则送到 PCI-E 控制器处理，二者的处理机制不同。这种外观相同、实际不同的板卡，给用户带来了不少疑惑。有的用户买了 mSATA 固态硬盘后，却发现安装后系统无法识别固态硬盘，这时因为 mSATA 接口在外观上与 mini-PCIE 完全一样造成的误解，二者实际并不兼容。

（5）mSATA 卡与 mini-PCI 卡的区别。mSATA 接口的固态硬盘大多采用 51mm×31mm 的全尺寸长度；而 mini-PCI 接口大多用于无线网卡，并且多数采用半高卡尺寸 27mm×30mm。mSATA 与 mini-PCI 接口的外观相同，可以根据安装位的规格作为判断接口类型的一个参考。半高安装位基本是用来安装无线网卡的 mini-PCI 插座；而判定插座为 mSATA 时，除了安装位需要是全高尺寸外，最好是查一下主板厂商的资料进行确认。多数 mSATA 接口的主板会进行明确的标注，如果没有相关信息，则该插座很可能是 mini-PCI 插座。

（6）mSATA 与 mini-PCI 兼容解决方案。要实现一个接口同时兼容 mSATA 与 mini-PCI 接口，需要使用第三方的 PCI-Express/SATA 路由芯片来解决，这个芯片本质上就是一个双向多路复用器。第三方路由芯片（如 CBTL02042）通过第 43 针脚来识别当前插入到插槽中的是 mSATA 设备，还是 mini-PCI 设备。mini-PCI 设备的第 43 针被定义为 No Connect（未连接），而 mSATA 的第 43 针定义是 GND（地）。识别设备类型后，路由芯片就能将接口导通到对应的通道，从而实现了一个接口兼容 mSATA 与 mini-PCI 两种设备的目的。

（7）主板 mSATA 接口类型。市面上提供 mini-PCI 或 mSATA 插槽的主板大致分为 4 类：一是只提供 mini-PCI 接口，多数主板属于此类，mini-PCI 接口主要用于安装无线网卡，提供板载 WiFi 功能，例如技嘉 GA-H77N WiFi 提供了一个 mini-PCI 插槽，搭配安装半高规格的无线网卡；二是只提供 mSATA 接口，例如技嘉的 GA-B75-D3V 主板，提供了一个 mSATA 插槽，专门用于 mSATA 接口的固态硬盘；三是同时提供 mini-PCI 与 mSATA 接口，例如华擎 Z77E-ITX 主板同时具备 mSATA（背面）与 mini PIC-E（正面）插槽，正面的 mini-PCI 插槽用于安装无线网卡，背面的 mSATA 插槽用于安装 mSATA 接口的固态硬盘；四是双向兼容 mSATA 与 mini-PCI 接口，例如微星 Z77IA-E53 主板，能同时兼容半高与全高规格的设备。

4. SAS 接口

SAS（Serial Attached SCSI，串行连接 SCSI）是 SCSI 总线协议的串行版。由于 SATA 标准是 SAS 标准的一个子集，因此 SAS 和 SATA 在物理上和电气上有一定的兼容性。

（1）SAS 接口规格。如图 6-33 所示，SAS 接口与 SATA 接口很相似，不过 SAS 接口是双端口设计，SAS 的插头是一整条横梁，数据端口与电源端口是一体化的，而 SATA 数据端口与电源端口是分开的。SAS 信号接口的第 1 端口与 SATA 兼容；SAS 信号接口的第 2 端口在数据端口与电源端口的背面，一体化设计可以保证 SAS 硬盘无法插入 SATA 插座，而 SATA 硬盘则可以安全地插入 SAS 信号接口的第 1 端口。

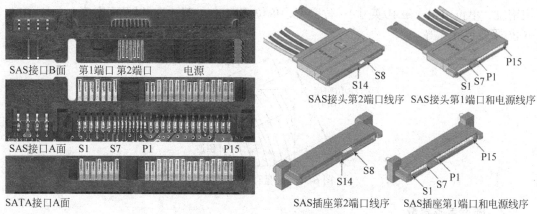

图 6-33　SAS 接口背板插座

（2）SAS 接口技术性能。SAS 同时使用两对数据线传输数据，一路上行一路下行；而 SATA 只使用一对数据线，另一路传送控制信号。因此 SATA 是半双工结构，SAS 则是全双工结构，这样单个端口上 SAS 的吞吐量就达到 SATA 的 2 倍。SAS 支持多个端口组成一个端口（SATA 不支持），如果主机有 4 个 SAS 接口，则可以进行端口组合，如 4 端口模式，每个端口接一个硬盘；2+2 端口模式，每两个端口接一个硬盘；3+1 端口模式，三个端口接一个硬盘，另外一个端口接一个硬盘等非常自由的组合。SAS 与 SATA 有相同的物理层，因此它们的线缆与连接器很相似，但电气上有些差别，SATA 信号电压不到 SAS 信号电压的一半，因此 SAS 接口传输距离可达 6m，而 SATA 只能达到 1m。硬盘接口性能对比如表 6-9 所示。

表 6-9　SAS 与 SATA 接口的性能对比

技 术 指 标	SAS 2.0	SATA 3.0	SATA 2.0	eSATA 2.0
接口带宽	6.0Gb/s	6.0Gb/s	3.0Gb/s	3.0Gb/s
电缆最大长度/mm	8000	1000	1000	2000
信号电压/V	0.275～1.6	0.325～0.6	0.325～0.6	0.325～0.6
热插拔	支持	支持	支持	支持
数据信号线/根	14	7	7	7
电源线数量/根	15（4 组）	15（4 组）	15（4 组）	15（4 组）
通信模式	全双工	半双工	半双工	半双工
连接设备接口	SAS 和 SATA	SATA	SATA	eSATA
支持设备端口	多端口硬盘	单端口	单端口	单端口
每根电缆连接设备	4	1	1	1
软件兼容性	兼容 SCSI	兼容 ATA	兼容 ATA	兼容 ATA

6.3.3　硬盘主要技术性能

1. 硬盘存储密度

写入 1 位信息所需的区域称为磁记录位。如图 6-34 所示，存储密度采用的技术指标有道密度、单位 TPI（磁道/英寸）；位密度、单位 BPI（位/英寸）；以及面密度、单位 BPSI（位/平方英寸）等。

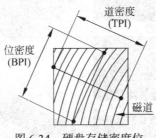

图 6-34　硬盘存储密度位

2．硬盘单碟容量

硬盘的容量与盘片、磁头技术有关。硬盘单碟容量的大小是衡量硬盘技术的一个主要指标。单碟盘片上的磁道数越多，硬盘的容量越大；一个磁道内的磁信号密度越大，硬盘容量也越大。提高单碟容量可以有效降低硬盘成本；其次，硬盘盘片数越少，平均寻道时间也就越短；另外，在相同电机转速下，大容量盘片可以读取到更多数据，得到较高的数据传输速率。因此硬盘单碟容量增加后速度反而加快了。

【例 6-3】　一台 500GB 的硬盘，单碟容量为 200GB 时，需要三张盘片和 6 个磁头；而单碟容量为 500GB 的硬盘，则只需要一个盘片和两个磁头；目前硬盘最大单碟容量达到了 1TB 以上，硬盘内最多可容纳 5 张盘片，因此硬盘容量可以达到 5TB。

3．硬盘的转速

硬盘转速为 5400～15 000rpm（转/分钟），7200rpm 的硬盘，外圈线速度高达 120km/h，5400rpm 的 2.5"的盘片，线速度也达到 64km/h。理论上，硬盘转速越快越好，因为高转速可缩短硬盘的等待时间（平均潜伏期）。但是硬盘转速越快，发热量越大，不利于散热。转速的提高也带来了磨损加剧、噪声增大等一系列负面影响。

4．平均访问时间

平均访问时间体现了硬盘的读写速度，平均访问时间=平均寻道时间+平均等待时间。

硬盘厂商一般不提供平均访问时间参数，这一参数往往由测试得到。平均访问时间是从读/写指令发出，到第一笔数据读/写时所用的平均时间。它包括平均寻道时间、平均等待时间，与相关的内务操作时间（如指令处理等），由于内务操作时间很短（一般在 0.2ms 左右），可以忽略不计。

【例 6-4】　一个转速为 7200rpm 的硬盘，平均寻道时间是 8ms，那么理论上它的平均访问时间是 8+4.167=12.167ms。

5．平均寻道时间

平均寻道时间指硬盘接收到主机指令后，磁头从开始移动，到移至数据所在磁道所花费时间的平均值。这个时间越短，硬盘性能越好，硬盘平均寻道时间一般为 8ms 左右。

平均寻道时间由硬盘转速、单碟容量、文件大小等多个因素决定。一般硬盘单碟容量越大，平均寻道时间也越短。在硬盘上读写大量小文件时，数据往往不会连续排列在同一磁道上，磁头在读取数据时往往需要在磁道之间反复移动，因此平均寻道时间起着十分重要的作用；读写大文件或连续存储的大量数据时，平均寻道时间的优势则得不到体现，此时单碟容量的大小、转速、缓存是较为重要的因素。

6．平均等待时间

平均等待时间指磁头移动到数据所在的磁道后，等待这个磁道上需要的数据扇区移动到磁头下的时间。平均等待时间一般为盘片转半圈的时间，同一转速下硬盘的平均等待时间是固定的，5400rpm 时约为 5.556ms；7200rpm 时约为 4.167ms；10 000rpm 时为 3ms；15 000rpm 时为 2ms，它的缩短有助于改善硬盘的随机访问性能。

7．最大内部数据传输率

最大内部数据传输率指磁头到硬盘缓存之间的数据传输速度，它是影响硬盘整体速度的瓶颈。内部数据传输率取决于盘片的转速和硬盘的线密度（同一磁道上的数据容量）。这项指标常用 Mb/s 为单位，如果需要转换成 MB/s，一般将 Mb/s 数据除以 10。因为 1B＝8b，另外硬盘串行通信采用 8b/10b 编码，每字节需要加上 2b 左右的开销。例如，某硬盘最大内部数据传输速率为 900Mb/s，但如果按 MB/s 计算，大约为 90MB/s。

目前硬盘的最大内部数据传输速率为 800～1500Mb/s，连续工作时，这个数据会降到更低。硬盘内部传输速度要低于硬盘的外部传输速度，硬盘内部传输速度已经成为计算机工作速度的瓶颈。提高硬盘高速缓存、提高单碟容量、提高硬盘转速等技术，都可以加快硬盘的内部传输速度。

8．外部数据传输率

外部数据传输速率指硬盘高速缓存与计算机内存之间的数据传输速率。外部数据传输速率也称为接口速率，单位为 Gb/s，不同的接口类型传输速率会不同，目前 SATA 2.0 接口的最高理论值可达 3.0Gb/s。

9．硬盘每秒随机 I/O 操作次数（IOPS）

在实际应用中，硬盘连续读取数据的情况很少出现。例如数据库索引操作，一条记录也就是几百个字节的小数据块，而且数据块在盘片上的分布并不连续，这是典型的随机访问，如果每次都是读取 512B 数据的随机访问，则硬盘输出的数据流量将骤降至 0.1MB/s 以下，因此，IOPS（每秒随机 I/O 操作次数）性能非常重要。所以优化硬盘磁头的移动次序（随机访问操作）比提高数据读取速度、提高硬盘接口速度更为重要。

10．硬盘温度

硬盘在工作过程中，高速旋转的盘片会产生热量，电机和各种芯片也会产生热量。如果硬盘的热量不能及时传导出去，硬盘就会急剧升温，导致金属膨胀。硬盘厂商采用芯片来监控盘片的膨胀情况，这样可以相应调节硬盘磁头，以确保在正确的位置读取数据。

盘片过热时，一是会影响到盘片的平坦度，使磁头无法准确定位到数据区，导致磁头不停地寻找数据，多次发生这种情况时，硬盘会发出喀哒喀哒的怪声，这是磁头试图重新定位尝试寻找数据的反应；二是温度过高会使硬盘电路工作在不稳定状态；三是硬盘内部的高温容易导致磁粒子极性翻转，造成数据丢失。

温度变化的梯度对音频也有很大影响。硬盘运行时温度变化每小时不能大于20℃，停转时温度变化每小时不能大于30℃。如果超过以上限制，对硬盘的机械部分非常危险，这种现象称为热冲击。突然的加热会使硬盘的机械部件失效，甚至导致变形。

硬盘主要技术参数如表6-10所示。

表6-10　硬盘主要技术参数

技术指标	技术参数	技术指标	技术参数
硬盘型号	希捷 ST31500341AS	最大位密度	1462kBPI（位/英寸）
硬盘尺寸	3.5 英寸	平均道密度	190kTPI（磁道/英寸）
标称容量	1.5TB	平均面密度	277Gb/in^2（位/英寸^2）
LBA	2 930 277 168	上电到就绪	最大 20s
盘片	4	挂起到就绪	最大 15s
磁头数	8	平均潜伏期	4.16ms
CHS	16383/16/63	磁道-磁道寻道时间	读 0.8ms/写 1ms
硬盘接口	SATA 2.0	平均寻道时间	读 8.5ms/写 10ms
标称转速	7200rpm	内部传输速率	最大 1709Mb/s
高速缓存	32MB	持续传输速率	最大 135MB/s
启停次数	50 000(25℃)	I/O 接口速率	最大 300MB/s
读错误率	1/10^{14}	抗冲击性（运行）	最大 70G/2ms（重力加速度）
+12V 启动电流	最大 2.8A	抗冲击性（静止）	最大 300G/2ms（重力加速度）
物理尺寸/mm	146.99×101.6×26.1	寻道噪声	最大 32dB
重量	720g	其他功能	S.M.A.R.T.，NCQ 等

6.3.4　硬盘常见故障分析

1. 硬盘维修的基本原则

（1）软件维修的局限性。利用工具软件进行硬盘维修是一种低要求、低成本的维修方法。利用工具软件维修硬盘时，要求硬盘可以上电转动，BIOS 可以认出硬盘型号和参数，磁头能够运动并能进行读写等先决条件。一旦遇到磁头脱落、盘片偏心、电机损坏等问题，软件方法无法进行维修。

（2）不要轻易开盘。打开硬盘盖板进行维修称为"开盘"，开盘是一种环境要求高、技术要求高、维修成本高的维修方法。开盘要求有非常纯净的空气环境（100 级的净室），普通环境下打开硬盘盖板后，不可避免有微尘粒子进入盘体内部（一般室内环境为 600/m^3 个微尘粒子），必然会对精密的磁头和盘片造成损坏，导致硬盘报废。因此，开盘仅用于重要数据的恢复。

（3）数据恢复的原则。硬盘数据恢复必须遵循以下原则：发生数据丢失后，不要再向硬盘中复制或安装任何文件，因为这会导致新文件覆盖丢失的数据文件。大部分情况下，由于硬盘逻辑错误（如误删除、误格式化、引导扇区破坏等）丢失的文件都可以恢复；由于硬盘电路板故障、固件故障引发的数据丢失，也绝大部分可以恢复；由于硬盘机械故障（如硬盘坏道、磁头损坏、电机损坏等）引发的数据丢失，需要开盘恢复数据，这不仅技术难度大、成本高，而且数据恢复的可能性小。

2．硬盘常见故障判断

（1）硬盘逻辑损坏。硬盘磁道有逻辑损坏，也有物理损坏。逻辑坏道只是将扇区号做了标记，以后不再分配给系统使用，因此理论上只要进行高级格式化就可以修复。

（2）硬盘引导出错，不能正常启动。这种故障不一定是硬盘损坏，通常清除硬盘主引导记录（MBR）后，修复或重新分区，修复率可达到 70%左右。

（3）硬盘坏簇。硬盘可正常分区和格式化，但扫描发现有坏簇标记。如果坏簇数量少于 100 个，修复率可达到 80%左右。

（4）硬盘不能正常分区，或分区后不能格式化。这种情况要用到专业维修软件，不同品牌的硬盘修复率不同，一般修复率达到 50%左右。

（5）通电后硬盘电机不转动。这种情况一般是电路板故障，更换硬盘电路板芯片或电子器件后，修复率可达到 60%左右。但有部分硬盘可能同时还有其他故障。

（6）BIOS 不能识别硬盘。计算机自检正常，但 BIOS 不能识别硬盘。这种故障有多种原因，可能是电路板接口故障；也有可能是硬盘进入内部保护模式，这种情况需用专业软件进行维修。

（7）硬盘异响。通电后硬盘中磁头不断发出敲击声。这种情况多是磁头损坏，需要开盘修理；如果硬盘中的数据不重要，则没有维修的必要。一般有 30%的机会可以挽救硬盘中的数据。

（8）硬盘噪声较大。通电后硬盘噪声很大，硬盘不能读写，一般是内部机械故障，没有维修价值。

（9）硬盘密码遗忘。大部分笔记本计算机的硬盘可以设密码保护，如不慎忘记密码，就是厂商也无法解密。不过大部分台式计算机硬盘可以用专业软件清除密码保护。

硬盘常见故障现象如表 6-11 所示。

表 6-11　硬盘常见故障现象

故障现象	故障主要原因分析
蓝屏，花屏	硬盘发热；硬盘工作电压过高或过低等
死机	硬盘电路故障；外设太多导致电源功率不足等
BIOS 中可以找到硬盘，但是不能引导	系统扇区损坏；操作系统引导文件破坏；硬盘 0 磁道损坏；硬盘扇区逻辑错误，如簇链丢失；IDE 硬盘上的主从跳线错误等
BIOS 中找不到硬盘参数	硬盘电路损坏；硬盘信号线接触不良；硬盘信号线接反；电源接头未插牢；主板南桥芯片故障；电源供电不足等
数据丢失	错误操作；扇区损坏；静电干扰；硬盘发热严重；病毒破坏等

续表

故障现象	故障主要原因分析
硬盘容量减少	磁道或扇区损坏；文件簇链丢失；临时文件太多；MBR 参数块错误等
硬盘速度过低	文件碎片太多；安装太多应用软件；硬盘老化等
盘符交错	操作系统设置错误
双硬盘使用异常	两个硬盘不兼容；硬盘文件系统的格式不一致等
硬盘出现"咔咔"声	机械控制部分故障；传动臂故障；盘片有严重损伤等

6.3.5　硬盘故障维修案例

【例 6-5】　硬盘电源功率不足导致找不到硬盘。

（1）故障现象。计算机配置了第 2 个硬盘，使用一个星期后，无法找到第 2 个硬盘。

（2）故障处理。怀疑应用软件产生冲突，于是将第 2 个硬盘的所有软件卸载，可是故障依旧。将原来备份的注册表还原，依旧无法找到第 2 个硬盘。

进入主板 BIOS，进行硬盘参数自动查找，没有找到第 2 个硬盘，看来是硬件故障。

打开机箱，将第 2 个硬盘的信号线和电源线都重新换一个插座。重新启动后，第 2 个硬盘在 Windows 中还是不能显示盘符。

于是将光驱电源线拔掉，插在第 2 个硬盘上。重新启动，第 2 个硬盘终于显示盘符了。检查第 2 个硬盘电源线，发现电源线上串接了 CPU 风扇电源线。由于电源是一个没有品牌的产品，所以造成电源功率不够，无法带动第 2 个硬盘，造成硬盘不能找到。

（3）经验总结。多个外设功率较大时，容易造成电源功率不足现象。

【例 6-6】　利用 PC-3000 屏蔽硬盘物理坏道。

（1）故障现象。开机后 BIOS 能正确识别硬盘，但不能进入操作系统。用光盘引导，经过较长时间才能进入操作系统界面。贴近硬盘细听，能听到硬盘内部有细微的"沙沙"声。

（2）故障处理。根据经验判断，硬盘有严重坏道。将故障硬盘接到另一台主机上，在 BIOS 中将故障盘设为第 2 引导盘。开机后，出现 S.M.A.R.T.报警信息，提示第 2 引导盘出现严重错误，请备份数据资料等。决定采用 PC-3000 进行坏道屏蔽，PC-3000 工作界面如图 6-35 所示。

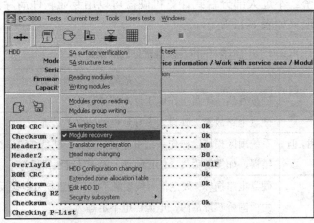

图 6-35　PC-3000 For Windows 工作界面

在 BIOS 中将 S.M.A.R.T.功能关闭。启动 PC-3000，进入主菜单后，选择"硬盘固件区操作"→"写入 LDR 文件"菜单，注意装入与故障硬盘相应的 LDR 文件模块。然后选择"硬盘缺陷表"→"清空硬盘逻辑缺陷表"，删除故障硬盘上的 P 表和 G 表。退出后选择"硬盘表面扫描"功能，经过一段时间的等待，扫描完成后，报告发现了五千七百多个错误。进入"增加逻辑缺陷表"，将全部缺陷扇区加入 P 表。然后进入内部低级格式化，完成后重启。

用 MHDD 软件进行测试，硬盘工作正常。然后重新启动光盘引导，重新分区，高级格式化，安装 Windows 操作系统。

（3）经验总结。利用 PC-3000 维修硬盘时，装载的模块一定要与故障硬盘相符，否则会导致灾难性后果。另外，PC-3000 只是屏蔽了坏道，并没有在物理上修复它。

【例 6-7】 NTFS 分区损坏的数据恢复。

（1）故障现象。硬盘中 F 盘为 NTFS 分区的数据盘，分区中有大量视频和图片文件，某天突然进不了 F 分区，提示"无法访问 F：盘"。

（2）故障处理。将故障硬盘作为第 2 个硬盘，接入另外一台计算机。利用 WinHex 软件查看 F 盘分区，发现分区表和 63 扇区都有错误，65～108 扇区不正常。利用 Disk Genius 恢复故障分区。重新启动后，在 Windows 下检查，发现可以找到分区了，但是文件还是没有。

试用 FinalDate 软件进行数据恢复，进行全分区扫描后，可以看到大部分丢失文件。选择所有文件进行恢复，近 6 个多小时后，50GB 资料全部恢复，打开文件后正常。

（3）经验总结。在 NTFS 分区中，MFT（主文件表）如果遭到破坏，就会导致系统错误。在 NTFS 中，MFT 前面的文件记录是系统的一些元数据文件，对数据恢复影响不大。NTFS 将文件碎片都放在一个 MFT 记录中，只要这个扇区没有被破坏，就可以进行数据恢复。

6.4 光盘结构与故障维修

6.4.1 只读光盘基本结构

1. 光盘的类型

按光盘读写原理分类有只读光盘（如DVD-ROM）、一次刻录光盘（如DVD-R）、反复读写光盘（如DVD-RW、DVD-RAM）。不同类型的光盘，需要不同的光驱进行读或写。只能读光盘信息的设备称为"光驱"，能对光盘进行读/写的光驱称为"刻录机"。

2. 只读光盘物理结构

如图6-36所示，只读光盘由保护层（透明塑料涂层）、反射层（镀铝涂层）、塑料基板层（数据记录）、标签层（光盘屏蔽保护）等组成。

光盘的基本存储单位是扇区，但与硬盘扇区不同，光盘每个扇区的数据容量为2KB；

而且光盘与硬盘相反，最内圈光道的起始扇区为1号扇区。

如图6-37所示，光盘的光道结构与硬盘不同，光盘采用螺旋形光道。采用螺旋形光道，可将光盘内圈和外圈光道上的扇区长度和记录密度做到相同。它相当于硬盘的等长扇区设计，使盘片的存储空间得到了充分利用。CD-ROM的螺旋形光道大约600圈/mm。

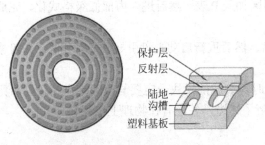

图 6-36　光盘基本结构

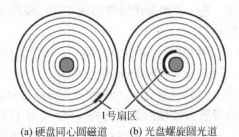

(a) 硬盘同心圆磁道　(b) 光盘螺旋圆光道

图 6-37　硬盘的磁道与光盘的光道的区别

3．光盘数据存储原理

如图 6-38 所示，光盘中有很多记录数据的沟槽（Pit）和陆地（Land），当激光投射到光盘的沟槽时，盘片像镜子一样将激光反射回去。由于光盘沟槽的深度是激光波长的1/4，从沟槽上反射回来的激光与从陆地反射回来的激光，走过的路程正好相差半个波长，根据光干涉原理，这两部分激光会产生干涉，相互抵消（实际上没有反射光）。如果两部分激光都是从沟槽或陆地上反射回来时，就不会产生光干涉相互抵消的现象。因此，光盘中每个沟槽的边缘代表数据"1"，其他地方则代表数据"0"，根据激光的反射和无反射情况，光驱可以解读光盘上"0"或"1"的数字编码。

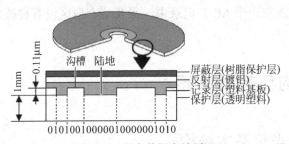

图 6-38　光盘数据存储原理

4．CD-ROM 光盘

（1）CD-ROM 基本规格。CD-ROM 是一种能容纳 650MB 数据的只读型光盘，所有 CD-ROM 光盘都是用一张母盘压制而成，储存在 CD-ROM 中的数据理论上可保存数十年，但是在光盘标准的变化、文件存储格式的变化、环境温度引起的盘片变化等因素影响下，数据存储寿命实际很难预测。

（2）光盘的数据检错与纠错。CD-ROM 为了降低误码率，增加了错误检测和错误校正的编码。错误检测采用循环冗余检测码（CRC），CRC 码有很强的检错功能。错误校正采用 CIRC 码（交叉里德-索洛蒙码），它是一种性能很好的纠错码，CIRC 码是用 RS（里德-索洛蒙）编码后，对数据再进行插值和交叉处理的编码方案。

（3）信号调制编码。为解决直流平衡（连续长串的 0 或 1 编码）问题，CD-ROM 将 8

位数据转换成 14 位编码（EFM 8-14 编码）进行存储。

5. DVD-ROM 光盘

DVD-ROM 的结构与工作原理与 CD-ROM 基本相同，只是 DVD 的存储容量在 4.7～17GB。DVD 可以采用单面单层，单面多层等多种数据记录方式。如图 6-39 所示，DVD 光道之间的间距由 CD-ROM 的 1.6μm 缩小到了 0.74μm，而记录信息的最小沟槽长度由 CD-ROM 的 0.83μm 缩小到了 0.4μm。

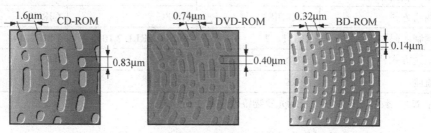

图 6-39　各种光盘之间光道的比较

6. BD-ROM 光盘

（1）BD-ROM 的基本规格。蓝光光盘（BD-ROM）利用波长较短（405nm）的蓝色激光读取数据。而 CD-ROM 和 DVD-ROM 采用红色激光（波长为 650nm）读取数据。一般情况下，激光波长越短，在单位面积上记录的信息越多。BD-ROM 仍然使用沟槽进行数据记录，单层 BD-ROM 容量为 25GB，双层可达到 54GB 容量。BD-ROM 光盘的设计与 DVD-ROM 不兼容，但是蓝光光驱可以兼容此前出现的各种光盘产品。

（2）BD-ROM 保护层设计。BD-ROM 在 1.1mm 厚的光盘表面上覆盖了 0.1mm 厚的保护层，减小保护层的厚度可以提高光盘的存储密度。但是保护层过薄时，光盘的抗污性能也随之降低。为了保护 BD-ROM 光盘表面，需要一个盘匣来装载光盘，这增加了 BD 的生产成本。

7. 光盘技术性能对比

各种光盘的技术性能比较如表 6-12 所示。

表 6-12　各种光盘盘片技术参数对比

技术指标	技 术 参 数		
光盘类型	BD-ROM	DVD-ROM	CD-ROM
存储容量	25～54GB	4.7～17GB	650MB
盘片直径与厚度/mm	120×1.2	120×1.2	120×1.2
读出激光波长/nm	405（蓝光）	650（红光）	780（红光）
NA（数值孔径）/μm	0.85	0.6	0.45
光道间距/μm	0.32	0.74	1.6
最小沟槽长度/μm	0.14	0.4	0.83
盘片结构/mm	1.1+0.1	0.6×2	1.2

技术指标	技 术 参 数		
保护层厚度/mm	0.1	0.6	0.6
扇区容量/KB	2	2	2
ECC 数据块扇区	32	16	
信道脉冲频率/MHz	66	26.2	
1×基准传输速率/KB/s	4500	1350	150
数据纠错方式	LDC-BIS	RS-PC	CIRC
信号调制编码	RLL 1，7	EFM+（RLL 2,10）	EMF 8-14
信号记录方式	沟槽	沟槽	沟槽
光盘盘匣	需要	不需要	不需要

说明：NA（数值孔径）参数表示光驱物镜聚集激光的能力。

6.4.2　读写光盘基本结构

1．DVD-R 光盘数据存储原理

BD-R/DVD-R/CD-R 是一种可以刻录（利用刻录机对光盘进行数据写入）一次数据的光盘，因此也称为刻录盘。刻录盘利用一种有机染料，它在高温下会发生分子排列变化，可以用来记录数据。对于 DVD-R 光盘，在刻录过程中，刻录机激光头按照数据脉冲信号发出高能量（激光功率比读取数据时强得多）的激光。激光透过光盘表面的透明层，深入到光盘腹地，并使其中的有机染料局部熔化（从固态到液态）。光照冷却后，有机染料的透光性局部遭到了永久性破坏，而没有受到激光照射的局部则呈现良好的透光率，这样就在 DVD-R 光盘上形成了永久的记录点。DVD-R 光盘结构如图 6-40 所示。

图 6-40　DVD-R 光盘结构

DVD-R 盘片必须将数据一次性写入光盘。因此，需要刻录软件（如 Nore）将分散在硬盘上的文件收集起来，制作成映像文件，并且在数据中加上起始标志和结束标志信息，然后连续写入（刻录）光盘，数据写入过程不能中断，否则将导致刻录失败。虽然 DVD-R 盘片需要连续写入，但是存储在 DVD-R 光盘中的数据可以随机读出。

2．DVD-RW 光盘结构

BD-RW/DVD-RW/CD-RW 是一种可以将数据反复写入的光盘，这种光盘利用了"可逆

变晶体"材料。一些特殊的晶体材料在不同温度下分别呈结晶态与非结晶态，如果使用不同功率的激光对它们进行照射，就可以使这些晶体材料发生相变。空白的 DVD-RW 光盘的记录层全部处于透明的结晶态，写入数据时，光驱的大功率激光照射，使光盘局部温度超过了材料的熔点，这些材料冷却后变为不透明的非结晶态。进行数据擦除时，使用较低功率的激光，可以使这些材料的非结晶态返回结晶态。

DVD-RW 光盘结构如图 6-41 所示，如果将 DVD-R 记录层的染料换成相变材料，并加入保护层，就基本构成了 DVD-RW，两者在数据存储方式上是一致的。

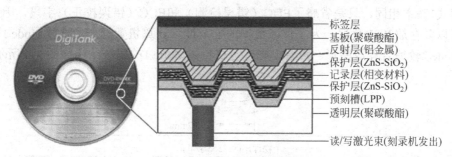

标签层
基板(聚碳酸酯)
反射层(铝金属)
保护层(ZnS-SiO$_2$)
记录层(相变材料)
保护层(ZnS-SiO$_2$)
预刻槽(LPP)
透明层(聚碳酸酯)

读/写激光束(刻录机发出)

图 6-41　DVD-RW 光盘结构

3．DVD-RAM 光盘

DVD-RAM 由松下（Panasonic）等公司开发，DVD-RAM 技术源于 PD（双相变）光盘技术，并结合了硬盘、MO（磁光盘）的部分技术。DVD-RAM 具有良好的随机寻址能力和可靠性的数据保护设计，但是它与传统 DVD-ROM 的兼容性非常差，这是 DVD-RAM 在市场应用中最大的障碍。任何一台 DVD 光驱和 DVD 影碟机都能够读 DVD-R/RW 或 DVD+R/RW，但能读 DVD-RAM 盘片光驱非常少。

6.4.3　光盘基本逻辑结构

光盘的逻辑结构是光盘上数据的存储方式，如数据的存储地址、数据的类型、数据块的大小、数据错误检测和错误纠正方法等。CD-ROM/DVD-ROM/BD-ROM的逻辑结构基本相同；但是，它们的信号调制方式、纠错码各不相同。

1．光盘数据存储区域划分

光盘分为以下6个主要区域。

（1）集中控制区（HCA）。它用于光驱对光盘的集中控制，该区域不存放任何数据或系统信息。

（2）电源校准区（PCA）。该区域只存在于可读写光盘（DVD-R/RW）中，它用于光盘数据写入时，光驱决定必要的激光能量，以执行最优化的操作。

（3）程序存储区（PMA）。该区域也只存在于可读写光盘（DVD-R/RW）中。在光盘刻录时，记录会话关闭之前，TOC（内容表）暂存于该区域中；记录会话关闭后，TOC信息将写入到引导区域（Lead-in）中。

（4）引导区。该区域的Q通道包含TOC信息，TOC的内容包括所有光道（歌曲或数据）

的起始地址和长度、数据区的总长度，以及单个记录会话信息。

（5）数据区。该区域从半径为25mm处开始。

（6）导出区（Lead-out）。它标志着数据区的结束。

2．光盘的扇区结构

CD-ROM定义了三种类型的扇区结构：一是Mode 0，这种模式不向用户开放，用于光盘的导入区和导出区；二是Mode 1，用于存储计算机数据；三是Mode 2，它的扇区结构与模式1基本相同，只是省略了EDC（错误检测）和ECC（错误校正）字段，因此每个扇区可以多存放288B数据。为了保证数据的安全性，计算机数据一般选择Mode 1扇区模式，Mode 2较适合存放图形、声音、影音等资料。Mode 1的扇区结构如图6-42所示。

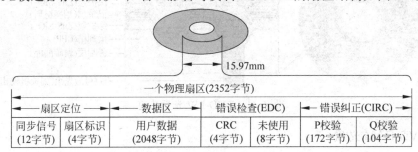

图 6-42　光盘 Mode 1 扇区结构

（1）同步区（SYNC）。每个扇区的开头都有12B的同步信号。同步信号不经过信号调制（如EFM+），它本身就是通道码。

（2）扇区标识区（ID）。4字节，用于说明扇区地址和工作模式。光盘扇区地址与硬盘扇区地址不同，硬盘地址用LBA（逻辑扇区）表示，而光盘采用计时地址系统。它以分、秒和百分秒时间值作为地址。扇区标识字段的数据结构如表6-13所示。

表 6-13　光盘扇区标识字段数据结构

技术指标	技　术　参　数			
时间单位	分（Min）	秒（Sec）	百分秒（Frac）	模式（Mode）
存储长度	1B	1B	1B	1B
寻址范围	0～74	0～59	0～74	0～1

（3）用户数据区。用户数据区由一个或多个逻辑块组成，每个扇区最大为2KB（2048B）。用户原始数据不能直接存入光盘的扇区中，原始数据必须经过交叉插入（CIRC）编码，然后进行EFM（8-14调制编码）调制后，再存入光盘扇区中。

（4）EDC（错误检测）。如果EDC检测无差错，就不执行本扇区后面的ECC错误校正功能。

（5）ECC（错误校正码）。由于光盘的原始误码率较高（约10^{-4}），因此采用纠错能力很强的CIRC（交叉插入里德-索罗蒙码）进行纠错。P校验是由（32，28）RS（里德-索罗蒙码）生成的校验码；Q校验是由（28，24）RS生成的校验码。

6.4.4　光驱基本工作原理

不同类型的光盘需要不同的光驱来读取数据，但是光驱采用了向下兼容的设计方案。例如，BD-ROM光驱可以读出DVD-ROM和CD-ROM中不同容量（如650MB和8GB等）和不同类型（如DVD-R、DVD-RW、CD-ROM等）的光盘。

1. 光盘数据读取原理

如图6-43所示，光驱由激光头、光头驱动机构、光盘驱动机构、控制电路、数据处理芯片等电路组成。

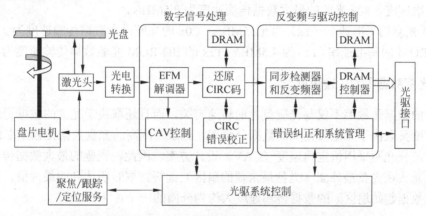

图 6-43　CD-ROM光驱电路结构框图

激光头是光驱的核心部件，如图6-44所示，它由光电检测器、透镜、激光束分离器、激光器等元件组成，它的功能是将光盘上的信息转换成为电信号。激光器发出的激光经过几个透镜聚焦后到达光盘，从光盘上反射回来的激光束沿原来的光路返回，到达光束分离器后反射到光电检测转换器，由光电检测转换器把光信号变成电信号，再经过电路处理后还原成原来的二进制数据。

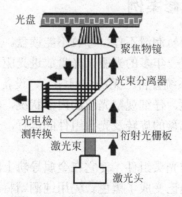

图 6-44　激光头基本工作原理

早期的光驱一次只能读取一个光道，这样，要提高光驱的读盘速度就只有提高光驱电机的转速。但是光驱转速提高后，光驱的震动也加大了，造成了大量数据出错。因此，在光驱设计中，一方面加强消除光驱高速旋转产生的震动；另外一方面采用多束激光同时读取多个光道的技术（如图6-43所示），这使光驱读盘速度有了很大的提高。

光驱在工作时，激光头与光盘之间是不接触的，因此不必担心激光头和光盘之间的磨损问题。但是，光盘上的灰尘在激光的高温熔化下，容易在激光头形成顽固的污垢。这严重影响了光驱的读盘性能，也加速了光驱的老化过程。

2．光驱基准速率

CD-ROM光驱的数据传输速度常用多少倍速来衡量。例如，50倍速的光驱表示成50x，其中的"x"表示数据基准速率（1x）为153.6KB/s（一般圆整为150KB/s），它是早期CD播放的基准速度，50x光驱的最大数据传输速度为7.5MB/s。

DVD光驱的基准速率（1x）为1.35MB/s，20x的光驱最大数据传输速度为27MB/s。

BD-ROM的基准速率（1x）为4.5MB/s，12x的BD-ROM光驱数据传输速度为54MB/s。

3．光驱数据平均传输速度

光驱的数据传输率不仅与光驱盘片的转速有关，而且还取决于光盘的数据记录密度，而记录密度又取决于光驱激光头的数据分辨率，记录密度高的光盘数据传输速率也高。

绝大部分光驱采用恒定角速度（CAV）设计方案。因此，光驱的最大数据传输速度往往是指激光头在光盘最外圈（光盘最末端的扇区）读写数据时所达到的最大值，而光盘内圈（光盘数据起始扇区）的数据传输速度大约为外圈的一半。

4．影响光驱数据传输速度的因素

光驱工作过程中，光驱的读盘速度往往是变化的。当光盘质量优良、光驱工作正常时，光驱才会以标称速度工作。当光驱读盘发生困难时，光驱会自动降低一半的速度进行读盘，如果光盘中的数据还不能读出，光驱会继续降低一半速度，并且加大光驱激光功率进行读盘。因此，当光驱读盘发生困难时，高速光驱与低速光驱在速度上并没有区别。

6.4.5　光驱故障维修案例

【例6-8】　光驱激光头导轨润滑不佳，导致不能读盘。

（1）故障现象。一台购置一年多的光驱，光盘放进光驱读一会儿，指示灯熄灭，单击资源管理器的光驱盘符G：，系统警告"无法访问G：\，设备尚未准备好。"

（2）故障处理。拆开光驱，仔细观察光驱的内部状况，没有发现严重的机械故障。开机放进一张光盘，仔细观察光盘的旋转及光头组件的运行，光盘旋转正常，电机进退也没太大问题。

关闭电源后，用手轻轻推光头组件，使它在金属导轨上滑动，有很明显的迟滞感。观察光驱滑动导轨，发现润滑油已变成了黑色。先用纯酒精将滑动组件上含杂质的润滑油清理干净，然后重新加上润滑油，然后重新试机，读盘恢复正常。

（3）经验总结。润滑油涂抹太多可能阻碍激光头组件的前进，并且可能滴下来，导致光驱电路短路。如果没有润滑油，使用"金霉素"眼膏也可以，眼膏油脂含量高，性质稳定，不会发生化学反应，作润滑剂不亚于真正的润滑油。

【例 6-9】 光驱压紧机构故障，导致读盘困难。

（1）故障现象。一台光驱正常运行一段时间后，开始挑盘。使用正版光盘时，基本正常工作，使用质量稍差的光盘时，驱动器内常有"嚓、嚓"的摩擦声。但把光盘放到其光驱上，都能正常使用。取出光盘，发现光盘内圈上有明显划痕。

（2）故障处理。将光驱盖板拆开，将故障光盘装入后试运行。光驱在高速旋转时，上夹盘机构不能始终与光盘一起旋转，导致光盘转速变慢。从而使光盘在夹盘机构表面产生了摩擦，并导致与夹盘机构与光盘内圈划伤。调整支撑架与上夹盘机构的间距（轻轻向下压），然后再把故障光盘装入运行，故障消失。

（3）经验总结。光盘运行时，需要上下两个夹盘机构将光盘内圈固定在主轴上。只有打开光驱舱门取出光盘时，两个夹盘机构才会自动分离。使用时间较长的光驱，夹盘机构可能会松动，一些质量较差的光盘，其中心孔可能偏大，也会导致光驱读盘故障。

习　题

6-1　说明 NOR 闪存和 NAND 闪存各自的特点。

6-2　说明闪存如何进行数据写入操作。

6-3　说明 SATA 接口的技术特点。

6-4　说明 RAID 0 和 RAID 1 的技术特点。

6-5　某硬盘转速为 7200rpm，平均寻道时间为 11ms，试计算平均等待时间和理论平均访问时间。

6-6　讨论闪存是否会取代内存。

6-7　讨论有哪些方法可以恢复硬盘中的数据。

6-8　讨论为什么刻录光盘可以进行数据的反复写入。

6-9　写一篇课程论文，论述提高硬盘存储容量的技术或新型闪存技术。

6-10　利用工具软件进行硬盘性能检测和数据恢复实验。

第7章

显示系统结构与故障维修

计算机显示系统的功能是在屏幕上显示文字、图形和视频等信息，这项工作通常由CPU、内存、显卡、显示器等设备，以及操作系统和应用软件共同完成。

7.1 视频图形显示技术

7.1.1 分辨率与显示模式

1. 显示分辨率

字符或图形都是以像素点的形式显示在计算机屏幕上。如图 7-1 所示，字符"A"在屏幕上显示的像素点越多，图像就越清晰。显示分辨率是指显示器上像素点的数量，通常用"水平像素点×垂直像素点"的形式表示。例如，分辨率为 1024×768 的显示器，表示显示器水平方向能够显示 1024 个像素点，垂直方向能够显示 768 个像素点。

图 7-1 不同分辨率下字符的显示效果

2. 显示色彩

（1）色彩显示效果。如图 7-2 所示，人眼对色彩的辨别很敏感，在同样的像素分辨率下，显示的色彩的等级越多，图形显得越精细。从显示效果看，图像色彩的数量比分辨率更加重要。

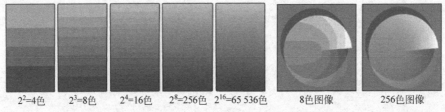

图 7-2 同一分辨率下不同色彩数的显示效果

（2）色彩深度（色彩位数）。显示器上的任何颜色，都可以用红绿蓝（RGB）三个基色按不同比例混合得到。例如，在屏幕上显示一个红色像素点时，可以设置 R=255，G=0，B=0，就可以得到一个红色像素点；如果希望显示一个洋红色像素点，可以设置 R=255，G=0，B=255，就可以得到一个混合的洋红色像素点。如果 RGB 中的每个色彩用一个字节（8 位，可分为 0～255 个亮度等级）存储，使用三个字节（色彩深度=24 位）就可以保存屏幕中一个像素点的色彩，因此显示器能够显示的颜色为：2^{24}＝1670 万种色彩，这时人眼已很难分辨出相邻两种颜色的区别。目前显卡色彩深度为 32 位，8 位记录红色，8 位记录绿色，8 位记录蓝色，8 位记录 Alpha（透明度）值，构成一个像素的显示效果。

3. 显示模式

显示模式是一种设计标准，它规定了显示器的分辨率、色彩数量等技术指标。目前液晶显示器的显示模式遵循 SPWG（液晶面板标准工作组）制定的 ISP（液晶面板工业标准）。ISP 规定的常用显示模式类型如表 7-1 所示。

表 7-1　常用显示模式类型

显示模式	最高分辨率	色彩	说　明	显示模式	最高分辨率	色彩	说　明
MDA	720×350	2 色	淘汰	SXGA+	1400×1050	32 位	4:3
CGA	640×200	16 色	淘汰	WSXGA+	1680×1050	32 位	16:10 宽屏
EGA	640×480	64 色	淘汰	UXGA	1600×1200	32 位	4:3
QVGA	320×240	256 色	4:3	WUXGA	1 920×1200	32 位	16:10 宽屏
WQVGA	480×272	24 位	16:9 宽屏	QWXGA	2048×1152	32 位	16:9 宽屏
VGA	640×480	256 色	4:3	QXGA	2048×1536	36 位	4:3
SVGA	800×600	16 位	4:3	WQXGA+	2560×1600	36 位	16:10 宽屏
WVGA	854×480	24 位	16:9 宽屏	QSXGA	2560×2048	36 位	5:4
WSVGA	1024×600	32 位	16:9 宽屏	576i	720×576	—	PAL/4:3/隔扫
XGA	1024×768	24 位	4:3	480i	760×480	—	NTSC/4:3/隔扫
WXGA	1280×800	32 位	16:10 宽屏	HD720P	1280×720	—	HDTV/16:9/逐扫
WXGA+	1440×900	32 位	16:10 宽屏	HD1080i	1920×1080	—	HDTV/16:9/隔扫
SXGA	1280×10 24	32 位	5:4	HD1080P	1920×1080	—	HDTV/16:9/逐扫

说明：m:n 为屏幕宽:高；隔扫为隔行扫描；逐扫为逐行扫描。

7.1.2　RGB 色彩模型

色彩是一门复杂的学科，它涉及物理学、生物学、心理学和材料学等多种学科。色彩是人大脑对物体的一种主观感觉，用数学方法描述这种感觉是一件困难的事。目前有很多有关色彩的理论、测量技术和标准，但是没有一种色彩理论被普遍接受。

1．CIE 1931 色度图

CIE（国际发光照明委员会）在 1931 年创建了一套界定和测量色彩的标准 CIE 1931 色度图（如图 7-3 所示）。在 CIE 1931 度图中，环绕在色度图边沿的颜色是光谱色，边界代表光谱色的最大饱和度，边界上的数字表示光谱色的波长，其轮廓包含所有的感知色彩，自然界中各种实际颜色都位于这条闭合曲线内。

2．RGB 色彩模型

色彩模型指包含某个色彩域的所有颜色，计算机图形系统中常用的色彩模型为 RGB。RGB 色彩模型认为，可见光中的不同色彩，可以由红（Red）、绿（Green）、蓝（Blue）三种基本色光按不同比例混合而成。如图 7-4 所示，这三种色光以相同的比例混合，且达到一定的强度时，会呈现出白色（白光）；如果三种色光的强度均为零，就是黑色。从图 7-3 可以看出（RGB 三角形区域内），RGB 色彩模型的可显示色彩小于实际的色彩，也就是说，计算机显示系统并不能完全显示自然界中的全部色彩。RGB 色彩模型广泛用于显示器、电视机、灯光等主动发光的产品中。

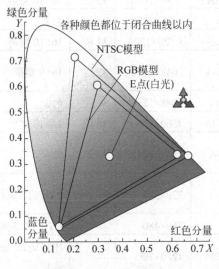

图 7-3　CIE 1931 色度图

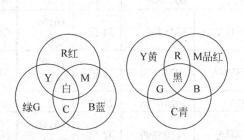

图 7-4　RGB（左）和 CMY 色彩模型（右）

3．CMY 色彩模型

打印、印刷、印染、绘画、油漆等行业广泛采用 CMY 色彩模型，CMY 色彩模型的三原色是青（Cyan）、品红（Magenta）和黄（Yellow）。CMY 色彩模型认为，物体所呈现的色彩是光源中被材料表面吸收后所剩余的部分。CMY 色彩模型广泛用于各种被动发光产品中。在色度图中，CMY 色彩模型可以显示的色彩范围小于 RGB。也就是说，在计算机显示器上显示的色彩，在打印时不一定能够达到显示器的色彩效果。在通常情况下，显示器的色彩要艳丽一些，打印效果要灰暗一些。

7.1.3　位图和矢量图形

1. 位图（点阵图形/图像）

位图由多个像素点组成。位图放大时，可以看到构成整个图像的像素点，由于这些像素点非常小（取决于图像的分辨率），因此观看位图时的颜色和形状显得是连续的；一旦将图像放大观看，图像中的像素点会使线条和形状显得参差不齐。缩小位图尺寸时，也会使图像变形，因为缩小图形是通过减少像素来使整个图像变小的。

大部分情况下，位图由数码相机、数码摄像机、扫描仪等设备获得，也可以利用图形处理软件（如 Photoshop 等）创作和编辑位图。计算机视频图像（影视节目等）也由大量的位图组成，只是采用连续播放（30 帧/s 或以上）的形式，达到动态效果。

位图表达的图像逼真，但是文件较大，处理高质量彩色图像时对硬件平台要求较高。位图缺乏灵活性，因为像素之间没有内在联系，而且它的分辨率是固定的。将图像缩小后，如果再将它恢复到原始尺寸大小时，图像也会变得模糊不清。

【例 7-1】 如图 7-5 所示，对分辨率为 1024×768，色彩为 24 位的位图进行编码。

对图片中的每一个像素点进行色彩取值，其中某一个橙红色像素点的色彩值为：R=233，G=105，B=66，如果不对图片进行压缩，则将以上色彩值进行二进制编码就可以了。形成图片文件时，还必须根据图片文件的格式，加上文件头部。

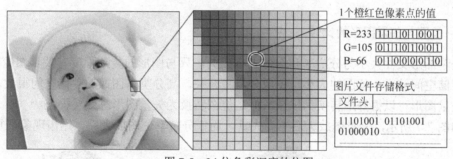

图 7-5　24 位色彩深度的位图

2. 矢量图形

矢量图（Graphic）根据图形的几何特性绘制，它用一系列计算指令来描述图形，因此矢量图本质上是用数学方法描述的图形，它可以由多个数学表达式的编程语言表达。

矢量图形采用计算公式和特征点参数对图形进行表示和存储。如图 7-6 所示，矢量图形只记录生成图形的算法和图上的某些特征点参数。矢量图中每个对象都是一个自成一体的实体，它具有颜色、形状、轮廓、大小和屏幕位置等属性。在显示或打印矢量图形时，要经过一系列的数学运算才能输出图形。大部分矢量图利用计算机软件进行人工绘制，部分矢量图可以由计算机自动生成（如分形图）。

在矢量图形的绘制中，对于直线、圆等都有很成熟的算法公式进行拟合；对于随机曲线，一般采用的拟合算法有：B 样条（NURBS）曲线拟合（如 3d Max 等软件），贝塞尔曲线（Bézier curve）拟合等算法（如 Photoshop、Flash 等软件）。因此，矢量图形对 CPU 的计算工作量较大。

图 7-6　点阵字形（左）和矢量图形（右）

　　矢量图形可以方便地将图形放大、缩小、移动和旋转等，矢量图形的尺寸可以任意变化而不会损失图形的质量。由于构成矢量图形的各个部件是相对独立的，因而在矢量图形中可以只编辑修改其中的某一个物体，而不会影响图中其他物体。

　　由于矢量图形只保存算法和特征点参数，因此占用的存储空间较小，打印输出和放大时图形质量较高。

　　矢量图形也存在一些缺点，一是矢量图形难以表现色彩层次丰富的逼真图像效果；二是显示图形时计算时间较多；三是无法使用简单廉价的设备，将图形输入到计算机中并且矢量化，矢量图形基本上需要人工设计制作，设计一个复杂的三维矢量图形时，工作量特别大；四是矢量图形目前没有统一的标准和格式，大部分矢量图形格式存在不开放和知识产权问题，这造成了矢量图形在不同软件中进行交换的困难，也给多媒体应用带来了极大的不便。

3．位图与矢量图形的比较

　　矢量图形文件大小与分辨率和图像大小无关，只与图形的复杂程度有关，图像文件所占的存储空间较小；位图的大小与图像分辨率有关，高分辨率图像的存储空间很大。

　　矢量图形可以很好地转换为位图，但是位图转换为矢量图形时效果很差。

　　如图 7-7 所示，矢量图放大后不会失真，而低分辨率位图放大后，锯齿现象严重。

图 7-7　低分辨率位图与矢量图放大效果比较

　　在 Windows 操作系统中，屏幕显示小于 8×8 像素（相当于 6 号字体大小）的文字采用点阵字体（位图）显示，大于 8×8 像素的文字均采用矢量字体显示。

7.1.4　3D 图形处理技术

1．3D 动画处理流程

显示系统的主要功能是输出字符、2D（2 维）图形、3D（3 维）图形和视频图像。3D 图形（如 CAD 产品设计、3D 游戏等）的生成与处理过程非常复杂，3D 动画从设计到展现在屏幕上，需要经过以下步骤：场景设计→几何建模→纹理映射→灯光设置→摄影机控制→动画设计→渲染→后期合成→光栅处理→帧缓冲→信号输出等，3D 图形处理中最重要的工作是几何建模和渲染。

2．几何建模

建模是动画设计师根据造型设计，利用三维建模软件在计算机中绘制出角色模型。这是三维动画中很繁重的一项工作，需要出场的角色和场景中出现的物体都要建模。通常使用的软件有 3D Max、AutoCAD、Maya 等。

常用建模方式有：一是多边形建模，它是将一个复杂的图形用一个个小三角面或四边形组接在一起表示；二是样条曲线建模，用几条样条曲线共同定义一个光滑的曲面，特性是平滑过渡性，不会产生陡边或皱纹；三是细分建模，这种建模不在于图形的精确性，而在于艺术性，如《侏罗纪公园》中的恐龙模型。

如图 7-8 所示，一个简单物体的多边形顶点只有十几个，而一个复杂模型的顶点有上万个，顶点越多模型越复杂，消耗的系统资源也就越多，游戏运行速度就越慢。例如，一个简单的人物模型有五千多个多边形，一个复杂的人物模型会有多达 200 万个多边形。目前画面质量较好的 3D 游戏，一个场景大概有 500 万～600 万个多边形。

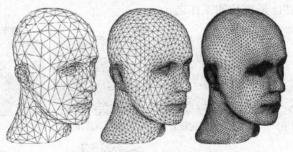

图 7-8　不同精度 3D 图形的几何建模

3．渲染

渲染（Render）是将 3D 模型和场景转变成一帧帧静止图片的过程。渲染时，计算机根据场景的设置、物体的材质和贴图、场景的灯光等要求，由程序绘制出一幅完整的画面。3D 图形的渲染如图 7-9 所示。

渲染由渲染器完成，渲染器有线扫描（Line Scan，如 3D Max）方式、光线跟踪（Ray Tracing）方式，以及辐射渲染（Radiosity，如 Lightscape）方式等。渲染是一个相当耗时的过程，3D 模型做得越精细，渲染一帧的时间也就越长。《功夫熊猫》电影中，一帧画面的渲染耗时达 4h，而 1s 的 3D 动画需要 24 帧。较好的渲染器有 Softimage 公司的 Metal Ray 和皮克斯公司的 Render Man。

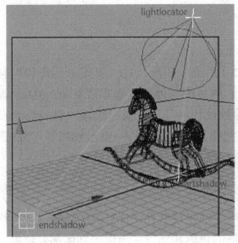

图 7-9　3D 图形的渲染

4．纹理映射（贴图）

早期计算机生成的 3D 图形，它们的表面看起来像一个发亮的塑料，缺乏各种纹理，如磨损、裂痕、指纹、污渍等，而这些纹理会增加 3D 物体的真实感。在计算机图形学中，纹理指表示物体表面细节的位图。

由于 3D 图像的纹理是简单的位图（材质），因此任何位图都可以映射在 3D 图形框架上。如图 7-10 所示，可以将一些青草、泥土和岩石的纹理位图，贴在山体图形框架的表面，这样山坡看起来就很真实。这种将纹理位图贴到物体框架表面的技术称为纹理映射（贴图），纹理映射是显卡中 GPU 最繁忙的工作之一。

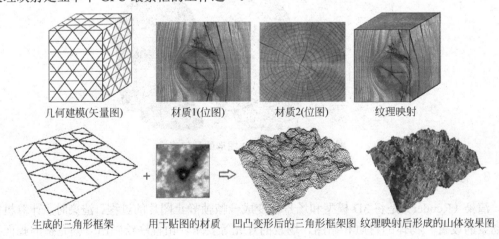

图 7-10　3D 图形的纹理映射

5．图形抗锯齿技术

显示器在显示倾斜物体的边缘、弯曲的边缘时，很容易出现锯齿现象。消除图形边缘锯齿现象的技术称为抗锯齿技术。消除图形锯齿的方法有：一是提高图形分辨率，但是高分辨率图形增加了显卡的处理负担；二是将图形边缘像素的前景色和背景色进行混合计算，用第三种颜色来填充该像素（如抖动技术）。

抖动算法是一种应用广泛的图形抗锯齿技术，利用抖动技术进行图形抗锯齿处理时，它通过改变像素的灰度等级排列，得到一种过渡色调，使曲线边缘看起来更加平滑一些。利用抖动技术显示的字符和图像效果如图 7-11 所示。

图 7-11 文字和图像抗锯齿处理的效果对比图

抖动抗锯齿技术工作原理如图 7-12 所示。屏幕最小显示单位是 1 个像素，如果以黑白两种颜色来填充这些像素点，就会在图形边缘产生锯齿现象，使图形边缘看起来非常粗糙；抖动抗锯齿技术是利用不同灰度等级的颜色来填充图形边缘，形成图形边缘的过渡色，减小图形边缘的锯齿现象。

图 7-12 抖动抗锯齿技术的基本原理

7.1.5 DirectX 图形处理

1. DirectX 的基本功能

DirectX 是微软公司建立的一组游戏编程接口，它采用 C++编程语言实现。从字面意义上看，Direct 是"直接"的意思，而 X 则含有"多方面"的意思，DirectX 是一整套多媒体接口方案。DirectX 可以让游戏程序开发者根据 API（应用程序编程接口）编写相应的软件程序，而不必考虑具体的硬件设备。DirectX 由 4 大部分组成：显示部分、声音部分、输入部分和网络部分。下面主要讨论显示部分的结构。

2. DirectX 图形处理的基本结构

DircetX 10 主要设计目标是最大限度地降低 CPU 负载。为了增强显卡的处理效能，在以前的像素着色器和顶点着色器的基础上，又增加了一个几何着色器。DircetX 10 结构如图 7-13 所示。

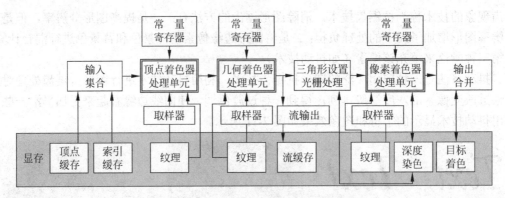

图 7-13　DircetX 10（WGF 2.0）系统结构

（1）像素着色器（Pixel Shaders）单元。像素着色器是一些小程序，它的功能是对 3D 模型中的小三角形内部进行 RGB 着色。它可以为 3D 图形添加一些几何学特效，例如，为了表现湖水的涟漪，可以让特定的蓝色材质发生移动、扭曲和倒映，这样就会给人波光粼粼的感觉。

（2）顶点着色器（Vertex Shaders）单元。顶点着色器用于生成 3D 图形的多边形顶点，并输出下一个顶点位置。顶点着色器一次只对单一顶点进行操作，因此顶点着色器主要用于操作已有的几何图形（图形变形或图形外观变换等操作），它无法生成新的几何图形。

（3）几何着色器（Geometry Shader）单元。几何着色器以图元作为处理对象，图元由一个或多个顶点构成，由单个顶点组成的图元称为"点"，由两个顶点组成的图元称为"线"，由三个顶点组成的图元称为"三角形"。几何着色器支持点、线、三角形、带邻接点的线、带邻接点的三角形等多种图元类型，几何着色器可以让 GPU 提供更精细的模型细节。几何着色器可以设计出更为复杂的烟雾、爆炸、天气等效果，使 CPU 从繁重的计算任务中解脱出来。

（4）常量寄存器（Constant Registers）。在游戏场景里有很多的树木和杂草，游戏程序开发者可以先把树、草的模型设置给显卡，然后将所有要画的树木的位置、方向和大小一次性地写入到常量寄存器中，这样，显卡便可以一次把所有的树木和草都一起绘制出来。DirectX 10 支持最多 16 个常量寄存器，每个寄存器可以存放 4096 个常量，而且只需调用一次应用程序接口（API）就可以更新一大批常量。

7.2　显卡结构与故障维修

7.2.1　独立显卡基本结构

显卡（视频适配器）的功能是协助 CPU 进行图形处理工作，以及将信号转换为显示器能够接收的方式。

1．独立显卡的基本组成

如图 7-14 所示，独立显卡的主要部件有图形处理芯片 GPU、显卡 I/O（RAMDAC）芯片、显存芯片、供电电路、散热部件、显卡总线接口 PCI-E、信号输出接口 DVI，以及其他电子元件。

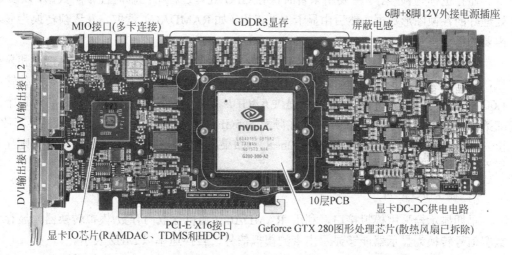

图 7-14　nVIDIA（英伟达）公司 Geforce GTX 280 显卡基本组成

2. 图形处理芯片（GPU）

GPU（图形处理单元）芯片决定了显卡性能的高低，它是显卡的核心部件。常见的 GPU 芯片有：nVIDIA（英伟达）公司的 Geforce 系列和 ATI 公司的 Radeon 系列。由于 GPU 工作频率越来越高，工作时发热量也越来越大，厂商往往在显卡外部加装了一个风冷散热系统或热管散热系统。不同厂商的显卡产品往往采用相同的 GPU 芯片，因此它们之间在性能和功能上差异不大，但是显卡工作的稳定性往往相差甚远。

（1）GPU 的统一流水线功能。GPU 采用统一流水线结构，这种结构有以下特点：一是通过很多功能相同的流处理器（SP）来动态分配给各种操作，从而达到提高显示效率的目的；二是将顶点着色、几何着色和像素着色合并成一个渲染流程，每个流处理器都可以进行顶点计算、几何计算和像素计算；三是这种结构的流处理器可以并行运行。

（2）G200 图形处理芯片结构。nVIDIA 公司的 Geforce GTX 280 显卡，采用的 GPU 为 G200-300-A2 核心，G200 核心采用 65nm 工艺制造，集成了 14 亿个晶体管，核心面积为 576mm^2。G200 核心频率为 602MHz，着色器频率为 1.296GHz。G200 芯片基本结构如图 7-15 所示。

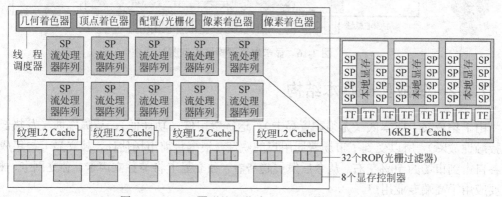

图 7-15　G200 图形处理芯片（GPU）核心结构框图

3．显存（GDDR3-GDDR6）

显存也称为帧缓存，主要用来暂时保存 GPU 处理过程中的临时性中间数据，以及 GPU 处理好的各帧图形数据。然后由显卡 I/O 芯片（如 RAMDAC）读取，并逐帧转换为显示器需要的信号格式。

显卡往往采用专为显存设计的 GDDR 芯片，衡量显存的技术指标有显存带宽和显存容量，显存带宽决定了 GPU 与显存之间的数据传输速率。GDDR3 显存芯片的数据传输率为 1.6Gb/s，单显存芯片（32 位）可以提供 6.4GB/s 的带宽；高速 GDDR5 显存芯片每个引脚的数据传输率可以达到 5Gb/s（即传输频率为 5GHz，时钟频率为 2.5GHz），单显存芯片（32 位）可以提供 20GB/s 带宽（5GHz×32b÷8）。如果显卡的显存位宽为 512 位设计，则显卡数据吞吐可以达到 320GB/s 带宽。

4．显卡 I/O 芯片

早期显示器采用模拟接口，利用 RAMDAC（随机存取内存数/模拟转换器）显存中的数字信号转换为显示器能够显示出来的模拟信号，转换速率以 MHz 表示。

目前用户基本采用 LCD，LCD 采用 DVI 数字信号接口。DVI 接口采用 TMDS（最小化传输差分信号）作为基本电气连接，因此 RAMDAC 芯片就不需要了。目前的显卡 I/O 芯片集成了各种接口的转换功能。也有部分低端显卡将接口进行简化后，将显卡 I/O 芯片的功能集成在 GPU 中了。显卡的逻辑结构如图 7-16 所示。

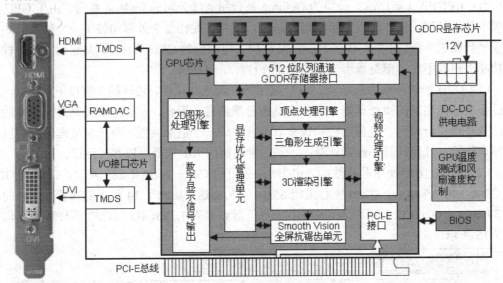

图 7-16   显卡电路逻辑结构框图

7.2.2 集成显卡基本结构

由于集成显卡成本低（无须购置显卡）、运行费用低（功耗低）、故障率低（发热低、无接触性故障），所以受到了市场普通用户的欢迎。根据目前市场估计，独立显卡与集成显卡各自占到市场的 50%左右。从今后发展趋势看，独立显卡将与独立声卡、独立网卡一样，主要应用于高端专业用户。

1．Intel GMA 集成图形加速器

Intel GMA（图形媒体加速器）是 Intel 公司的集成显示核心，GMA 功能集成在北桥芯片组内。如果主板采用了 GMA 功能的北桥芯片（GMCH），则用户无须另外购买和安装显卡。因此，具有 GMA 功能的主板也称为"集成显卡"主板。集成显卡多用于低价计算机和笔记本计算机。集成显卡在运行时会占用部分内存，令计算机性能略为降低，这是由于 CPU 以及显示核心需要同时经过同一总线来存取内存所致。

第 5 代 Intel GMA 结构核心为 GMA X4500。GMA X4500 核心集成在 G45/GM45/G43/G41 芯片组中，制程工艺为 65nm。GMA X4500 同样采用了统一渲染结构，内建 10 个流处理器（SP）和 10 个光栅处理单元（ROP），核心频率为 475MHz，默认情况下占用 32MB 内存作为常用显存，在游戏时会自动调用更多内存来作为显存。X4500 支持 DirectX 10 等特性。为了增强性能，X4500 中加入了对 HDCP 硬件解码的支持，并且支持 HDMI 和 DVI。集成了 GMA X4500 核心的 G45 芯片组主板，在游戏中的实测性能与 Geforce 8400MG 独立显卡相当。Intel GMA 技术指标如表 7-2 所示。

表 7-2　Intel GMA 集成图形核心技术参数一览表

技术指标	技　术　参　数				
Intel GMA 核心	GMA X4500	GMA X3000 GMA X3100 GMA X3500	GMA 3000 GMA 3100	GMA 900 GMA 950	Extreme Graphics Extreme Graphics 2
推出日期	2008 年	2007 年	2006 年	2005 年	2002 年
核心时钟频率/MHz	640	400～667	400～667	340	200～320
RAMDAC 频率	350MHz	300MHz	300MHz	400MHz	350MHz
配套芯片组	G45/G43/G41	G35/GM965	G33/965G	945G/915G	810/815G/845G/865G
最大显存/MB	384	384	256～384	192～224	64
最大显存带宽/(GB/s)	12.8	12.8	10.7～12.8	8.5～10.7	2.1～6.4
像素填充率/（像素/s）	4.8G	2.133G	1.6G	1.6G	266M
像素渲染流水线	10SP + 10ROP	8SP	4 条	4 条	1 条
软件顶点着色器	4.0	3.0	2.0/3.0	3.0	无
硬件像素着色器	有	有	无	无	无
DirectX 版本支持	10.0	9.0	9.0	9.0	7
Open GL 版本支持	2.0	1.5	1.4 plus	1.4	1.2

2．集成显卡基本结构

集成显卡使用系统内存的一部分作为显存，显存具体大小一般是系统根据需要自动动态调整。生产集成显卡芯片组的厂商主要有 Intel、AMD、VIA、nVIDIA 等公司。Intel 公司在第 5 代 GMA 以后，在北桥芯片中取消了图形处理模块，将图形处理模块集成到了 CPU 内部，但是 Intel 公司没有公布 CPU 内部图形处理模块的结构。Intel 公司在 CPU 集成显示模块后，需要特定的芯片组支持，它们有 Z77、Z75、Z68、H77、H67 等芯片组。早期在

北桥芯片组（GMCH）中集成显示模块的北桥芯片有 G45、G43、G945、GG915 等，北桥芯片中集成显卡的结构如图 7-17 所示。

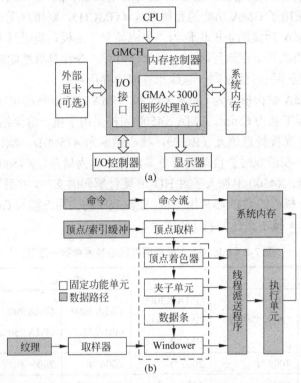

图 7-17　北桥芯片（GMCH）集成显卡结构（a）和 GMA X3000 流水线结构（b）

3. 集成显卡接口

集成显卡一般支持一个模拟接口和两个数字接口，模拟接口用于 VGA 模拟信号输出。模拟接口中集成了一个 350MHz 的 RAMDAC 功能模块，它能以 2048×1536×32 位色彩的模式，进行 60Hz 的屏幕刷新。主板 GMCH 集成显卡电路结构如图 7-18 和图 7-19 所示。

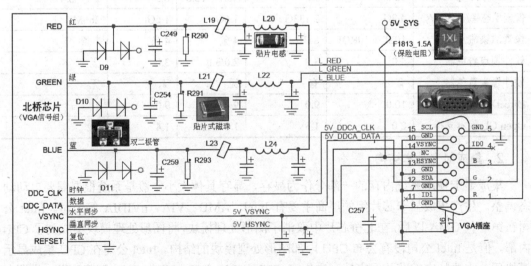

图 7-18　主板集成显卡 VGA 接口电路结构

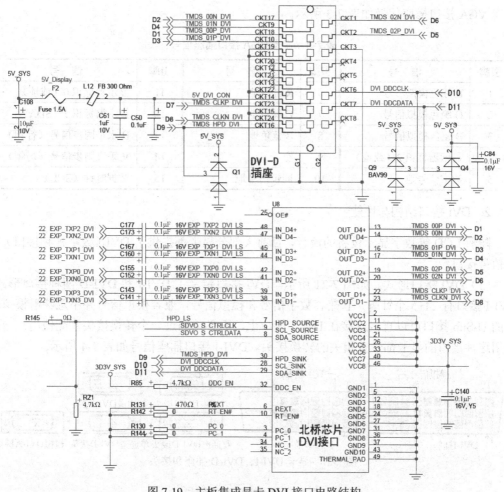

图 7-19　主板集成显卡 DVI 接口电路结构

7.2.3　显卡接口技术规格

1．VGA 接口

显卡上各种输入/输出接口如图 7-20 所示。CRT（阴极射线管）显示器因为早期设计上的原因，只能接受模拟信号输入。VGA 接口是显卡上输出模拟信号的接口，VGA 接口也称为 D-Sub 接口。虽然 LCD（液晶显示器）可以直接接收数字信号，但很多 LCD 产品为了与 VGA 接口的显卡相匹配，采用了 VGA 和 DVI 双接口。通过实测，采用 VGA 接口或 DVI 接口的 LCD，图形和文字显示效果差别不大。VGA 接口是一种 D 型 15 针接口，VGA 接口是显卡上应用最为广泛的接口类型。

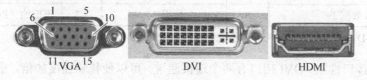

图 7-20　显卡各种信号输入/输出接口

VGA 接口插座信号如表 7-3 所示。

表 7-3　显卡 VGA 接口插座信号

引脚	信　号	引脚	信　号	引脚	信　号
1	R 红色模拟信号	6	R 红色地	11	显示器标识 0（或地）
2	G 绿色模拟信号	7	G 绿色地	12	显示器标识 1（SDA）
3	B 蓝色模拟信号	8	B 蓝色地	13	H 水平同步信号（行频）
4	显示器标识 2（或地）	9	空	14	V 垂直同步信号（场频）
5	数字信号地	10	同步信号地	15	数据时钟（SCL）

2．DVI 接口结构与性能

随着 LCD 等数字显示设备的流行，目前大部分显卡都提供了 DVI（数字视频接口）数字信号接口。

（1）DVI 接口形式。如图 7-21 所示，DVI 接口定义了 DVI-I 和 DVI-D 两种接口形式。DVI-I 接口有 24+5 个针脚，它兼容数字信号和模拟信号，兼容模拟信号并不意味着模拟信号的 D-Sub 接口可以直接连接在 DVI-I 接口上，而必须通过一个转换接头才能使用，一般采用这种接口的显卡都带有相关的转换接头。DVI-I 接口插座信号如表 7-4 所示。

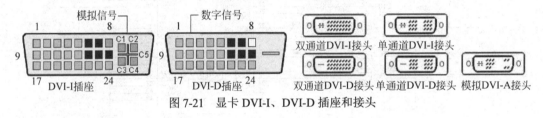

图 7-21　显卡 DVI-I、DVI-D 插座和接头

表 7-4　显卡 DVI 接口信号

引脚	信　号	引脚	信　号	引脚	信　号
1	TMDS 数据 2–	11	TMDS 数据 1/3 屏蔽	21	TMDS 数据 5+
2	TMDS 数据 2+	12	TMDS 数据 3–	22	TMDS 时钟屏蔽
3	TMDS 数据 2/4 屏蔽	13	TMDS 数据 3+	23	TMDS 时钟+
4	TMDS 数据 4–	14	+5V 电源	24	TMDS 时钟–
5	TMDS 数据 4+	15	电源地	C1	模拟 R
6	DDC 时钟	16	热插拔检测（HPD）	C2	模拟 G
7	DDC 数据	17	TMDS 数据 0–	C3	模拟 B
8	模拟场同步（垂直扫描）	18	TMDS 数据 0+	C4	模拟行同步（水平扫描）
9	TMDS 数据 1–	19	TMDS 数据 0/5 屏蔽	C5	模拟地（RGB 复位）
10	TMDS 数据 1+	20	TMDS 数据 5–		

说明：DVI-D 接口 8 号针脚为空，没有 C1～C5 信号。

（2）DVI 接口性能。DVI 接口有两个连接通道，可以使传输速度加倍。根据 DVI 标准，一条 TMDS 通道可以达到 165MHz 的时钟频率和 10 位接口，也就是可以提供 1.65Gb/s 的带宽，这可以满足 1920×1080 分辨率 60Hz 刷新频率的显示要求。为了扩充兼容性，DVI 标准还可以使用第二条 TMDS 通道，不过工作频率必须与另一条同步。DVI 1.0 标准规定，最大单通道时钟频率为 165MHz，可以实现 1600×1200 的分辨率的数据传输。使用两个 DVI 通道时，双 DVI 接口的显卡最大支持 330MHz 的时钟频率，这样可以实现每个像素 8 位色彩深度，2048×1536 分辨率（QXGA 模式）。一块有两个 DVI 接口的显卡有两个 TMDS 传送器，这两个接口可以用来驱动两个不同的数字显示器（LCD），也可以只驱动一个显示器，这样就可以获得更高分辨率的画面。

3. HDMI 接口

如图 7-22 所示，HDMI（高清晰多媒体接口）是一种新型的数字音频视频接口，它用于升级现有的 DVD 影碟机、电视机、机顶盒、显示器等各种数字设备的信号接口。HDMI 是一个不开放的标准，制造商必须向 HDMI 协会支付版税，来换取生产许可证。

图 7-22　HDMI 接口（A 型）插座与插头

HDMI 接口标准经历了 1.0～1.3 版本的发展，带宽由 165MHz（4.95Gb/s）增加到 340MHz（10.2Gb/s）。带宽增加带来的好处是更高的分辨率、刷新频率和色彩深度。HDMI 接口使用 5V 低压电平驱动，阻抗为 100Ω。HDMI 接口带有 HDCP（高带宽数字复制版权保护）版权保护技术。HDMI 也采用 TMDS 信号协议，这种数据传输协议在 DVI 接口上得到了广泛应用。HDMI 中采用的视频信号编码方式为 RGB 格式，每个像素都采用 24 位色彩深度。TMDS 接口线缆长度不得超过 15m。HDMI 接口信号如表 7-5 所示。

表 7-5　HDMI 接口信号

引脚	信　号	引脚	信　号	引脚	信　号
1	TMDS 数据 2+	8	TMDS 数据 0 屏蔽线	15	SCL（TV 源时钟）
2	TMDS 数据 2 屏蔽线	9	TMDS 数据 0–	16	SDA（TV 源数据）
3	TMDS 数据 2	10	TMDS 时钟信号+	17	DDC/CEC 接地
4	TMDS 数据 1+	11	TMDS 时钟信号屏蔽线	18	+5V
5	TMDS 数据 1 屏蔽线	12	TMDS 时钟信号–	19	热插拔监测
6	TMDS 数据 1–	13	CEC（消费类电子产品控制）		
7	TMDS 数据 0+	14	保留（探测设备）		

7.2.4　显卡主要技术性能

3D 图形在模型制作和预览阶段主要依靠显卡的性能，在最终渲染阶段则完全依靠 CPU 和内存的性能。显卡主要在 3D 图形设计过程中，动态绘制图形时起作用，也就是图形处理的实时性、交互性等。例如，设计一个多边形面数量达到百万级的模型时，用户希望转换角度观察图像时，如果显卡性能不高，图像显示会很卡，有时甚至会死机。显卡档次高时，性能就会有明显的提升。

一旦 3D 图形设计完毕，开始进行图像渲染时，显卡的作用就大大降低了，CPU 和内存将决定图像渲染的速度。简单地说，计算最终图像中每个象素的颜色值，完全是靠 CPU 一个像素一个像素地计算出来。尤其是渲染中常用的光线追踪等技术，使用了大量的迭代运算。渲染精度要求高的效果图需要耗费 CPU 大量的计算时间。

【例 7-2】 以渲染插件 Vray 为例，4 核 CPU 渲染时，每个内核都在 100%的满负荷工作。如图 7-23 所示，对一张精细的 3D 室内设计效果图进行渲染时，使用 AMD Phenom FX-5000（4 核/45nm/3.2GHz）的 CPU 时，用时 48min27s。用 Pentium 4 3.0C（1 核/3.0GHz）渲染这张图，用时约 10h。

图 7-23　3D Max 中精细室内效果图渲染

显卡的主要技术性能主要取决于 GPU 芯片的性能。如 GPU 芯片系列、GPU 内核最高工作频率、GPU 芯片内部流处理器数量、GPU 支持的图形接口编程版本、GPU 制程线宽、显卡支持的显存类型与容量、显卡的最大发热功耗等，都是非常重要的技术指标。

显卡 GPU 设计厂商有 nVIDIA（英伟达）公司、AMD 公司、Intel 公司（主要生产集成显卡）等，GPU 产品的比较如表 7-6 所示。

表 7-6　GeForce 与 Radeon 系列显卡技术规格

技术指标	技 术 参 数		
显卡型号	Geforce GTX 280	Geforce 9800 GTX	Radeon HD 4870
GPU 研发公司	nVIDIA	nVIDIA	AMD-ATI
GPU 核心代号	G200-300	G92-420	RV770XT
GPU 制造工艺/nm	65	65	55
GPU 晶体管数/亿	14	7.54	9
GPU 核心频率/MHz	600	675	750
GPU 流处理器工作频率/GHz	1.3	1.69	1.05
GPU 支持的 DirectX 版本	DirectX 10	DirectX 10	DirectX 10
GPU 中流处理单元数/SP	240	240	800
纹理过滤单元数/TMU	80	64	32

续表

技术指标	技 术 参 数		
光栅处理器数/ROP	32	16	16
浮点运算能力/FLOPS	933G	432G	1T
纹理填充率/MT/s	48	43.2	27.2
显存类型	GDDR3	GDDR3	GDDR5
显存频率/GHz	2.21	2.20	1.935
显存位宽/b	512	256	256
显存带宽/（GB/s）	140.8	70.4	123.8
显存容量/MB	1000	512	1000
显卡总线接口	PCI-E x16 2.0	PCI-E x16 2.0	PCI-E x16 2.0
内部 RAMDAC/MHz	2×400	2×400	—
显卡满载最大功耗/W	300	220	157

7.2.5 显卡常见故障维修

显卡常见故障如表 7-7 所示。

表 7-7 显卡常见故障现象

故障现象	故障主要原因分析
黑屏	12V 电源插座接触不好；ATX 电源供电不正常；驱动程序错误；显卡硬件损坏；芯片烧毁；总线接口接触不良等
花屏	外部电磁干扰严重；显卡与显示器不兼容；软件版本不支持显卡；GPU 发热；显存错误；VGA 或 DVI 接口接触不良；不支持某种分辨率图形等
偏色	环境干扰严重；信号输出接口接触不好；总线接口金手指接触不良等
显示效果不好	驱动程序错误；不支持过高的 DirectX 版本；GPU 发热；显存错误等
出现异常竖线或图案	显存出现问题；总线金手指与主板接触不良；计算机病毒
启动时屏幕上有乱码	主板与显卡接触不良等
只能显示 256 色	驱动程序错误
驱动程序不能安装	计算机病毒；与常驻内存程序冲突；不支持某些操作系统等
驱动程序自动丢失	显卡质量不佳；显卡与主板不兼容；显卡温度太高等
开机后一长两短鸣笛	显卡接触不好；显卡损坏等

【例 7-3】 接触不良故障，导致必须两次开机。

（1）故障现象。一台购置不久的计算机开机不正常，经常第一次开机后屏幕全黑，无反应，切断电源后再开机则成功，好像系统要预热一样。

（2）故障处理。故障看上去像是电源存在问题，也确实在一些老机器上出现过更换电源解决问题的案例。但此机购置时间较短，部件都是新的，同样配置的计算机不止一台，其他计算机都运行正常，按理不会那么快有质量问题。先检查连线，插拔一遍后开机，无效。在 BIOS 的电源设置里做了调整，设置了出厂默认值，无效。仔细询问用户出事前的操作，原来在 10 天前打开机箱做清洁，还更换过风扇，估计可能是碰到了某些部件，导致了接触不良或是短路。

开机时候仔细观察，发现显示器面板指示灯不是马上亮，而是过了 5s 后才亮，电源灯、硬盘灯和光驱灯都正常，好像系统无信号送到显示器，而且系统无报警声。由于第二次开机能正常使用，所以排除了内存没插好的原因。一般系统开机黑屏就是显卡和内存两大因素造成的，主板损坏的可能性很小，判断很可能是显卡接触不良导致的故障。于是拧开螺丝，拔出显卡再重新安装好，重新开机后一次成功，故障排除。

（3）经验总结。可以看见的接触不良，如板卡一头高一头低，轻易就可以排除故障。有些显卡接触不良非常隐蔽，表面上看去是安装得很好，但实际上接触不良，导致很多莫名其妙的故障。

7.3　LCD 工作原理与组成

7.3.1　液晶的光电特性

如图 7-24 所示，液晶（LC）是一种小分子有机材料，具有加热时呈透明液态（分子结构混乱），冷却时呈结晶颗粒固体状态（分子结构有序）的特征。

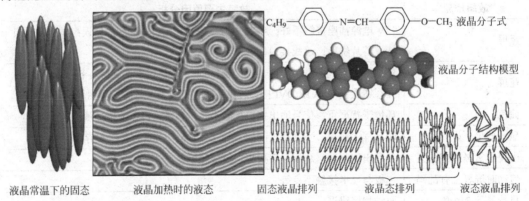

C_4H_9—◯—N=CH—◯—O—CH_3　液晶分子式

液晶分子结构模型

液晶常温下的固态　　液晶加热时的液态　　固态液晶排列　　液晶态排列　　液态液晶排列

图 7-24　液晶分子的结构与状态

1. 液晶材料的类型

液晶按分子结构的不同排列分为三种类型：晶体颗粒类似黏土状的称为层列（Smectic）液晶，类似长棒状的称为向列（Nematic）液晶，类似胆固醇状的称为脂状（Cholestic）液晶。这三种液晶的物理特性不尽相同，用于 LCD 的是第二类长棒状液晶。

LCD（液晶显示器）按液晶的物理结构可分为 4 种类型：TN 型（扭曲向列）、STN 型（超级扭曲向列）、DSTN 型（双层超扭曲向列）、TFT 型（薄膜晶体管）。前三种类型只有细微的差别，不同之处是液晶分子的扭曲角度各不相同。TFT 是目前 LCD 最为常用的类型，TFT 指 LCD 上的每一个像素点，都由集成在玻璃基板上的薄膜晶体管来驱动。TFT-LCD 具有图像反应速度快，对比度好，亮度高，可视角度大，色彩丰富等特点。

2．液晶材料的光电特性

液晶材料的分子形状一般呈棒形或扁形，分子间的间距很小，排列与液体一样不规则。在一定温度范围内，液晶既具有液体的流动性、黏度、形变等机械性质；又具有晶体材料的热效应、光学各向异性、电光效应、磁光效应等物理性质。液晶本身不发光，但是它具有控制光线通过（透光率）的特性。如图 7-25 所示，液晶材料不通电时，液晶呈现出固体的特性，液晶排列整齐有序，光线可以直接穿过它。当液晶材料通电时，液晶呈现出液体的性质，液晶分子排列变得不规则，并且阻止光线通过。在 LCD 中，往往利用控制电压的方式改变液晶分子的排列秩序，控制液晶分子的透光率。

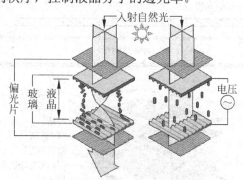

图 7-25　液晶材料的光电特性

7.3.2　液晶面板的结构

LCD 经历了很多重大的发展和技术变革，但是，TN（扭曲向列）型 LCD 始终是最基本的显示技术，其他类型的 LCD 都是以 TN 型为蓝本加以改良的产品。

1．TFT 液晶面板的基本组成

液晶面板是液晶显示器的核心部件，它占了液晶显示器近 70%的成本。目前拥有液晶面板核心技术的厂商不多，如 SHARP（夏普）、三星、LG-Philips、台湾友达等厂商拥有核心技术，大多数 LCD 都是采用这些厂商的液晶面板进行 LCD 的组装生产。

TFT 液晶面板结构如图 7-26 所示，TFT 液晶面板主要包括玻璃基板、TFT 阵列、彩色滤光片、偏光片、配向膜、驱动 IC、液晶材料、背光模块等部件。

2．背光源

液晶材料本身不发光，它仅能控制光线的通过，因此 LCD 必须增加一个背光源（Back Light，BL）来提供一个亮度分布均匀的光源。通常在液晶面板后面两边设计有背光源灯管，如图 7-26 所示，背光源的主要部件有灯管、反射板、扩散板等。灯管用于提供光源；反射板将光线反射到屏幕前方；扩散板（导光板）将光源均匀分布到屏幕各个区域。

LCD 背光源的类型有冷阴极荧光灯（CCFL）、电致发光（EL）、LED 光源等。小型 CCFL 是目前使用最广泛的背光源。但是，CCFL 的热量堆积是一个值得关注的问题。如图 7-27 所示，CCFL 是一种依靠冷阴极气体放电，激发荧光粉发光的光源。CCFL 灯管直径为 1.8～3.2mm，亮度大于 150cd/m² （平方米坎特拉，亮度单位），寿命长达 5 万小时，功耗在 5～60W。CCFL 有直形、U 形和 M 形灯管等。

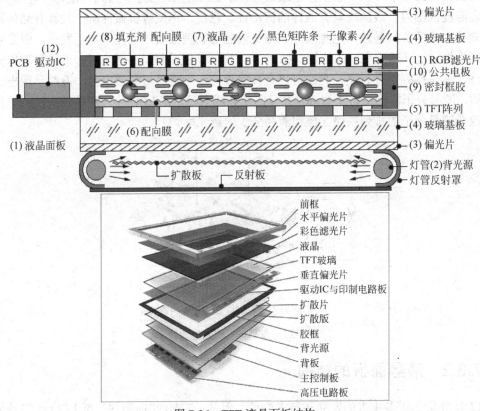

图 7-26　TFT 液晶面板结构

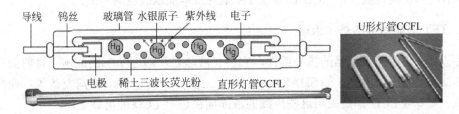

图 7-27　冷阴极荧光灯（CCFL）结构和外观

LCD 通电后，CCFL 灯管就一直在工作，即使屏幕显示全黑画面，CCFL 灯管也在工作。由于 CCFL 没有灯丝，所以不能用万用表测量。判断灯管好坏的方法是看灯管两端是否发黑，一旦灯管发生了黑污现象，液晶屏的亮度会大幅度下降，出现屏幕显示图像发黄等情况，甚至形成黑屏。因此，CCFL 灯管的寿命就是 LCD 的寿命。而且，CCFL 灯管采用了水银这种有害物质，存在环境污染问题。

由于 CCFL 灯管使用交流电，因此在 LCD 中需要一块电路板，将 LCD 中的直流电（DC）转换为 CCFL 灯管需要的交流电（AC）。

3. 偏光片

如图 7-26 所示，液晶面板中有两个偏光片（滤光片/滤光膜），一个是水平偏光片，另外一个是垂直偏光片，两个偏光片之间成 90°垂直排列。偏光片上是一系列细小的平行线，它的功能就像栅栏一样，阻隔与栅栏垂直的光分量，只准许与栅栏平行的光分量通过。

光偏振原理如图 7-28 所示，自然光是非偏振的，所有方向的振幅都相同。偏振片就像一个开着长槽的筛子，只允许顺着长槽方向振动的光线通过。光线通过第一个偏振片（水平）后，只剩下水平偏振光，由于第二个偏振片（垂直）的开槽与第一个偏振片成 90°垂直，所以水平偏振光如果不做一个 90°的转向，则会完全挡在第二道偏振片之前。如果液晶分子在透明电极的控制下，转动某一角度（如 60°），则会有部分光线从垂直偏光片透射出来，这就使液晶屏幕呈现一定亮度（灰度）的图像。

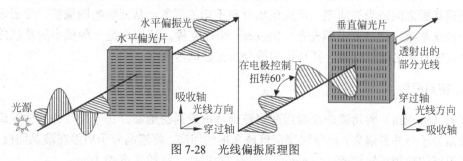

图 7-28 光线偏振原理图

4．玻璃基板

如图 7-26 所示，液晶面板中有两块玻璃基板（Glass Substrate），厚度为 1～0.4mm，15 英寸以下笔记本计算机的液晶面板，使用 0.5mm 或更薄的玻璃；20 英寸以上的大型液晶面板，则使用厚度较大的玻璃基板。玻璃基板主要用于固定液晶材料，同时偏光片、配向膜、透明电极和 RGB 滤光片这些材料非常薄，只有几个微米的厚度，它们都必须附着在玻璃基板上，依靠玻璃基板提供足够的强度支撑。

5．TFT 阵列

TFT（薄膜晶体管）是液晶显示器的核心部件，屏幕上显示的每一个像素点，都是由集成在液晶面板上的 TFT 阵列来显示。屏幕上每一个像素由三个 TFT 组成，每个 TFT 各自拥有不同的亮度变化和色彩变化，因此 TFT 是一种有源阵列。一台分辨率为 1920×1200 的 22 英寸 LCD，需要 1920×1200×3=691.2 万个 TFT 晶体管才能组成一个液晶屏幕。

6．配向膜（AF）

如图 7-26 所示，玻璃基板表面贴有锯齿状沟槽的配向膜（取向膜），两个配向膜之间相互垂直。配向膜表面呈现许多连续的平行沟槽，沟槽深度只有几个微米。配向膜中沟槽的功能是强制长棒状的液晶分子沿着沟槽排列，这样液晶分子的排列才会整齐，使液晶分子易于进入一种 90°扭转的状态。如果没有配向膜，而是光滑的玻璃平面夹住液晶，则液晶分子的排列就会不整齐，这会造成光线散射，形成漏光现象。

7．液晶层（LC）

玻璃基板之间是液晶层，液晶层的厚度大约 5μm，液晶分子长 2～3nm，直径 0.5nm 左右。液晶材料的作用类似于一个个小的光学开关。由于两个配向膜之间充满了扭曲的液晶，所以光线在穿出第一个配向膜后，液晶分子会扭转 90°，从第二个配向膜中穿出。另一方面，如果在透明电极上加一个电压时，液晶分子又会重新排列并完全平行，使光线不再扭转，正好被第二个配向膜挡住。总之，加电将光线阻断，不加电则使光线射出。由于计算机屏幕总是亮着的，所以只有"加电将光线阻断"的方案才能达到最省电的目的。

8. 填充剂

如图 7-26 所示，两层玻璃基板之间的液晶厚度约为 5μm，厚度必须均匀一致，一旦液晶分布不均，将造成部分液晶聚集在一起时，就会阻碍光线的通过。而且也无法维持前后两片玻璃基板之间适当的间隙，造成电场分布不均的现象，从而影响图像的亮度表现。因此，在玻璃基板之间加入了填充剂（Spacer）来作支撑，填充剂是一种极小的珠状结构，它提供玻璃基板之间的支撑，并且均匀地分布在玻璃基板上。

9. 密封框胶

框胶（Sealant）的功能是让前后两层玻璃基板能紧密地黏合在一起，并且使玻璃基板中的液晶分子与外界隔离。框胶围绕在玻璃面板的四周，将液晶分子局限在液晶面板之内。玻璃基板周边使用环氧树酯（Expoxy）进行密封固化，框胶宽度约 1mm。

10. 公共电极（ITO）

如图 7-26 所示，玻璃基板上涂有一层金属氧化物的透明电极，这层金属氧化物称为 ITO（铟锡金属氧化物）。透明电极材料具有相当高的透光性，因此它不会对 LCD 生成的图像质量产生影响。透明电极分为行和列，在行与列的交叉点上，通过改变电压就可以改变液晶分子的旋转状态，以激活需要工作的液晶单元。

11. 彩色滤光片（CF）

要使液晶面板实现彩色显示，就需要在玻璃基板上贴装彩色滤光片。彩色滤光片是由 RGB 三原色构成的微小像素。每个 RGB 像素点之间的黑色矩阵条（Black Matrix）主要用来遮住不能透光的电路。例如，数据线路、扫描线路、TFT 晶体管等部分。

12. 驱动电路

如图 7-26 所示，液晶面板周边是控制电路和驱动电路。当 LCD 中的电极产生电场时，液晶分子就会产生扭曲，从而使 LCD 中的光线进行折射，然后在屏幕上显示出来。

7.3.3　TFT 基本结构

1. TFT 面板单个子像素的结构

液晶显示器用 TFT（薄膜晶体管）来产生电压，以控制液晶的旋转角度。如图 7-29 所示，两层玻璃基板之间的液晶会形成平行板电容 C_{LC}，它的大小约为 0.1pF。由于 C_{LC} 电容太小，无法将电压保持到下一次画面数据刷新的时候。因为，当画面刷新频率为 60Hz 时，C_{LC} 需要保持 16.7ms。因此在 TFT 面板设计时，另外增加了一个储存电容 C_S，C_S 的容量大约为 0.5pF，充电后，C_S 电容中的电压能保持到下次画面刷新的时候。贴装在玻璃基板上的 TFT 用于开关控制，它主要的工作是决定子像素电极上的电压是否充电（无电时常亮）。至于这个点要充多高的电压，以显示出怎样的亮度，都由数据总线来决定。

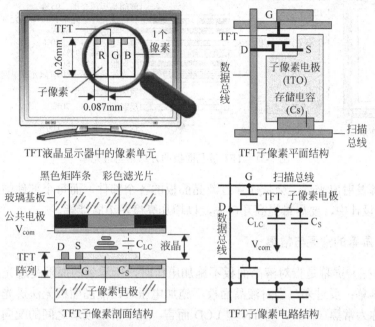

图 7-29　TFT 子像素剖面结构和电路结构

2．TFT 阵列（Cell）电路结构

如图 7-30 所示，TFT 液晶面板由纵横交错的 TN（Twisted Nematic，扭曲向列）型液晶单元与薄膜晶体管组成，每个 TN 型液晶单元由一只 TFT 晶体管独立进行控制，每个子像素单元可以同时点亮，这消除了子像素单元等待的现象，提高了响应速度。

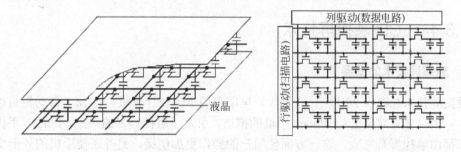

图 7-30　TFT 液晶面板像素单元等效电路

3．开口率

液晶像素单元的开口率是决定亮度的重要因素之一，开口率是光线能透过的有效区域比例。如图 7-31 所示，当背光源发射出来后，并不是所有光线都能穿过液晶面板。例如，LCD 驱动芯片，驱动芯片的信号线，TFT 本身，以及储存电容等。这些地方除了不完全透光外，经过这些地方的光线并不受电压的控制，而无法显示正确的亮度，所以这些地方都要利用黑色矩阵条加以遮蔽，以免干扰其他透光区域的正确亮度。有效透光区域如图 7-31

所示，有效透光区域与全部面积的比例称为开口率。

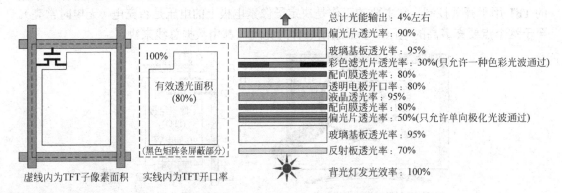

图 7-31　TFT 液晶面板的开口率与透光率

当背光源发射出来后，会依序穿过液晶面板的各个部件，而每个部件的透过率不同。在 TFT-LCD 设计中，要尽量提高开口率，以增加亮度，节省能耗。

4．TFT 屏幕的常亮与常黑

NW（常亮）屏幕是指对液晶面板不施加电压时，所看到的面板是透光的画面，也就是"常亮"屏幕；反过来，当对液晶面板不施加电压时，液晶面板无法透光，看起来是黑色屏幕，就称为常黑（NB）。对 TN 型 LCD 而言，位于前后玻璃之间的配向膜是互相垂直的，而常亮与常黑屏幕的差别仅在于偏光片的相对位置不同而已。对 NB 屏幕来说，前后偏光片的极性互相平行，所以当 NB 屏幕不施加电压时，光线会因为液晶旋转 90°的极性而无法透光。一般桌面型计算机的 LCD 大多为"常亮"设计，因为在计算机应用时，整个屏幕大部分是亮点，也就是白底黑字的效果。既然亮点占多数，采用常亮屏幕设计就比较方便。另外，常亮屏幕的亮点不需要施加电压，也就会比较省电。反过来，常黑屏幕适用于应用环境大多属于显示屏为黑底的应用。

7.3.4　LCD 触摸屏技术

1．触摸屏技术的发展

触摸屏技术起源于 20 世纪 70 年代，早期多用于工控计算机、ATM（自动柜员机）等设备中。2007 年，苹果公司 iPhone 手机的推出，引发了触控技术的热潮。iPhone 手机的全部操作都由触控屏幕完成，这一方面使用户的操作更加便捷，另外还使手机的外形变得更加时尚轻薄，引发了消费者的热烈追捧。

触控屏显示器不需要鼠标和键盘，操作时用手指或其他物体触摸操作，然后系统根据手指触摸的图标或菜单的位置来定位用户选择的输入信息。

触摸屏是一个安装在 LCD 屏幕表面的定位操作设备。触摸屏由触摸检测部件和控制器组成，触摸检测部件安装在显示器屏幕前面，用于检测用户触摸位置，将检测到的触摸信号发送到触摸屏控制器。控制器的主要作用是从触摸点检测装置上接收触摸信息，并将它转换成触点坐标。

有迹象表明，触摸屏的应用正在从手机等小尺寸领域，向大屏幕尺寸的计算机拓展。目前，戴尔、惠普、联想、华硕等一线笔记本厂商都推出了具备触摸屏的笔记本计算机或平板电脑。目前触摸屏的应用仍局限于 12 英寸以下的显示器，14 英寸以上的笔记本计算机是否应当配备触摸屏，业界仍存争论。对笔记本和台式计算机，用户多已习惯了使用键盘和鼠标进行操作，不像小尺寸笔记本，因键盘大小有限，需要触摸屏进行辅助操作，达到人机沟通的目的，微软公司在 Windows 8 系统开始支持多点触控功能。

触摸屏根据工作原理分类有电阻式触摸屏、电容式触摸屏、红外线触摸屏、表面声波触摸屏等。计算机领域应用最多的是电阻式触摸屏，手机领域电容触摸屏应用较多。

2. 电阻式触摸屏结构与性能

（1）电阻式触摸屏结构。如图 7-32 所示，电阻式触摸屏（以下简称电阻屏）的屏幕采用多层复合材料，它的结构为：一块玻璃作为基层，在玻璃内层上涂覆了一层 ITO（氧化铟，透明弱导电材料）材料的垂直电路（内层工作面）；屏幕的外部是一层经过硬化处理的光滑塑料（透明聚酯）面板，塑料面板的内表面也涂覆了一层 ITO 材料的水平电路（外层工作面）；在玻璃基板和塑料外层之间，有一个透明的隔离层，隔离层上有许多细小（几个微米）透明的间隔点，隔离层的作用是把两个 ITO 导电层在没有触摸时隔开绝缘。电阻屏在两个工作面（ITO 水平和垂直电路）的边线上各涂有一条银胶，一端加 5V 恒定电压，另外一端为 0V（GND），这样就会在工作面上形成均匀连续的平行和垂直电压分布。

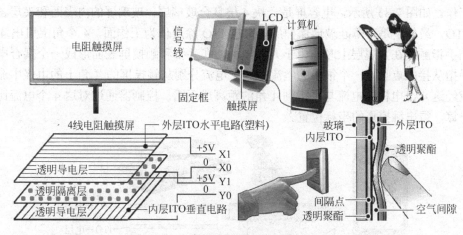

图 7-32　电阻触摸屏基本结构和工作原理

（2）电阻式触摸屏工作原理。如图 7-32 所示，当用手指或其他物体碰触触摸屏时，平常相互绝缘的两个 ITO 电路就会在触摸点位置产生一个接触，使得均匀连续的电场发生改变；其中一面导电层接通 X 轴方向（水平电路）的 5V 均匀电压场，使得这层的电压由 0 变为非 0，控制器检测到这个信号后，进行 A/D 转换，并将得到的电压值与 5V 相比较，即可计算出触摸点的 X 轴坐标。采用同样的方法，也可以得出 Y 轴（垂直电路）方向的坐标。

（3）4 线电阻屏。电阻屏根据引出电阻线的多少，分为 4 线式电阻屏和 5 线式电阻屏等。线数越多，性能越好，成本也越高。4 线电阻屏共需 4 根电缆。4 线电阻屏的特点是：分辨率度，反应快，一次校正，永不漂移。

（4）5 线电阻屏。在 5 线电阻屏的 A 面（内层）是导电玻璃而不是导电涂覆层，采用导电玻璃使得 A 面的寿命得到极大的提高，并且可以提高透光率。电阻屏将工作面的任务都交给寿命长的 A 面，而 B 面（外层）只用来作为导体；外层采用延展性较好的镍金透明导电层，因此，外层的寿命也得到了极大的提高。但是镍金材料工艺成本较高，镍金导电层虽然延展性好，但是只能作透明导体，不适合作为电阻屏的工作面，因为它的导电率高，而且金属不易做到厚度非常均匀，不宜作电压分布层。电阻屏采用涂层工艺时，加工过程中不可避免会出现涂层厚薄不均的现象，从而造成电压场分布不均匀、精密电阻网络工作不稳定等现象。而 5 线电阻屏采用导电玻璃，通过精密的电阻网络来校正 A 面的线性问题，补偿工作面可能出现的线性失真。5 线电阻屏的使用寿命和透明率比 4 线电阻屏有了一个飞跃的发展，它的触摸寿命达到了 3500 万次，4 线电阻屏则小于 100 万次；而且 5 线电阻屏没有安装风险，同时 ITO 层能做得更薄，因此透光率和清晰度更高，几乎没有色彩失真。

（5）电阻屏的特点。电阻触摸屏工作在与外界完全隔离的环境，因此不怕灰尘、水汽和油污，可以用任何物体来触摸，也可以用来写字画画。电阻触摸屏的精度只取决于 A/D 转换的精度，因此都能轻松达到 4096×4096 的分辨率。电阻触摸屏的缺点是：外层采用塑料，容易被锐器划伤；堆叠较厚，相对较为复杂；不能检测多个手指的动作；光学性能不良；需要用户校准。

3．电容式触摸屏结构与性能

（1）电容式触摸屏工作原理。电容式触摸屏（以下简称电容屏）利用人体的感应电流进行工作。如图 7-33 所示，电容屏是一块 4 层复合玻璃屏，玻璃屏的内表面和夹层各涂有一层 ITO，最外层是一薄硅玻璃保护层。夹层 ITO 涂层作为工作面，4 个角上引出 4 个电极。当手指触摸在金属层上时，由于人体电场，在手指和触摸屏表面形成一个耦合电容，于是手指从接触点吸走一个很小的电流。这个电流分别从触摸屏的 4 角上的电极中流出，并且流经这 4 个电极的电流与手指到 4 角的距离成正比，控制器通过对这 4 个电流比例的精确计算，得出触摸点的坐标位置。

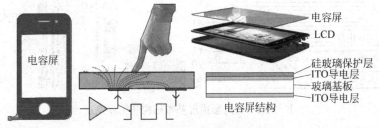

图 7-33   电容触摸屏基本结构

（2）电容式触摸屏的特点。电容屏的透光率和清晰度优于 4 线电阻屏，但是还不能与 5 线电阻屏相比。电容屏反光相对严重；而且，4 层复合触摸屏对各波长光的透光率不均匀，存在色彩失真的问题；电容屏最外层的保护层防刮擦性很好，但是害怕指甲或硬物的敲击，敲出一个小洞就会伤及内层表面的 ITO 电路，导致电容屏不能正常工作；电容屏的另一个缺点是用戴手套的手或手持不导电的物体触摸时没有反应；电容屏的主要缺点是信号漂移，当环境温度、湿度改变时，环境电场发生改变时，都会引起电容屏的信号漂移，造成操作不准确或误操作。例如，开机后显示器温度的上升会造成信号漂移；用户触摸屏幕的同时，另一只手或身体一侧靠近显示器时也会造成信号漂移。电容屏信号漂移的原因属于技术上的先天不足。

4．触摸屏技术性能

触摸屏是一套透明的绝对定位系统，首先它必须保证的是显示的透明度；其次它采用绝对坐标，手指触摸哪里就定位在哪里，不像鼠标是相对定位的一套系统，触摸屏应用软件都不需要光标，有光标反而分散用户的注意力。

（1）透明性。透明性至少包括 4 个特性：色彩失真度、透明度、反光性和清晰度。由于不同材料的透光性不同，通过触摸屏看到的图像，不可避免地与原图像会产生色彩失真，色彩失真度自然是越小越好。透明度是图像中的平均透明度，当然是越高越好。反光性是指触摸屏镜面反射造成图像上的重叠光影，如人影、窗户、灯光等。反光效果越小越好，它会影响用户的浏览速度，严重时甚至无法辨认图像字符。大多数存在反光问题的触摸屏都会采用一种经过表面处理的磨砂触摸屏（防眩型），防眩型反光性明显下降，但是透光性和清晰度也会随之下降。有些显示器加装触摸屏之后，会导致显示字符模糊，图像细节模糊，这就是清晰度太差。清晰度的问题主要是多层薄膜结构的触摸屏，由于薄膜层之间光线反复反射折射造成的，清晰度不好会造成眼睛容易疲劳。

（2）绝对定位系统。触摸屏是绝对坐标系统，要选哪儿就直接点哪儿。这就要求触摸屏坐标不管在什么情况下，同一位置的输出数据是稳定的，如果数据不稳定（漂移），那么触摸屏就不能保证绝对坐标定位。凡是不能保证同一点触摸位置，每一次采样数据都相同的触摸屏，都会存在漂移问题，目前有漂移现象的只有电容触摸屏。

（3）触摸屏技术性能。各种触摸屏的技术特点如表 7-8 所示。

表 7-8　触摸屏技术特点对比

技术指标	4 线电阻屏	5 线电阻屏	电容屏	红外屏	声波屏
输出分辨率	4096×4096	4096×4096	4096×4096	977×737	4096×4096
响应速度/ms	<10	<15	<15	<20	<10
信号漂移	无	较大	较大	较大	较小
透明度	一般	好	一般	好	好
抗强光干扰性	好	好	差	差	好
跟踪速度	好	好	好	好	第 2 点慢
稳定性	高	高	一般	高	较高
触摸物	任何物体	任何物体	尖锐物不可	截面	手指、软胶
价格	低	较高	较高	高	中
维护	免	免	免	1 次/年	2 次/年
安装形式	内置或外挂	内置或外挂	内置	外挂	内置或外挂
污物影响	无	无	较大	较大	较大
适用显示器	纯平	均可	均可	纯平	纯平
防水性	好	好	好	一般	一般
防电磁干扰	好	好	一般	好	一般
适用范围	室内或室外	室内或室外	室内或室外	室内	室内

7.3.5 LCD 技术性能

1．响应时间

（1）响应时间的定义。液晶的状态转换不可能在瞬间完成，而是存在一定的延迟。响应时间就是液晶材料在电压作用下，从液态-固态-液态的转换周期。响应时间单位为毫秒（ms），数值越小对动态画面的延时也就越小，目前 LCD 响应时间为 1ms 左右。在 LCD 中观看高速移动的图像时，会出现"拖尾"、"重影"（残影）等现象，这是由于液晶材料的响应速度慢于 1 帧（帧频为 60Hz 时，约 16.7ms）造成的，因此一帧图像结束时的残影，会在下一帧显示出来。

（2）灰阶响应时间（GTG）。响应时间是针对黑白画面定义的，而显示的图像极少出现全黑到全白的转换现象，因此灰阶响应时间显然更能反映动态显示效果。所以显示器厂商标识的响应时间一般为灰阶响应时间的最高值。

（3）加快响应时间的技术。提高响应时间的办法有：一是增加驱动电压，电压越高，分子转动速度越快，但是增加驱动电压会降低真实色彩的还原能力；二是让液晶分子处在一种不稳定的状态，一旦有任何变化就立即作出反应；三是减小液晶黏稠程度，不过液晶稀释后会影响控光能力，黏稠度越低，画面色彩越黯淡，图像会变得模糊，同时容易产生漏光现象。提高响应速度的关键是采用全新的液晶材质；另外提高制程工艺，减小液晶单元之间的间隙等，都有助于加快响应时间。

2．亮度

亮度值愈高，画面更加亮丽。LCD 的最大亮度通常由冷阴极射线管来决定，一般 LCD 都有显示 200cd/m^2 以上的亮度能力，主流 LCD 达到了 300cd/m^2 以上。

虽然技术上 LCD 可以达到更高的亮度，但是这并不代表亮度值越高越好，因为亮度太高的显示器有可能使观看者眼睛受伤。专家推荐的适合长时间阅读工作的亮度值是 110cd/m^{2}左右，而 CRT 的亮度一般为 90cd/m^2，目前 LCD 的实际亮度超过了 200cd/m^2。虽然高亮度的图像更加亮丽，但是毕竟保护眼睛的健康才是最重要的。

3．对比度

LCD 对比度越大，输出白色与黑色图像时更分明；对比度低，图像颜色显得灰暗，图像也变得没有层次。在不同操作环境的光线下，适当调整对比值有助于画面显示的清晰。不过，高对比度和高亮度的显示器容易令眼睛疲劳。

对比度的定义是最大亮度值（全白）除以最小亮度值（全黑）的比值。对 LCD 来说相当不容易，因为背光源始终处于点亮的状态，要得到全黑的画面，液晶面板必须把由背光源发射出来的光完全阻挡。但液晶面板组件无法达到这样的要求，总会有一些光线泄漏出来。人眼可接受的对比度值约为 250∶1。

4．点距

如图 7-34 所示，LCD 点距为两个像素点之间的横向距离，点距与最佳分辨率及实际可视尺寸之间有直接的关系，计算方法为：可视尺寸=点距×最佳分辨率。

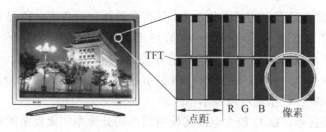

图 7-34　液晶显示器的点距

【例 7-4】　如点距 0.264，最佳分辨率 1280×1024；则可视尺寸为：
宽=0.264×1280=337.92（mm）；高=0.264×1024=270.336（mm）。

【例 7-5】　如点距 0.294，最佳分辨率 1280×1024；则可视尺寸为：
宽=0.294×1280=376.32（mm）；高=0.294×1024=301.056（mm）。

如表 7-9 所示，同等长度的屏幕，分辨率高了，点距也就小了，图像看起来更加细腻。点距越小，画面越精细，但显示字符也越细小；点距越大，显示的字符也越大。点距在 0.27～0.30mm 眼睛观看最舒适，如果主要从事文字工作，选择点距大些的 LCD 较好。如果主要用于电影和游戏或者用于图像处理应用，点距小会让画面更精细。

表 7-9　不同分辨率液晶显示器的点距

屏幕尺寸/英寸	分辨率	点距/mm	屏幕尺寸/英寸	分辨率	点距/mm	屏幕尺寸/英寸	分辨率	点距/mm
10 普屏	1024×768	0.198	17.4 普屏	1280×1024	0.270	21 普屏	1600×1200	0.270
12 宽屏	1280×800	0.202	18 普屏	1280×1024	0.281	21.3 普屏	2048×1536	0.210
12.1 普屏	800×600	0.308	18.5 宽屏	1366×768	0.300	21.5 宽屏	1920×1080	0.248
12.1 普屏	1024×768	0.240	19 普屏	1280×1024	0.294	21.6 宽屏	1680×1050	0.276
14 普屏	1024×768	0.265	19 普屏	1600×1200	0.242	22 宽屏	1600×1024	0.294
14.1 普屏	1024×768	0.279	19 宽屏	1440×900	0.285	22 宽屏	1680×1050	0.282
14.1 普屏	1400×1050	0.204	19 宽屏	1680×1050	0.243	23 宽屏	1920×1200	0.258
15 普屏	1024×768	0.297	20 普屏	1400×1050	0.290	23 普屏	1600×1200	0.294
15 普屏	1400×1050	0.218	20 普屏	1600×1200	0.255	24 宽屏	1920×1200	0.270
15 普屏	1600×1200	0.190	20.1 普屏	1200×1024	0.312	25.5 宽屏	1920×1200	0.285
16 普屏	1280×1024	0.248	20.1 宽屏	1680×1050	0.258	27.5 宽屏	1920×1200	0.309
17 普屏	1280×1024	0.264	20.1 普屏	2560×2048	0.156	30 宽屏	2560×1600	0.250
17 宽屏	1280×768	0.2895	20.8 普屏	2048×1536	0.207			

说明：屏幕尺寸指屏幕显示部分对角线的长度；普屏指宽高比为 4:3 的屏幕；宽屏指宽高比为 16:9 或 16:10 的屏幕。

5．最佳分辨率

LCD 的物理像素是固定的，因此 LCD 只有在最佳分辨率下才能显示最佳图像。一般 12 英寸屏幕对应于 SVGA 分辨率（800×600），15 英寸屏幕对应于 XGA 分辨率（1024×768）。在非最佳分辨率下，LCD 有两种不同的显示方式。

第一种为居中显示。例如，在 1024×768 的屏幕上显示 800×600 的分辨率时，只有居中的 800 个像素和 600 行显示线可以显示出来。

第二种为扩展显示。LCD 放大电路需要对较小的分辨率作更复杂的计算。当放大倍数为整数时，例如，从 800×600 放大到 1600×1200，放大倍数为 2 的情况较为简单。只要将画面的高与宽都放大一倍，即可得到正确的放大画面。但是，从 800×600 放大到 1024×768 就没有这么简单了。它的放大倍数为 1.28，所以并不是原画面的每一个像素都等量放大。LCD 中的电路必须决定哪个像素该放大一倍，而哪个像素不放大。因此图像会受到扭曲，清晰度和准确度会受到影响，在这种方式下，文字将呈现明显的锯齿状态。为了得到更好的显示效果，如果画面图像不能整数倍放大时，放大电路通常减低某些像素放大后的亮度，这可以改善画面的不舒适性。

6．色彩表现

计算机显示器以 RGB 为标准色域，显示器的色彩范围能涵盖多大比例的特定色域，称为色域的色彩饱和度。例如，典型液晶面板的 RGB 色域饱和度在 72％左右。

7．其他技术指标

（1）液晶面板的坏点。LCD 的液晶单元很容易出现瑕疵，生产工艺很难保证所有晶体管都完好无损，可能 LCD 某些晶体管会出现短路（出现亮点）或者断路（出现黑点）等问题。这些亮点和黑点都是液晶面板中的永久坏点，一般出现在屏幕边缘。

（2）低反射液晶显示技术。外界光线较强时，LCD 屏幕表面的玻璃板容易产生反射，从而干扰正常显示。在室外和明亮的公共场所使用时，LCD 显示性能会大大降低。部分 LCD 在显示屏的最外层涂有防反射涂料，这使屏幕的透光率有更好的改善。

（3）耗电量。LCD 的光电转换效率非常低下。即使屏幕显示为全白，从背光源中发射的光也只有不到 4％左右穿过屏幕发射出来。背光源所耗电能占 LCD 显示器总耗电量的 80％以上。大屏幕、高亮度和高分辨率都将使 LCD 的耗电量大大增加。厂商通过降低系统电压和提高孔径比使更多的光能通过液晶单元，降低系统对电源的需求。一般笔记本显示器的一根灯管需要 1.5W 左右，台式机一根灯管需要 5～10W。

液晶显示器实测功耗如表 7-10 所示，液晶显示器典型技术参数如表 7-11 所示。

表 7-10　20 英寸液晶显示器功耗测试

技术指标	技 术 参 数					
亮度	100%	75%	50%	25%	0%	待机功耗
功耗/W	35.4	30.1	24.2	20.5	17.1	0.7

表 7-11　三星 T200 液晶显示器技术规格

技术指标	技术参数	技术指标	技术参数	技术指标	技术参数
尺寸/in	20	动态对比度	20 000∶1	待机功率/W	休眠模式 0.3
亮度/（cd/m^2）	300	显示颜色	16.7M	接口类型	VGA、DVI
面板类型	TN	最佳分辨率	1680×1050		
点距/mm	0.258	响应时间/ms	2（GTG）		

7.4　LCD 电路与故障维修

7.4.1　LCD 面板基本电路

1．LCD 的主要组成部件

如图 7-35 所示，液晶显示器主要由液晶面板、LCD 主板、开关电源板、高压板、OSD 调节板、信号接口、机壳等部件组成，其中最主要的部件是液晶面板。

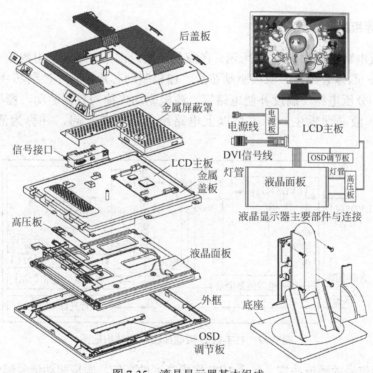

图 7-35　液晶显示器基本组成

2．LCD 的基本电路结构

如图 7-36 所示，TFT-LCD 主要电路有 LCD 主板电路、TFT-LCD 液晶面板、AC-DC

开关电源板、DC-AC 高压电路板、OSD 面板调节电路等。

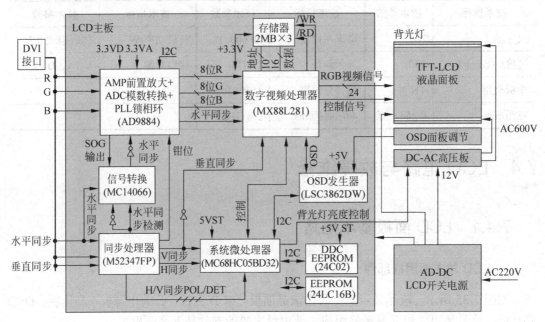

图 7-36　LCD 电路结构框图

3．液晶面板的基本电路结构

液晶面板电路结构如图 7-37 所示。在液晶面板内部，电路通常由数颗 IC 芯片构成，其中包括 FTF 晶体管阵列、源极驱动芯片、栅极驱动芯片、时序控制芯片、DC-DC 电源控制电路、分压电路、温度补偿电路等。源极驱动也称为数据驱动，栅极驱动则称为扫描驱动器。液晶面板生产厂家将以上电路结合制作在一起，并称为液晶控制模块（LCM）。

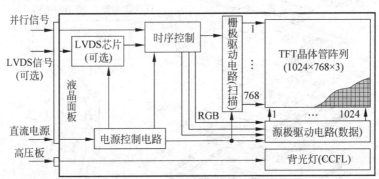

图 7-37　TFT-LCD 液晶面板电路结构框图

源极驱动信号的幅值决定了各个 FTF 像素亮度的高低，源极驱动信号幅值越高，液晶分子的扭曲角度越小，该像素的亮度也就随之提高。来自显卡的视频信号转换为脉冲信号后，作为 TFT 的源极驱动信号。用户通过 OSD 按键调节屏幕对比度，本质上就是调整芯片输出电压的范围。动态范围越大，亮的地方越亮，暗的地方越暗。

栅极驱动电路依序将每一行的 TFT 打开（扫描驱动），然后源极驱动电路将这一行的每个显示点充电到指定电压（数据驱动），这时 TFT 就会显示不同灰阶的图像。当这一行数据显示完成后，栅极驱动电路将电压关闭，然后将下一行的栅极驱动电压打开，再由源极驱动电路对下一行的显示点进行充放电。依照以上次序，当最后一行显示完成后，栅极驱动电路又从第一行开始。

4. LCD 的刷新频率

一台分辨率为 1024×768 的 LCD，总共有 768 行的栅极驱动线路，而源极驱动线路则需要 1024×3=3072（条）。如图 7-38 所示，LCD 多为 60Hz 的刷新频率，每一帧画面的显示时间约为 1/60=16.67（ms）。由于组成画面的栅极驱动线路为 768 行，所以分配给每一条栅极驱动电路的电压开关时间约为 16.67ms/768=21.7μs。所以栅极驱动电路发送的为一个接一个宽度为 21.7μs 的脉冲波，依序打开每一行的 TFT。而源极驱动电路则必须在 21.7μs 的时间内，将显示电极充放电到所需的电压，使 FTF 显示出相应灰阶的图像。

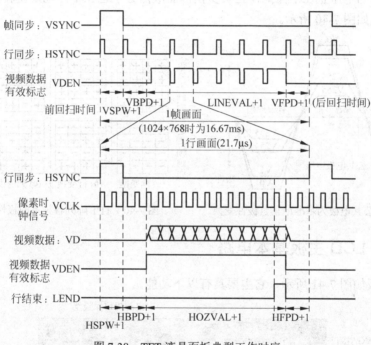

图 7-38　TFT 液晶面板典型工作时序

5. TFT 液晶面板工作时序

图 7-38 是 TFT 液晶面板的典型时序。其中 VSYNC 是帧同步信号，VSYNC 每发出一个脉冲，就意味着新的一屏视频数据开始发送。而 HSYNC 为行同步信号，每个 HSYNC 脉冲都表明新的一行视频数据开始发送。而 VDEN 用来标明视频数据的有效，VCLK 是用来锁存视频数据的时钟信号。

在帧同步以及行同步的头尾必须留有回扫时间，对于 VSYNC 来说，前回扫时间是（VSPW+1）＋（VBPD+1），后回扫时间是（VFPD+1）；HSYNC 也基本相同。这样的时序要求是当初 CRT 显示器的工作特性而规定的，但后来成为事实上的工业标准，乃至 TFT-LCD 为了在时序上与 CRT 兼容，也采用了与 CRT 相同的控制时序。

6．TFT 面板的极性变换

液晶分子不能长时间固定在某个电压不变，不然即使将电压取消，液晶分子也会因为特性破坏而无法因电场变化而转动。所以每隔一段时间，就必须将电压恢复原状，以避免液晶分子的特性遭到破坏。但是，画面亮度一直不变时怎么办呢？因此，液晶面板内的显示电压分成了正极性和负极性。当显示电极的电压高于公共电极电压时称为正极性，当显示电极的电压低于公共电极电压时称为负极性（如图 7-39 所示），不管是正极性或负极性，都会有一组相同亮度的灰阶。当上下两层玻璃基板之间的电压差绝对值固定不变时，TFT 表现出的亮度是一致的，不过在以上情况下，液晶分子的转向完全相反，这就避免了液晶分子长时间固定在一个方向时造成的特性破坏。简单地说，当显示画面一直不动时，可以使显示电压的正负极性不停地交替变换（电压差绝对值不变），达到显示画面亮度不变时，液晶分子也不会破坏特性的效果。因此，我们看到的液晶显示器画面虽然静止不动，但是液晶显示器中的电压正在不停地作正负变换，而液晶分子也在不停地反复转向。各种不同极性变换方式如图 7-40 所示。

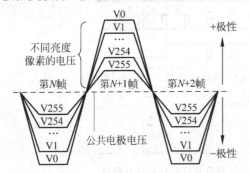

图 7-39　以公共电极为基准地正负极性变换

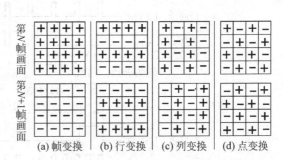

图 7-40　TFT 阵列各种不同极性变换方式

7.4.2　LCD 主板基本电路

LCD 主板如图 7-41 所示，它主要具有以下功能。

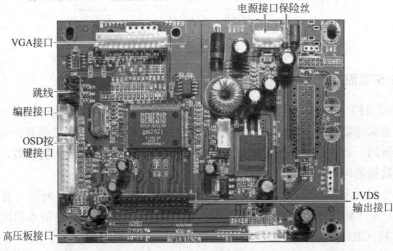

图 7-41　LCD 主板基本组成

（1）模拟信号处理模块。该模块与电视机中电视信号处理部分功能相同，可以接收多种输入信号格式，如 VGA 信号、CVBS 复合电视信号、色差分量信号等。信号经视频解码 IC 处理后，输出 RGB 信号及行场同步信号供数字板进行处理。

（2）模拟信号/数字信号转换模块。该模块将 3 通道模拟 RGB 信号，通过 AD 转换芯片处理后，转变为 24 路数字 RGB 信号提供给隔行/逐行转换模块使用。

（3）隔行/逐行转换模块。该模块将隔行格式的数字 RGB 信号进行处理后，输出标准的逐行格式数字 RGB 信号。

（4）模拟 VGA/数字 VGA 信号转换模块。该模块主要用于将 PC 输出的标准模拟 VGA 视频信号，转变成 24 位的并行数字 VGA 视频信号。

（5）DVI 串行/并行转换模块。串/并转换功能由 DVI 接收器实现。它接收 PC 输出的标准串行数字视频 DVI 信号，然后将其转为 24 位（或 48 位）并行数字视频信号。

（6）DVI 并行/串行转换模块。并/串转换功能由 DVI 发送器实现。它接收图像处理芯片输出的 24 位（或 48 位）图像显示数据，然后将它们转变为 DVI 标准的串行输出数据格式，直接输入 LCD 显示模块。

（7）LVDS 信号接口。目前大部分 LCD 在内部采用 LVDS（低压差分信号）接口，LVDS 接口采用 330mV 的低压差分信号（最小 250mV，最大 450mV），可使系统供电电压低至 2V。LVDS 利用串行编码/解码技术，对数据信号进行差分传输。LVDS 单个信道的数据传输速率达到了每秒数百兆比特，而产生的噪声极低，功耗也非常小。LVDS 接口与 DVI 接口使用 TMDS 信号技术存在一些差别，它们之间不能兼容。在性能上两者相差不多，它们之间是一种竞争性技术。

（8）LCD 图像处理模块（SCALER）。该模块的核心是一个高性能的数字视频图像处理芯片，它对输入的多种格式数字视频信号进行处理，输出液晶显示模块可接受的图像数据格式。图像处理模块的主要功能有色度和亮度处理、彩色 γ 校正、图像大小缩放、画质改善、运动补偿、边缘平滑等。

（9）CPU 模块。CPU 模块提供人机接口，并对各个功能模块进行功能设置和控制。

（10）供电模块。LCD 主板内的供电模块，可对输入的 12V 和 24V 直流电进行 DC-DC 转换，然后提供系统需要的各种不同直流电压。

7.4.3　LCD 电源基本电路

1．LCD 电源类型

LCD 电源有两种，一种是内置电源（多用于台式计算机），另一种为外置电源（多用于笔记本计算机）。从供电方式看，前者直接输出+14V（12V）、+5V 或＋3.3V，为 LCD 各负载电路供电。而外置电源以单独电源盒的形式，通过连接线及插头与 LCD 连接，为显示器提供 AC16V 或 DC12V 电源，然后经内部电压转换电路或变换电路处理后，再向整机电路提供各种直流工作电压。

2．LCD 电源功能

内置式 LCD 电源以电流驱动型脉宽调制组件为核心，构成他激式开关电源。LCD 电源提供各种直流输出，以及启动电流等，并具有过电压、过电流、欠电压、软启动等各种电路保护功能。

LCD 电源是一种交流-直流（AC-DC）转换器，它接收 90～265V 的交流输入，并在进行功率因数校正（PFC）后，将交流电压转换为单路或多路隔离的直流电压。

如图 7-42 所示，AC-DC 电源模块产生的一路主电压（典型值为 12V/24V）主要为背光灯高压板供电，其电流（功率）要求取决于显示器使用冷阴极荧光灯（CCFL）的灯管数量（屏幕尺寸越大，功率要求越高）。

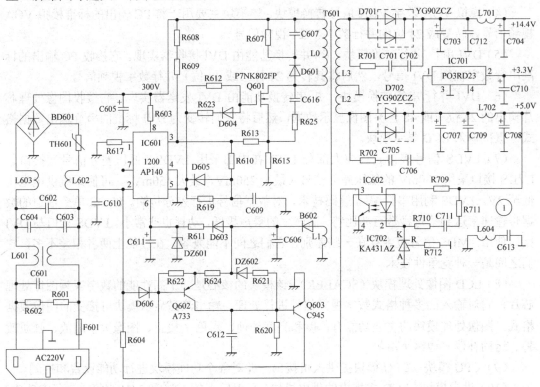

图 7-42　LCD AC-DC 电源典型电路

AC-DC 电源输出的第二路电压用于 LCD 主板的各种直流电源。

AC-DC 电源输出的第三路电压用于 TFT 液晶阵列，TFT 液晶阵列内部将输入电源经过 DC-DC 转换后，为 TFT 提供驱动电压。

3．LCD 电源电路结构

如图 7-41 所示，LCD 内置电源由桥式整流滤波、软启动电路、脉宽调制控制芯片以及输出整流 12V、5V 直流电压等电路构成。

7.4.4　LCD 高压板基本电路

逆变器（Inverter）又称为高压板或升压板，它专为液晶面板的背光灯提供工作电源。背光灯采用的冷阴极荧光灯管（CCFL）工作电压很高，正常工作电压为 600～800V，而启动电压则高达 1500～1800V，工作电流为 5～9mA。因此高压板需要具有以下功能：能产生 1500V 以上的高压交流电，并且在短时间内迅速降至 800V 左右。

1. 高压板电路工作原理

由于高压板提供电流的大小将影响冷阴极荧光灯管的使用寿命，因此输出电流应小于 9mA，并且有过电流保护功能。出于使用的考虑，要有控制功能，即在显示暗画面时，灯管不亮，该控制信号可以由显示器主板上的微处理器或图形处理器提供。

高压板是一种 DC-AC 的功率变换部件，它普遍采用脉宽调制（PWM）技术，实际上高压板就是一个开关电源，只不过它缺少后级整流滤波部分。高压板将 LCD 电源板输入的低压直流电（一般为 3～14V），通过开关斩波变换为高频交变电流，然后通过高频变压器升压（一般为 600～800V），以达到点亮灯管的电压。高压板原理如图 7-43 所示。

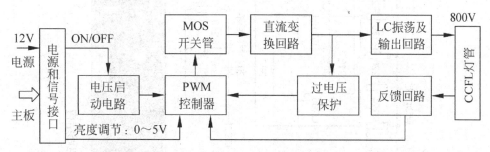

图 7-43　高压板工作原理框图

2. 高压板输入接口

高压板输入部分有三个信号，它们是 12V 直流输入 V_{IN}、工作使能电压 ON/OFF 及液晶面板亮度调节信号。其中，12V 直流由 LCD 电源提供；ON/OFF 电压由 LCD 主板提供，其电压值为 0V 或 3V，当 OFF=0V 时，高压板不工作；而 OFF=3V 时，高压板处于正常工作状态。亮度调节电压由 LCD 主板提供，电压变化范围在 0～5V，将不同的电压值反馈给 PWM（脉冲宽度调节控制器）芯片反馈端，高压板向负载提供的电流也将不同，DIM（亮度调节信号）值越小，高压板输出的电流就越小，液晶面板亮度就越暗。

3. 电压启动回路工作原理

如图 7-44 所示，电源控制回路由 Q201 和 Q202 两个 MOS 开关管组成。电压启动回路有两个工作阶段：第一阶段是当 ENB 电压为低电平（0V）时，Q201 管处于截止状态，因此 Q202 管也截止。这时 Q202 管上的直流电压不能加到 U201（PWM 芯片）的第 2 脚输入端，因此 PWM 因无输入而不工作；PWM 的第 1 脚无输出脉冲，因此整个高压板不工作。第二阶段是当 ENB 为高电平时，Q201 管饱和导通，Q202 管被拉低，因为 Q202 为 PNP 管，而且加有 12V 直流电压，因此 Q202 导通，12V 电压加至 PWM 芯片的供电脚 2，启动 PWM 芯片工作，PWM 芯片有脉冲输出去控制开关管工作，整个高压板处于正常工作状态，输出高压去点亮液晶面板的背光灯灯管。

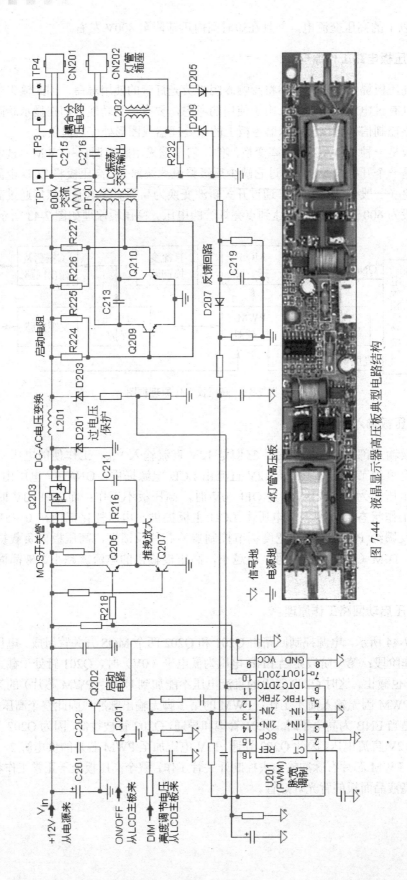

图 7-44　液晶显示器高压板典型电路结构

7.4.5　LCD 常见故障维修

液晶显示器容易出现以下一些故障。

1．AC-DC 电源故障

LCD 刚开机一亮即灭，或开机时画面轻微的忽明忽暗，有时能开机有时不能开机等，可能是电源供电不足造成，主要检查高压整流滤波电路部分。

电源电路板中一些小元件容易损坏，如保险管、整流二极管、高压滤波电容、电源开关管、电源管理 IC 等零件。

2．高压板故障

高压板的典型故障是开机后，显示屏亮一下就不亮了，但是电源指示绿灯常亮。这种问题一般是高压异常造成的，是高压板中保护电路动作了。

可以先检查灯管，然后检查高压板。首先检查高压板供电保险，再查振荡三极管、二极管，因为高压板零件很少，可以用万用表逐个测试。激励 IC 一般很少坏。

维修高压板的步骤是：检查电源保险丝→检查开关控制管→检查电源管理 IC→检查推挽发大管→检查电源开关管→检查 DA 转换电路（储能电感、整流管）→检查 LC 升压电路（升压变压器、升压电容）→检查耦合电容→检查灯管。

3．LCD 主板故障

主板坏的概率比较大，一般冬天坏的多。使用者身上带有静电，在触摸按键时容易导致主板损坏，部分 LCD 在按键上有放电脚，并加了几层屏蔽。

4．液晶屏故障

液晶屏维修的难度大，因为液晶屏驱动损坏一般很难维修，一般都是硬伤导致，实际上没有人换新的。能换的是灯管和背板上的芯片。

液晶显示器的故障大多都是背光灯电路问题或电源问题，背光电路故障中最可能的就是升压线圈内部短路或断路。

如果液晶面板内部的背光灯损坏，就没有光线发出。仔细观察液晶屏，会看到液晶屏上有淡淡的图像显示，这说明背光灯相关电路损坏。如果背光灯电路完好，而显示电路有问题，这时会看到液晶屏后面有明亮的白光发出。

如果显示器图像发黄，调节色温及白平衡都不能解决，说明背光灯已经老化，必须换灯管。

多灯管显示器损坏某个灯管后，表现为图像亮度不均匀。用手摸显示屏灯管位置，通过温度对比可以判断灯管是否损坏，正常显示屏灯管位置温度应该均匀一致。由于显示器大都有高压平衡保护电路，因此一个灯管损坏后，表现往往不是亮度不均衡，而是显示器不能开机或开机后黑屏。

如果屏幕出现亮线、亮带或者是暗线。亮线故障一般是连接液晶屏的排线出了问题，或者是某行或某列的驱动 IC 损坏。暗线一般是显示屏漏电，或者柔性板连线开路。

如果 LCD 显示屏出现一个或两个大的亮点，可以轻轻用指尖压亮点，如果亮点消失，说明这个像素的开关管与电极虚连，一般很难维修。如果显示屏有小的黑点和灰点，有可能是内部导光板或偏光片有灰尘造成，可清洗处理。

5. LCD 故障维修案例

【例 7-6】 液晶显示器花屏故障，调整电阻故障。

（1）故障现象。一台液晶显示器，使用半年后出现故障。只要启动计算机就会出现"花屏"现象，屏幕上的字迹非常模糊且呈锯齿状。进入 Windows 系统后，偶尔也会出现这种故障现象，但持续时间很短，大部分时间里屏幕显示正常。

（2）故障处理。更换显卡后，发现故障依旧。用一台工作正常的显示器作交换试验，没有出现以上故障，说明 LCD 存在故障。

判断可能是 LCD 内部同步电路故障，或是连接接口插针及传输电缆故障。同步控制电路设计在集成电路内，而集成电路损坏的可能性很小。于是将 LCD 外壳拆开，用数字万用表逐个检查连接插针与对应线缆的导通情况，没发现断路、短路等物理连接问题。

沿电缆连接线的走向，找到印制电路板上的输入控制电路单元，发现一个 14 脚封装的集成电路块边上安装有两个微型可调电位器。根据经验判断，这个可调电位器可能是用于同步微调的。用无水酒精将两个可调电位器清洗一遍，等酒精全部挥发后，将 LCD 通电试机，发现故障现象有所减轻，但故障有时还会有所反复。

用微型十字螺丝刀将可调电阻顺时针调整少许，再次通电测试，这时 LCD 显示正常，故障排除。

（3）经验总结。某些 LCD 故障可以通过调整机器内部的电子元件进行故障处理。

【例 7-7】 高压板元件虚焊，造成液晶显示器工作时好时坏。

（1）故障现象。一台 LCD 使用一年后，出现有时开机没有图像显示，或正在使用时显示器突然黑屏，偶尔过几分钟图像又出来了，故障表现没有规律。

（2）故障处理。如果是 LCD 背光灯损坏，就没有光线发出。仔细观察液晶屏，会看到液晶屏上有淡淡的图像显示，这说明背光灯相关电路坏了。

如果背光灯电路完好，而显示电路部分有问题，可以看到液晶屏后面有明亮的白光发出。LCD 的故障大多都是背光灯电路问题或电源问题，背光电路故障中最可能的就是升压线圈内部短路或断路。

首先为液晶显示器单独加电，观察是否有上述故障表现。再与主机连接好信号线，打开显示器，观察显示器电源指示灯是否始终为绿色，液晶屏有没有图像显示。

检查 LCD 高压板中的高压线圈，高压线圈的线径很细，由于工作在高电压环境下，因此故障率最高，配件也很难买到。造成高压线圈故障的原因可能是，在焊接安装时没有对电感线圈的漆包线做去漆处理，而直接焊接。因为漆层是绝缘材料，不导电，真正的焊接点只有漆包线的断接处一点，所以容易造成使用一段时间后，就会出现无高压情况，造成无图像显示。

对电感线圈两个引脚轻轻刮去绝缘漆层，铜层暴露面积越大，焊接越牢靠。用电烙铁将电感两个引脚焊接结实。必须注意，在焊接前要取下高压板与主控板的连接插座，防止在焊接时，电烙铁产生的静电将主板上的芯片击穿，造成二次故障。

焊接完成后，单独给液晶屏加电，观察液晶屏是否有画面显示。两三秒钟后，显示器有图像显示，提示未接信号线。将把显示器信号线与主机连接，打开显示器检验显示器的工作情况，图像显示正常，故障排除。

（3）经验总结。LCD 显示图像时好时坏，或拍显示器外壳显示就正常，这些故障可能是机内某个元件虚焊造成。在给 LCD 加电后，千万不能用手触摸高压板，以防止电击。

习　题

7-1　说明 3D 矢量图形生成步骤。

7-2　说明 DirectX 的基本功能。

7-3　说明 LCD 显示器的主要技术性能指标。

7-4　说明 DVI 接口的类型与特点。

7-5　一个 3D 场景有 500 万个多边形，假设每个多边形建模为 $1t$（时钟周期），纹理映射为 $2t$，贴图渲染为 $3t$，GPU 工作频率为 500MHz，如果 GPU 不采用流水线技术，需要多长处理时间？如果 GPU 有 10 条处理流水线，需要多长的处理时间？

7-6　讨论独立显示卡是否会被淘汰。

7-7　讨论液晶触摸屏是否会取代键盘和鼠标的操作模式。

7-8　讨论液晶显示器有哪些缺点。

7-9　写一篇课程论文，论述 3D 图形处理技术或 LCD 工作原理与新技术。

7-10　利用测试软件进行显示器测试实验。

第8章 辅助系统结构与故障维修

辅助系统是计算机的重要组成部分，它们有音频系统、网络系统、电源、BIOS 等，这些系统使用频率非常高。

8.1 音频系统结构与故障维修

8.1.1 音频信号数字化

1. 音频信号的数字化过程

声音是一种连续的物理波形信号。例如对着话筒讲话时（如图8-1（a）所示），话筒根据它周围空气压力的不同变化，输出连续变化的电压值。这种变化的电压值是对声音的模拟，称为模拟音频（如图8-1（b）所示）。模拟音频电压值不利于计算机存储和处理，要使计算机能存储和处理模拟音频信号，必须将模拟音频数字化，这个过程包括采样、量化和编码（如图8-1所示）。

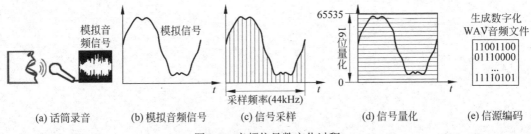

(a) 话筒录音　　(b) 模拟音频信号　　(c) 信号采样　　　(d) 信号量化　　(e) 信源编码

图 8-1　音频信号数字化过程

（1）采样。采样过程就是在固定时间间隔内，对模拟音频信号截取一个振幅值（如图 8-1（c）所示），并用给定的二进制数表示。单位时间内采样的次数越多（采样频率越高），数字信号就越接近原声。根据奈奎斯特（Nyquist）采样定理，采样频率只要达到信号最高频率的 2 倍，就能精确描述被采样的信号。一般人耳的听力范围在 20Hz～20kHz。因此，采样频率达到 20kHz×2=40kHz 时，就可以满足人们的要求。目前大多数声卡的采样频率都已达到了 44.1kHz 或更高，如 HAD 集成声卡的采样频率为 192kHz。

（2）量化。另一个影响音频数字化的因素是采样信号的量化精度，量化精度一般以二进制位数表示。例如，声卡量化精度为 8 位时，有 2^8=256 种采样等级；如果量化精度为

16 位，就有 $2^{16}=65\ 536$ 种采样等级（如图 8-1（d）所示）；如果量化精度为 32 位，就有 $2^{32}=4\ 294\ 967\ 296$ 种采样等级；目前 HDA 集成声卡的量化精度为 32 位。

（3）编码。对模拟音频采样量化完成后，计算机得到了一大批原始的二进制音频数据，将这些信源数据（采集的原始数据）进行文件类型（如 WAV、MP3 等）规定的编码后，再加上音频文件格式的头部，就得到了一个数字音频文件（如图 8-1（e）所示）。这项工作由计算机中的声卡和音频处理软件（如 Adobe Audition）共同完成。

2．声音信号的输入与输出

数字音频信号可以通过光盘、MIDI（乐器数字接口）键盘接口等设备输入到计算机。模拟音频信号一般通过话筒和音频输入接口（Line in）输入到计算机，然后由计算机声卡转换为数字音频信号，这一过程称为模/数转换（A/D）。当需要将数字音频文件播放出来时，可以利用音频播放软件将数字音频文件解压缩，然后通过计算机上的声卡或音频处理芯片，将离散的数字量再转换成为连续的模拟量信号（如电压），这一过程称为数/模转换（D/A）。由声卡构成的简易音乐工作站如图 8-2 所示。

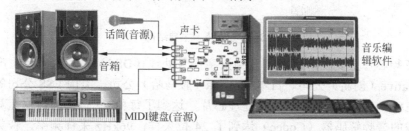

图 8-2　由独立声卡构成的简易音乐工作站

8.1.2　声卡的基本结构

1．独立声卡

（1）声卡的类型。声卡是实现声波/数字信号相互转换的一种硬件设备。声卡的基本功能是将来自话筒（输入）的模拟音频数字化；并且将计算机处理的数字音频信号输出到音箱或耳机等设备。2000 年前后，声卡行业陷入了集体衰退的境地，计算机主板中的集成声卡由于价格低廉，占据了主流市场；独立声卡越来越边缘化，成了音乐发烧友们的高端产品；USB 声卡也尝试在笔记本计算机中寻找新的市场。独立声卡的最大厂商是新加坡创新（Creative）公司，集成声卡的最大厂商是中国台湾瑞昱（Realtek）公司。各种声卡类型如图 8-3 所示。

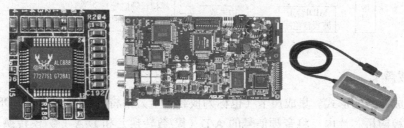

图 8-3　主板集成声卡的 Codec 芯片（左）、独立声卡（中）和 USB 声卡（右）

（2）音频处理芯片。如图 8-4 所示，独立声卡上一般有音频数字信号处理（DSP）芯片、功率放大芯片等，以及各种音频输入/输出接口。独立声卡可以安装在主板的 PCI 总线或 PCI-E 总线插座上。声卡 DSP 芯片集成了音频处理的全部功能，DSP 芯片性能的优劣对音频质量有非常重要的影响。DSP 芯片的功能通常包括音频采样频率控制、A/D 和 D/A 转换、音频信号编码和解码、MIDI（乐器数字接口）指令处理、3D 音效处理、音频合成、音频通道分配、硬件均衡、混响处理等功能。

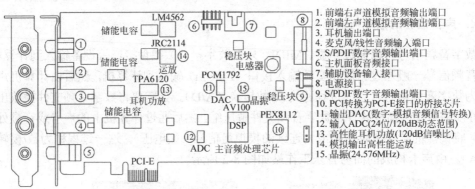

图 8-4　独立声卡主要结构

（3）音频芯片主要生产厂商。音频数字信号处理（DSP）芯片的主要生产厂商有新加坡 Creative（创新）公司、日本 Yamaha（雅马哈）公司、美国 ESS 公司等。如创新公司的 EMU 10K2 音频数字信号处理芯片，达到了每秒 40 亿次的数据运算能力，芯片内集成的音频解码器（Codec）达到了 24 位采样，96kHz 采样频率，音频信号信噪比高达 100dB 以上，并且可对 131 个硬件音频信号通道进行处理，可直接连接数字或模拟 5.1 音箱。

（4）独立声卡基本工作原理。如图 8-5 所示，当一个音源 MIC 接口输入后，先经过 Codec 芯片（大部分声卡集成在 DSP 中）进行音频信号的 A/D 转换，将模拟音频信号转换为音频数据，然后将信号送到 DSP 芯片进行各种音效处理，然后通过 PCI-E 总线将音频数据存放在内存，再由录音软件进行音频数据编码，形成数字音频文件。声卡 DSP 芯片中的 A/D 转换精度越高，音频信号的失真越小，音频还原或录音的效果也更加精确。

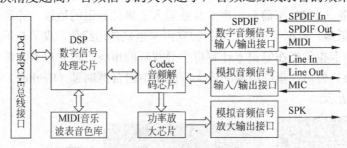

图 8-5　声卡工作原理框图

2. 集成声卡

（1）集成声卡的形式。集成声卡（也称为板载声卡）指将音频处理芯片（DSP）的功能集成在主板南桥芯片内，将音频信号的 A/D（模/数转换）和 D/A（数/模转换）功能集成在音频解码（Codec）芯片中，独立安装在主板上（如图 8-6 所示），这样计算机不需要安装声卡，也能够处理音频信号了。

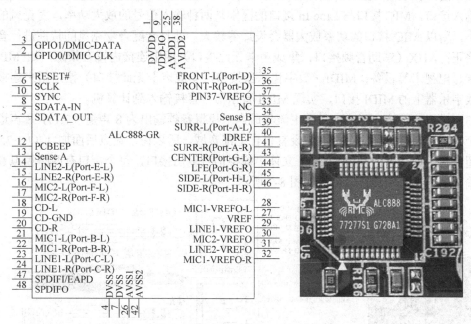

图 8-6　HDA 集成声卡电路信号和解码（Codec）芯片

（2）HAD 音频标准。集成声卡的设计标准有 AC97（音频解码 97 版）和 HAD（高保真音频），AC97 标准目前已经淘汰。HAD 是 Intel 与 Dolby（杜比）公司合力推出的音频处理标准，HAD 标准与 AC97 标准并不兼容，它比 AC97 提供了更高品质的音频以及更多的功能。HDA 处理功能主要集成在主板南桥芯片（ICH）中（音频解码功能除外）。

（3）HAD 的性能。HDA 具有 192kHz 采样频率，32 位量化分辨率，双声道音质；或者将声道数增加，但采样频率必须改变为 96kHz 取样频率，32 位量化分辨率，8 声道的音效。HDA 支持设备感知和接口定义功能，即所有输入/输出接口可以自动感应设备的接入，并对用户给出提示，而且每个接口的功能可以随意设定。例如，用户误将话筒插入音频输出接口后，HDA 能探测到该接口有设备连接，并且能自动侦测到设备为话筒后，将该接口定义为 MIC 输入接口，改变原接口的属性。这样，用户在连接音箱、耳机和麦克风等设备时，就像连接 USB 设备一样简单。即便是复杂的多声道音箱，普通用户也能做到"即插即用"。

（4）集成声卡的优点与缺点。集成声卡最大的优势就是高性价比。但是集成声卡没有音频处理芯片（DSP），因此在处理音频信号时会占用部分 CPU 资源，相对而言 CPU 资源占用率不大；音质不好是集成声卡的一大弊病，较突出的问题是信噪比较低。这个问题并不是集成声卡有缺陷造成的，主要是主板中的 HAD Codec（音频解码）芯片布线不合理，以及主板材料和工艺等方面过于节约成本造成的。

8.1.3　音频接口与技术性能

1．模拟音频输入/输出接口

（1）模拟音频输出接口。模拟音频输出接口有多个 Line Out（线性输出）接口。

（2）模拟音频输入接口。模拟音频输入接口有 Line In（线性输入）接口、MIC（麦克风）输入接口，MIC 接口与 Line In 接口的区别是两种输入信号的放大功率，麦克风的信号较小，所以 MIC 接口的功率放大器会设计得较大，并且会配合麦克风的特性进行音频信号修正；AUX（辅助音频接口，集成声卡无此接口）用来连接内置音频源，如 MPEG 解码卡、电视卡等设备；MIDI（数字化乐器接口，集成声卡无此接口）接口用来连接电子琴数字乐器上的 MIDI 接口，实现 MIDI 音乐信号直接输入到计算机。

（3）模拟音频接口形式。目前主流集成声卡模拟音频输出为 8 声道（7.1），8 声道中有一个是超低音声道，这个声道并没有包含全部音域，所以在小数点后面加 1（如 7.1）表示超低音声道。声卡采用 3.5mm 立体声模拟信号输出接口，每个接口有两路模拟音频信号输出。模拟音频的接口形式如图 8-7 所示。

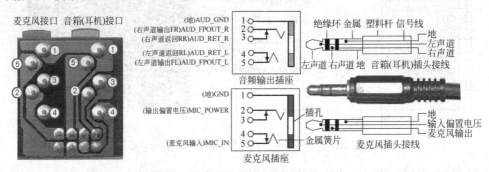

图 8-7　模拟音频接口插座与接头的形式

2. 数字音频输入/输出接口

数字音频输入/输出接口主要有 SPDIF（索尼-飞利浦数字音频接口）。数字音频比模拟音频具有更加纯净的音质，而且可以在一条线路上串行传输多个声道的信号。SPDIF 接口信噪比高达 120dB，最大限度地减少了声音失真。并且可以减少 A/D、D/A 转换和电压不稳引起的信号损失。SPDIF 有输出（SPDIF OUT）和输入（SPDIF IN）两种接口，大多数独立声卡和集成声卡都支持 SPDIF 数字音频输出，但不是每一种产品都提供 SPDIF 数字音频输入接口。SPDIF 分为同轴电缆接口和光纤接口，接口形式有些差异。SPDIF 同轴电缆输出接口主要用来传输 AC3 信号和连接的数字化音箱；光纤输出则用来连接 MD（Mini Disc）等数码音频设备，实现无损音频录制。

3. 音频接口连接方式

模拟音频接口和数字音频接口与其他设备的连接方法如图 8-8 所示。

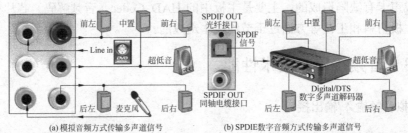

(a) 模拟音频方式传输多声道信号　　　(b) SPDIE数字音频方式传输多声道信号

图 8-8　模拟音频接口连接方法（右）和数字音频接口连接方法（左）

4．集成声卡音频解码芯片（Codec）技术性能

集成声卡性能的好坏取决于 Codec 音频解码芯片，Codec 的主要性能指标如下。

（1）DAC（数字/模拟信号转换器）信噪比。DAC 信噪比的高低将关系到声卡的音频输入/输出质量，目前流行 Codec 芯片的信噪比在 95dB 左右。

（2）Mixer（混音器）信噪比。Codec 芯片负责对声音的叠加与混音处理，所以混音器信噪比非常重要，这个参数与 DAC 信噪比相同或相近，差距在-1dB 左右。

（3）采样频率和量化精度。Codec 芯片支持 48kHz 以上的采样频率，以及 20 位（量化精度）A/D 和 D/A 转换。采样位数越高，对音频数据的处理能力就越强；采样频率值越大，音频信号的分辨率就越高，声音转换中的失真就越小。

（4）A/D 和 D/A 频率响应范围。大部分 Codec 芯片支持 20Hz～20kHz 的频响范围，这是人耳所能听到声音的最大范围。

8.1.4　音箱与话筒的基本组成

1．音箱类型与结构

（1）音箱的类型与材料。音箱的类型有模拟音箱和数字音箱，数字音箱音质好，价格高，个人用户很少使用，市场主流为模拟音箱。音箱外壳材料密度越大，发出声音时箱体产生的振动就越小，特别是大功率音箱更是如此。板材厚度是实现超低音效果的有力保障，塑料音箱的低音效果一般较差。

（2）有源音箱结构。有源音箱由功放组件、电源变压器、分频器、扬声器和箱体组成。功放组件用来对音频信号进行放大，并实现各种操作功能；电源变压器为功放组提供电能；分频器的作用是根据信号频率，分配给高音扬声器和低音扬声器，防止大功率的低频信号损坏高频扬声器；计算机音箱均采用防磁扬声器；箱体的主要作用是防止发生音频谐振现象。有源音箱内部结构如图 8-9 所示，电路结构如图 8-10 所示。

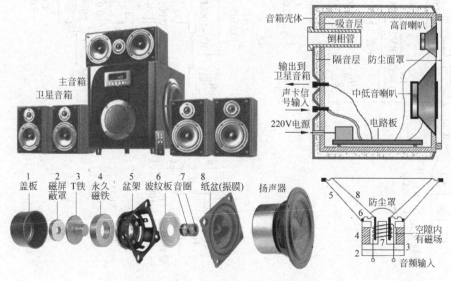

图 8-9　主音箱内部结构和扬声器结构

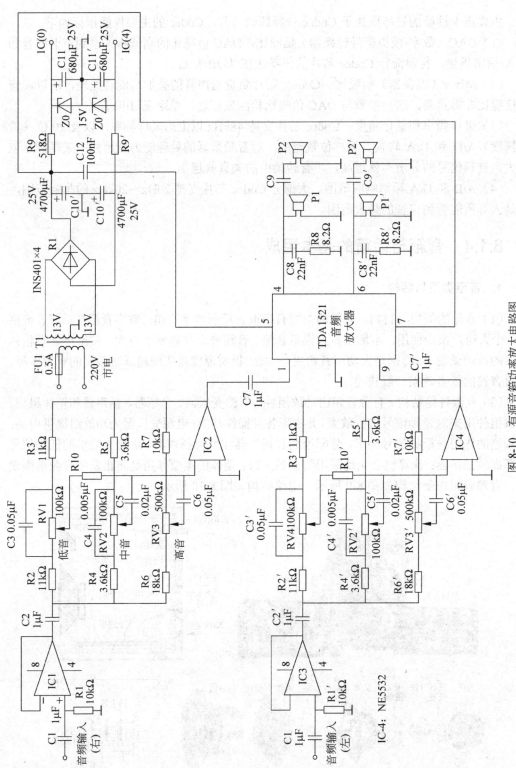

图 8-10　有源音箱功率放大电路图

2．音箱的技术要求

计算机主要音频信号是音乐和游戏，其中高音比例较大，低音比例较小，因此要求音箱的高音较为出色。

将音箱的音量由小开大时，音箱应当能在全音域内保持均匀清晰的音频还原能力。

在 200Hz 以下的低频段大音量输出时，往往会容易发生谐振现象。箱体谐振会严重影响输出的音质，应尽量减少音箱谐振现象。

打开音箱电源，在没有外接音频信号输入时，距离音箱 20cm 处应当无背景杂音，没有嗡嗡的交流电干扰声，说明音箱静噪比基本能让人接受。

3．话筒的组成与技术性能

如图 8-11 所示，计算机一般采用专用的鹅颈式或头戴式话筒，专业话筒大多为手持式。

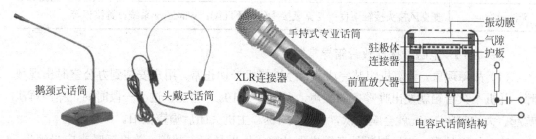

图 8-11　话筒类型与结构

（1）信号电平。专业话筒的输出信号很弱，一般小于 1mV，声卡的音频输入接口通常不会接受如此之低的电平信号。大多数声卡要求输入的音频信号最小电平应大于 10mV。如果将专业话筒接到声卡输入端，声卡会得不到足够强度的信号。解决方案一是提高声卡的输入灵敏度，某些声卡提供一些软件，可由用户提高声卡输入的灵敏度；二是在声卡输入端之前对话筒信号进行放大，如采用"话筒前置放大器"等设备。

（2）阻抗匹配。话筒的信号输出阻抗必须小于声卡的输入阻抗。如果话筒的输出阻抗与声卡的输入阻抗相同或者更大，话筒的部分或全部信号将会丢失。话筒输出阻抗相对声卡的输入阻抗越高，丢失的信号就越多。将一个高阻抗话筒接到输入阻抗为 600Ω 的声卡，将会丢失很多信号，以至于讲话的声音会听不见。专业话筒的输出阻抗一般低于 600Ω，而大多数声卡输入阻抗为 600～2000Ω，因此专业话筒与声卡一般不存在阻抗匹配方面的问题。计算机话筒的输出阻抗大致有两种，一种在 10kΩ 以上，称为高阻抗话筒；一种在 1kΩ 以下，大多为 600Ω。高阻抗话筒灵敏度高，输出电平高，但是抗干扰性能差；低阻抗话筒灵敏度低，但音质好。目前声卡放大器基本克服了信噪比问题，所以极少采用高阻抗话筒了。电容式话筒内部有阻抗转换和放大电路，一般输出阻抗只有 200Ω，且灵敏度极高。常见的动圈式话筒都采用 600Ω 的输出阻抗，也有少量 300Ω 的低阻抗话筒。

8.1.5　音频系统常见故障维修

声卡主要故障现象如表 8-1 所示。

表 8-1　声卡常见故障现象

故障现象	故障主要原因分析
无声音	驱动程序故障；音箱接头接触不好；音频接头插错；音箱接头接触不好；音箱电路损坏；操作系统音频关闭等
声音很小	音频接头阻抗不匹配；接头氧化；音箱功放电路故障；音箱线路过长等
声音断断续续	CPU 超频；系统资源不足等
杂音严重	音频插头氧化；音箱电路抗干扰性能差；主板抗干扰性能差；电源滤波不良等
无法录音	麦克风接头接触不良；麦克风接头阻抗不匹配；Windows 系统设置错误等

【例 8-1】 电磁干扰导致音箱异常发声。

（1）故障现象。计算机组装完成后，经过拷机一切正常。用户安装到办公室时出现故障，开机不久音箱就发出哗哗声的噪声，大概过了 10s 才停止。过了一段时间，噪声再次响起。大约每隔 1min 就会响一次，每次约 10s。主机关闭后噪声依旧。

（2）故障处理。初步判断是音箱出现故障，如果是声卡故障，关机后噪声应当消失，因此给用户换了一对新音箱。可是故障依然存在，看来不是音箱的问题。音箱发出的声音是从哪里来的呢？除非外界有较强的电磁干扰，而有些音箱电路部分设计不够精良，信号被音箱电路部分接收，经过功率放大后就成为噪声。检查办公室周围，发现没有大型电器设备。电磁干扰是从哪里产生的呢？详细询问用户，原来办公室安装有一套防盗系统，该系统和警卫室相连，每隔一分钟就发射一次电磁波，将办公室侦测系统关闭后，故障消失。

（3）经验总结。电磁干扰对音频信号的影响往往不易发觉，应当仔细询问用户。

8.2　网络系统结构与故障维修

8.2.1　网卡与双绞线

1．网卡

网卡（NIC，网络适配器）用于将计算机与网络互连。在个人计算机中，一般在主板上已经集成了网卡设备，不需要另外安装网卡。但是在服务器主机、防火墙等网络设备内，网卡还有它独特的作用。常用网卡类型如图 8-12 所示。

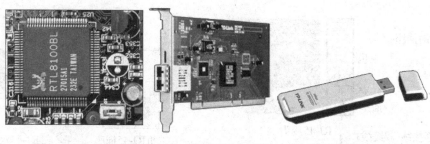

图 8-12　主板集成网卡（左）、服务器光纤网卡（中）和无线网卡（右）

网卡一般采用 RJ-45 接口，也有采用 USB 接口的无线网卡，部分服务器网卡采用单模或多模或单模光纤接口。

按数据传输速率，有 10/100/1000M 网卡。许多网卡既可以接到 10Mb/s 的网络上，也可以接到 100Mb/s 的网络上，这种网卡称为自适应网卡。

网卡接口应与网络传输介质类型一致，网卡的质量在很大程度上影响网络的性能。网卡故障可能导致严重的网络广播风暴，从而造成网络阻塞或瘫痪。

2. 双绞线

网络传输介质（传输网络信号的材料）有非屏蔽双绞线、光纤、微波等，最常用的传输介质是双绞线。

如图 8-13 所示，双绞线由多根绝缘铜导线相互缠绕成为线对，双绞线绞合的目的是为了减少对相邻导线之间的电磁干扰。由于双绞线价格便宜，而且性能也不错，因此广泛用于计算机局域网和电话系统。

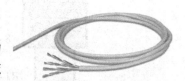

图 8-13　双绞线电缆

双绞线可以传输模拟信号，也可以传输数字信号，特别适用于短距离的局域网信号传输。双绞线的传输速率取决于所用导线的级别、质量、传输距离、数据编码方法，以及传输技术等。双绞线最大传输距离为 100m，传输速率为 10Mb/s～10Gb/s。

8.2.2　有线网络连接方法

个人计算机或企业局域网需要接入到因特网时，需要通过因特网服务提供商（ISP）提供的城域网接入服务，由 ISP 将用户信号转发到因特网中。接入城域网的技术方案有电话线（ADSL 技术）接入、以太网（Ethernet）接入、有线电视（HFC，光纤同轴电缆混合网络）接入等。

1. 以太网接入技术

利用以太网接入因特网技术简单，性能卓越。以太网用户端接入速度可以达到1000Mb/s 或更高。企业、政府、学校等用户，一般都采用以太网接入技术。

（1）硬件连接。用户采用以太网接入因特网时，需要一条网络连接双绞线（购买或自制），双绞线的长度不能超过 90m。如图 8-14 所示，双绞线一端的接头（RJ-45 接头）插入安装在墙壁上的以太网信息插座（RJ-45 插座）上，另一端插入计算机的网络（LAN）的 RJ-45 插座上，网络的硬件连接就完成了。

图 8-14　以太网接入因特网用户端连接方法

（2）RJ-45 接头线序。网络双绞线水晶接头的制作要符合国际标准 T568B，RJ-45 水晶接头的线序规定如图 8-15 和表 8-2 所示。在 10M 以太网接入中，只用到了"线对 2"和"线对 3"，对于 100M 或带宽更高的网络，4 个线对都用到了。

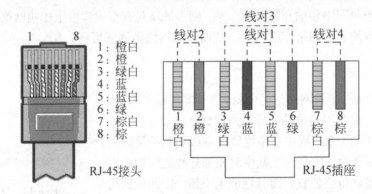

图 8-15　RJ-45 双绞线接头与插座线序

表 8-2　T568B 标准双绞线接头线序

引脚	1	2	3	4	5	6	7	8
线色	橙白	橙	绿白	蓝	蓝白	绿	棕白	棕

（3）驱动程序安装。以太网接入技术一般不需要进行软件安装和操作系统中的网络参数设置。但是，也有极少数计算机的网卡芯片与新推出的操作系统不兼容，这时就需要安装主板厂商提供的网卡驱动程序。

（4）地址设置。大部分网络都提供 IP 地址自动分配技术，因此用户不需要设置网络地址和参数。

2．ADSL 接入技术

ADSL（非对称数字用户环路）是以电话线为传输介质的一种因特网接入技术。ADSL 能提供最大 8Mb/s 的下行速率，但是上行速率只有 1Mb/s，传输距离为 3～5km。在这种接入方式中，用户可以同时打电话和上网，它们之间相互没有影响。

采用 ADSL 接入因特网时，需要 ISP 提供能接入 ADSL 的电话线路，我国大中城市一般都提供这种服务；另外还需要一套 ADSL 设备，它们包括 ADSL Modem、网络连接线（带 RJ-45 接头的双绞线）、电话连接线（带 RJ-11 接头的电话线）、语言分离器和电源转换器等部件。ADSL 设备的硬件连接方法如图 8-16 所示。

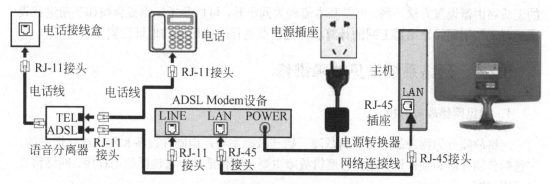

图 8-16　ADSL 接入因特网用户端连接方法

ADSL 驱动程序安装与网络 IP 地址设置方法与以太网接入相同。但是，采用 ADSL 接入方式需要另外安装一个 PPPoE 拨号软件。

8.2.3　无线网络连接方法

无线网络接入因特网的方法很多，如 WLAN（无线局域网）接入、ADSL+无线路由器接入、手机 3G 接入、手机 WiFi（高保真网络）接入等方法。

采用 ADSL+无线路由器（AP）建立无线局域网（WLAN）时，需要一台无线路由器，它提供多台计算机同时接入无线局域网的功能。无线上网的计算机需要安装无线网卡，大部分笔记本计算机都内置了无线网卡，支持 WiFi（高保真网络）功能的智能手机和平板电脑等也内置了无线上网模块。AP 与 ADSL Modem 的连接方法如图 8-17 所示。

图 8-17　无线局域网（WLAN）连接方法

无线路由器的功能是将有线网络信号转化为无线信号，它是整个无线网络的核心。无线路由器的安装位置决定了整个无线网络的信号强度和传输速率。建议选择一个不容易被阻挡，并且信号能覆盖房间内所有角落的位置。一个无线网络节点可以同时与 64 台计算机或设备进行连接，因此将来添加计算机或设备非常方便。

无线路由器与有线网络连接完成后，需要对无线路由器本身进行初始设置，不同厂商的无线路由器设置方法不同，但是基本流程大同小异，可以参考厂商提供操作手册进行设置。对于利用无线路由器上网的计算机，也需要进行一些简单的地址设置。

8.2.4　网络系统常见故障维修

1. 常见网络故障分析

网络故障分为物理故障与逻辑故障。物理故障主要是由硬件设备和网络线路造成的，它包括传输介质和硬件设备故障；逻辑故障主要由软件造成，它包括驱动程序、网络协议和应用程序。

大部分网络物理故障为网络线路中断，网络线路受到干扰，设备之间连接处接触不良，网络设备损坏，网络设备老化等问题。

常见的网络逻辑现象有网络负载过高、网络端口被关闭、网络设备驱动程序错误、网络配置错误、操作系统故障、网络软件故障、病毒或黑客程序破坏等。

在网络故障的测试工作中，可以使用网络命令进行检测（如 Ping 等），也可以使用专用网络工具软件进行检测，还可以使用一些专业网络检测仪器。

网络常见故障现象如表 8-3 所示。

表 8-3　网络常见故障现象与原因

故障现象	故 障 主 要 原 因 分 析
设备故障	网络服务器性能太低；交换机故障；网络设备故障；电源净化性能下降等
线路故障	线路损坏；双绞线太长；电源线与网线混合走线造成干扰；双绞线混用；网线接头混用；线路接头质量不好；接线不合格；线序错误等
设置故障	网卡驱动程序错误；IP 地址设置错误；应用软件设置错误等
环境故障	环境电磁干扰；网络线路靠近热源，造成信号漂移；网络设备接地不良；电源不稳定等
不能连通	线路中断；网络设备硬件故障；网络设备设置错误；线路接头接触不良；网卡驱动程序版本不匹配；网卡协议绑定不良或有冲突等
速度太慢	网络负载太大；广播风暴；防火墙过滤数据包太慢；黑客攻击；网站垃圾信息过多；干扰信号进入系统；双绞线或连接模块制作工艺不符合要求等
间歇中断	网线太长；双绞线质量太差；双绞线混用；网线接头因雨水或潮湿侵蚀和污染等
不能登录	用户登录权限不够；信息包帧格式不匹配；用户名或口令不正确等

2. 网络故障案例分析

【例 8-2】　劣质网线插座造成的网络故障。

（1）故障现象。用户家庭经过装修后，将原来的明线改为了暗线。装修前的网线插座由网络公司安装，装修后的网线插座使用网线、电力线、电话线、电视线合一的接线盒。使用新网线插座后，用户不能上网；但是使用原来的网线插座又能正常上网。

（2）故障处理。初步判断新安装的网线插座有问题，或接线错误引起网络故障。检查新网线插座，发现接线卡口旁只有一种接线标准的颜色标志，并且没有标明每个内部接线端与前端针脚的对应序号。按插座色标打线并连接后，观察到计算机只能发出数据包，而不能接收数据包。可以判定问题出在插座的 3、6 针脚方面（1、2 针脚为发送数据，3、6 针脚为接收数据）。

拆卸新旧两个网线插座的内部接线，仔细检查，发现新网线插座按 568A 标准制作。其中的第 3 针脚正确色标应该为绿白，而现在却被改为蓝白；第 5 根针脚正确色标应该是蓝白，现在却为绿白。在调换第 3 根针脚与第 5 根针脚的接线后，可顺利上网了。

（3）经验总结。某些劣质插座的线序混乱，可能导致一些难以查找的故障。

【例 8-3】　水晶头故障导致网络阻塞严重。

（1）故障现象。某学校对网络系统实施了一次较大的扩容工程，网络扩容后多次出现网络阻塞现象，每天至少两次，每次阻塞时间为 10～30min。仔细检查新安装的网络设备，没有发现任何问题。

（2）故障处理。检查路由器基本正常，对新增的设备同时下载某一软件，服务器工作基本正常。将网络测试仪和网络流量分析仪接入网络监测。经过一段时间，发现网络阻塞现象，持续时间 20min，流量为 88％左右，其中碰撞帧占 85％左右。发现有一个网络设备发送的数据包流量一直占其他工作站流量总和的 10 倍左右。将网络测试仪连接到这台计算机的网卡接口上，模拟发送流量，发现网络数据包碰撞随流量的增加而大幅增加。测试该链路的网卡和网线，显示插头为 3 类接头，链路近端串扰超出标准很多。更换这些 5 类接头后，网络恢复正常。

（3）经验总结。使用 3 类接头代替 5 类接头后，当数据流量较小时，对整个网络影响不大。但数据流量增大时，由于网线接头引起的反射和串绕现象严重，使数据包破坏严重，数据反复重新发送，由此引起网络上存在大量的碰撞帧，导致网络阻塞严重。

8.3　电源系统结构与故障维修

计算机使用的开关电源具有工作电压高、工作电流较大、转换效率较高等特点。

8.3.1　电源的基本组成

1. ATX 电源基本组成

计算机电源的主要要求是输出稳定纯净的直流电源和提高电源转换效率。计算机主板、电源和机箱等设备的设计中都遵循 ATX 标准，目前最新版本为 ATX12V 2.32。ATX 电源的主要组成部件有整流桥堆、场效应开关管、整流二极管、开关变压器、脉宽调制器芯片（PWM）、比较放大器芯片、电容、电感、电阻、PCB 板等电子元件组成。ATX 电源主要组成如图 8-18 所示。

2. 电源主要部件

（1）开关变压器。如图 8-18 所示，电源中体积最大的开关变压器是核心部件，它的承载功率决定了电源的输出功率。

（2）高压滤波电容。电源中两个体积最大的是高压滤波电容，虽然它们的容量并不影响电源的输出功率，但会决定电源输出电流的纯净程度。

（3）PFC 电路。通过 3C 认证的电源都包括 PFC（功率因数控制）电路，PFC 的类型与规格有助于减小电源输出电流的纹波干扰，提高电源功率因数。

（4）低压滤波电路。它们主要由大功率扼流圈等元件组成，它们用于减少输出电流中的干扰。

（5）外壳。电源的金属外壳起屏蔽作用，防止电磁辐射对环境的干扰，预留的进风和出风口供电源自身和机箱的散热，在电源出风口上安装的风扇能加强散热的效果。

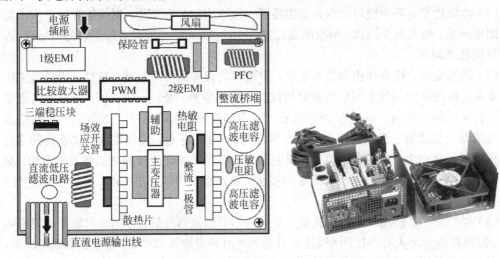

图 8-18　ATX 电源内部组成

8.3.2　ACPI 电源管理标准

ACPI（高级配置电源接口）是电源管理标准，它包括软件和硬件方面的标准。在 ACPI 标准中，由 BIOS 收集硬件信息，定义电源管理方案，由操作系统负责电源管理的执行。

1. ACPI 电源管理模式

如图 8-19 所示，ACPI 有很多电源管理模式可供选择，执行效果也各不相同。

（1）电源管理方案。分为 4 种状态：G0（正常工作状态）、G1（睡眠状态）、G2（软件关机状态）和 G3（机械性关机状态）。

（2）睡眠管理状态。睡眠管理工作在 G1 下（不含 S0），分为 5 种状态：S1（待机）、S2（不推荐）、S3（STR，挂起到内存）、S4（STD，挂起到硬盘）和 S5（软件关机）。

（3）设备电源管理。分为 4 种状态：D0（全功耗）、D1（功耗比 D0 低）、D2（与 D1 相似，但电压更低）和 D3（关闭所有设备）。

（4）CPU 电源管理。它工作在 G0 状态下，CPU 电压和时钟频率由工作量决定。分为 5 种状态：C0（最大工作状态）、C1（挂起）、C2（允许停止）、C3（深度睡眠）和 C4

（更深度睡眠）；C5 和 C6 是新增的电源状态，CPU 电源管理状态如表 8-4 所示。

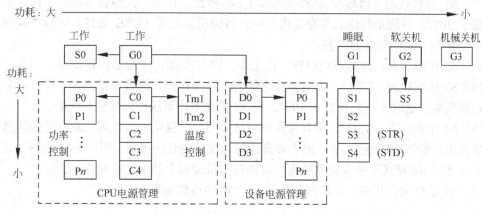

图 8-19　ACPI 电源管理模式示意图

表 8-4　CPU 电源管理状态

电源状态	运行程序	唤醒时间	功耗	硬件平台	核心电压	缓存减少	数据丢失
C0	是	0	100%	正常	正常	否	否
C1	否	10ns	30%	正常	正常	否	否
C2	否	100ns	30%	无 I/O 缓冲	正常	否	否
C3	否	50μs	30%	I/O 无监控	正常	否	否
C4	否	160μs	2%	I/O 无监控	C4_VID	是	否
C5	否	200μs	待定	待定	C4_VID	L2=0KB	否
C6	否	待定	待定	待定	C6_VID	L2=0KB	是

说明："唤醒时间"指 CPU 唤醒时间，系统唤醒时间远大于 CPU 唤醒时间。

2. ACPI 节能模式

利用 ACPI 进行电源管理时，要求系统软件、硬件和 BIOS 必须完全支持 ACPI 功能。如表 8-5 所示，ACPI 规定了以下一些睡眠模式。

表 8-5　系统睡眠状态一览表

睡眠状态	唤醒延迟	功耗	BIOS 重启	系统重启	CPU	缓存	芯片组	DRAM
S0（G0）	无	高	不需要	不需要	开启	开启	开启	开启
S1（G1）	2~3s	中	不需要	不需要	无频率	无效	无频率	自动更新
S2（G1）	3~4s	中至低	不需要	不需要	关闭	关闭	无频率	自动更新
S3（G1）	5~6s	低	不需要	不需要	关闭	关闭	关闭	低功耗
S4（G1）	20~30s	非常低	需要	需要	关闭	关闭	关闭	自动更新
S5（G2）	>30s	接近零	需要	需要	关闭	关闭	关闭	关闭

（1）S0 满载状态。这种情况下计算机没有进行任何节能工作。

（2）S1 待机状态（POS）。这种状态除 CPU 停止工作外，其他设备都在工作，系统功耗低于 30W。系统运行信息保存在内存中，按键盘或鼠标（USB 接口）可以"唤醒"系统，恢复到"睡眠"前的状态。

（3）S2 休眠状态。这时系统时钟停止工作，CPU 关闭，一般不推荐使用。

（4）S3 休眠状态（STR）。主电源停止供电，除内存外其他设备都停止工作，内存由辅助电源供电，这时系统功耗低于 10W。在 S3 模式下，系统可以从键盘唤醒。

（5）S4 休眠状态（STD）。所有部件电源被关闭，只保留平台设置信息，这些信息保存在硬盘中，系统功耗小于 3W。由于硬盘读写速度比内存慢得多，因此 S4"唤醒"速度没有 STR 快。S4 模式不能从键盘唤醒，只能按主机面板上的电源按钮恢复。

（6）S5 软件关机状态。主机内部仅有 3～5W 的待机电源。

8.3.3　电源主要电路结构

1. ATX 开关电源工作原理

ATX 开关电源的基本原理如图 8-20 所示，电路按功能分为 EMI 滤波电路、桥式整流滤波电路、功率因素校正电路、开关变换电路、脉宽调制电路、辅助电源电路、整流稳压电路、保护电路、直流滤波电路等。

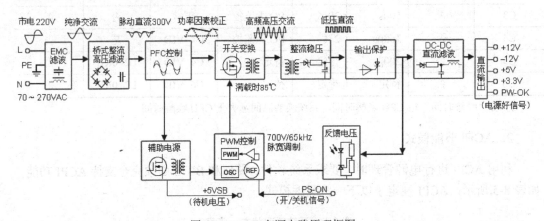

图 8-20　ATX 电源电路原理框图

开关电源的工作流程为：交流市电输入（有噪声干扰）→1、2 级 EMI 滤波电路（滤除 EMI）→全桥整流电路（脉动直流）→高压滤波电容（直流高压）→功率因数校正电路（电流整形）→高压直流电→开关变换电路（开关三极管）→脉宽调制电路（PWM 芯片控制脉冲宽度）→从开关三极管输出高频高压交流电到开关变压器初级→开关变压器（变压）→次级输出低压高频交流电→整流稳压电路（低压直流电）→直流转换和滤波电路（提供稳定的直流低压）→低压直流输出接口。一个典型完整的计算机开关电源电路如图 8-21 所示。

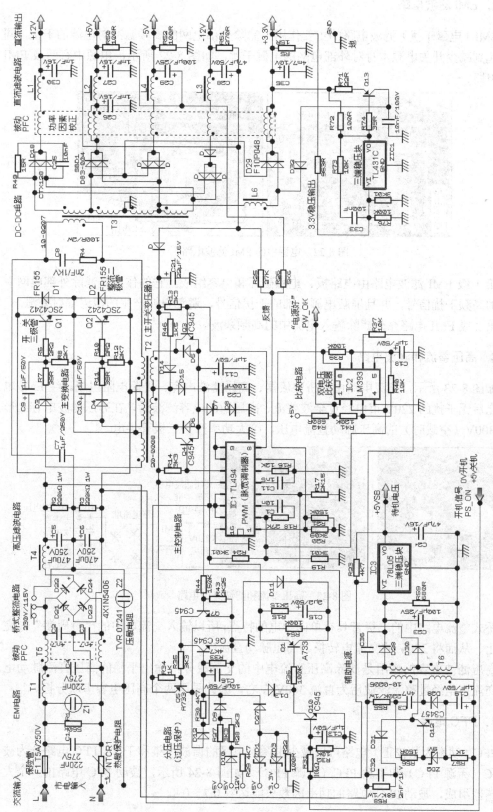

图 8-21　ATX 250W 电源典型电路结构图

2．EMI 滤波电路

EMI（电磁干扰）滤波电路的主要作用是滤除外部电网的高频脉冲对电源的干扰，同时也起到减少开关电源本身对外部电网的电磁干扰，如图 8-22 所示，电源中有两级 EMI 滤波电路。

图 8-22　电源中的 EMI 滤波电路

第 1 级 EMI 滤波电路由电路板、电感磁环和电容组成。它的作用是滤除外部电网中输入的高频干扰信号，并且屏蔽电源内部的干扰信号，避免电源产生的电磁辐射外泄。

第 2 级 EMI 电路充分滤除输入电流中的高频杂波。

3．高压整流和滤波电路

如图 8-23 所示，整流电路由全桥整流器、高压滤波电容、平衡电阻组成。经 EMI 电路净化后无干扰的 220V 市电经过全波整流、高压滤波电容滤波后，在高压滤波电容上形成约 300V（空载时）的高压脉动直流电压，给大功率开关三极管供电。

图 8-23　高压整流和滤波典型电路

桥式整流电路中的二极管具有单向导电的特点，所以输入交流电中的"负周期"被完全截止，从而将 220V 的交流电转换为高压脉动直流电。

高压滤波电容的作用是滤除高压直流电中的交流成分，输出平稳的高压直流脉动电压。交流市电经过整流滤波后为直流 300V 左右，因此采用两个高压电容串联分担。

4．PFC 电路

PFC（功率因数校正）电路可以减少电源对电网的谐波污染和干扰。PFC 电路分为被动 PFC（无源 PFC）和主动 PFC（有源 PFC）。如图 8-24 所示，被动 PFC 电路由一个大号电感器组成，被动 PFC 电路的功率因数只能达到 0.7～0.8。

(b) 被动式PFC电路　　　　　(b) 主动式PFC电路

图 8-24　功率因数校正电路（PFC）

　　主动 PFC 电路由电感、电容、集成电路芯片及电子元器件组成。主动 PFC 电路的电源功率因数可达到 0.99。主动 PFC 电路设计往往不需要待机变压器，并可作为辅助电源使用。主动 PFC 电路输出的直流电压纹波很小，因此不需要大容量的滤波电容，但是对高压滤波电容的技术指标要求更为严格。

5. 开关变换电路

　　开关变换电路由大功率开关三极管（或场效应管）、开关变压器、高速整流二极管等元件组成，开关三极管和开关变压器是开关电源的核心部件。

　　开关变换电路如图 8-25 所示。市电经过整流和高压滤波后，输出约 300V 的直流电压，其中一路输入到辅助电源开关管的基极；另一路输入至开关三极管 Q1 的集电极，使 Q1 导通。脉宽调制器（PWM）控制两个开关三极管（Q1、Q2）轮流导通和截止（开或关），然后将开关三极管输出的高频交流信号送到开关变压器（T1）的初级绕组进行降压，开关变压器（T1）的次级线圈就会感应出高频低压交流电，然后通过高速整流二极管（D1、D2）进行直流转换，再通过滤波电路（L、C3）转换为低压大功率的直流电。

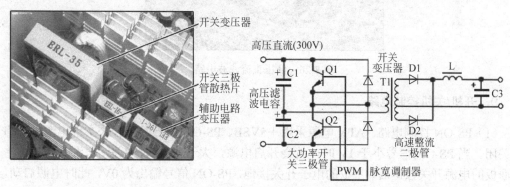

图 8-25　开关变换典型电路

6. 脉宽调制电路

　　PWM（脉冲宽度调节控制器）采用的集成电路芯片有 TL494、NCP1027、SC6105B、CM6800、SC3524、IR3M04 等。由于 ATX 电源取消了市电开关，所以只要接上电源线，在变换电路上就会有 300V 直流电压，同时辅助电源也会向 PWM 芯片提供工作电压，为启动电源做好准备。

　　当用户按下主机电源开关时，PWM 电路中的 PS-ON 信号变为低电平，此时 PWM 芯片的输出为 0V，使电源启动；如果再按一次主机电源开关，PS-ON 信号又会变为+5V，PWM 会关闭电源。

7. 辅助电源电路

辅助电源工作原理与开关变换电路基本相同。只要有交流市电输入，ATX 电源无论是否开启，辅助电源都一直在工作，为开关电源控制电路提供工作电压。辅助电源分为两路输出，一路经三端稳压器（如 7805 芯片）进行稳压，然后输出+5VSB 电压，提供给主板上部分在关机状态下还要工作的芯片，如电源监控单元、系统时钟等芯片。通过系统 BIOS 中电源管理功能，实现键盘开机、计算机唤醒、远程启动等功能。

辅助电源输出的另一路电源经过整流滤波，输出辅助+12V 电源，供给电源内部的控制电路工作，为电源变换电路的启动作准备。

8. 低压滤波和直流输出电路

低压直流滤波电路如图 8-26 所示。它的主要功能是滤除低压电流中的杂波，对于每路电压输出都需要进行滤波。低压直流滤波电路通常采用两个大的扼流线圈对+5V 和+12V 进行滤波，稍小的扼流线圈对+3.3V 进行滤波。另外，每路低压输出采用两个滤波电容，这样可以取得很好的滤波效果。低压滤波电路往往采用 2200μF/15V 的电容。

图 8-26 低压直流滤波电路

9. 开机/关机控制电路

（1）PS-ON 控制电路。ATX 电源采用+5VSB、PS-ON 信号的组合来实现电源的开启和关闭。当 PS-ON 信号小于 1V 时，就会开启电源，大于 4.5V 时就关闭电源。当按下主机面板的电源开关按键后，主板的电子开关接地，PS-ON 信号输出为 0V，此时电源启动。在 Windows 平台下，当发出关机指令时，可以使 PS-ON 信号变为+5V，ATX 电源就会自动关闭。因此利用+5VSB 和 PS-ON 信号，可以实现软件开关机、键盘开机、网络远程唤醒等功能。ATX 电源关闭后，主板内部仍然有 5V/100mA 的弱电流，以维持主板上"电源监控部件"等一小部分电路的工作。这部分电路的功能是检测各种开机命令，如远程开机信号等，当接收到这些开机信号后，它就向电源发出开机信号。

（2）PW-OK 信号。PW-OK 信号是电源输出的"电源准备好"信号，它使用灰色线由 ATX 插头第 8 脚引出，待机时为 0V 低电平，受控启动输出稳定后为 5V 高电平。电源开机后，存在着电源输出不稳定，主板时序电路不稳定等问题，这时 CPU 并没有启动，主机也处于待机状态。等到电源输出电压稳定后，再延迟 100～200ms 的时间，电源的 PW-OK 信号由 0 电平跳到+5V，主板检测到 PW-OK 信号后，给 CPU 发出启动信号，这时 CPU 开始执行第一条指令，系统开始启动。

10．电源保护电路

（1）输入端过电压保护。在电源 EMI 电路中，有一个或两个压敏保护电阻，耐压值为 270V，当市电电压超过 270V 时，压敏电阻就会被击穿，从而保护电源其他电路的安全。

（2）输入端过电流保护。为了防止输入电流过大而烧毁电源，电源输入电路的前端都设置有保险丝或保险电阻。它的作用是在输入电流超过保险丝的额定电流时，保险丝及时熔断，切断电源与外界交流电源的联系，防止故障范围进一步扩大。

（3）输出端过电压保护。为了防止输出的直流电压过高而烧坏主机部件，电源会对每路输出进行电压监控。如果检测到的输出电压与基准电压偏差较大时，控制芯片就会对稳压管的电压进行调整。一旦输出电压异常，控制部分会立即强制关机。

（4）稳压和保护电路。保护电路的作用是检测各个输出电压或电流的变化，当输出端发生短路、过电压、过电流、过载、欠电压等现象时，切断开关管的激励信号，使开关管停振，这时输出电压和电流为零，起到保护作用。

（5）输出端过载保护。当电源负载持续上升，达到某个点时，电源就会自动断电，以免出现过电流损坏电源或者计算机的其他部件。过载保护值通常是额定功率的 1.3 倍左右。例如，额定功率 300W 的电源，过载保护为 390W 左右。

8.3.4　电源主要技术性能

1．直流输出接口与信号

ATX12V2.31 电源标准规定的电源直流输出接口类型有主板 24 脚电源接口、CPU 的 12V1 电源接口（8 脚/4 脚）、显卡等外设使用的 12V2 电源接口（6 脚）、SATA 硬盘电源接口（5 脚）、传统外设电源接口（4 脚）等。符合 ATX12V 2.31 标准的电源接头如图 8-27 所示，电源直流输出接口与主板的连接如图 8-28 所示。

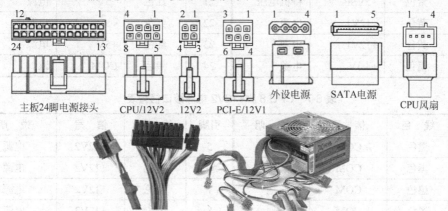

图 8-27　ATX 电源直流输出接头

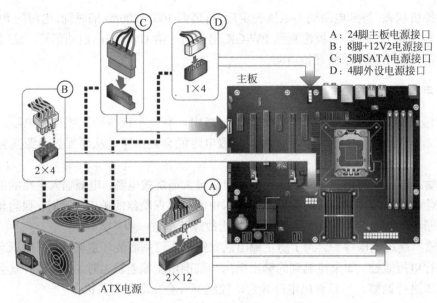

A：24脚主板电源接口
B：8脚+12V2电源接口
C：5脚SATA电源接口
D：4脚外设电源接口

图 8-28　ATX 电源直流输出接头与主板的连接

ATX12V 电源接口的信号定义如表 8-6～表 8-11 所示。

表 8-6　主板 24 脚电源接口信号表

引脚	线色	信号	说明	引脚	线色	信号	说明
1	橙色	+3.3V	电源	13	橙色	+3.3V	电源
2	橙色	+3.3V	电源	14	蓝色	-12V	负电源
3	黑色	COM	地	15	黑色	COM	地
4	红色	+5V	电源	16	绿色	PS-ON	软件开/关机
5	黑色	COM	地	17	黑色	COM	地
6	红色	+5V	电源	18	黑色	COM	地
7	黑色	COM	地	19	黑色	COM	地
8	灰色	PW-OK	电源好	20	未定义	N/C	保留
9	紫色	+5VSB	待机电压	21	红色	+5V	电源
10	黄色	+12V1	电源	22	红色	+5V	电源
11	黄色	+12V1	电源	23	红色	+5V	电源
12	橙色	+3.3V	电源	24	黑色	COM	地

表 8-7　CPU 8 脚+12V2 电源接口信号表

引脚	线色	信号	说明	引脚	线色	信号	说明
1	黑色	COM	地	5	黄色	+12V2	电源
2	黑色	COM	地	6	黄色	+12V2	电源
3	黑色	COM	地	7	黄色	+12V2	电源
4	黑色	COM	地	8	黄色	+12V2	电源

表8-8　CPU 4 脚+12V2 电源接口信号表

引脚	线 色	信 号	说 明	引脚	线 色	信 号	说 明
1	黑色	COM	地	3	黄色	+12V2	电源
2	黑色	COM	地	4	黄色	+12V2	电源

表8-9　PCI-E 显卡 6 脚+12V1 电源接口信号表

引脚	线 色	信 号	说 明	引脚	线 色	信 号	说 明
1	黑色	COM	地	4	黄色	+12V1	电源
2	黑色	COM	地	5	黄色	+12V1	电源
3	黑色	COM	地	6	黄色	+12V1	电源

表8-10　外围设备 4 脚 D 形电源接口信号表

引脚	线 色	信 号	说 明	引脚	线 色	信 号	说 明
1	黄色	+12V4	电源	3	黑色	COM	地
2	黑色	COM	地	4	红色	+5V	电源

表8-11　SATA 硬盘 5 脚电源接口信号表

引脚	线 色	信 号	说 明	引脚	线 色	信 号	说 明
1	橙色	+3.3V	电源	4	黑色	COM	地
2	黑色	COM	地	5	黄色	+12V4	电源
3	红色	+5V	电源				

2. 电源输出功率

ATX 电源根据直流负载的大小可以分为额定功率、最大功率和峰值功率。额定功率是指在环境温度为-5～50℃、电压范围在 180～264V，电源能长时间稳定输出的功率。最大功率是指环境温度为 25℃左右，电压范围 200～264V 时，电源能长时间稳定输出的功率。峰值功率是在很短时间内（如 10s）瞬间输出的功率，一般来说是电源负载的上限，如果输出超过峰值功率，电源就会出现问题。在三项指标中，最能反映电源实际输出能力的是最大功率。对于桌面计算机来说，选用 250～350W 的电源已经够用。电源的内部温度也会影响电源输出功率，冬天电源实际输出要高于夏天。

在英特尔发布的 ATX12V 2.31 标准中，对各种功率的电源工作电压和工作电流进行了详细规定，350W 电源的具体参数如表 8-12 所示。

表8-12　ATX12V 2.31 标准对 350W 电源的技术要求

技术指标	技 术 参 数					
信号名称	+12V1	+12V2	−12V	+5V	+3.3V	+5VSB
最小电流/A	0.1	0.5	0	0.2	0.1	0
最大电流/A	11	14	0.3	15	21	2.5
峰值电流/A	15	18	—	—	—	3.5

3．计算机主要部件的最大功率

根据计算机产品说明和测试，计算机主要部件的最大功率如表 8-13 所示。

表 8-13　计算机主要部件的最大功率

设备名称	设备型号	+3.3V	+5V	+12V1	+12V2	最大功率
CPU	Intel Core i7 970/960/950	0	0	0	10.8A	130W
CPU	Intel Core i5 760/750	0	0	0	7.9A	95W
CPU	Intel Core i3 3240/3225	0	0	4.6A	0	55W
内存	DDR3 4GB	0.39A	0	0	0.1A	3W
显卡	NVIDIA GTX 690	0	0	25A	0	300W
显卡	NVIDIA GT 640	0	0	5.4A	0	65W
主板	Intel Z68/P67/H65/H61	0	0	0	0.4A	5W
硬盘	Seagate 4TB	0	0.72A	0.9A	0	15W
SSD 固态硬盘	128/64/32GB	0	0.2	0	0.32	5W
DVD-ROM		0	1A	1.5A	0	23W
USB 设备		0	0.5A	0	0	2.5W
CPU/机箱风扇		0	0	0.25A	0	3W
键盘/鼠标		0	0.25A	0	0	1.25W
LCD 显示器	AOC 210V 22 英寸	—	—	—	—	49W
音箱	漫步者 R201T06	—	—	—	—	30W
激光打印机	HP P1008	—	—	—	—	614W(启动)

8.3.5　电源常见故障维修

1．电源常见故障现象

电源容易出现死机、无法启动、自动重新启动、找不到硬盘、硬盘数据丢失、蓝屏等故障现象。产生这些故障的大多为电源无输出、输出电压不稳定、电源负载能力差、电源自动保护、电路故障、元件损坏等、电源常见故障如表 8-14 所示。

表 8-14　电源常见故障现象

故障现象	故障主要原因分析
死机	直流输出滤波电容质量不好，干扰主机正常工作；电源功率不足等
电源灯亮但无法启动	电源功率不足等
反复重新启动	电源功率不足；高压滤波电路损坏；干扰脉冲造成误开机；环境干扰等
需要多次才能开机	电容性能下降；逻辑判断电路性能不稳定等

故障现象	故障主要原因分析
启动一下就停止	主板或电源电路短路，电源进入自保护状态；+5VSB 提供的电流不足等
开机报警，但能启动	直流输出电压不正常，过高或过低等
无法关机	电源按钮失灵；主板电源监控电路故障；PS-ON 信号恒为高电平等
经常性内存出错	内存对电压的波动非常敏感，可能电源直流输出不稳定等
硬盘出现逻辑坏道	电源功率不足；电源滤波电路损坏，造成电磁干扰等
无规律出现硬盘丢失	+12V 和+5V 输出不正常；电源功率不足等
电压输出不稳定	电源出现开路；短路现象；过电压或过电流保护电路出现故障；振荡电路没有工作；电源负载过重；整流二极管击穿；滤波电容漏电等
保险管烧毁	高压电容击穿；整流桥击穿；开关三极管击穿等
电源被烧毁	输入瞬间高压；高压电容击穿；限流电阻损坏；桥堆损坏；电源空载检修会使电压升高，容易烧坏小功率振荡管等

2．电源故障维修案例

【例 8-4】 高压电容损坏，导致电源无直流输出。

（1）故障现象。按电源开关时，只有显示器通电指示灯发亮，主机电源指示灯不亮。

（2）故障处理。根据经验，电源中最易损坏的是保险管和各个功率元件。打开电源外壳，用万用表测试保险管，没有损坏。

检查功率型分压电阻，分压电阻承担将 220V 交流电分压为 180V 左右交流电的任务，断路或被击穿的可能性较大，测试后完好无损。

检查高压滤波电容，大电容器的测试必须取下来，如果是击穿，在不带电状态下是很难测试的。认真观察高压电容有无异样，并对两个高压电容进行比较，发现其中有一只电容的顶部较另一只电容的顶部略高一点。电容如果因为电解液发热膨胀，就会出现外壳鼓起，甚至炸裂的现象。因此，怀疑这个电容有问题，使用同样规格的电解电容替代安装，故障排除。

（3）经验总结。大部分故障都有一定的蛛丝马迹，例如，电容体积膨胀和炸裂现象，电阻烧糊或烧黑现象，晶体管炸开或破裂现象，变压器有烧焦味，集成电路表面有黄色烧坏点等，只要仔细观察和认真分析，大部分故障可以采用简单的方法来解决。

【例 8-5】 开关管损坏，电源无电压输出。

（1）故障现象。通电后，电源无电压输出，电源内发出"吱吱"声。

（2）故障处理。仔细检查电源元件，发现一个整流二极管表面已烧黑，而且电路板也烧黑了。将二极管换下，用万用表测量，果然是二极管击穿。找到一个同一型号的二极管换上，接通电源后，风扇仍然不转，仍然有"吱吱"声。

用万用表量＋12V 输出只有＋0.2V，＋5V 只有 0.1V。说明有电子元件被击穿后，电源进入了自保护状态。测量初级和次级开关管，发现一个初级开关管损坏，用相同型号的开关管换上，故障排除。

（3）经验总结。电源功率元件由于负载大，非常容易损坏。

8.4　BIOS 参数设置与故障维修

BIOS（基本输入输出系统）主要为计算机启动提供开机自检程序，以及在引导时进行设备初始化工作。

8.4.1　BIOS 基本工作原理

BIOS 是固化在集成电路芯片内部的程序代码，也称为"固件"。存放 BIOS 的地址是固定的，这部分地址不能被其他程序占用。

1. BIOS 的基本功能

BIOS 是计算机系统中重要的底层系统软件，它的基本功能是：开机时检测计算机硬件设备是否存在和工作正常（POST）；对硬件设备进行初始化工作，使硬件设备进入可用状态；启动操作系统加载程序等。

Windows 操作系统对硬件设备提供了统一的硬件抽象接口层（HAL），HAL 实际上就是操作系统与 BIOS 之间的接口标准。这些接口标准是保密的，微软公司只对少数 BIOS 设计商提供接口参数，而且收取一定费用。因此，小型厂商很难自行设计 BIOS 程序。目前市场上的 BIOS 设计厂商主要有 Phoenix 公司和 AMI 公司。

对不同的主板生产厂商来说，保持硬件兼容的最好方法是所有主板的设计和生产工艺都保持一致，但这是不可能的。因为它涉及知识产权、生产工艺、产生成本、特色设计等问题。由于硬件不兼容造成的问题，都需要通过 BIOS 进行解决。如图 8-29 所示，BIOS 就像一种中间件，它解决了不同硬件与操作系统之间的兼容性问题。每一种规格主板的 BIOS 互相不兼容，这也导致了不同规格主板的 BIOS 固件不能互换。

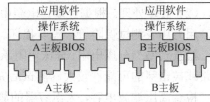

图 8-29　BIOS 与不同主板之间的关系

2. BIOS 芯片

目前主板广泛采用闪存芯片来存储 BIOS 固件。闪存芯片的优点是读写速度快，而且可用单电压进行读写和擦除操作。BIOS 芯片如图 8-30 所示。

  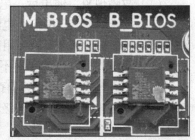

图 8-30　老式 BIOS 芯片（左）和新式双 BIOS 芯片（中、右）

3. BIOS 与 CMOS 之间的关系

固件程序一旦写入 BIOS 闪存芯片后，修改起来非常麻烦，而不同计算机的硬件配置又往往不同，因此 BIOS 设计时，对一些用户需要经常更改的基本参数，保存在一个称为 CMOS 的芯片中。CMOS 芯片是主板上一块带有电池的 SRAM 芯片，它的存储容量为 128 字节。它主要存储了系统时钟和基本硬件配置数据。系统上电自检时，BIOS 程序需要读取 CMOS 芯片中的数据，用来初始化计算机硬件设备。CMOS 芯片依靠主板中的后备电池（CR2032）供电，因此 CMOS 芯片中的数据不会丢失。

8.4.2　EFI 可扩展固件接口

1. EFI 的发展

BIOS 发展至今已经有三十多年历史，它的基本结构保持了 30 年不变，这在软件历史上是一件不可思议的事情。近年来硬件发展水平越来越高，老旧的 BIOS 因性能低下、不能支持新的大容量硬盘、操作界面不友好而渐渐被市场所抛弃。2011 年，华硕、技嘉和微星三大一线主板厂商终于都换上了新型的图形化 BIOS 界面。

从 2000 年开始，Intel 公司就开始计划用 EFI（可扩展固件接口）取代传统的 BIOS，2005 年，Intel 公司将 EFI 交由 UEFI Forum 负责推广和开发，并改名为 UEFI（统一可扩展固件接口），目前已推出了 UEFI 2.1 版标准。

2. EFI 的系统结构

EFI 不是一个具体的软件，而是操作系统与固件之间的一套完整接口标准。EFI 定义了许多重要的数据结构以及系统服务。

安装 EFI 必须获得主板和操作系统的支持，EFI 以小型磁盘分区的形式存放在硬盘的独立空间上，使用光驱引导系统进行安装。EFI 的存储空间为 50～100MB，具体大小视驱动文件多少而定。EFI 系统结构如图 8-31 所示，它包含 EFI 初始化模块、EFI 驱动执行环境、EFI 固件/平台驱动程序、兼容性支持模块（CSM）、EFI 高层应用模块、GUID 磁盘分区等部分。

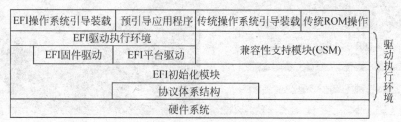

图 8-31　EFI 系统结构框图

EFI 初始化模块和驱动执行环境通常被集成在闪存芯片中。EFI 初始化程序在系统开机时最先执行，EFI 负责计算机上电自检（POST）和硬件设备初始化工作，紧接着装载 EFI 驱动程序，当 EFI 驱动程序加载运行后，EFI 系统便具备了控制所有硬件的能力。

EFI 抛弃了传统的 MBR（主引导记录）引导方式，它自带了文件系统，所以系统区（如 MBR、OBR、FAT、DIR）数据不再要求存储在硬盘的特定区域（如硬盘起始扇区）。

EFI 非常类似于一个低级操作系统，它具有操控所有硬件资源的能力。有人感觉它的不断发展将有可能替代现有的操作系统。事实上，设计者将 EFI 的能力限制在不足以威胁现有操作系统的地位。第一，EFI 只是硬件和操作系统之间的接口标准；第二，EFI 不提供中断访问机制，使用轮询方式来检查硬件状态，较操作系统的效率低得多；第三，EFI 不提供复杂的存储器保护功能，它只具备简单的存储器管理机制。

3．EFI 的功能

EFI 采用类似于 Windows 的图形操作界面，可以利用鼠标进行操作，用户无须进入操作系统就能进行最基本的操作。2008 年，微星公司推出了第一款采用 EFI BIOS 的主板（如图 8-32 所示）。

在传统 BIOS 环境下，操作系统必须面对所有的硬件，大到主板和显卡，小到鼠标和键盘，每次重装系统或者系统升级，都必须手动安装新的驱动程序，否则硬件很可能无法正常工作。而采用 EFI 的主板则方便很多，因为 EFI 结构使用基于 EFI Byte Code 的驱动。EFI Byte Code 有些类似于 Java 的中间代码，它需要 EFI 层进行翻译后，再由 CPU 执行操作。对于不同的操作系统，EFI 将硬件层很好地保护了起来。操作系统看到的只是 EFI Byte Code 的程序接口，而 EFI Byte Code 又直接和 Windows 的 API 联系，这就意味着无论操作系统是 Windows 还是 Linux，只要有 EFI Byte Code 支持，只需要一份驱动程序就能适应所有操作系统平台。

EFI 能够驱动所有硬件，网络当然也不例外，所以在 EFI 操作环境中，用户可以直接连通互联网，向外界求助操作系统的维修信息或者在线升级驱动程序。

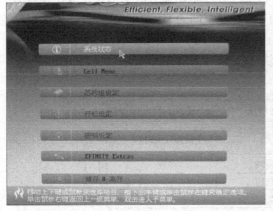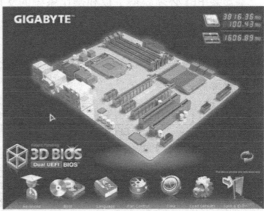

图 8-32　微星主板第 1 代 EFI BIOS 和技嘉主板 EFI 3D BIOS 工作界面

4．EFI 存在的问题

（1）EFI 的文件系统存储在硬盘上，而硬盘是计算机所有部件中最容易损坏的设备。万一硬盘损坏，将会导致系统无法启动。早期 COMPAQ 公司也是将 BIOS 存放在硬盘一个独立小分区中，结果表明，想替换一个更大容量的硬盘都将是一件非常困难的工作。可见，EFI 将文件系统存储在硬盘上，可能不是一种解决方案，而是另一个问题的根源。

（2）EFI 技术引入了 DRM 数字权限管理。这个功能让用户难以使用未经授权的软件，盗版软件可以在远程被侦测并且删除。这相当于用户将计算机的控制权交了出去，相信这是大多数用户不乐意接受的功能。

（3）EFI 采用什么技术来保证安全性尚不可知，但是 EFI 是用 C 语言编写的，这意味着会有更多的人能了解它内在的东西。

EFI 目前仍在不断开发完善中，相信最终的产品将会解决很多目前技术上的限制。最关键的是，EFI 的成功将会为 Intel 公司和 Microsoft 公司带来巨大的市场和利润。

5. 传统 BIOS 与 UEFI 的区别

传统 BIOS 与 UEFI 的区别如表 8-15 所示。

表 8-15　传统 BIOS 与 UEFI 的对比

技术指标	UEFI	BIOS
操作界面	可以图形化，动画化，中文化	简单的英文字符界面
运行环境	32/64 位，向下兼容	16 位
x86 实模式	不支持	支持
操作系统引导	直接利用：protocol/device Path	调用 INT 19
鼠标操作	支持	不支持
加载速度	快	慢
广播安装操作系统	支持	不支持
外存启动 BIOS	支持	不支持
寻址空间	扩展内存空间充足，支持新标准	扩展内存空间少，1MB
硬盘支持	最大上百 TB，支持 100 个主分区	最大 2.2TB，最多 4 个主分区
技术指标	UEFI	BIOS
磁盘性能	每次可读 1MB	每次读 64KB
编程语言	C 语言，汇编语言	汇编语言
自我/升级	支持	无，依赖操作系统

8.4.3　BIOS 参数设置

1. BIOS 声音报警

计算机引导过程中如果发生故障，BIOS 将会发出声音报警，用户可以根据声音判断故障部位。BIOS 只对硬件致命性错误进行声音报警，它们包括 CPU 故障、主板故障、显示卡故障、内存故障、电源故障等。由于没有统一的标准，不同 BIOS 设计厂商的报警信号定义是不同的，常见 BIOS 报警信号如表 8-16 所示。

表 8-16　开机时 BIOS 鸣笛报警信号

Award BIOS	故障原因	AMI BIOS	故障原因	Intel BIOS	故障原因
1 短	系统启动正常	1 长 2 短	内存故障	3 短	无内存
2 短	CMOS 设置故障	1 长 3 短	显卡故障	连续短声	CPU 过热
1 长 1 短	内存或主板故障	1 长 4 短	CPU 过热		
1 长 2 短	显卡故障				
1 长 3 短	主板键盘故障				
1 长 9 短	主板 BIOS 故障				
连续短声	显卡故障				
连续急促短声	电源故障				
无声，不能启动	内存/主板/电源故障				

2．BIOS 设置主界面

开机后 BIOS 进入自检状态（POST），自检快结束时，在屏幕下方会出现下列提示信息："Press DEL to enter SETUP"，按照提示按 Delete 键，就可以进入 BIOS 设置主菜单界面。BIOS 设置主界面如图 8-33 所示。

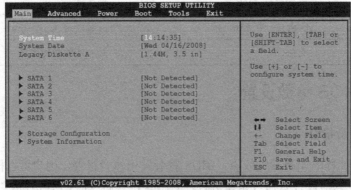

(a) Award BIOS参数设置主界面

(b) AMI BIOS参数设置主界面

图 8-33　BIOS 参数设置界面

3．BIOS 设置项目的选择

BIOS 的具体设置方法，主板厂商一般在随机提供的《主板用户手册》中进行了详细说明。主板厂商对 BIOS 设置了一套初始值，用户可以通过改变 BIOS 中的一些参数值，来提高计算机系统性能。BIOS 设置参数会直接影响计算机的性能，在修改 BIOS 设置前，应当明白这个设置项的确切含义。

在 BIOS 设置中，大部分选择项目为 Enabled（允许）、Disabled（禁止）和 Auto（自动检测）设置。

当系统运行不稳定，经常出现死机、重启等故障时，可以尝试设置 Load Fail-Safe Defaults（载入安全的默认设值），这项设置的方法非常简单，只需要按两次 Enter 键即可自动设置好所有参数，但是安全参数设置一般运行速度较慢；当计算机运行速度较慢时，可以尝试进行 Load Optimized Defaults（载入优化的默认设值），设置方法与以上相同，但是同样不能保证出现死机等问题。

4．BIOS 密码清除

BIOS 密码分为 Setup（BIOS 保护）和 Always（开机保护）两级，Setup 级密码可以通过软件方法清除，Always 密码只能用硬件方法清除。

清除 BIOS 密码必须在主机断电的情况下进行，如图 8-34 所示，可以利用主板跳线进行清除；或者将 CMOS 电池取出一定的时间来清除密码。

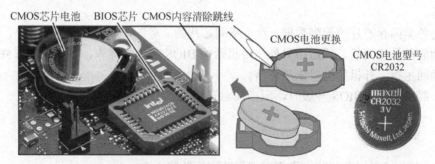

图 8-34　BIOS 密码清除跳线和电池更换

8.4.4　BIOS 固件升级

最新的 BIOS 程序一般提供了对新硬件的支持，增强了性能，或者修正了已知的错误，因此升级新的 BIOS 在维护工作中经常进行。

BIOS 升级时采用热插拔是非常危险的，带电热插拔 BIOS 芯片时，由于芯片各个引脚的工作电压不同，热插拔不可能同时将所有引脚插上或拔下，因此不可避免在电路中会出现浪涌电压和电流，过高的浪涌电压会击穿芯片内的晶体管，而过大的浪涌电流会使芯片内的引线被熔断，从而导致芯片永久性失效。

BIOS 芯片升级最可靠的方法是采用 BIOS 读写编程器设备。在操作系统下升级时，是在 BIOS 程序的控制下对 BIOS 本身进行操作，一旦失误必然受到损失。用编程器升级与主机无关，如果升级不成功，无非把原备份的文件调回来重新写入即可。

　　错误的主板 BIOS 版本，或是在 BIOS 擦写过程中主机掉电，计算机将不能正常启动。升级 BIOS 时最好使用 UPS 对主机供电，以避免在擦写 BIOS 过程中主机掉电。

8.4.5　BIOS 故障维修

【例 8-6】　BIOS 固件升级后导致死机。

（1）故障现象。某用户有 10 台联网计算机，采用精英主板。在精英厂商网页上下载高版本的 BIOS 程序。将下载的文件解压，生成 4 个文件：BIOS 升级文件说明，BIOS 升级执行文件说明，升级程序，还有一个是 BIOS 的 Firmware（固件）升级文件。

　　按说明文件步骤进行 BIOS 升级操作，屏幕显示升级过程完成。重开机后，内存自检通过，当检测其他硬件时死机。重新启动机器，故障依旧，显然 BIOS 升级失败了。

（2）故障处理。将其他机器上的 BIOS 芯片拔下，插到故障机器主板上，开机后正常。取下正常的 BIOS 芯片，将故障 BIOS 芯片插上。运行升级程序，屏幕显示"BIOS Type Unknow"（芯片类型不能识别），显然 BIOS 芯片已经损坏。

　　由于不知道 BIOS 芯片的型号和容量，只好将损坏的 BIOS 芯片插到编程器上，用试探的方法进行操作。检查固件升级文件大小为 128KB，由此可以确定 BIOS 芯片容量为 1Mb（128KB×8）。由于闪存的读写电压一般是＋5V，先假设该芯片为闪存芯片。在编程器上设置好芯片类型和容量后，用编程器读芯片内容。顺利读出，说明芯片类型选择正确，但读到地址为"0008D6"时，编程器显示"0008D6 地址读失败"，说明芯片内有部分单元已损坏。

　　查阅各类闪存芯片的管脚数据，除了不同芯片的"写"管脚状态有所不同外，读状态的管脚功能都是相同的。然后用另外一台机器的 BIOS 芯片为样本，复制新的固件内容，将芯片插回主板，开机后机器恢复正常。

（3）经验总结。BIOS 升级时，应当注意升级文件版本的兼容性。

习　题

8-1　HDA（高保真音频）集成声卡规范有哪些特点？

8-2　说明集成声卡的优点与缺点。

8-3　说明 ACPI 电源的几种管理模式。

8-4　说明 ATX12V 2.31 电源规范规定的直流输出接口。

8-5　说明 BIOS 的基本功能。

8-6　讨论台式计算机与笔记本计算机对电源的要求有什么差别。

8-7　讨论关机后主机仍然有电，这个电源有什么作用。

8-8　讨论 EFI 具有控制硬件资源的能力，它是否会成为一个小型操作系统。

8-9　写一篇课程论文，论述开关电源电路结构或微机电源功率选择。

8-10　进行 CMOS 参数设置实验，测试改进的计算机性能。

第9章 常用外设结构与工作原理

外部设备虽然很多，但最为常用的外设有散热器、键盘、鼠标、机箱、ADSL Modem和打印机等。

9.1 散热器基本结构

9.1.1 高温对芯片的危害

频率的提高（在稳定的前提下）对半导体电子元件寿命不会有影响，但是频率提高后，会产生更多的热量，CPU、内存等芯片的表面积都非常小，产生的热量都聚集在一个很小的区域，如散热不好将会产生极高的温度，从而引发电子迁移现象。

1. 电子迁移现象

电子迁移是电子流动导致金属原子的迁移现象。在电流强度很高的导体上（如CPU内部的金属导线），电子的流动带给导体上的金属原子一个动量，使得金属原子脱离金属表面四处流窜，结果就导致集成电路芯片内核的金属导线表面形成坑洞或土丘（如图9-1所示），对金属线路造成永久损害。电子迁移现象并非立刻就会损坏芯片，它对芯片的损坏是一个缓慢的过程，一旦发生线路损坏，情况会越来越严重，到最后会造成整个电路的短路。通常所说的CPU芯片烧掉，并不是热量直接伤害CPU芯片，而是热量所导致的电子迁移现象在损坏CPU芯片的内部电路。

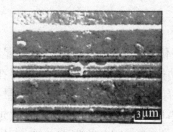
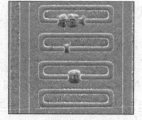

图 9-1　电子迁移对集成电路芯片内部线路造成的损坏

2. 造成电子迁移现象的原因

（1）电流强度的影响。电子迁移现象受许多因素影响，其中一个是电流的强度，电流强度越大，电子迁移现象越显著。从集成电路的发展可以发现，为了将集成电路（如 CPU）的核心缩小，必须将芯片内部的线路做得更细更薄。当金属线路上的电流强度很大时，电子流动带给金属原子的动量就明显提高，金属原子就容易从线路表面离开而四处流窜，形成坑洞或土丘。另外一个因素是温度，高温有助于电子迁移现象的产生。例如，CPU 超频会产生大量的热，使 CPU 内部温度升高，从而引发电子迁移现象。

（2）制程工艺的影响。CPU 制程工艺也是造成 CPU 发热的原因，CPU 内部硅晶体管的栅极氧化物绝缘层制作得越薄，晶体管开关的状态转换速度就会越快，但是电流泄漏也越大。栅极氧化物绝缘层电流泄漏产生的能耗，已经成为 CPU 发热的最大来源之一。

（3）应用程序的影响。不同的应用程序对 CPU 的发热也有不同的影响。如进行高清视频播放时，由于需要解压海量数据，容易造成 CPU 执行单元工作负载过于繁重，造成温度过高。根据测试，在播放高清视频时，CPU 局部温度瞬时可以达到 105℃。其他如室温过高、机箱散热不良、CPU 超频等，都将造成 CPU 的发热。

3. 各种散热技术的散热功率

为了防止电子迁移现象损坏半导体器件，一般将集成电路芯片的表面温度控制在 70℃ 以下，这样，芯片内部温度就维持在 80℃ 以下，有效地防止了电子迁移现象的发生。

目前集成电路芯片的热流密度为 $20\sim100W/cm^2$，使用空气散热方案有 35~50℃ 的温升（芯片表面温度与环境温度的温差），液体散热方案有 15~35℃ 的温升。目前各种散热技术的散热功率如表 9-1 所示。

表 9-1　常用散热技术在单位面积内的最大散热功率（单位：W/cm^2）

散热技术	散热功率	散热技术	散热功率	散热技术	散热功率
自然风冷	0.08	散热片+强迫风冷	1.6	强迫风冷+间接液冷	16
强迫风冷	0.3	热管冷却	10	蒸发（相变）冷却	5000

9.1.2　风冷散热系统

CPU 散热方法很多，综合考虑成本和效果后，现阶段仍然以风冷散热器为主流。

1. 热传递方式

如图 9-2 所示，热有三种传递方式：传导、对流和辐射。传导是散热片从 CPU 吸取热量的主要途径，传导指分子之间的动能交换，如果两者间不存在温差，就无法实现热传导。用手触摸散热片时，会感觉到有灼热感，这是 CPU 的热量传导给了散热片。对流指通过物质运动来实现热传递，散热风扇将散热片上的热量吹走，这是热对流的一种方式。如果将手放在硬盘或显示器上方时，会感觉到有一股热流，这就是热辐射。CPU 的大部分热量都是被风扇形成的气流吹散，只有很少一部分热量通过辐射的形式传递出去。

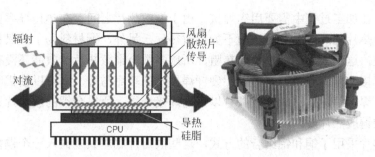

图 9-2　风冷散热系统原理

风冷散热系统由散热片、风扇、扣具和导热硅脂等组成。

2．散热风道

如图 9-3 所示，传统散热器的安装方式是风扇在顶部，气流朝下，即垂直于 CPU。现在部分产品将风扇改为侧向吹风，让气流的方向平行于 CPU（如图 9-3 所示）。侧向吹风的第一个好处是解决风力盲区，因为气流平行通过散热鳍片时，气流截面 4 条边上的气流速度最快，而 CPU 的发热点正好位于一条边上，这样 CPU 散热底座吸收的热量就可以及时带走；第二个好处是没有反弹风压，因为风扇向下吹风时，一部分气流冲至散热器底面并反弹，这会影响散热器内的气流运动方向，使热交换效率受到损失。

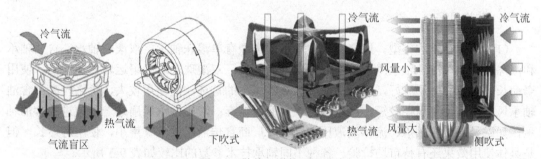

图 9-3　散热风道的不同形式

侧面吹风的缺点一是不能直接吹到到热源，即底面的 CPU，所以侧面吹风的关键是如何尽快地把底面的热量带到风道；二是侧面吹风对 CPU 散热效果好，但是对 CPU 周边的发热部件（如北桥芯片、内存条和电源 MOS 管）照顾不周。

3．散热片

散热片采用铝合金制造，铝合金加工性好，表面处理容易，成本低廉。铝并不是导热系数最好的金属，效果最好的是银，其次是铜，再其次才是铝（如表 9-2 所示）。但是银的价格昂贵，而铜又过于笨重，因此，普遍采用铝合金作 CPU 散热的材料。

表 9-2　各种材料的导热系数（单位：W/m·K）

纯银	纯铜	纯铝	硅	纯铁	焊料球	PCB	导热硅脂	水	空气
418	387	203	80	73	50	8	1	0.552	0.024

说明：W/m·K=瓦/米·开尔文度（1K= −272.15℃）；表示 1m 厚的材料，两侧表面温差为 1 度（K 或℃），在 1s 内，通过 $1m^2$ 面积传递的热量。导热系数越大，材料导热性能越好。

　　铜散热片在加工过程中需要用锡焊接，由于铜散热片之间存在热传导率更低的锡保护层，使得铜散热片的热效率有时反而不如铝散热片。另外，铜材料为了抗氧化，在表面进行了喷涂处理，这增大了铜散热片的热阻，所以多数全铜散热片的效能还没有达到理想的状态。铝的焊接非常困难，但是随着铝硬钎焊技术的攻克与普及，可以使铝制散热器一次性焊接完成，焊合率达到 100%，并且以铝为焊接介质，所以全铝的散热片整体散热效能上比锡焊接的铜散热片要高。

　　部分散热片采用了铜和铝结合的方式，这些散热片底座大多嵌入一个铜塞，而金属鳍片则采用铝。铜的热传导系数比铝高，能更均匀地将热量传送到铝制鳍片的外围。

　　部分高端散热器的散热片采用了折叠式鳍片设计，这种鳍片厚度一般很薄（0.5mm 左右），它们的热传导距离较挤压型鳍片要短。再加上折叠式鳍片可以保证气流在风扇驱动下更顺畅地通过，因此折叠式设计可以提高风扇的散热效果。

　　除材质差异外，散热片表面积的大小也非常重要。一般来说，散热片表面积越大，散热效果越好。因为散热片上的热量通过流动的冷空气带走，所以跟空气接触的面积越多，散热的效率就越好。同样散热鳍片越多，散热表面积就越大，散热效果也就越好。

　　散热片与 CPU 接触的表面要平滑，使散热片能与 CPU 表面完全贴合。CPU 与散热片两者都是较硬的物体，而且 CPU 上还有一些文字，因此不容易紧密接触。如果它们之间有间隙，就会进入空气，而空气是热的不良导体，会导致热传导性能下降。

4．散热风扇

　　（1）风扇轴承的类型。风扇电机中轴承的类型有单滚珠轴承、双滚珠轴承、含油轴承和液态轴承。单滚珠轴承风扇价格低廉但寿命不长；双滚珠轴承风扇运转稳定性高，使用寿命长，被业界广泛看好，成为高品质散热器风扇的首选，但噪声较大，价格较高；含油轴承风扇由于使用周期较短，所以被各大厂商所摒弃；液压轴承风扇是一种改进的含油轴承，如磁悬浮液压轴承、流体油液压轴承等，厂商宣传液压轴承噪声小，使用寿命长，但是具体使用效果还有待市场检验。各种不同轴承技术参数的比较如表 9-3 所示。

表 9-3　各种风扇轴承技术参数比较

轴承类型	制造成本	工艺难度	使用寿命/h	噪声
双滚珠轴承	$6\sim 8A$	较容易	7 万	大
单滚珠轴承	$4A$	难	4 万	中
磁悬浮液压轴承	$2\sim 4A$	难	3 万	小
含油轴承	A	容易	1.5 万	小

　　说明：A 表示对比产品同期市场价格。

　　（2）风扇的转速与噪声。风扇的风力越强劲，空气流动的速度就越快，散热效果也就更好。风扇转速是判断风扇是否风力强劲的重要依据。风扇转速越快，风力就越强，风扇转速一般在 1000～3000rpm（转/分钟），过高的转速会导致更大的噪声。越来越多的厂商在风扇上安装热敏探头，以感应散热片温度并智能地自动调整风扇转速。

　　（3）风扇叶片工艺。风扇叶片的大小、角度以及与空气接触的面积都非常讲究。风扇叶片越大，直接与空气的接触面积就越大，风扇的散热效率就越高。可以采用增加风扇叶片直径、减小风扇转速的方法降低风扇噪声。但是大风扇边缘处的风量和风压最大，而 CPU 与散热片接触处较小，容易造成散热效率下降，因此，设计有效的风道非常重要。要想保持较大的风压，也可以增加风扇叶片的倾斜角度，但是风叶倾斜角度越大，产生的切风噪声也越大。

（4）风扇的性能。风扇的性能指标是空气流量（风量），单位为 CFM（立方英尺/分钟），CPU 风冷散热的风量一般在 30～60CFM。风扇叶片越大，CFM 值越高。风冷散热器噪声在 20～40dB。测试表明，当风扇转速在 2000rpm 时，噪声在 30dB 以下；当时风扇转速增加到 5000rpm 左右时，噪声达到了 60dB 以上。

（5）风扇的功率。大多数风扇都会在风扇表面标示商标、型号、电压、电流等参数。目前风扇使用的工作电压为 12V，一般的耗电量约为 1～5W。风扇耗电功率的大小，也可以间接地说明风扇的好坏。

（6）风扇的尺寸。为了配合 CPU 的尺寸，风扇大小一般为 80mm×80mm，改用 110mm×110mm 的风扇，散热效果会更好。由于大风扇转速比小风扇慢许多，因此噪声也小些。大风扇的优点在于扇叶长，气流量大，散热面积广。

5．扣具

散热风扇与 CPU 之间采用扣具进行固定，扣具的好坏也会影响到散热效果的好坏。散热片底部与 CPU 热源接触面受力越大，则固体表面之间的接触热阻越小，因此扣具需要让整个接触面受力均匀。扣具压力的大小也是很重要的问题，因为 CPU 承受的压力有一定的范围，超过这个范围，如果安装不慎，很容易将 CPU 压坏。因此，扣具安装时要注意扣具的压力。针对不同类型 CPU 设计的扣具大都不能混用。

6．导热硅脂

为了降低风扇与 CPU 接触面的热阻，人们常在 CPU 芯片与散热片之间涂抹硅脂来填补空隙。不过硅脂不要涂抹太多，因为导热硅脂只是有助于提高热传导效率，并不能直接散发热量。适当涂敷散热硅脂有益，太多则会导致散热效果下降。

7．风冷散热器的发展趋势

CPU 频率的不断提升必然带来更大的发热量，因此，散热片体积和重量也将进一步增加。其次，纯铝散热片在新型处理器面前显得力不从心，铜铝结合的散热片是发展主流。纯铜散热片虽然有很好的性能，但高昂的价格会成为它普及的最大障碍。随着散热器厂商对噪声问题越来越重视，8cm 散热风扇将会成为主流，因为大型风扇可以在降低转速的前提下，保证充足的风量。从散热器功能设计来看，调速控制面板、扇页保护罩、安装方便的扣具等，这些设计给使用者带来了很大的方便。

9.1.3 热管散热系统

热管散热器由热管、散热片和风扇组成。热管的一端吸收来自 CPU 的热量，通过热管传送到另一端后，通过风扇将热量散发出去。热管中含有导热剂，能根据温差自动均衡热量，达到平均散热的效果。热管技术可以得到满意的散热效果和较小的噪声。

热管散热系统的工作原理如图 9-4 所示，热管由纯度极高的密封铜管制成，在热管内填充了特制的液态导热介质（如适量的纯水）。CPU 发出的热量传导给受热端（也称为蒸发端）时，热管两端产生了温差。蒸发端的纯水就会迅速蒸发为汽态，将热量带向冷凝端。热管内部的热气流比一般传导方式要快许多倍，在极端的情况下，蒸发速度可能接近音速。汽态水经过真空管道到达冷端后，冷凝成为液态。冷凝后的液体再通过由含液芯的毛细组织吸收，通过毛细作用，然后回流到热端，如此即完成一个吸热与放热的循环过程。这种"水-汽"之间的相变反应，使热管的热传导效率比普通的纯铜高出数十倍。热管极佳的导热性能使热量不会产生局部堆积现象，而是均匀地散发到热管的各个散热片上，极大地提高了散热片的导热性能。

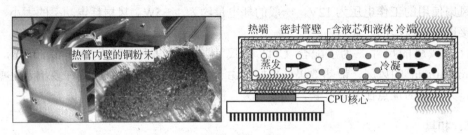

图 9-4　热管散热技术工作原理

热管对工艺要求非常高，需要对管体进行泄漏测试（使用氦气泄漏探测）、高压气泡监测（防止容器出现针孔，裂隙以及氧化）。此外，导管还需要进行真空烘烤，在高温和真空环境下对热管组件作毛细表面脱水、脱氧。热管中的流体还需要经过脱氧真空处理，将其中的气体逼出来。热管在注入流体以后，注入口还必须使用钨电极纯气熔接。

总体来说，热管技术的缺点是制造工艺复杂、成本高，这样导致了热管散热器价格普遍偏高。由于热管需要的散热风扇不大，所以噪声也较小。而且，热管是一种强散热设备，而不是制冷设备，所以不会出现结露的情况。如图 9-5 所示，目前绝大部分笔记本计算机采用了热管散热器，台式计算机中，热管散热器也在逐步普及。

图 9-5　热管散热器

9.1.4　水冷散热系统

1．水冷散热系统的组成

液冷散热系统经常称为水冷散热系统，它是大型计算机中一项成熟的散热技术。水冷散热系统有水冷块、循环液、水泵、热交换器、水箱和管道（水管）等部件。水冷散热系统结构如图 9-6 所示，它可以安装在机箱内部，也有一些用户为了降低机箱内部的温度，只将水冷块安装在机箱中，其他部件都安装在机箱外。

2．水冷系统工作原理

水冷散热系统以循环液为导热介质，利用循环液带走热量的原理进行散热。水泵把循环液从水箱中抽出来，通过水管流进热交换器，然后从热交换器的另一个口出来，通过密封的水箱，流过安装在 CPU 上方的水冷块，将水冷块中的热量带走。这样不断循环往复，就把热量从 CPU 表面带走了。

静态水的导热性非常差，但是流动的水就不一样了，水的流速越快，散热效果越好。水冷散热系统的两个重要技术指标是流量和扬程。流量是指液体流动时能抽取的液体量，单位为 L/min（升/分钟）。扬程是水泵向上喷射液体时，在垂直方向上能达到的最大高度，以米为单位，扬程表现了水泵克服液体在水管和热交换器中阻力的能力。一般水冷系统的流量应当大于 5L/min，扬程高于 3m。水泵的功率越大，水压就越大，但是水泵散发出的热量也越多。水冷系统在实际运行中，流量会因为水管的粗细或接口的阻碍而无法达到最大流速，这些因素使水冷系统只能发挥 85%左右的效能。

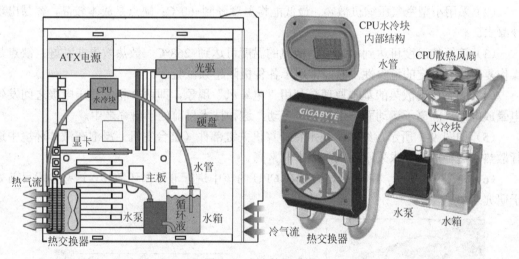

图 9-6　水冷散热系统

3．水冷散热系统的特点

水冷散热系统的最大特点是均衡热量和低噪声工作。水冷的散热效果比风冷至少降低 10℃左右。由于水能吸收大量的热而保持温度不会明显变化，因此水冷系统中的 CPU 突发操作时，不会引起 CPU 内部温度瞬间大幅度的变化，有利于 CPU 稳定的工作。水冷散热系统能在 10s 左右就基本控制住 CPU 的温度变化范围，而风冷需要更长的时间。

水冷系统的热交换器表面积较大，只需要低转速的风扇对其进行散热，就能起到不错的效果。由于热交换器中风扇的转速较低，而且水泵的工作噪声也不明显，因此水冷与风冷相比就非常安静了。

水冷散热系统的风扇没有安装在 CPU 上方，所以风扇的振动不会造成 CPU 损坏。

4．水冷系统的保护

水冷散热系统也有不利的方面，如果循环液外漏则会浸湿计算机内部的电路板，这是相当危险的。水冷系统的安装较麻烦，需要一定的经验，这影响了一般用户的使用。

目前的水冷系统无论怎样防护，还是存在危险性，就如风冷也会出现风扇停转等问题。水冷的主要问题有：水泵停转或供水不足，漏水损坏硬件，循环水生菌或产生水垢，循环水添加剂不符合规定，水冷管道容易受到暴力脱落等，因此用户应当加强防护意识。

水冷散热系统能将 CPU 温度降低到室温以下，因此需要注意：如果循环水的温度大大低于室温，就会在循环管道上出现冷凝水，要防止这些冷凝水流到主板上，否则容易导致主板电路短路。

9.1.5　其他散热技术

除常见的风冷、热管和水冷散热外，其他散热技术由于成本较高或技术成熟性不佳等问题，没有成为市场主流。

（1）半导体散热器能将 CPU 温度降到-10℃左右，散热效果好，无噪声；缺点是容易在散热器表面出现冷凝水，导致主板电路发生危险。

（2）采用小型空气压缩机散热，最低能将温度降到-60℃；缺点是成本较高，容易出现冷凝水。

（3）液氮的温度可达到-196℃，液氦的温度可达到-268℃，散热效果非常好；缺点是操作复杂，有一定的危险性，它经常用于各种极限超频试验。

（4）固态风扇散热的基本原理是利用"电晕风"现象，即两个相邻高压电极之间发生电晕放电时，因离子运动而产生的空气流动，这种技术目前处于研究之中。

（5）如图 9-7 所示，纯液冷技术将计算机关键部件（整台主机）浸泡在液体环境中进行散热，这种散热要求采用纯水，成本非常高。

（6）如图 9-8 所示，IBM 公司尝试在 CPU 内核中进行液体循环散热，这些技术目前处于研究之中。

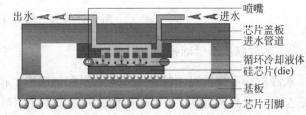

图 9-7　Armari 实验室的纯液冷 XCP 产品　　　图 9-8　IBM 公司的芯片直接冷却技术

9.2　键盘基本结构

键盘是用户使用最频繁的设备之一，主要生产厂商有罗技公司和微软公司。

9.2.1　键盘的类型

计算机键盘工作原理基本相同，根据不同的应用环境和用户要求，它们有所差别。如台式计算机键盘一般采用标准键盘结构，强调使用上的舒适性；笔记本键盘由于受到空间的限制，一般要求短小轻薄，而且往往采用小型化键盘；工业控制计算机键盘由于应用环境恶劣，因此要求密封和抗干扰性好。

早期计算机采用83键键盘，随着Windows系统的流行，键盘逐步发展为104键键盘，并成为市场主流产品。近年来出现了一些新型的多媒体键盘，它们在标准键盘的基础上增加了不少功能快捷键，如"系统还原"键、音频控制键等。

按照键盘结构的不同，可以分为以下4种键盘。

（1）薄膜式键盘。薄膜式键盘由三层塑料薄膜组成，最上层是正极电路，中间层是间隔层，最底层是负极电路，在按键下面有一个橡胶帽。薄膜式键盘由于价格便宜，现在几乎是薄膜式键盘的天下。

（2）机械式键盘。早期计算机采用机械式键盘，由于机械键盘成本太高，目前仅高档键盘才采用机械式键盘。机械式键盘按键为触点式，按键由键帽、弹簧、海绵、立杆和金属触点等组成。工作原理为：按键下部有两个金属触点，和电路板（PCB）上的电路焊接在一起，没有击键时两个金属触点没有接触，相当于断路。当键被按下后，金属触点与电路板上的两个金属触点导通，产生一个扫描信号，经过去抖动电路后，这个扫描码送到键盘集成电路芯片进行处理。机械式键盘工作最可靠，寿命相当于薄膜键盘的8倍。

（3）电容式键盘。电容式键盘通过按键时改变两个电极之间的距离，导致电容容量发生变化，通过电路检测到电信号的变化来判断是否有键按下。电容式键盘由电容移动平板、电容固定平板，以及驱动电路组成。当键被按下时，安装在立杆上的移动平板向固定平板靠近，极板之间的距离缩短，来自振荡器的脉冲信号被电容耦合后输出。由于电容器无接触，所以这种键在工作过程中不存在磨损、接触不良等问题，键盘的耐久性、灵敏度和稳定性都比较好。电容式键盘由于成本较高，目前应用不是太广泛。

（4）导电橡胶式键盘。导电橡胶式键盘是机械键盘到薄膜式键盘的过渡产品，现在并不多见。导电橡胶式键盘采用触点结构，通过导电橡胶相连。键盘内部有一层凸起带电的导电橡胶，每个按键都对应一个凸起，按下时把下面的触点接通。

9.2.2　键盘基本组成

如图9-9所示，薄膜式键盘结构很简单，除了键盘上下盖板和键帽外，内部还有橡胶帽（硅胶材料）、三片薄膜电路，还有一个小电路板，以及电路板上的控制芯片。

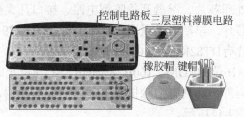

控制电路板　三层塑料薄膜电路

橡胶帽　键帽

图 9-9　薄膜式键盘基本组成

1．外壳

键盘外壳主要用来支撑电路板和给操作者一个方便的工作环境。键盘面板根据产品不同而采用不同的塑料压制而成，部分高端键盘的底部采用了钢板，以增加键盘的质感和刚性，不过这样增加了成本，所以廉价键盘采用塑料底座。

2．键帽

不同厂商的薄膜式键盘有不同的手感，例如下压力道的大小与回馈，大多数情形下是取决于橡胶帽。

3．薄膜电路

薄膜式键盘工作原理如图9-10所示，塑料薄膜上涂有印刷的导电涂料，最上方的薄膜为正极电路，最下方为负极电路，中间为不导电的塑料片。在塑料薄膜上方是按压模块（包括键帽、键帽下的支架模块，以及橡胶帽），当手指从键帽压下时，上方与下方塑料薄膜就会接触通电，完成按键的导通。

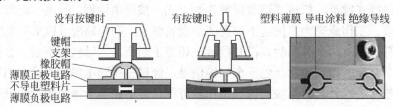

图 9-10　薄膜式键盘工作原理

薄膜电路上印刷有电极和矩阵线路，由于薄膜无法与控制电路板焊接，因此在控制电路板上也印上与薄膜对应的金属线条，让两者上下相对叠加在一起，通过压条加压的方法使它们连接起来。为了保证接触良好，有些薄膜基片中间还夹有导电橡胶。

薄膜键盘很少出现单个按键失灵的情况，但容易出现纵向、横向多个按键同时不起作用，或局部多键同时失灵的故障。这些故障的原因是两层薄膜片之间接触不好，或上下薄膜片局部接触不好。

4．控制电路板

控制电路板是键盘的控制核心，它主要担任按键扫描、识别、编码和传输等工作。

9.2.3　键盘工作原理

键盘电路结构由微处理芯片、键盘开关阵列电路、接口几大部分组成。

（1）键盘微处理器芯片。早期键盘采用Intel 8048、Intel 8279微处理器芯片进行控制，目前键盘采用的控制芯片有HT82K68A、CY7C66113（USB接口）等。如HT82K68A芯片内部集成了8位CPU、3KB×16位的ROM、160B×8位的RAM、8位定时器/计数器等。芯片主要负责键盘阵列扫描和译码外，还具有消除按键抖动、生成扫描码、转换编码和检测卡键等功能。键盘电路结构如图9-11所示。

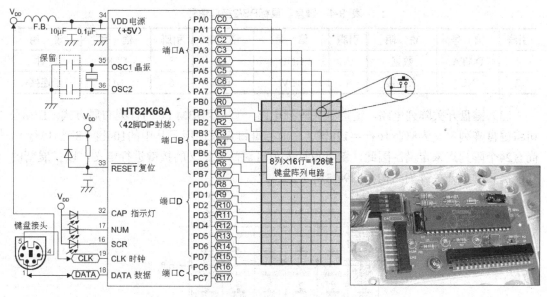

图 9-11　键盘典型电路结构（左）和控制电路板（右）

（2）PS/2接口与通信。键盘接口有PS/2接口、USB接口、无线接口等。PS/2接口采用双向同步串行通信协议。通信的两端通过CLK（时钟信号）同步，并通过DATA（数据）线交换数据。任何一方如果想抑制另外一方通信时，只需要把CLK拉到低电平。如果是主机和键盘之间的通信，则主机可以抑制键盘发送数据，而键盘不能抑制主机发送数据。一般两个设备间传输数据的最大时钟频率是33kHz，大多数PS/2键盘工作在10～20kHz。推荐值为15kHz。PS/2键盘和鼠标的接口信号如图9-12和表9-4所示。

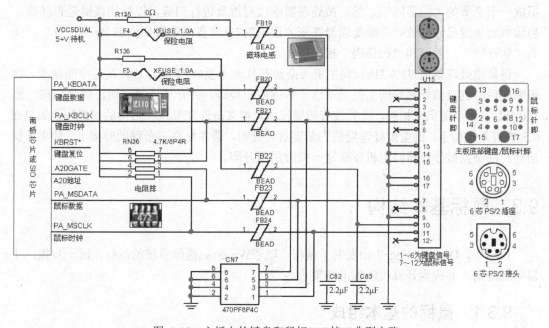

图 9-12　主板上的键盘和鼠标PS/2接口典型电路

表 9-4　键盘、鼠标PS/2接口信号

引脚	信　号	说　明	引脚	信　号	说　明	引脚	信　号	说　明
1	DATA	数据	3	GND	地	5	CLK	时钟
2	NC	未连接	4	+5V	电源	6	NC	未连接

（3）键盘开关阵列电路。键盘开关阵列电路一直沿用IBM PC的行列布局方式。IBM公司将键盘阵列定义为8列×16行＝128键。目前标准键盘只使用了其中的104键（8列×13行），尚有24个阵列点未定义。因此，键盘设计人员可对尚未定义的按键进行定义，以扩展新的功能键。键盘开关阵列结构如图9-13所示。

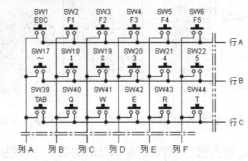

图 9-13　键盘电路开关阵列（部分）

（4）键盘与主机的通信过程。键盘微处理器按照一定的时钟频率，周期性地扫描键盘阵列的行或列。当键盘上有一个键被按下时，若扫描到该键所在的行和列，键盘微处理器内部的多路选择器会输出一个低电平，去拉低CLK时钟信号。同时微处理器内部的计数器停止计数，计数器输出一个7位的位置码。微处理器读取位置码后，在最高位添加一个"0"，组成一个字节的"扫描码"。然后微处理器继续对键盘进行扫描，以检测该键是否释放。当检测到按键已经释放时，微处理器在刚才读出的7位位置码的最高位加上一个"1"，作为"断开码"，以便和"扫描码"相区别。

键盘微处理器通过PS/2接口向主机（南桥芯片或主板I/O控制芯片）发送中断请求。主机响应后，键盘微处理器向主机发送这一按键的扫描码，并开始计时，然后继续扫描。如果0.5s后，这个键仍未抬起，而且没有新键按下，键盘就连续发这一按键的扫描码。如果在0.5s内有新键按下，键盘微处理器就为新键进行计时，最多允许三个键同时按下。如果按键抬起，则键盘微处理器向主机发送这一按键的断开码。

9.3　鼠标基本结构

1964年，Douglas Engelbart发明了鼠标，随着Windows操作系统的流行，进一步推广了鼠标的应用，并成为计算机的标准配置设备。

9.3.1　鼠标的基本组成

鼠标的类型有光电鼠标（市场主流）、无线鼠标、机械鼠标（已淘汰）、触摸板鼠标

（市场主流）等，目前鼠标大多采用PS/2接口或USB接口。

　　光电鼠标的核心部件有光学图像处理芯片、光学透镜组件、鼠标主控制芯片等，其他部件有按键微动开关、滚轮、PCB电路板、外壳等。鼠标组成如图9-14所示。

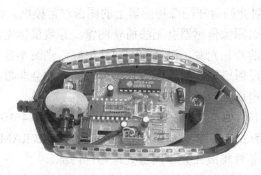
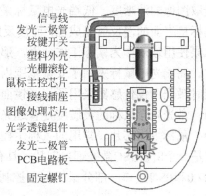

信号线
发光二极管
按键开关
塑料外壳
光栅滚轮
鼠标主控芯片
接线插座
图像处理芯片
光学透镜组件
发光二极管
PCB电路板
固定螺钉

图 9-14　光电鼠标基本组成

　　（1）光学图像处理芯片。如图9-15所示，光学图像处理芯片是一种光电传感器元件，它由CMOS（或CCD）光学图像传感器和图像处理器（DSP）两部分组成，它是一套鼠标图像拍摄和分析系统。当发光二极管发出的光照亮鼠标底部的工作台面时，工作台面的反射光通过光学透镜组件，反射到光学图像处理芯片内部的CMOS图像传感器单元中；光学图像处理芯片中的图像处理器（DSP）单元将图像信息转化为二进制图像数据，然后对这些数据进行分析比较，由此计算出鼠标的坐标和移动轨迹。CMOS图像传感器的感光面积越大，它拍摄图像的尺寸越大，可以提高拍摄图像的精度，从而提高鼠标定位精度。

　　（2）光学透镜组件。如图9-16所示，光学透镜组件由光学透镜、发光二极管、压板、鼠标底板等组成。透镜的形状和透明度关系到光路的形成与拍摄图像的清晰度，因此，透镜一般采用高质量的透明有机玻璃材料制造。

图像处理单元　　CMOS图像传感器

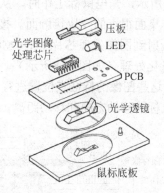

压板
LED
光学图像处理芯片
PCB
光学透镜
鼠标底板

图 9-15　光学图像处理芯片　　　　　图 9-16　光学透镜组件

　　（3）发光二极管（LED）。LED的亮度对提高拍摄图像的质量有很大帮助，如果发光二极管的光照强度不够，会使图像传感器的成像效果变得模糊，从而影响鼠标定位的质量。

对于光电鼠标来说，最理想的图像应当使工作台上的特征点与背景之间形成尽可能大的灰度对比。质量优良的发光二极管可以在不同的使用环境下保证有足够的亮度。例如，深色工作台的反射光较少，因此发光二极管应当有足够的亮度，将光学定位芯片底部照得通亮，提高摄取图像的清晰度。低端光电鼠标采用发光二极管作为光源，这是一种散射光源，它依靠鼠标垫表面的漫反射光成像，而漫反射光照射在图像传感器上的图像非常模糊。而且，用户如果使用玻璃作为鼠标工作台面，那么图像传感器会无法捕获图像，导致鼠标无法进行定位。高端光电鼠标采用了安全范围内的激光光源，激光的方向性很好，光波不容易扩散。同时激光图像传感器采用了记录镜面反射机制，射入图像传感器内的光波会非常集中和清晰，激光光学鼠标的灵敏度是普通光电鼠标的20倍。

（4）鼠标主控芯片。常用的鼠标主控芯片有CY7C63723、CY7C63743、EM84510等芯片，它是一个8位RISC微处理器芯片，具有6MHz工作频率，8KB EPROM，256B RAM，支持USB2.0和PS/2接口。部分鼠标将主控制芯片集成在光学图像处理芯片内部。

9.3.2　光电鼠标工作原理

1. 光电鼠标的三个子系统

光电鼠标由 IAS、DSP 和 SPI 三个子系统组成。IAS（成像系统）是光电鼠标的核心，也是决定光电鼠标性能的主要子系统，不同的光电鼠标几乎都在 IAS 系统上进行改进。

DSP（数字信号处理）子系统将 IAS 生成的图像进行噪声消除和算法分析后，得出鼠标位移数据，它是光电鼠标的主要运算部件。DSP 中算法的效率决定了光电鼠标的数据处理能力，IAS 提供的扫描数据越多，就越是需要高效率的 DSP 处理能力。

SPI（外部串行接口）子系统的功能是将 DSP 生成的位移信号和按键信号进行编码，然后通过 PS/2 或 USB 接口传输给主机。这部分工作主要由鼠标主控芯片完成。

2. 光电鼠标成像工作原理

如图9-17所示，光电鼠标工作时，从发光二极管（LED）发出一束很强的光线，照亮鼠标底部工作桌面很小的一块接触面。接触面会反射回一部分光线，反射光线通过光学透镜组件后，折射到图像处理芯片中的CMOS传感器内成像，然后由图像处理芯片的DSP部分进行图像量化处理（如图9-18所示）。当鼠标移动时，CMOS传感器会记录一组高速拍摄的图像，对这些图像的特征点位置进行算法分析和处理，就可以计算出鼠标的移动轨迹，从而判断出鼠标的移动方向和移动距离，完成屏幕上光标的定位工作。

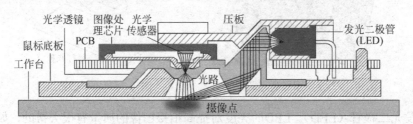

图 9-17　光电鼠标光学成像工作原理

图 9-18　CMOS传感器拍摄的图像与特征点提取和量化

　　由于光电鼠标采用拍照定位方式，所以鼠标对于工作台的表面材料不是很敏感。光电鼠标在有纹理的表面能发挥最佳定位效果，如果在没有明显纹理的表面（如玻璃）或带有反射效果的表面（如镜子）上使用，它将无法正常工作。

3．光电鼠标电路结构

　　光电鼠标的电路结构主要由图像处理芯片和鼠标主控芯片组成，图像处理芯片主要负责图像拍摄、数据量化、特征点提取、移动轨迹计算等工作。鼠标主控芯片主要负责鼠标按键判断和编码、滚轮动作判断和编码、串行数据打包/解包、与主机进行通信等工作。光电鼠标电路结构如图 9-19 所示。

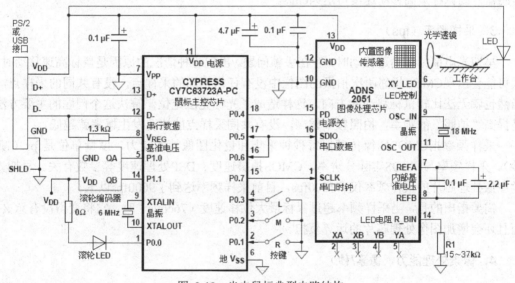

图 9-19　光电鼠标典型电路结构

9.3.3　光电鼠标技术性能

1．CMOS 传感器分辨率（dpi）

　　目前光学鼠标都采用黑白CMOS传感器，它只对光线的强弱有反应。图像处理芯片中的CMOS传感器捕捉到地图像精度越高，光标定位就越精确。因此增加CMOS传感器的分辨率或面积，就能拍摄到更加精确的图像。CMOS传感器的分辨率单位为dpi（点/英寸），目前市场上CMOS传感器的最高分辨率达到了3000dpi甚至更高。

值得注意的是，CMOS分辨率与CMOS实际分辨率是两个不同的概念，因为分辨率规定为1英寸下的像素数，而实际分辨率与芯片尺寸大小有关。为了避免混淆，下面将CMOS实际分辨率称为CMOS尺寸。大部分CMOS传感器芯片的尺寸一般在30像素×30像素左右，这样拍摄一帧图像的像素点为：30×30=900（像素点）。因此，在CMOS芯片尺寸不变的情况下，800dpi分辨率比400dpi分辨率的CMOS芯片能容纳更多的像素点。

2. 鼠标分辨率（CPI）

鼠标分辨率指鼠标的定位精度，一般采用CPI（采样点/英寸）为单位，CPI指鼠标每移动1英寸能获得的最大采样数据的个数。鼠标分辨率越高，屏幕中光标的控制就越精确。例如，分辨率为800CPI的鼠标，每移动1英寸，鼠标就采样800个数据点。或者说鼠标每移动1/800英寸（31.75μm），鼠标就会向计算机传送1个数据。目前主流光学鼠标的分辨率为400/800/1000CPI。

在鼠标定位过程中，CMOS传感器在单位时间内拍摄的图像越多，屏幕光标的定位就更加准确。目前中低档光电鼠标扫描速度在2500CPI左右，只能达到36cm/s的鼠标移动速度，如果超过这个速度，CMOS传感器就会出现丢帧现象。而用户的移动速度最高可以达到76cm/s，因此低档鼠标在移动太快时会出现丢帧现象。如果采用6000CPI扫描速度的CMOS传感器，则鼠标最高移动速度可达94cm/s。

3. 采样频率（fps）

早期光电鼠标在高速移动时，存在丢帧问题。出现这种情况的原因是鼠标高速移动时，很可能会出现CMOS相邻两次拍摄的图像中没有任何相同的采样点，没有共同的采样点，当然也就无法比较鼠标移动的方向，这样造成了光标无法定位。解决这个问题的主要方法是提高"拍照"的频率，拍照频率越高，没有共同采样点的情况发生概率就越低。

采样频率指CMOS图像传感器每秒钟采集和量化图像帧的能力，度量单位是fps（帧/秒）。采样频率与CMOS实际分辨率、CMOS拍摄速度、DSP处理速度等参数有关。早期光学图像处理芯片的采样频率仅有1500fps，目前采样频率达到了9000fps以上。

需要指出的是，当采样频率超过鼠标最大位移速度（76cm/s）时，它将变得没有意义，而且还会增加图像处理芯片的运算负担。

4. 像素处理能力（像素/秒）

由于采样频率不能充分说明鼠标的实际性能，罗技和安捷伦公司将CMOS尺寸和光学芯片的处理能力结合起来，整合为"像素处理能力"，用这个指标代表光学处理系统综合采样的运算性能，它反映了图像处理芯片的计算能力。

$$像素处理能力（像素/秒）=每帧画面像素数（像素）×采样频率（fps） \quad (9-1)$$

【例9-1】 微软光学银光鲨4.0（IE4.0）鼠标的采样频率为6000fps，CMOS传感器的尺寸为22×22像素时，这款鼠标的像素处理能力=22×22×6000=290万（像素/秒）。

5. 其他性能指标

（1）点按次数。按键开关的点按次数也是衡量鼠标质量的一个重要指标，优质鼠标的每个按键开关正常寿命都不少于10万次点按，而且手感适中，不能太软或太硬。如果鼠标点按不灵敏，会给操作带来诸多不便。

（2）接口类型。光学鼠标大部分采用 PS/2 或 USB 接口。PS/2 接口在数据传输速率上没有 USB 接口速度快，不过鼠标数据量很小，在这方面几乎没有影响。而且 PS/2 接口属于基本接口，具有最高的优先级。如果同时有 PS/2 接口和 USB 接口要求 CPU 做出响应，那么 CPU 一定去处理 PS/2 接口，而不是 USB 接口。也就是说，如果 CPU 正在处理大量数据时，使用 PS/2 接口的鼠标可能会比使用 USB 接口的鼠标响应速度快。但是，用户进行鼠标反复高速移动时（如某些游戏场面），鼠标数据量会急速增大，这时 USB 接口的鼠标反应速度可能更好。

9.4　机箱基本结构

9.4.1　机箱的类型与功能

1．机箱的类型

机箱、电源和主板三者采用统一的ATX设计标准，ATX机箱是市场主流产品，WTX机箱主要用于服务器。各种机箱如图9-20所示。

图 9-20　ATX机箱（左）、服务器WTX机箱（中）和HTPC机箱（右）

机箱从结构上看非常简单，但是机箱设计需要考虑很多因素，如机箱的基本尺寸必须符合技术标准，如ATX标准、AC标准等；机箱必须有良好的通风散热性能，如通风孔的位置、风道的设计等；机箱必须保证一定的机械强度，使安装在机箱中的设备不至于变形，如钢板厚度、钢板加强筋设计等；机箱的生产成本等，都是机箱设计要考虑的问题。

2．机箱的易用性功能

机箱中需要安装各种设备，提供方便用户安装的功能非常重要。如部分机箱侧板采用手拧螺丝或扣具设计，打开机箱盖板时无须螺丝刀等工具；部分机箱对硬盘、光驱等设备采用了免工具扣具设计（如图9-21所示），大大简化了这些设备的安装；部分机箱硬盘采用了侧面安装方式，方便了硬盘的安装与拆卸。

前置USB接口、存储卡接口、eSATA接口、耳机/麦克风接口等，部分安装在机箱的侧面或下部，用户使用非常不方便。部分机箱将这些接口移到了机箱顶部，并且进行了防尘设计。

机箱面板上加装液晶显示屏也越来越普遍，液晶显示屏主要用来显示计算机系统中某些重要部件（如CPU、显卡）的工作温度或风扇转速。有些机箱面板还提供了风扇和音频控制按钮，可以随意调整风扇转速及音频大小（如图9-21所示）。

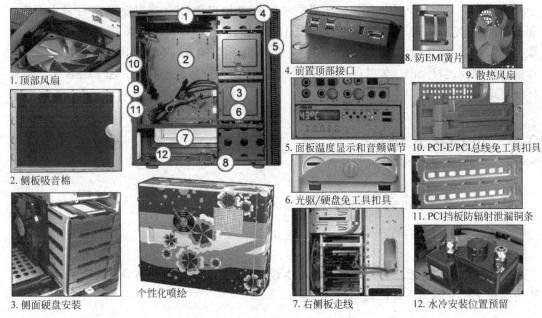

1. 顶部风扇　　2. 侧板吸音棉　　3. 侧面硬盘安装　　个性化喷绘　　4. 前置顶部接口　　5. 面板温度显示和音频调节　　6. 光驱/硬盘免工具扣具　　7. 右侧板走线　　8. 防EMI簧片　　9. 散热风扇　　10. PCI-E/PCI总线免工具扣具　　11. PCI挡板防辐射泄漏铜条　　12. 水冷安装位置预留

图 9-21　机箱的增强功能设计

3．机箱的安全性功能

部分价格便宜的机箱很轻很薄，开机后，机箱会将电源风扇和硬盘的噪声放大，造成不良的用户工作环境。为了消除机箱噪声泄漏，部分机箱减少了机箱开口，加强了机箱散热，同时在机箱侧板上安装了如吸音棉（如图9-21所示）等材料，在机箱风扇基座上安装了减震海绵。

机箱普遍采用负压散热设计，冷风从机箱面板进去，因此面板进风口如果带防尘网，就可以防止毛发等东西进入机箱内。

用户在机箱中安装设备时，不小心容易将手划伤，部分机箱采用了全卷边设计，并且在机箱表面进行了毛刺消除处理。

4．机箱的个性化功能

机箱的个性化设计功能有彩色面板、个性化喷绘面板（如图9-21所示）、面板拉丝工艺、彩色钢板、透明机箱、内部灯光等。部分机箱在面板上安装了无线网卡、无线鼠标和无线耳机天线、手机充电装置、键盘照明灯、摄像头支架等。这些设计为用户提供了很好的实用化功能，但由于成本偏高，这些功能没有成为市场主流。

5．机箱强度设计

机箱内部有风扇、硬盘、光驱等高速旋转设备，如果机箱不够坚固，容易导致机箱产生共振现象，从而影响硬盘使用寿命和产生更大的噪声。

机箱的框架部分采用的钢材一般是硬度较高的优质材料折成角钢形状或条型，面板部分钢材应当达到 1mm 以上才称得上坚固稳定，早期 486 计算机的机箱钢板厚度达到了 2mm。目前机箱为了降低成本，往往采用薄型钢材，钢材厚度一般在 0.5～1mm。钢材太薄会导致机箱强度下降，并且可能带来共振等问题。为了保证机箱强度，在设计方案上进行了加强处理。如设计加强筋，折边处理，底板上的凹坑，以及侧板上的品牌字模等，都是为了加强机箱强度而设计的。

机箱使用的镀锌钢材主要有电解板和热解板。大多数机箱采用电解板，这种钢板外观为灰白色，有很好的抗腐蚀性，但成本相对也高些。热解板外观非常光亮，视觉效果好，但传统工艺制造的热解板容易出现锈蚀。一些厂家采用新生产工艺后，已经解决了热解板锈蚀的问题，因此，市场上使用热解板的机箱也越来越多了。

9.4.2　机箱散热设计

1．CGA 机箱散热设计标准

机箱中CPU、显卡、硬盘、光驱在工作中会产生大量的热，使机箱内的温度不断升高，从而影响计算机的稳定性。因此，需要加强机箱内的空气对流，在机箱内形成强制风道。风道是空气在机箱内运动的轨迹，如果机箱内的风道设计不佳，各种风力会相互抵消，影响机箱散热效果，特别是侧面开孔较多的机箱。

传统机箱只有一个风道，气流从机箱前面板进风口进入，经过CPU散热片、显卡、硬盘、北桥散热片等热源后，冷空气被加热，最后通过电源风扇排出机箱。在这个过程中，流经CPU散热片的空气是被加热的空气。随着3GHz以上高频处理器推出，为了抑制高功耗带来的高热量，改善机箱散热环境。在不改变机箱系统结构的前提下，只有增加风扇数量和优化气流通道。增加风扇数量会带来功耗和噪声的增加，单独为CPU开辟一个气流通道才是最合理的方案。在CGA 1.0标准中，在机箱后面增加了一个散热风扇。没有安装机箱后风扇时，机箱内部的空气交换速度不够快，大机箱与小机箱的温度相差只有2℃左右。安装机箱后风扇后，机箱内部空气交换速度明显加快，CPU温度降低可以达到5℃左右。在CGA 1.1标准中，在机箱侧面板上增加了一个散热风口和一个导风罩（如图9-22所示）。

图 9-22　机箱散热标准的通风口设计

部分机箱在内部粘贴吸音棉来吸收机箱内的噪声，这种方法对减少噪声效果不是很明显。吸音材料只能对高频噪声有些效果，对机箱内部的大量低频噪声几乎没有作用。

2．TAC 2.0 机箱散热设计标准

TAC 2.0机箱散热设计标准。2008年，Intel公司发布了机箱散热设计指南TAC 2.0，TAC 2.0是CAG 1.1标准的升级版。TAC 2.0散热设计的改进在于两点：一是风道设计更有利于散热，二是多方式互动散热。TAC 2.0机箱散热设计模型如图9-23所示。

TAC 2.0机箱设计标准的特点是在CPU、北桥芯片以及显卡轴线上开出散热孔，散热孔大小为150mm×110mm，散热孔直径为5mm。这种设计方案加强了风道的形成。

TAC 2.0标准取消了CAG 1.1规定的机箱侧板导风罩。去掉导风罩后，减少了机箱内散热风道的阻挡，但是对CPU区域的降温作用削弱了。因为现在显卡、硬盘的发热量却相当惊人，因此加强显卡的散热有助于降低机箱内部温度。

TAC 2.0标准的机箱，通过机箱后置风扇和电源风扇向外排风，在机箱内部形成负压环境，通过机箱侧板的散热孔吸入冷空气，给CPU等发热部件散热，同时机箱前面板开孔流入的冷空气，也可以对硬盘、光驱等设备提供散热气流。

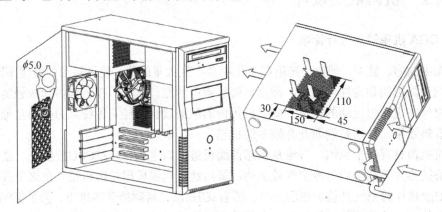

图 9-23　TAC 2.0标准推荐的机箱散热设计方案与风道路径

9.4.3　机箱防电磁辐射

电子产品工作时都会产生一定的电磁辐射，只是多与少的问题，电磁辐射的防护是一个世界性的难题。随着计算机工作频率的提高，自身向外辐射的频率范围也越来越大。这些向外散发的电磁辐射从强度上看虽然微不足道，但由于距离用户较近，长期使用计算机的用户可能会造成某些潜在的威胁。此外，其他设备产生的电磁辐射也可能会对计算机的正常工作产生影响。机箱通常采用金属结构来吸收内部的电磁辐射，并屏蔽外部电磁辐射的干扰。防止电磁辐射的方法有选择合适的机箱钢材、机箱开孔大小与位置等。

1．材料

机箱表面的光洁度越好，电磁波在机箱表面的反射能力就愈强，外部电磁辐射就不容易进入到机箱内部。机箱热解镀锌钢板对电磁波有较好的吸收和抵消作用。机箱内部的钢和钢板，最好不进行喷漆处理，因为油漆含有树脂成分，它会氧化钢材表面，破坏钢材的防辐射能力。

2．散热孔

部分机箱为了加强散热效果，在机箱表面的开孔越来越多，这不利于防止机箱内部电磁辐射泄漏。机箱散热孔的大小非常重要，理想的孔径尺寸为$\lambda/30$（λ为电磁波波长），这样的开孔既能照顾到机箱的散热要求，又能有效地防止机箱内部电磁波辐射泄漏。2GHz频率的电磁波波长为150mm左右，相对应的$\lambda/30$为5mm，目前CPU频率大多在2GHz以上，因此要求散热孔直径应当在5mm以内或更小。测试表明，六角型小孔能更好地防止电磁辐射泄漏。

3．机箱折边工艺

TAC 1.1标准规定，在机箱的结合处应当采用折边工艺（如图9-24所示），以减少机箱内RFI（射频辐射干扰）和EMI（电磁辐射干扰）泄漏，经过折边工艺后，电磁辐射会严重衰减，达到安全限度。

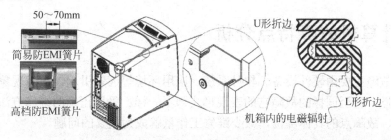

图 9-24　采用折边和防EMI簧片工艺降低机箱内RFI和EMI的泄漏

由于机箱中有各种线缆、板卡等设备，同时为了散热还要安排通风孔，因此机箱不可能制作成完全密封式，而是存在或多或少的接缝和开口，这些接缝和开口会引起电气的不连续性，如处理不当将引起电磁屏蔽性能的下降。

目前大部分机箱盖板在后部仅有一两个固定螺丝，侧面采用无螺丝结构，这样机箱缝隙长度大大超出了防电磁辐射泄漏的要求，为了解决缝隙过长的问题，机箱侧板的上下钢架上采用了防 EMI 簧片设计（如图 9-24 所示），它减小了机箱盖板的缝隙长度，从而减小了电磁泄漏。

习　题

9-1　说明电子迁移现象产生的原因。

9-2　说明侧向吹风的优点与缺点。

9-3　说明风扇转速与噪声的关系。

9-4　说明热管散热器的优点。

9-5　说明光电鼠标的基本组成。

9-6　讨论机箱强度的重要性。

9-7　讨论利用软件方法是否进行散热。

9-8　讨论有哪些方法可以加强机箱的机械强度。

9-9　如何防止机箱中电磁辐射的泄漏？

9-10　写一篇课程论文，论述计算机散热系统的解决方案。

第10章

计算机系统故障原因分析

对于计算机维修人员来说，总是先观察故障现象，然后再进行故障原因分析和维修工作。因此，如何从故障现象判断故障原因是维修人员必须掌握的基本知识。

10.1 计算机故障特点分析

计算机故障主要由硬件设备、软件系统、应用环境等因素引起，故障现象也是形形色色，千奇百怪，甚至同样的故障它的表现形式却不一样。采用正确的维修方法，判断故障发生的原因、故障点的具体部位，减少维修工作量就成为重要的问题。

10.1.1 计算机故障发生规律

计算机故障的发生规律为梯田曲线，故障发生分为三个阶段：性能稳定期、故障多发期、产品淘汰期。计算机故障梯田规律如图 10-1 所示。

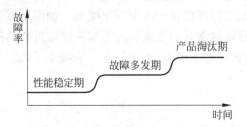

图 10-1　计算机故障的梯田曲线规律

1. 性能稳定期

早期购置的计算机一般配置合理，性能稳定，较少发生硬件故障。在软件方面，软件性能、驱动程序等方面的问题也较少。新计算机由于对应用软件的反复安装和删除较少，操作系统也非常稳定。生产厂商为了降低设备的返修率，建立良好的市场品牌效应，对产品的前期质量也较为重视，因此计算机故障率较低。这个时期大约为一年。这个时期计算机的故障类型主要为软件故障和环境故障。

2. 故障多发期

经过一段时间的使用，计算机进入故障多发期。导致硬件故障的原因是电子元件的老化，如主机、显示器内部温度的反复变化，会导致电子元件的热胀冷缩，使某些电子元件失效。材料缺陷也是故障多发的原因，如 CPU 散热装置太重、主板太薄时，主板的缓慢变形将导致信号线产生微观断裂。在设备安装中，不小心造成的板卡表面损伤，在短时间内影响不大，但长时间的空气氧化，将产生严重的噪声干扰。

另外，软件系统的故障率也会大大增加。如操作系统会越来越庞大，运行效率将大大降低。多种设备造成的驱动程序冲突也会增加。由于计算机病毒对系统文件的破坏，对注册表的损伤，某些软件的相互冲突等，都是造成故障多发的原因。

计算机应用环境也是造成这一时期故障多发的原因，如长时期的潮湿、高温、灰尘、静电积累、浪涌电流等，都将对计算机产生不良影响。这个时期 2～4 年。

美国安全工程师海因利奇（H.W.Heinrich）的"事故三角形规律"指出，经常性的小故障必然导致最终的严重故障。

3．产品淘汰期

计算机经过 3～5 年的使用后，电子元件进入稳定期，按理计算机故障率应当开始下降，但是计算机的软件故障率将不断增加，使计算机进入产品淘汰期。由于软件的不断升级，导致了计算机性能的严重不足。这时很多新的应用软件无法在旧计算机中使用，而且旧软件与新软件会产生数据格式不兼容等一系列问题。计算机硬件虽然没有故障，仍然可以正常开机，但是运行新操作系统和新应用软件的速度非常缓慢，甚至不能使用。当计算机工作性能变得非常低时，虽然电子元件远没有达到它的衰老期，但是同样导致了计算机的淘汰。另外，一些计算机主导厂商对计算机硬件和软件产品采用不断升级的策略，导致了老产品的淘汰。因此计算机产品淘汰的主要原因是不能满足软件发展的需要。

10.1.2　导致硬件故障的因素

1．电子元件失效原因分析

电子元件失效可分为突然失效和老化失效。突然失效是元器件参数急剧变化造成的。这一失效形式通常表现为电子器件呈现短路或开路状态。例如，电子元件因焊接不牢造成开路，或因灰尘微粒造成电子线路之间的短路，或电容因电解质击穿造成短路等。老化失效是因为电子元件制造误差、环境温度变化大、材料变质、电力负荷改变、外界电源波动、制造工艺不良、随机影响等因素造成，它们会使电子元件性能逐渐变差。电子元件的失效主要有以下原因。

（1）温度。高温是降低电子元件可靠性的一种应力形式。试验表明，当温度超过 60℃时，电子元件就容易发生故障。温度每上升 10℃，电子元件可靠性就降低 25% 左右。同样，温度过低时晶体管放大倍数会下降，晶体管开关速度会延长，导致 CPU 工作频率下降，接口灵敏度降低，计算机启动困难等故障。另外，温度过低容易导致由晶体管组成的开关电路退出开关状态，进入放大状态，此时开关管功耗猛增，极易损坏。一般认为，计算机理想环境温度在 10～30℃。

（2）湿度。湿度过高会使封装不良的电子元件遭到腐蚀或短路。当相对湿度过低时，极易产生静电。一般相对湿度应控制在 40%～60% 为宜。

（3）振动。振动和冲击会使一些内部有缺陷的电子元件加速失效，或造成电路接触不良，甚至造成线路断裂。

（4）电压。电压不稳定会使电子元件加速失效。对电容来说，其失效率正比于电容电压的 5 次幂。

（5）漏电。漏电故障主要有电解电容发热及漏液、印制电路和元器件漏电、机箱漏电等。若发现电解电容在工作中温升较高，而又不是周围发热元件所引起，或者看到电解电容液体漏出体外，则可认为是电容漏电。而印制电路和元器件的漏电，通常是灰尘、潮湿的空气、静电积累、电磁感应等引起的。

2．机械部件失效原因分析

（1）接触不良。计算机设备之间通过数据线进行连接，数据线脱落、接触不良均会导致设备工作异常。例如，显示器信号线接头松动会导致显示器偏色、无显示等故障，应当检查各设备之间线路连接是否正确。

（2）工艺缺陷。各种总线和接口插槽、接头等，如果在生产过程中存在毛刺，就会导致板卡与插座之间的点接触现象。在维修过程的反复插拔中，容易导致板卡金手指擦伤。一些插座的簧片材料在加工工艺中应力释放不充分，在机器长时间热胀冷缩的影响下，会造成簧片与金手指不接触或接触不良的现象。由于插座簧片变形引起的接触不良故障如图 10-2 所示。

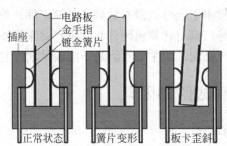

图 10-2　插座簧片变形引起的接触不良故障

（3）机械变形。计算机中一些机电设备也容易引发计算机故障。例如，如光驱激光头定位偏移、键盘按键失效、光驱夹紧机构松动等，都会导致计算机不能正常工作。部分计算机故障往往是由于板卡与插座之间变形，导致接触不良引起，这些故障常与机箱、主板、板卡的设计尺寸有关。很多机箱后部的插槽开孔、设计尺寸总有些小偏差，造成板卡不能正常插入，插进去后又无法固定顶部的螺钉，容易损坏主板插座簧片。更麻烦的是一部分机箱使用塑料卡固定主板、硬盘、光驱等设备。塑料卡往往卡不住主板，机箱移动几次就会松动，造成开机黑屏故障。主板固定孔的设计也很不合理，右边角下方无支撑螺栓，在附近插拔内存条时，全凭主板韧性和弹力，容易造成计算机故障。

10.1.3　导致软件故障的因素

计算机系统软件设计越来越复杂，加上缺乏正确性验证工具等因素，软件故障往往避免不了。软件故障可以通过安装软件修正包、升级软件、更换操作系统、更换驱动程序等方法解决。

1．软件设计中存在的问题

由于程序的复杂性和编程方法的多样性，加上软件设计还是一门相当年轻的科学，因此很容易留下一些不容易被发现的软件错误或漏洞。这些错误和漏洞平时可能看不出问题，但是一旦系统与某些应用软件产生冲突，或者受到计算机病毒或黑客攻击，就会带来灾难性的后果。随着一些系统软件越做越大，越来越复杂，系统设计的错误和漏洞不可避免地存在。

2．操作系统设计中存在的问题

Windows 操作系统一贯强调易用性、集成性和兼容性，而系统安全性设计考虑不足。虽然 Windows XP/7/8 操作系统比以前的 Windows 系统安全性好了很多，但是，由于整体设计思想的限制，造成了 Windows 操作系统漏洞不断。在一个安全的操作系统（如 FreeBSD）中，最重要的安全概念就是权限。每个用户有一定的权限，一个文件有一定的权限，而一段代码也有一定的权限，特别是对可执行代码，权限控制更为严格。只有系统管理员才能执行某些特定程序，包括生成一个可以执行程序等。而在 Windows 系统中，为了保证系统的易用性，牺牲了系统的安全性。

3．软件应用中存在的兼容性问题

应用软件与操作系统或硬件之间存在冲突或不匹配。例如，一些应用软件只能安装和运行在 Windows XP 下，不能安装和运行在 Windows 7 下。尤其是一些大型网络服务软件，不能安装和运行在个人操作系统下。

应用软件与应用软件之间存在冲突。例如，在一台计算机中安装多个计算机杀毒软件时，往往会导致软件冲突不能安装。

应用软件存在新旧版本之间的冲突。例如，安装一些高版本的应用软件时，需要卸载低版本软件。部分应用软件安装了高版本软件后，不允许安装或运行低版本软件。

10.1.4　导致环境故障的因素

计算机运行环境条件不符合要求或用户操作不当时，都会引起计算机故障。认识这些故障现象有利于快速地确认故障原因。

1．电源插座和开关

很多计算机设备采用独立供电模式，运行时只打开主机电源是不够的。例如，显示器电源开关未打开会造成黑屏和死机的假象，外置式 Modem 电源开关未打开或电源插头未插好等。遇到独立供电设备发生故障时，应检查设备电源是否正常，电源插头、插座是否接触良好，电源开关是否打开。

2．系统设置问题

例如，大部分显示器在面板上提供了调整按键，显示器无显示可能是行频参数设置混乱，宽度被压缩，甚至亮度被调至最暗。音箱不能播音也许是音箱音量开关被关闭，或操作系统音频控制被设置为静音等。

3．系统新特性

有些故障现象其实是硬件设备或操作系统新特性引起的。例如，带节能功能的计算机，在间隔一段时间无人使用计算机或无程序运行后，会自动关闭显示器、硬盘的电源，在按键盘任意键后就能恢复正常。

4．灰尘的影响

主机内部灰尘日益增多，加之长期的空气潮湿变化，会使电路板上的线路、插座、接头等部件出现严重氧化现象，造成干扰信号，导致故障不断。其次电路板上的灰尘会造成集成电路芯片散热不良等问题。

5．人为故障

指人为地拉断连接电缆或接错电缆等，使机器状态异常。人为故障不仅使设备无法使用，而且会造成一些复杂的故障现象，增加故障诊断难度。发生故障后，应先判断操作是否有疏忽之处，而不要盲目断言某个设备出了问题。

10.2　计算机启动过程分析

10.2.1　开机上电过程分析

1．系统引导过程

目前计算机的硬件配置灵活多样，而流行的操作系统只有 Windows、Linux、FreeBSD等少数几个。不论计算机的硬件配置如何，计算机的引导都必须经过：系统上电→POST（上电自检）→运行主引导记录→装载操作系统→运行操作系统 5 个步骤（如图 10-3 所示）。不同的操作系统，前两个步骤都是相同的，即"系统上电"与"POST"过程与操作系统无关。而"运行主引导记录"、"操作系统装载"等过程则因操作系统的不同而异。

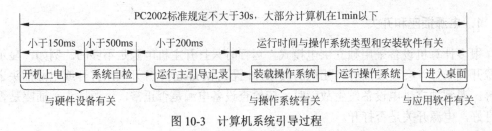

图 10-3　计算机系统引导过程

2．开机上电过程

（1）主机电源直流输出。当按下外接电源盒开关（注意，不是主机电源开关）时，电源在微观上处于不稳定状态，经过一段时间（一般小于 20ms）后，市电达到稳定状态。这时如果按下主机电源开关，主机电源从待机（S5）进入启动状态（S0），这时电源开始工作。电源经过：EMI 滤波→桥式整流滤波→功率因素校正→开关变换→脉宽调制→辅助电源工作→整流稳压工作→保护电路工作→直流滤波→直流电源输出，经过以上一系列工作后，电源自身已经工作在正常状态。电源上电时序如图 10-4 所示。

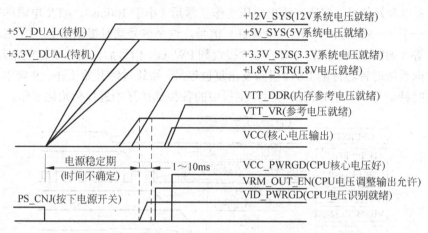

图 10-4　开机上电（S5-S0）过程中电源工作时序

（2）核心部件初始化。电源开始向主板输出待机工作电压（5VSB），然后晶振开始工作，向 CMOS 电路发送 32.768kHz 的实时时钟信号。这时电源的大部分电路和主机大部分设备还没有开始工作。开机上电过程中的信号时序非常复杂，如图 10-5 所示，只是芯片组部分初始化过程的时序。

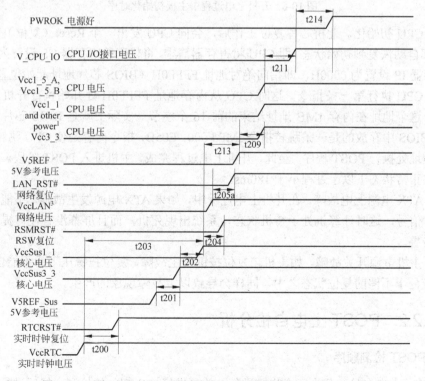

图 10-5　开机上电过程中的初始化（X58 芯片组初始化部分时序）

（3）主板初始化。当按下主机电源开关后，电源经过一段时间稳定后，电源向南桥芯片或主板 I/O 芯片发出开机触发信号，这时主板开机电路开始工作。同时，电源接头的第 14 脚变为低电压，ATX 电源开始工作。ATX 电源内部保护电路如果没有发出告警信号，电源本身工作电压稳定后，开始向电源的各个接头输出相应的规定电压。

（4）发电源好信号。在所有输出电压工作正常后（小于 100ms），ATX 电源的第 8 脚向主板发出一个 3～5V 的 PW_OK（电源好）信号，这个信号同时提供给 CPU、南桥芯片、北桥芯片等（如图 10-6 所示）。南桥芯片接收到 PW_OK 信号后，内部复位电路开始工作。南桥芯片向系统时钟芯片的 RST#引脚发出复位信号，系统时钟开始工作，并向主板发出各种频率的时钟信号。有了时钟信号后，主板中的各种部件开始进行初始化工作。

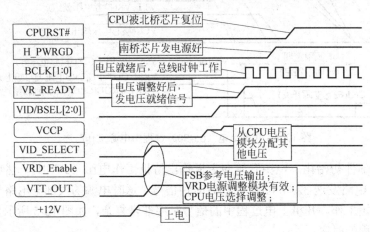

图 10-6　开机上电过程中主板初始化时序

（5）CPU 初始化。北桥芯片复位工作后，会向 CPU 发出一个 Reset（复位）信号，让 CPU 内部自动恢复到初始状态，即 CPU 将寄存器清零，将代码段寄存器 CS 设置为 FFFFH，指令寄存器 IP 设置为 0000H，即指向绝对地址 FFFF0H（BIOS 芯片地址起始位置）。

（6）CPU 执行第一条指令。这时 CPU 从内存地址 FFFF0H 处开始执行开机后的第一条指令，这个地址在内存 1MB 地址结束的前 16 个字节（实际上就是 BIOS 芯片的起始地址），在 BIOS 中存放的是一条跳转指令 JMP F000：E05B，指令内容是使 CPU 跳转到 BIOS 中指定地址处执行 POST 程序。至此，开机上电过程完成，主机进入 POST 阶段。如图 10-3 所示，在正常状态下以上过程小于 180ms。

（7）ATX 电源上电故障。在开机上电过程中，如果 ATX 电源发生故障，不能正确发出 PW_OK 信号，这时计算机处于待机状态，系统出现死机，而且屏幕没有任何提示，也不会鸣笛告警。

（8）主机电源开关故障。如果机箱复位按键发生故障，复位按键压下后不能自动弹起，这时系统处于不停的复位状态之中，同样会导致以上故障现象的产生。

10.2.2　POST 上电自检分析

1. POST 检测顺序

POST（上电自检）分为两个步骤进行，首先进行核心部件的检测，然后进行非核心部件的检测，并且严格按顺序进行。核心部件检测：检测 CPU→校验 BIOS 的正确性→检测 CMOS 芯片→检测北桥芯片→检测南桥芯片→检测键盘控制器→检测前 16KB 内存→检测显卡 BIOS→检测中断控制器→检测高速缓冲控制器。以上自检过程称为关键性测试，如果关键部件（CPU、主板、内存、显卡和电源等）有故障，计算机会处于挂起状态，这些故障称为致命性故障。以上工作完成后，POST 按下列次序进行非核心部件检测：检测 CMOS 配置数据→检测显卡→检测 16KB 以上的 DRAM→检测键盘→检测串行接口→检测软驱→检测硬盘→检测其他设备。

2．检测核心部件的正确性

本步骤的主要任务是检测系统中一些关键设备（如 CPU、DRAM、BIOS 等）是否存在，以及它们能否正常工作，但是并不进行初始化工作。由于 POST 是最早进行的检测，如果在 POST 过程中发现一些致命性故障，例如没有找到内存或者内存有故障，此时由于各种初始化工作还没有完成，因此不能给出任何提示或信号。对于非致命性故障，会用喇叭鸣笛来报告错误，鸣笛声的长短和次数代表了错误的类型，等待用户处理。

3．初始化主要部件

（1）初始化北桥芯片和系统总线。在初始化工作时，首先需要对计算机中的核心部件（芯片组）和总线进行初始化，为下一步工作做好准备。这个过程非常复杂，例如，QOI（北桥芯片与 CPU 的前端信道）总线初始化序列如图 10-7 所示。

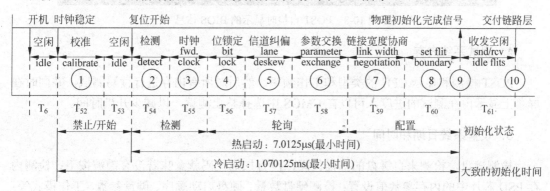

图 10-7　X58 北桥芯片 QOI 总线的上电初始化序列

（2）初始化南桥芯片和外设总线。一是初始化南桥芯片中的中断控制器。将系统中断向量移到 000000H～0003FFH 的地址，对中断控制器的每个内部寄存器进行读写检测，POST 将屏蔽所有中断，然后检测每个中断，以确定是否有硬件中断冲突。二是初始化南桥芯片中的 DMA 控制器。将 DMA 控制器的内部寄存器进行读写检测，然后初始化。三是初始化南桥芯片中的定时器/计数器。对计数器和定时器等部件发出的脉冲进行计数，以验证产生的时序是否正确。四是初始化南桥芯片控制的各种外设总线，如 PCI 总线、USB 总线等。五是初始化其他功能芯片，如音频芯片、网络芯片、外设芯片等。

（3）调用外设 BIOS。一是调用显卡 BIOS。存放显卡 BIOS 的闪存芯片起始地址通常在 C0000H 处，POST 找到显卡 BIOS 后，调用显卡 BIOS 初始化代码，由显卡 BIOS 初始化显卡，这时显卡会在屏幕上显示出一些初始化信息，如生产厂商、图形芯片类型等，不过这个画面几乎是一闪而过。二是调用其他 BIOS。POST 接着查找其他设备的 BIOS 程序（如硬盘固件等），找到之后同样要调用这些 BIOS 的初始化代码来初始化相关设备。查找完所有设备的 BIOS 后，在屏幕上显示系统 BIOS 的启动画面，其中包括系统 BIOS 的类型、序列号和版本号等内容，如图 10-8 所示。

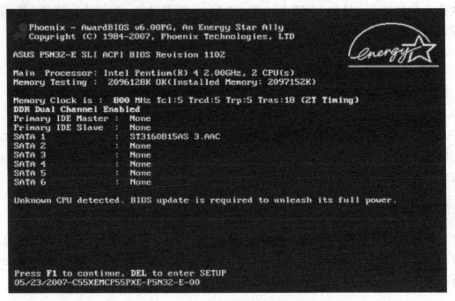

图 10-8　POST 自检时显示的 BIOS 信息

4．测试系统内存

POST 检测和显示 CPU 的类型和工作频率，然后对所有内存进行读写测试，并同时在屏幕上显示内在测试的进度，可以在 CMOS 中选择禁止测试，以减少开机时间。

5．设置系统日期和时间

检测键盘，检测来自键盘的扫描代码，没有扫描代码就意味着没有键被按下；检测内存 PSD 芯片中的内存参数值设置；检测硬盘数量、硬盘启动顺序、硬盘参数、工作模式等；检测系统中安装的一些其他硬件设备，如鼠标、光驱等设备。

6．检测即插即用设备

标准设备检测完毕后，开始检测和配置系统中安装的即插即用设备，每找到一个设备后，都会在屏幕上显示出设备的名称和型号等信息，同时为该设备分配中断、DMA 通道和 I/O 端口等资源。

7．显示资源列表

所有硬件设备都检测和配置完毕后，POST 会重新清屏，并在屏幕上显示"资源列表"（如图 10-9 所示），其中概略地列出了系统中安装的各种标准硬件设备，以及它们使用的资源和一些相关工作参数。

如果屏幕能够显示"硬件资源列表"，说明计算机自检成功，计算机核心设备没有致命性故障。如果屏幕没有显示"资源列表"，则说明自检不能通过，计算机硬件发生了致命性故障。因此，硬件资源列表对判断故障类型有极大的帮助。

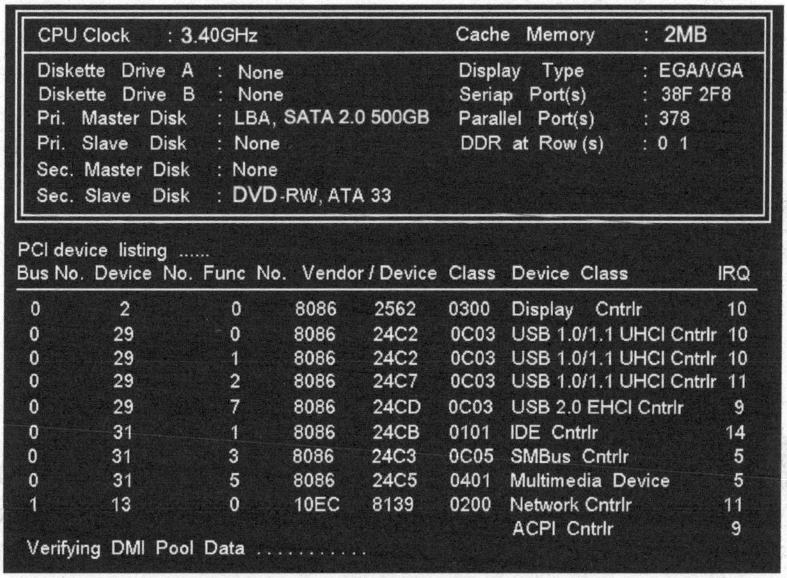

```
CPU  Clock      : 3.40GHz           Cache  Memory    : 2MB

Diskette  Drive  A  : None          Display   Type     : EGA/VGA
Diskette  Drive  B  : None          Seriap  Port(s)    : 38F 2F8
Pri.  Master  Disk  : LBA, SATA 2.0 500GB  Parallel  Port(s)  : 378
Pri.  Slave   Disk  : None          DDR  at Row (s)    : 0 1
Sec. Master  Disk   : None
Sec.  Slave   Disk  : DVD-RW, ATA 33


PCI device  listing ......
Bus No. Device No. Func No.  Vendor / Device  Class  Device Class      IRQ

0       2        0      8086   2562   0300   Display   Cntrlr      10
0       29       0      8086   24C2   0C03   USB 1.0/1.1 UHCI Cntrlr 10
0       29       1      8086   24C2   0C03   USB 1.0/1.1 UHCI Cntrlr 10
0       29       2      8086   24C7   0C03   USB 1.0/1.1 UHCI Cntrlr 11
0       29       7      8086   24CD   0C03   USB 2.0 EHCI Cntrlr    9
0       31       1      8086   24CB   0101   IDE Cntrlr            14
0       31       3      8086   24C3   0C05   SMBus Cntrlr          5
0       31       5      8086   24C5   0401   Multimedia Device     5
1       13       0      10EC   8139   0200   Network Cntrlr        11
                                             ACPI Cntrlr           9

Verifying DMI Pool Data . . . . . . . . . .
```

图 10-9　POST 自检成功后的系统资源列表

8．扩展系统配置

接下来将更新 ESCD（扩展系统配置数据）。ESCD 是系统 BIOS 与操作系统之间交换硬件配置信息的一种手段，这些数据存放在 CMOS 芯片之中。通常 ESCD 数据只在系统硬件配置发生改变后才会更新，不是每次启动机器时都需要进行 ESCD 更新。

9．运行 INT 13H（INT 19）

系统 BIOS 的启动代码将进行最后一项工作，即根据用户指定的启动顺序从硬盘、光驱或网络搜索启动程序。如果系统 BIOS 找到启动程序，BIOS 将使系统的不可屏蔽中断 NMI 有效，并执行磁盘驱动中断服务程序：INT 13H，主机喇叭蜂鸣一声，意味着 POST 程序检测成功并结束，这时系统控制权交给 INT 13H。

10.2.3　MBR 引导过程分析

1．硬盘系统区结构

当采用 FAT32 文件系统时，硬盘数据结构由 MBR（主引导记录）、OBR（操作系统引导记录）、FAT（文件分配表）、DIR（根目录表）、DATA（用户数据区）5 大部分组成（如图 10-10 所示）。前面 4 部分称为系统扇区，大小一般为 20～100MB。在 Windows 系统中，系统扇区是不可见的，即使打开所有文件的隐含属性，也不能看到系统扇区。要查看系统扇区，必须使用工具软件（如 WinHex）或汇编程序。

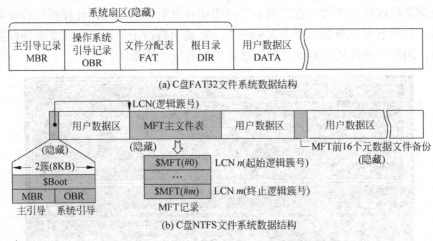

图 10-10　硬盘 FAT32 和 NTFS 文件系统数据结构

2．INT 13H 进行系统引导

POST 自检结束之前，INT 13H（INT 19）会首先寻找磁盘的引导记录（MBR）扇区，这个扇区位于硬盘 0 磁道 0 柱面 1 扇区，其中存放着硬盘主引导记录（MBR）和分区表（DPT）。然后读取硬盘中 MBR 的内容，执行其中的程序代码。主引导记录的作用是检查分区表是否正确，分析并检测当前分区表的完整性和可用性。然后根据 MBR 中分区表信息内容，POST 程序检测以及确定哪个分区为活动分区（一般为 C 盘），并将硬盘活动分区的 OBR（操作系统引导记录）装入内存。如果以上步骤正常，这时 POST 自检结束，系统控制权交由操作系统负责。

当系统扇区发生任何故障时，都会导致引导失败。系统扇区的故障一般是由于恶意软件引起（如计算机病毒，硬盘逻辑锁等），当用户安装一些对系统分区存在风险的软件时（如系统还原软件、双系统启动软件等），如果处理不当，也会对系统扇区造成破坏。

如果硬盘没有主引导记录或主引导记录损坏，BIOS 转入到用户设置的第 2 引导盘（一般为光盘）进行查找，如果没有找到系统引导盘，则显示无操作系统并停机等待。

10.2.4　装载操作系统过程分析

POST 结束后将计算机控制权交给操作系统，操作系统将 NTLDR（Windows XP 引导文件）或 BOOTMGR（Windows 7 引导文件）调入内存执行，这时操作系统开始启动。

1．Windows XP 的引导机制

系统引导文件是在操作系统内核运行前的一些小程序，它的主要功能是初始化硬件设备，建立内存空间映射图，从而将系统的软件和硬件环境调配到一个适合的状态，以方便系统内核的调用。Windows XP 的核心引导文件如下。

（1）Ntldr 文件。Ntldr 存放于 C 盘根目录下，是一个具有隐藏和只读属性的系统文件，它的主要功能是解析 Boot.ini 文件，然后装载操作系统。

（2）boot.ini 文件。boot.ini 是一个具有隐含和只读属性的文本文件，它的功能是用来

建立启动系统选择菜单文件。专业用户可以修改这个文件中的部分内容，如建立在屏幕上显示的多系统引导菜单（如图 10-11 所示），修改引导时用户选择启动系统的等待时间等。如果用户在硬盘中只安装了一个操作系统，将马上进入下一个步骤；如果用户没有选择任何操作，Ntldr 就根据 boot.ini 文件中规定的默认选项进行启动。如果用户选择启动的操作系统是 Windows XP，则 Ntldr 装载并运行 Ntdetect.com 文件；如果用户选择的是其他操作系统，Ntldr 装载并运行 Bootsect.dos，然后向它传递控制信息。

图 10-11　Windows 7 操作系统启动选择菜单

（3）NTDETECT.COM 文件。具有隐含和只读属性的系统文件，用于检测可用硬件设备并建立一个硬件列表。

（4）Ntoskrnl.exe 文件。Windows 内核文件，它是系统配置的集合。

（5）Device、Drivers 文件。支持各种设备的驱动文件。

（6）HAL.dll 文件。硬件抽象层软件。

2．Windows 7 的引导机制

从 Windows Vista 开始，微软公司抛弃了 NT5.x 的 Ntldr+boot.ini 的引导机制，转而启用了全新的 bootmgr+boot 目录+BCD 文件的引导机制。BCD（Boot Configuration Data，引导配置数据，相当于 XP 下的 boot.ini 文件）引导向下兼容 NT5.x，也就是说安装 Windows 7（基于 NT6.x 核心）和 Windows XP（基于 NT5.x 核心）的双系统时，BCD 可引导 Windows XP 系统，即在引导菜单中添加一项"早期版本的 Windows"（如图 10-11 所示）。需要注意的是，安装 Windows XP 和 Windows 7 双系统时，必须遵循从低版本到高版本的原则，BCD 才可接管系统引导，如果是先高版本再低版本，之前的高版本引导即被覆盖，这也是很多用户安装了 Windows 7 再安装 Windows XP 时，无法引导 Windows 7 的原因。

Windows 7 的引导顺序为：开机上电→POST（上电自检）→读取硬盘 MBR（主引导记录）→读取 DPT（分区表）→读取活动主分区的 DBR（分区引导记录）→读取 bootmgr（引导管理器文件）→寻找 boot 目录下的 BCD 文件（引导配置数据）→显示菜单→用户如果选择 Windows 7 菜单→bootmgr 去启动盘寻找 WINDOWS\system32\winload.exe 文件→通过 winload.exe 加载 Windows 7 内核→启动整个 Windows 7 操作系统。

10.2.5　运行操作系统过程分析

Ntldr 文件取得控制权后，清除屏幕，并显示 Windows 启动画面和提示信息（如图 10-12 所示），这时进入操作系统启动运行状态。

图 10-12　Windows XP/7/8 启动画面

（1）操作系统选择结束后，NTDETECT.COM 程序开始收集计算机的硬件设备列表，并将设备列表信息返回给 Ntldr 文件，Ntldr 将这些硬件设备信息加载到注册表中。硬件设备检测阶段结束后，进入到系统配置阶段。

（2）接下来 Ntldr 装载 NToskrnl.exe、HAL.dll 等系统核心文件，并且读入注册表信息，加载设备驱动程序。

（3）完成以上工作后，Ntldr 将控制权交给 Ntoskrnl.exe 程序。Ntoskrnl.exe 开始进行初始化工作，执行程序子系统并启动设备驱动程序。一系列的初始化工作完成后，Ntoskrnl.exe 为本机应用程序的运行作准备，并且运行 Smss.exe 程序。这时如果 Smss.exe 文件丢失或损坏，就会出现蓝屏现象。

（4）Smss.exe 程序的主要任务是：初始化注册表，创建系统环境变量，加载 Win32 子系统（Win32k.sys）的内核模块，启动子系统进程 Csrss，启动登录进程 Winlogon 等。如果 Csrss.exe 文件丢失，则会出现黑屏重启现象；如果出现 Winlogon.exe 文件丢失或损坏，也会出现蓝屏现象后，计算机自动重启。

（5）如果以上步骤执行正常，Winlogon 开始启动，创建初始的窗口和桌面对象等，并加载设备驱动程序和本机安全验证子系统进程（Lsass.exe）。

（6）接着创建服务控制管理进程（Services.exe），加载所有在注册表中登记为开机自动启动的程序。如果 Service.exe 文件丢失，系统会长时间停滞在登录窗口处，无法继续运行。

（7）当所有必需的程序加载成功并且用户成功登录后，服务控制管理进程（Services.exe）认为系统启动成功。

（8）如果以上过程运行正常，系统进入显示桌面工作状态，至此 Windows 引导过程结束。这时用户虽然可以看到操作系统的桌面，但是并不能马上使用，这时还需要运行操作系统自带的常据内存程序，如时间显示、汉字输入法等；以及用户安装的常据内存程序，如杀毒程序、防火墙程序、QQ 等应用程序。

10.3　计算机典型故障分析

10.3.1　死机故障现象分析

1. 死机故障现象

"死机"故障是指计算机在工作状态下，突然发生系统不能使用，用户按键盘上任何键或者按鼠标，系统都没有反应，只能重新启动。一般情况下，重启后能够正常使用。

死机是一种常见的计算机故障现象，同时也是最难于找到原因的故障。从死机发生的时间顺序来看，有系统自检时死机、操作系统启动过程出现死机、运行某一应用程序时死机、进行某一操作时死机、随机性死机、关闭系统时死机等。

死机故障的现象有系统不能工作、显示内容固定不变、屏幕出现蓝屏死机、键盘不能输入、鼠标不能移动、软件运行非正常中断等现象。由于在死机状态下无法用软件对系统进行诊断，因而增加了故障排除的难度。造成死机故障的原因有多种，在硬件、软件、环境三个因素中，任何一个环节出现问题都可能造成死机故障的发生。

2．硬件设备方面的原因

（1）芯片工作温度过高。如 CPU、内存、北桥等芯片的散热系统性能不佳时（如风扇转速降低或不转动），就会导致芯片进入死锁状态。在这种情况下，关机后休息一段时间，然后重新启动又可以工作一段时间。

（2）BIOS 参数设置过高。为了进行 CPU 超频，在 BIOS 参数设置中，将 CPU 工作提高，这很容易造成死机故障；在 BIOS 参数设置中，内存时钟周期值设置过小等，都容易造成死机故障。

（3）硬盘扇区故障。硬盘使用时间过长时，容易发生扇区逻辑错误和物理故障，如果某个核心文件的扇区被损坏，就会导致数据无法读出，造成死机故障。

3．操作系统方面的原因

（1）注册表错误。注册表错误往往是导致系统死机的最大原因，由于软件安装、使用系统优化软件、网络恶意程序破坏等原因，造成注册表损坏的情况较为多见。因此在可能引起注册表变化之前（如安装新软件），先对注册表进行备份是一个良好的习惯，一旦发生注册表故障，就可以利用备份的注册表进行快速恢复。

（2）驱动程序冲突。在系统中安装新驱动程序时，也容易发生死机故障。例如，更换显卡驱动程序时，可能会由于驱动程序不匹配，造成黑屏假死机故障。

（3）系统资源耗尽。Windows 有多个系统资源堆栈，它们保存了操作系统正常运行的重要信息。当其中任何一个堆栈的自由空间少于 30%时，系统运行速度就会明显降低，同时系统变得很不稳定，频繁出现"内存溢出"错误。如果某个应用程序使用资源堆栈不正确，导致系统堆栈被充满时，Windows 系统就会出现死机故障。在打开过多的网页或者运行过多的大型应用程序时，这种系统资源耗尽的死机就很容易发生。

（4）虚拟内存不足。虚拟存储技术就是利用硬盘的部分空间当作虚拟内存使用。用户硬盘容量一般较大，似乎有极大的硬盘空间来作虚拟内存，不会发生虚拟内存不够的情况。但实际情况并没有这么乐观，虚拟内存必须是硬盘中空间连续长度为 512KB 的整数倍，才能用作虚拟内存。如果硬盘系统分区（C 盘）中的连续空闲空间不足，将导致虚拟内存资源严重不足而死机。

（5）动态链接库文件删除。Windows 系统中的动态链接库文件 DLL（存放在\Windows\System 目录）属于共享类文件，也就是说，一个 DLL 文件可能会有多个应用软件在运行时需要调用它。如果用户在卸载某个应用软件时，该软件的卸载程序将 DLL 文件删除，而删除的 DLL 文件是重要的核心链接文件时，就容易出现死机故障。

4．应用软件方面的原因

（1）某些应用软件兼容性不好，在运行这些应用软件时容易造成死机现象发生。

（2）部分应用软件在设计时，对内存分配不合理，程序设计完成后，没有经过严格的测试，在某些特殊运行环境下，就容易发生死机故障。尤其是一些测试版软件，通常带有一些 BUG 或者运行不稳定，容易出现因为数据丢失而导致死机故障。

（3）计算机内存较小，运行大型软件（如 3D Max）时容易造成死机。

（4）程序中的浮点运算工作量巨大（如 3D 游戏）时，造成 CPU 发热而死机。

（5）计算机病毒可以使计算机工作效率急剧下降，造成频繁死机。

5．自检失败死机故障分析

上电自检失败指从上电或系统复位到 POST 完成这一过程中计算机发生的故障。造成自检失败的主要原因是硬件故障。

（1）常规检查。在不开机情况下进行常规检查，判断是否存在线路连接故障、接触性故障、器件损坏故障等；在开机情况下进行常规检查，判断是否存在 BIOS 设置错误、芯片发热等故障。

（2）利用测试卡进行检查。开机无显示时，用主板测试卡检查计算机部件是否正常。对照测试卡所显示的故障代码，检查与之相关的部件。如代码显示内存故障，除检查内存本身外，还应当检查主板内存插座是否接触良好，主板上的内存供电电路是否正常，CPU 风扇产生的热量是否影响到内存的工作环境等。

6．蓝屏死机故障分析

蓝屏故障是指计算机屏幕出现蓝色背景上有一些英文提示信息，并且常常会伴随死机的现象（如图 10-13 所示），一般重启后故障现象会消失。

图 10-13　Windows 7（左）和 Windows 8（右）蓝屏故障现象

蓝屏故障可能在启动时突然发生；也可能在运行应用软件（如游戏）时发生，笔记本计算机出现蓝屏的概率较高。计算机蓝屏的主要原因有：驱动程序不兼容，硬盘扇区逻辑错误，应用程序导致内存溢出，CPU 温度过高，北桥芯片温度过高，硬盘温度过高，电源功率不足，显卡接触不良，内存条接触不良，内存条质量不稳定，BIOS 设置错误等。

【例 10-1】　计算机每次启动时出现蓝屏故障，重新启动后再进入系统，问题消失，但关机后再启动又重新出现以上问题。检查显卡是否有故障，关机后把显卡拔下来，用毛刷擦除 PCI-E 插槽里面的灰尘，再用橡皮擦将显卡金手指擦干净，然后清理显卡风扇上的灰尘。系统启动后再重新安装显卡驱动程序，一般可以解决以上问题。

【例 10-2】 一台新计算机，每天第一次开机都会无故重启或蓝屏，连续重启几次后就莫名其妙地好了，完全不影响使用。这可能是 BIOS 设置存在问题，可以在 BIOS 中关闭主板上的 USB 3.0 和 SATA 3.0 接口功能，因为目前这两种接口都是通过第三方芯片实现的，这种第三方芯片容易出现不兼容的故障现象。

【例 10-3】 当计算机进入休眠状态以后被唤醒时，显示器经常出现蓝屏现象。如果显示器可以被系统正确识别，那么可能是显卡或电源方面的问题。首先是显卡驱动程序可能存在问题，可以在显卡厂商官方网站下载并安装最新的显卡驱动程序；另外，电源功率不足或输出不稳定也会造成以上故障，Windows 的快速开机完全依赖主板的 ACPI 功能，所以电源质量如果存在问题，则可能导致蓝屏故障。

7. 运行程序时死机故障分析

系统启动后正常，但是运行某个应用软件后，产生程序自动中断，或运行某个应用程序后产生死机现象。这些故障产生的原因很多，但总地来说是硬件原因和软件原因。

（1）硬件故障造成死机。一是超频会导致系统性能变得不稳定，CPU 的速度本来就快于内存和硬盘交换数据的速度，超频使这种矛盾更加突出，加剧了在内存或虚拟内存中找不到所需数据的情况，这样运行应用程序时就会出现"异常错误"。二是主板 BIOS 设置不当，部分用户将 BIOS 的一些重要参数设置为最优，造成不稳定。遇到这种情况，应将 BIOS 恢复到出厂时的默认设置。三是计算机部件耗电量较大，运行大型游戏软件时，显卡会满负载运行，这时若 ATX 电源功率不足，就会出现供电不足的情况，从而引起死机。四是在内存较小的情况下，最好不要运行占用内存较多的软件，或是同时运行多个程序。五是盛夏时天气炎热，导致计算机环境温度过高，运行某些程序时容易引起死机。

（2）软件故障造成死机。有时运行各种软件都正常，但忽然间莫名其妙地死机，重新启动后运行这些应用程序又十分正常，这是一种假死机现象。原因多是 Windows 的内存资源冲突。关闭应用软件后应当立即释放内存空间，但是有些应用软件由于设计方面的原因，即使在关闭程序后也无法彻底释放内存空间，当下一个应用程序需要使用这一块内存地址时，就会产生冲突。

（3）计算机病毒造成死机。如果感染了计算机病毒，系统运行速度会大幅度变慢。病毒入侵后，首先占领内存，然后在内存中漫无休止地复制自己，随着它越来越庞大，很快就消耗了系统大量的内存，导致正常程序运行时因缺少主内存而变慢，甚至不能启动。同时病毒程序会迫使 CPU 转而执行无用的垃圾程序，使得系统始终处于忙碌状态，从而影响正常程序的运行，导致计算机速度变慢。

10.3.2　速度过慢故障分析

1. 硬件方面的原因

（1）CPU 发热。CPU 发热严重时，系统将自动降低工作频率。当 CPU 散热风扇转速变慢时，CPU 的温度就会升高，为了保护 CPU 的安全，当温度上升到 72℃时，CPU 就会自动降低工作频率，从而导致计算机运行速度变慢。因为 CPU 的类型和型号不同，合理温度也各不相同。如果 CPU 温度较高，应当检查 CPU 散热风扇是否运转正常。

（2）USB 外设的影响。Windows 启动时会对各个驱动器进行检测，如果光驱中放置了光盘，就会延长计算机的启动时间；如果计算机在启动前就已经连接了 U 盘或外接 USB 移动硬盘，不妨先将它们断开，以加快启动速度。由于 USB 设备速度较慢，因此会对计算机启动速度有明显的影响，应当尽量在计算机启动之后再连接 USB 设备。

2. 软件方面的原因

（1）操作系统方面的原因。目前操作系统越做越大，启动的进程越来越多，这将会消耗越来越多的系统资源，导致系统运行效率大大降低。Windows 的补丁程序也会造成系统启动速度变慢；Windows 系统的 3D 界面消耗了极大的系统资源；桌面上太多的图标也会降低系统启动速度，Windows 每次启动并显示桌面时，都需要逐个查找桌面快捷方式的图标并加载它们，图标越多，所花费的时间就越多；如果 Windows 定义了太多的分区，也会使启动变得很慢，因为 Windows 在启动时必须装载每个分区，随着分区数量的增多，启动时间也会不断增长；有些杀毒软件提供了系统启动扫描功能，这会耗费非常多的时间；如果在 Windows 系统中使用了"磁盘压缩"功能，会使计算机性能急剧下降，造成系统运行速度变慢；如果设置了"文件和打印机共享"，Windows 会出现启动非常慢的问题。

（2）软件自动升级。操作系统和部分应用软件都有网络自动升级功能。在软件进行自动升级时，无疑会影响系统运行其他应用软件的速度。

（3）注册表臃肿。注册表对系统速度有很大影响，如果注册表太大，将消耗很多的系统资源。注册表中的垃圾数据也会影响系统运行速度，不仅应用软件在制造注册表垃圾数据，Windows 本身也制造注册表垃圾数据。如 Office、.NET Framework，都在注册表中写入了大量的垃圾数据。

（4）安装了太多字体。在 Windows XP 中，只预装了六十多种 TrueType 字体，在 Windows 7 中，安装了近两百种字体。系统安装的字体越多，系统运行速度越慢，而且这些字体并不一定是用户需要的。

（5）临时文件造成的磁盘碎片。Windows 系统每次运行时都要产生大量的临时文件，安装应用软件、释放压缩包文件和上网都会产生一些临时文件，如果频繁下载，也会产生大量的临时文件。这些临时文件如果一直存放在系统盘中，会产生大量的磁盘碎片，造成系统速度越来越慢。临时文件一般存放在：C:\WINDOWS\Prefetch（预读文件）和 C:\WINDOWS\Temp 文件夹中，这里的文件可以全部删除。

（6）常驻内存程序太多。常驻内存程序指在开机时加载的程序，它不但降低了计算机启动速度，而且消耗了大量计算机资源。常驻程序应当只保留：时钟、声音、杀毒软件，其他应用程序在使用时再打开运行。

（7）IP 地址造成的影响。如果计算机连接在局域网内，安装好网卡驱动程序后，默认情况下系统会自动通过 DHCP（动态主机分配协议）来获得 IP 地址，但是大多数企业的局域网并没有 DHCP 服务器。因此，系统设置成"自动获得 IP 地址"后，计算机启动时就会不断在网络中搜索 DHCP 服务器，直到获得 IP 地址或超时为止，因此局域网用户应当设置固定 IP 地址。网卡驱动程序如果设置不当，也会明显影响系统启动速度。

10.3.3　开机启动故障分析

1．不能开机故障分析

机器开机后没有任何反应，屏幕不亮，机器没有启动。发生这种故障的原因是计算机硬件电路发生了断路和短路故障。

（1）断路故障。断路故障指电路连接应该连续，而实际却断开的情况。这种故障一般比较容易查找，通过仔细观察就可以找出故障原因，也可以借助于拔插法进行检查，或使用万用表测试。断路故障的表现形式主要有电源线断裂、保险丝熔断、电阻或电容连接断开、电阻烧焦断路、PCB 板线路断裂或脱落、PCB 板金属化孔断裂、元器件损坏引起的断路等。

（2）短路故障。短路故障指电路连接本来不应该接触，而实际却接触在一起的情况。短路故障的表现形式主要有：电源短路，电容击穿短路，二极管或三极管 PN 结击穿短路，焊点松动引起的短路，焊接产生毛刺引起的短路，焊接时间过长造成线路脱落的短路，过多焊锡粘在 PCB 板电路上造成线间短路，元器件（如线圈击穿）造成的短路等。短路故障查找比较困难，需要通过测试和仔细观察才能查找出故障原因，也可以利用短路故障追踪仪来查找短路故障。短路故障通常发生在 PCB 板中密集的信号线路之间，或是集成电路芯片引线之间（如图 10-14 所示），焊锡与裸露的引线之间引起的短路现象也较为常见。此外，元器件相碰，元器件与屏蔽罩、散热板之间相互接触也可能造成短路现象。

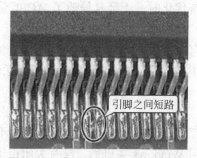

图 10-14　集成电路引脚之间的短路

（3）其他原因。主机存在致命性故障，导致主板或电源进入保护性停机状态；硬盘存在坏道、坏扇区或坏簇，导致数据不能读出而死机；主机电源工作状态不稳定、干扰过大、功率不足等，导致系统死机；用户运行了过多的进程（如打开网页太多），导致主机运行速度太慢，造成假死机现象；外设损坏（如打印机），但系统即插即用技术在检测这些设备时导致死机。

2．突然重启故障分析

计算机在正常运行时，突然自动重启。发生这个故障主要有以下原因。

（1）计算机病毒干扰会造成系统自行重启，可用杀毒软件进行杀毒处理。

（2）市电瞬间断电或电压不稳定，瞬间低于 170V 时，就可能导致系统重启。

（3）电源线路或和电源插座接线不良，有虚接现象。当家用电器长时间工作时，线路虚接处的接触电阻较大，导致发热，当热量积聚到一定程度时，接触在一起的导线会受热膨胀而瞬间分离，这时也会导致系统重启现象发生。

（4）CPU 散热不良，温度过高导致系统重新启动，可以检查 CPU 风扇转动是否正常。

（5）主板电源插座引脚虚焊，也会导致计算机无故重启。

（6）主机内外设太多（如光驱、移动硬盘、USB 设备等），运行时的实际功率超过了电源的额定功率，过载能力较差的电源会产生系统重启。

3．多次启动故障分析

有些计算机总是第一次开机不成功，要按 Reset 键或是关机后再打开，才能成功开机，有些计算机甚至要反复开关好几次。这种故障可能存在以下原因。

（1）硬件冲突。对新安装的计算机，这种故障多数是电源与主板或显卡有冲突。

（2）电源功率不足。随着显卡性能的增强，消耗的功率也越来越大了，如果计算机中加装了刻录机、双硬盘等设备，可能会导致整机供电不足，出现首次开机不成功的现象。

（3）电源老化。对于 ATX 电源，市电开关打开后，电源就开始工作了，当用户按下电源开关键时，ATX 电源无法提供开机所需的瞬间电压，就可能导致首次开机失败。

（4）机箱设计不合理。有些机箱内部空间太小，安装主板、硬盘、光驱后，压迫了复位（Reset）键和电源开关（Power）键的位置，造成这两个按键不能正常复位，导致开机异常。

（5）ACPI 管理影响。有些主板升级 BIOS 后，ACPI（高级配置电源接口）部分设置可能被修改，或是用户进行系统优化时，不经意修改了 ACPI 管理选项，引起电源的不正常启动。

（6）CMOS 电池漏电。有些主板 CMOS 电池质量不佳，新机器时还能凑合使用，时间一长就会因为 CMOS 电池漏电，导致 CMOS 设置参数信息丢失而不能启动。

4．自动开机故障分析

用户打开市电电源开关后，计算机就会自行启动，根本不需要用户按下主机上的电源开关。还有些用户前一天采用 Windows 关机后，没有关闭市电电源盒开关，第二天起来一看，计算机已经自动重新启动了，令人莫名其妙。产生这些故障主要有以下原因。

（1）BIOS 设置错误。大部分计算机主板都支持上电自动开机功能，这对远程控制计算机的用户来说极为方便。这些主板在 BIOS 里加入了一个电源管理设计 ACPI（高级配置电源接口）和 STR（挂起到内存），可以管理来电时机器的状态。可以通过 BIOS 参数设定为开机、关机、回到停电之前的状态等。如果不需要来电后自动开机功能，可以在 BIOS 中将这项功能关闭。

（2）外部电源方面的原因。一是按下市电插座开关或插上主机电源插头时，会产生一个短暂的冲击电流，这很容易引起 ATX 电源的误动作，使计算机自行启动；二是计算机与冰箱、空调等家用电器使用同一条电力线路时，当这些电器启动时，会产生很大的工作电流，这时该线路的电压会瞬间下降，当低于电压 170V 时，计算机会自动重启。

（3）ATX 电源方面的原因。ATX 电源采用轻触式电子开关，电源开关接在主板的 Power Switch 跳线插座上，不再使用 220V 交流电开关来控制计算机电源的开启和关闭，而是由 ATX 电源的+5VSB 和 PS-ON 两个组合信号来控制电源的开启和关闭。+5VSB 是 ATX 电源的辅助电源，它一方面负责监控电源输出电压，另一方面还向电源的集成电路芯片的外围电路、保护电路、PS-ON 等电路供电。+5VSB 电压的不正常将直接影响到 PS-ON 电路无法正常工作，导致主机电源非正常开启。

10.3.4　外部接口故障分析

1．USB 接口故障

USB 接口具有热插拔功能，并能为外设提供电源。如果主板上的 USB 接口不能使用，可能有以下原因。

（1）驱动程序错误。计算机一插上 U 盘就出现死机故障，不插 U 盘就没有问题。这种情况大多是主板驱动程序错误导致。在 Windows 操作系统下，能够发现移动设备，驱动程序也能够正常安装，但是在"设备管理器"里该设备始终有一个黄色惊叹号。这可能是由于 USB 的驱动程序有问题，一般卸载后重新安装完整的驱动程序即可。

（2）USB 接口功率不够。如果是 USB 接口不能使用大容量移动硬盘，只能使用 U 盘。这主要是大容量移动硬盘电流较大，而主板 USB 接口供电由电源的 Stand By（待机）电路提供，5VSB 电路的最大供电能力为 2A 左右，高端电源可以达到 3A，这时对移动硬盘采用外接电源供电即可。

（3）USB 线路过长。移动硬盘在计算机主板后置 USB 接口能用，而机箱前置 USB 接口不能使用。这可能是机箱内部前置 USB 接口延长线太长，因此前置 USB 接口电压比后置 USB 接口电压低，这时可考虑添加单独的供电设备。

（4）接口元件损坏。计算机前后置所有 USB 接口都无法使用，接入 USB 鼠标时，可看到红光一闪，然后就没有响应了，接入 U 盘更是无任何反应。USB 接口的 1 针为供电脚，2、3 针为信号线，对地阻值在 500Ω 左右，且相差不大，4 针为地线。USB 接口大多由南桥芯片管理，在计算机能启动的情况下，南桥芯片较少损坏，一般是相关的电容、电感、保险电阻损坏引起的故障。

（5）USB 外设故障。计算机没有外接 USB 设备时正常，只要一插上带内存卡的读卡器就关机，而接入手机数据线和没有内存卡的读卡器，不会出现以上故障。首先检查读卡器内部是否存在短路故障，一旦连接到计算机，主板 USB 设备的保护动作就可能导致计算机关机。如果将读卡器插到其他计算机上故障相同，那就能肯定是读卡器的问题。

2．PS/2 接口故障

PS/2 键盘鼠标接口都是由 SIO 等芯片控制，有些主板直接由北桥芯片控制。当系统不认键盘和鼠标时，可检查 PS/2 接口的+5V 电源是否正常。如果不正常，再检查供电的保险电阻是否熔断。保险电阻呈高阻状态时，可用细导线直接连通。如果供电正常，在排除外设正常后，一般是用户热插拔键盘和鼠标，造成 SIO 芯片损坏后。这种故障的处理需要更换 SIO 芯片。还有一种情况是键盘和鼠标接口松动，左右晃晃就能够认识键盘，这是因为键盘口经常拔插后松动，造成接触不良，解决方法是更换键盘或鼠标口。

PS/2 键盘和鼠标接口的 1、4 针是信号线，对地阻值在 600Ω 左右，且相差不大，6 针为供电，其他针为地线或空脚。如果对地阻值比正常值高，并倾向于无穷大，则检查电感、保险电阻（故障率高）、I/O 接口、南桥芯片（故障率低）、跳线等；如果比正常值低，则可能为短路，检查电容、I/O 接口或南桥芯片；如果对地阻值正常，可能为接口、BIOS、I/O 或南桥芯片损坏。

3. 集成显卡 VGA 接口故障

主板集成显卡 VGA 接口中，1～3 针分别为红、绿、蓝三色，对地阻值在 75～180Ω；13、14 针为行场同步信号，对地数值在 380Ω 左右；12、15 针为标识脚，其他针为地线或空脚。集成显卡一般集成在北桥芯片内部，北桥芯片损坏较少，一般是接口到北桥之间的电阻、电感、二极管损坏，以及 BIOS 出错、北桥芯片虚焊等引起的故障。

10.4　计算机常见故障分析

10.4.1　随机性故障分析

随机性故障是指出现故障的时间不确定，而且故障现象也不统一。一般来说，随机性故障产生的主要原因是由于硬件品质不良、环境干扰、计算机病毒等原因引起。

1. 集成电路芯片质量问题

（1）芯片时序不匹配。电路中往往由几个芯片共同完成一项功能，如果芯片之间的运行速度不匹配，或者发生时序信号漂移，都会造成随机性故障。由于计算机采用不同厂商的器件和芯片，如果元件质量存在问题，就容易导致随机性故障的产生。

（2）芯片热稳定性差。计算机启动后运行正常，运行一段时间后，随着芯片温度的上升，开始出现死机。关机冷却一段时间后开机，又可以正常工作，但随后又出现死机。用手触摸计算机上的部件，如果温度太高，说明该部件可能存在问题。造成集成电路芯片热稳定性差的主要原因是元器件质量不过关。检查时，可用电吹风机箱内部件进行适当加温，当机箱内温度上升到 40℃ 左右时，故障可能开始频繁出现。当机器置于 25℃ 左右的机房内，如果故障发生率大大降低，则确定是热稳定性差故障。目前芯片的发热量越来越大，而部分主板将北桥芯片上的散热片省掉了，这可能会造成芯片散热效果不佳，导致系统运行一段时间后死机。遇到这种情况，可在北桥芯片安装散热片和散热风扇。

（3）电路抗干扰能力差。集成电路芯片的电源线和地线在印制电路板上的布线宽度过小，线与线之间距离过近，或芯片之间的电平匹配不好，使传输信号有近端串扰或回波反射现象，造成信号之间的相互干扰。或电路板上芯片引脚之间产生电容或电感，造成信号干扰而引起故障。

2. 接口电源负载驱动能力不够

部分计算机在插入 USB 接口的移动硬盘设备时容易死机。这类故障多数都是移动设备耗电太大，而 USB 接口的供电电流有限，造成移动设备不能正常使用所致。如果出现 USB

接口移动硬盘、USB 接口扫描仪或其他移动设备不能正常使用时，应当检查设备的工作状态指示灯是否正常，再检查驱动程序安装是否正确，最后检查主板 USB 接口的供电是否由跳线控制。

有时会出现同样一块移动硬盘在有的主机上能使用，而在其他主机上却不能使用。在排除上述的原因后，可能是因为不同的主板 USB 供电的方法不一样，有些主板是直接供电，从＋5V 电源接口到 USB 接口之间没有加任何元件；有些主板是使用三极管可控供电，能够提供完善的保护措施，但是供电电流被限制在 500mA 以内。

3. 电路板插座或接头接触不良

主板中有不少插座与接头，如内存插座、显卡插座、电源插座、跳线插座等，这些插座与接头如果接触不良，很容易造成随机性故障。主板上一些电容、电阻或电感元件，如果出现了接触不良现象时，也会引起随机性故障。另外，某些机箱上的开关和指示灯，耳机插座，USB 插座的质量太差，很容易引起随机性故障。

4. 板卡灰尘太多

主板面积较大，又采用水平放置，很容易聚集灰尘（如图 10-15 所示）。灰尘可能会引发插槽与板卡接触不良的现象，可以用小气筒对着插槽吹风，清除插槽内的灰尘。如果是插槽引脚氧化而引起接触不良，可以将有硬度的白纸折好，插入槽内来回擦拭。

【例 10-4】　内存条等板卡的金手指是电路板和插槽之间的连接点，如果有灰尘、油污或者被氧化，都会造成接触不良，计算机中大量故障由此而来。电路板的金手指大部分是镀金的，不容易氧化。为了降低成本，一些板卡和内存条的金手指没有镀金，只是镀了一层铜箔，时间长了将发生氧化现象。这时可用橡皮擦来擦除金手指表面的灰尘、油污和氧化层（如图 10-16 所示），切不可用砂纸类东西来擦拭金手指，否则会损伤极薄的镀层。

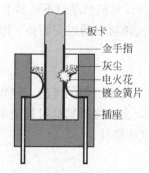

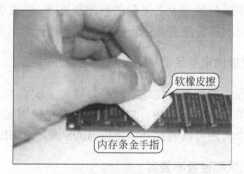

图 10-15　灰尘氧化导致的电火花　　　　图 10-16　使用橡皮擦清除内存条金手指氧化层

由于主板的面积较大，积落灰尘的概率比较高，因此要养成定期清理的好习惯。使用一段时间后，要拔下所有插卡、内存及电源插头，拆除固定主板的螺丝，取下主板，用羊毛刷轻轻除去各部分的积尘。在清理过程中一定注意不要用力过大或动作过猛，以免碰掉主板表面的贴片元件或造成元件的松动以致虚焊。

10.4.2　不兼容故障分析

新硬件推出的速度很快，经常会出现硬件设备之间的兼容性问题，一旦两种不兼容的硬件设备安装在同一台主机内，就会出现很多莫名其妙的故障。造成硬件设备不兼容的主要原因有：一是硬件设计中存在问题；二是操作系统造成的不兼容现象；三是驱动程序造成的不兼容问题。解决硬件兼容问题有效的方法是，升级新的主板 BIOS、显卡 BIOS，以及更新硬件驱动程序，安装新版本的 Windows 系统。

1．主板与内存条不兼容

内存条与主板不兼容的故障较为常见，表现为昨天计算机还能正常工作，可是今天一开机就不能启动，打开机箱把内存条取下来重新插一下就好了。可是过了不久，又会出现报警的情况。造成这种故障有以下原因。

（1）尺寸不规范。内存条插入主板内存插槽时有一定的缝隙，如果在使用过程中有振动或灰尘落入，就会造成内存接触不良，产生报警。

（2）金手指氧化。内存条金手表面镀金工艺不良，在长时间使用过程中，金手指表面氧化层逐渐增厚，积累到一定程度后，就会使内存接触不良，开机时内存报警。这时可用软橡皮擦将内存条的金手指擦干净，重新插入插槽。

（3）插座质量不佳。内存条插槽质量低劣，簧片与内存条的金手指接触不好，在使用过程中始终存在隐患，容易造成开机报警。

（4）兼容性不好。有些内存条在某些主板上使用正常，但是更换到另外一块主板上却经常死机，或者不能正常启动。某些主板在使用单个内存条时，只能插在 DIMM 1 插座上，如果插到其他内存插座上，就会出现 Windows 蓝屏故障。

2．主板与显卡不兼容

部分主板与显示卡之间存在不兼容故障。主要表现在计算机启动时不认显卡，BIOS 发出显卡错误的报警声音，重新热启动后一切正常。这种故障可以通过安装补丁程序解决。

3．主板供电不足造成的兼容性故障

目前显卡的功率消耗越来越高，这对主板供电能力是一个严峻的考验。一些主板不能向显卡提供充足的、高品质的电流，所以在使用显卡时，会发生频繁死机甚至不能启动的现象。这个问题可以通过升级主板 BIOS 或显卡 BIOS 进行修补。

4．主板和硬盘不兼容

如安装主板驱动程序后，系统不能正常进入 Windows。解决这个问题的方法是升级主板 BIOS 或安装硬盘补丁程序。

5．耳机与音频输出接口阻抗不匹配

在主板音频输出接口 Line Out 插上耳机后，发觉耳机声音特别小，无法正常使用。造成这种故障的原因有两种情况：一是耳机的阻抗与主板音频接口不匹配，常用低档耳机都

是 80Ω 以下的阻抗，阻抗越小，耳机就越容易出声，越容易驱动。有些专业耳机阻抗会在 200Ω 以上，如果使用高阻抗耳机就会觉得声音特别小，即使把声音调到最大，也没有任何改善，这种情况是因为负载的输入阻抗与设备的输出阻抗不匹配造成的。二是主板上没有音频功放模块，部分主板上不带功放块，只能提供信号给带功放的有源音箱使用。如果使用耳机时感到声音特别小，就只能使用有源音箱。

6．操作系统的兼容性问题

改变操作系统版本后，有些硬件在 Windows XP 下会发生冲突，而升级至 Windows 7 后则问题解决。当硬件发生冲突时，可以尝试改变操作系统版本。

10.4.3　硬件烧毁故障分析

硬件电路烧毁是一种随机、偶然的故障现象。如图 10-17 所示，有些硬件烧毁现象可以通过器件表面看到，但是大部分晶体管或芯片内部电路烧毁，在器件表面没有痕迹。

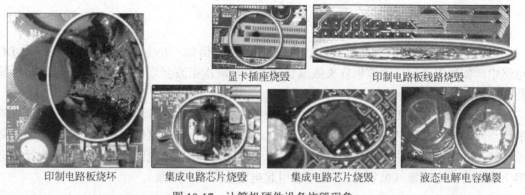

图 10-17　计算机硬件设备烧毁现象

1．静电放电（ESD）引起的硬件烧毁

集成电路芯片大多采用 CMOS（互补金属氧化物半导体）器件，CMOS 器件具有速度快、能耗低、成本低的优点。但是它的致命弱点是输入阻抗大，很容易被静电击穿。根据 IEC 61000-4-2 测试标准，人体与金属等物品接触时，产生的瞬间电压可达到 7000V 左右，这个电压足以烧毁有关电子元件。

静电引起的故障大多表现为：正常使用中突然死机，重启不亮；插拔 USB 设备时死机，重启不亮等，静电还可能导致主板南桥芯片烧毁。例如，USB 设备（如 U 盘）热插拔时，用户的手部接触到设备的金属接口，有可能出现很强的静电放电（ESD），而 USB 控制器和 USB-Hub 一般集成在主板南桥芯片内部，所以很容易导致主板南桥芯片烧毁。一些价格便宜的 U 盘、USB 外设仅有简单的 EMI（电磁辐射）抑制电路，基本没有 ESD 保护，这也是导致南桥芯片烧毁的根本原因。

2．前置 USB 接口没有接地引起的硬件烧毁

USB 接口采用差分技术进行信号传输，D+（数据正）和 D-（数据负）两根信号线传输的是高频电压信号。当 D+电压大于 D–时，代表二进制的"1"，反之是"0"。USB 标准规定，机箱中的前置 USB 端口需要安装在 PCB（印制电路）板上，同时 USB 端口外壳需要接地。当 USB 设备的接头插到机箱 USB 端口时，由 USB 信号耦合产生的感应电压就会通过地线泄放。如果 USB 端口外壳没有接地，USB 设备数据传输时的高频和波动电压信号就会产生感应电动势。这个感应电动势又会影响 USB 的电压信号，导致过高电压，烧毁主板南桥芯片里的 USB 电路，从而烧毁南桥芯片。

3．浪涌电压和浪涌电流引起的硬件烧毁

电力系统产生的浪涌电压可能超过 2kV，时间在微秒级之内。这种浪涌电压一般的滤波电路和稳压电路抑制不住，如果浪涌电压袭击集成电路芯片，效果相当于一次芯片内部雷击，其后果可想而知。

瞬间浪涌电流也是造成芯片损坏的一个重要因素。开机瞬间，电路中众多的大容量电容瞬间充电，在电源供应端会形成浪涌电流，造成电路中器件的瞬间损坏。对不支持热拔插的设备进行带电拔插时，产生的瞬间浪涌电流也会造成硬件接口或设备烧毁。

4．其他原因引起的硬件烧毁

电子元器件的老化会导致元件电气参数的改变，例如，在主机电源和主板的 DC-DC 电路中，如果电路中的滤波电容失效或容量变小，高次谐波会直接进入芯片，导致芯片发热量激增并最终烧毁。

电子元器件长期工作在高温下，如果散热不良，造成热量聚集现象，当温度超过材料的燃点时，就会将器件或电路板烧焦。例如，电容的寿命与温度密切相关，高温会大大降低电容寿命。计算机中大量应用的电解电容，如果发生电压或电流过高，较轻的状况是电容上表面有凸起现象（鼓包），严重时会引起电容的爆裂（爆浆）。

10.4.4 常见故障原因分析

计算机常见故障原因如表 10-1 所示。

表 10-1 计算机常见故障原因分析

故障现象	故障主要原因分析
不能启动	环境：无电源；市电电压过低；电源线路接触不良等 软件：系统引导文件损坏；计算机病毒；BIOS 设置错误等 硬件：主板自动保护；电源自动保护；复位按键卡死等
系统死机	环境：电压过低；环境干扰等 软件：引导文件损坏；驱动程序错误；计算机病毒；软件错误；启动进程过多等 硬件：主板电路保护；内存接触不良；硬盘出错；复位键接触不良等
系统自动重启	环境：市电瞬间断电；电源接线盒跳火花；空调和冰箱的启停等 软件：程序冲突错误；计算机病毒等 硬件：内存出错；主板自动保护；电源自动保护；CPU 超频等
显示器黑屏	环境：无电源；市电电压过低等 软件：驱动程序错误；屏幕保护；BIOS 电源管理设置不当等 硬件：显示器故障；显卡 GPU 发热；信号线接触不良；电路自动保护等

故障现象	故障主要原因分析
运行速度降低	环境：无关 软件：运行进程太多；某些程序消耗资源太多；打开窗口太多；安装软件太多；系统引导分区剩余空间太小；注册表庞大；BIOS 设置不当；硬盘上垃圾文件太多；驱动程序不当；计算机病毒等 硬件：配置太低；部件老化；CPU 温度过高自动降频；显卡 GPU 发热；硬件冲突等
软件运行出错	环境：附近电磁干扰等 软件：软件自身错误；软件互相冲突；注册表错误；计算机病毒等 硬件：内存故障；CPU 发热；总线插座接触不良；电源不稳定等
网络连接不通	环境：网站服务器关闭；网站服务器太忙；网络带宽太小等 软件：网络 IP 地址设置错误；网卡驱动程序错误；网络服务进程太多等 硬件：网络设备故障；线路插头接触不好；线路干扰太大；外置电源损坏等
网络速度太低	环境：网站服务器太忙；网络带宽太小等 软件：网络协议配置不对；网卡驱动程序错误；网络服务太多；黑客程序攻击等 硬件：线路干扰噪声太大等
光驱不能读盘	环境：无关 软件：光盘文件错误；操作系统不支持光盘文件系统；光盘加密等 硬件：激光头老化；信号线接触不良；光驱夹紧机构松动；电源故障等
没有声音	环境：无电源等 软件：驱动程序错误；操作系统音频关闭；音频文件损坏等 硬件：音频芯片故障；插头接触不良；耳机阻抗不匹配；音箱故障等
设备找不到	环境：无电源等 软件：驱动程序错误；系统屏蔽；BIOS 设置屏蔽等 硬件：设备故障；数据线接触不良；系统电源规律不够等
机箱带电	环境：零线相线接反；电源插座漏电；无地线等 软件：无关 硬件：市电插座漏电；静电积累；ATX 电源感应电压等
器件损坏	环境：浪涌电流；尖峰脉冲；电压过高；雷击等 软件：无关 硬件：电路短路；芯片老化；虚焊等

习　题

10-1　说明微机故障的基本规律。

10-2　说明电子元件失效的主要原因。

10-3　说明导致微机软件故障的主要因素。

10-4　说明微机系统运行速度降低的软件方面的原因。

10-5　说明计算机系统引导过程。

10-6　讨论怎样利用资源列表判断计算机故障类型。

10-7　讨论能不能设计一台不发生死机现象的计算机。

10-8　讨论微机应用中哪些故障最为常见，处理难度如何。

10-9　写一篇课程论文，根据自己的实践经验，分析一则典型的微机故障处理过程。

10-10　利用 WinHex 等软件，查看系统引导扇区，进行系统扇区备份等实验。

第11章 计算机硬件故障维修方法

计算机维修除了需要掌握相关设备的工作原理和具备一定的维修经验外，维修工具的配备和使用也在很大程度上影响着维修效率和维修质量。对于企业计算机管理人员，只需要掌握一些常用的维修工具和维修软件，就可以解决工作中的大部分问题。对于计算机专业维修人员来说，维修工具越多，维修效率也就越高。对于专业维修人员，还需要准备一定数量的维修配件。

11.1 常用维修工具与设备

11.1.1 常用维修工具

1. 维修工具

计算机板极维修一般不需要复杂的工具，只需要准备螺丝刀、毛刷、电吹风等工具就可以了。如果进行芯片级维修，则需要一些功能强大的工具和复杂的仪器设备。如果进行软件维修，则需要准备系统安装光盘、系统修复光盘、驱动程序、性能测试软件、安全防护软件、维修工具软件等。维修工具并不是越高档越好，也不是越昂贵越好用，主要看是否适合维修工作的需要，常用的维修工具与设备如表 11-1 所示。

表 11-1　常用维修工具与设备

工具名称	说　　明	工具名称	说　　明
工具套件	螺丝刀，试电笔，电吹风等	手工焊接工具	烙铁，焊锡丝，助焊剂，吸锡枪
数字万用表	测量电压、电阻等	热风焊台	拆焊板卡贴片元件
示波器	检测电路信号与波形	防静电护腕	消除身体静电
逻辑笔	检测 IC 芯片引脚信号	电路清洗剂	清洗电路板
主板测试卡	检测主机部件故障	导电银漆	修补断线的 PCB
各种打阻值卡	检测 PCI、DDR 信号	超声波清洗机	清洗电路板
显卡测试仪	检测 PCI-E 信号	硬盘数据恢复机	读出损坏硬盘中的数据
液晶屏检测仪	检测液晶屏工具	硬盘开盘工具	硬盘无尘拆卸，硬盘内部维修
CPU 假负载	检测主板 CPU 电压和信号	通用编程器	读写 BIOS 等固件程序
内存检测仪	检测内存芯片电压和信号	BGA 芯片维修台	拆焊板卡 BGA 元件
电源测试仪	检测 ATX 电源信号	各种维修配件	常用芯片、器件、接头、插座等

2. 打阻值卡

在硬件电路维修时，有时需要在断电情况下进行电路检测，最常见的方式就是对某个器件或电路进行电阻值量测。而一些部件（如内存条插座）由于结构的原因，不便于进行量测，这需要用到"打阻值卡"之类的工具，辅助进行阻值或其他信号的量测。

如图 11-1 所示，打阻值卡的使用方法是将打阻值卡插在主板上待测试插槽中（如内存插槽），通过测试卡上的电阻、电压、时钟、复位等量测点，判断电路故障部位。

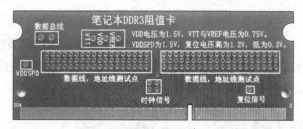

图 11-1　笔记本计算机 DDR3 内存打阻值卡

不同的计算机总线和接口，有不同类型的打阻值卡。打阻值卡可以测试的电路包括 PCI、PCE-E、DDR、SATA、USB、PS/2、主板集成 VGA 等总线和接口。利用万用表或示波器对打阻值卡的监测点进行测试，可判断相关芯片的故障。

打阻值卡有手工和自动两种类型，手工打阻值卡上面清楚地标明了地址总线、数据总线、控制总线等量测点，维修时直接用示波器或万用表检测相关测试点信号就可以了。自动打阻值卡在手工打阻值卡的基础上增加了数模转换器、数据采集电路、接口电路和软件系统，它可以将工作良好主板的信号采集到计算机里，作为数据库记录保存起来，维修时就可以将故障主板的相关数据与采集的新数据进行比较，从而找出故障原因。

3. CPU 假负载

假负载主要用来检测 CPU 的核心电压、时钟信号、复位信号等。量测正常后才能插入真正的 CPU，以避免在维修主板过程中把 CPU 烧掉。它也可以用来检测 CPU 通向北桥或其他通道的 64 根数据线和 32 根地址线是否正常。CPU 假负载如图 11-2 所示。

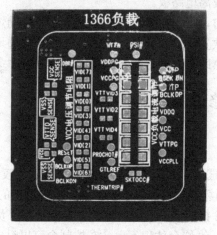

图 11-2　LGA 1366 封装 CPU 假负载

利用 CPU 假负载量测 CPU 时，需要准备好数字万用表，可以量测以下参数：量测假负载上 CPU 的核心电压是否正常；量测假负载上的复位[RESET#]是否正常；量测假负载上的时钟是否正常（用示波器量测假负载上的时钟信号是否有波，有波形表示正常）；量测假负载上的 PWROK（电源好）信号是否正常；量测假负载上的 1V 参考电压是否正常；量测主板上 CPU 核心供电电路的 MOS 管 C 极是否有波形（用示波器量测）等。如果以上量测信号均正常，就可以插上真 CPU 了。

4．热风焊台

如图 11-3 所示，热风焊台可以用来加热拆焊电子分立元件和表面贴片元件。工作时，热风喷头不要接触电路板，以避免电路板受到损伤。拆除芯片后的电路板过孔及器件引脚要清洗干净，以方便电子元件的二次利用。

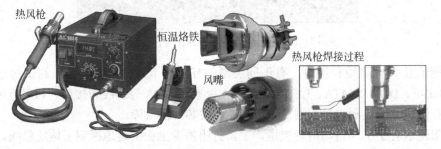

图 11-3   热风焊台

热风焊台的热风温度从环境温度至 500℃可调，出风口温度可以自动恒定。热风风量一般在 0～20L/min（升/分钟）连续可调，而且可以防止静电。焊台一般配有不同内径的吸锡针和风嘴，以适用不同电子元件的拆焊。

使用热风焊台时，需要根据电子元件的不同形状选择不同的风嘴和吸锡针，然后根据不同电路板的材料和不同的焊盘，选择合适的温度和风量。热风焊台内部有过热自动保护电路，关闭焊台后会自动吹送冷风，待焊台温度低于 50℃后会自动关机。

贴片元件进行拆卸时，用风嘴对准贴片元件的引脚，反复均匀加热，达到一定温度后，用镊子稍加用力使其自然脱离电路板。

对贴片元件进行焊装时，在已拆除元件的位置涂上一层助焊剂，然后将焊盘整平，用热风将助焊剂吹匀。然后放置好贴片元件，在贴片元件焊接处堆上焊锡，使风嘴对准贴片元件的引脚，反复均匀加热即可。贴片元件焊接牢固后，除去多余的焊锡。

11.1.2   常用维修设备

1．BGA 芯片维修台

电路板采用 BGA（球栅阵列封装）工艺的集成电路芯片较多，一旦 BGA 芯片损坏，可以通过 BGA 维修台将损坏的芯片焊接下来，然后再将更换的芯片焊接上去。BGA 维修台也可以焊接主板的 PCI-E 插座、内存条插座等，专业维修人员使用较多。

如图 11-4 所示，BGA 维修台体积不大，在控制台可以设定工作程序和温度。芯片加热风口配合不同大小的 BGA 芯片，可以更换不同形状的卡具。加热风口下方是热风箱，左右的架子用于固定主板，其他还有一些机构用于调整主板位置。

图 11-4　BGA 芯片维修台

2．通用编程器

通用编程器（BIOS 读写器）主要用于对主板、显卡等设备的 BIOS 程序进行更新。例如，修复被计算机病毒破坏的主板 BIOS 程序，对主板、显卡等 BIOS 固件进行升级。

大部分读写器需要连接在计算机上使用，而且使用专用的读写软件，才能进行 BIOS 程序读写。BIOS 读写器如图 11-5 所示。

BIOS 读写器支持大多数闪存芯片，一般采用 USB 接口进行通信，支持在 Windows 下进行读片或写片工作，支持多种工作电压的闪存芯片。

3．硬盘数据恢复机

硬盘数据恢复机从底层实现硬盘数据的复制。对于有坏道、扇区标记错误，甚至是部分很难读写的硬盘，硬盘数据恢复机（如图 11-6 所示）都会根据自身存储的硬盘修复程序对硬盘扇区进行处理，然后按照物理方式把数据从硬盘中复制出来。

图 11-5　通用编程器（左：外观，右：电路板）　　　图 11-6　硬盘数据恢复机

复制出的数据在很多情况下可以直接读写，破坏了的分区表和文件信息也能通过软件进行数据恢复。硬盘数据恢复机使用独立的 DSP 控制芯片，能自动使用 PIO 模式处理数据的读写分析，安全复制，纠正扇区等工作。

硬盘数据恢复机采用了硬件数据复制方法，复制数据不通过 CPU，因此无须使用计算机，但是需要用到计算机的＋5V 和＋12V 电源。

硬盘数据恢复机具有扇区全部复制、部分复制、跳跃复制等功能。

11.1.3 常用检测仪器

1. 万用表

如图 11-7 所示，数字式万用表具有输入阻抗高、误差小、读数直观等优点，一般用于测量直流和交流信号，如电阻、电压，以及判断电子元件极性，线路是否断路等。

图 11-7 数字式和指针式万用表

（1）使用注意。数字万用表在使用之前，应先进行"调零"。万用表有红、黑两支测试表笔，位置不能接反，否则会带来测试错误。一般将黑表笔插入 COM 插孔，红表笔（极性为+）插入 VΩ 插孔。测量某一电量时，不要在测量的同时调换挡位，尤其测量高电压或大电流时更应注意，否则容易使万用表毁坏。

（2）电压测量。将黑色表笔插入 COM 孔，红色表笔插入 VΩ 孔。测量直流电压时，将功能开关置于 DCV 量程范围。测量交流电压时，则应将功能挡位置于 ACV 量程范围，并将测试表笔连接到被测负载或信号源上。如果不知道被测电压的范围，则将功能开关置于最大量程后，视情况降至合适量程。如果显示"1"，表示超过量程范围，挡位开关应置于更高量程。

（3）电阻的测量。黑色表笔插入 COM 孔，红色表笔插入 VΩ 孔，开关置于所需量程上，将测试表笔跨接在被测电阻上。当输入开路或被测电阻超过量程时，会显示"1"，这时须用高挡量程。被测电阻在 1MΩ 以上时，需要数秒后方能稳定读数。检测在线电阻时，必须确认被测电路已关闭电源，同时已放完电，才能进行测量。

（4）二极管测量。测量二极管时，把开关拨到有二极管图形符号所指示的挡位上。红色表笔接二极管正极，黑色表笔接二极管负极，对硅二极管来说，应有 500～800mV 的数字显示；若将红色表笔接负极，黑色表笔接正极，读数应为"1"。如果以上正反测量都不符合要求，说明二极管已损坏。

（5）短路检查。将开关拨到短路测量挡位上，将红色、黑色表笔放在待检查线路的两端，如果电阻小于 50Ω，则万用表发出声音，说明线路有短路现象。

2. 示波器

示波器在屏幕上以图形方式显示信号电压随时间变化的波形，具有波形触发、存储、显示、测量、波形数据分析处理等优点，因此在维修中使用普及。示波器能同时测量两个或多个信号。示波器如图 11-8 所示。

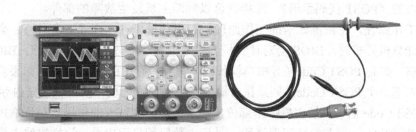

图 11-8　示波器

（1）示波器带宽。数字示波器的带宽有模拟带宽和数字实时带宽两种。模拟带宽适合测量重复发生的周期性信号，数字带宽适合测量重复信号和单次信号。示波器的标示带宽大部分指模拟带宽，数字带宽往往会低于这个值。例如，××型号的示波器带宽为 500MHz，是指模拟带宽为 500MHz，而最高数字实时带宽只能达到 400MHz 左右。

（2）示波器采样速率。采样速率是数字示波器的一项重要指标，如果采样速率不够，容易出现信号混叠现象。为了避免信号混叠，示波器采样速率挡最好置于较快的位置；如果想要捕捉到瞬息即逝的毛刺信号，采样速率挡最好置于较慢的位置。

（3）示波器的使用。了解示波器的性能是很重要的，例如，在一台 20MHz 的示波器上观察一个 10MHz 的方波信号时，不可能看到方波的真实形状，因为 10MHz 的方波信号中包含 10MHz 的正弦波基波，以及 30MHz、50MHz、70MHz 等频率的谐波信号。在 10MHz 的示波器上，有可能看到 30MHz 谐波信号的部分效果，但是下一个谐波分量的频率是示波器带宽的 2.5 倍。所以这时在示波器上看到的波形更像一个正弦波而不像方波。

3. 主板测试卡（Debug 卡/POST 卡）

主板测试卡主要用于快速判断主板故障部位。主板测试卡有 PCI 接口卡、PCI-E 接口卡、USB 接口卡等，价格非常便宜。如图 11-9 所示，目前一般采用 PCI 总线的主板测试卡，部分主板也集成了这种主板故障测试功能。

 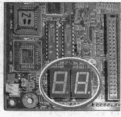 

图 11-9　主板测试卡（左）、主板故障检测数码管（中）和主板故障测试（右）

（1）测试卡的组成。主板测试卡的电路构造不复杂，它由两位数码管，6 颗 LED，两块集成芯片，一个晶振以及少量的电阻、电容元件构成。数码管右方的 6 颗 LED（发光二极管）指示灯依次是：开机电源，+3V 待机，+3.3V，+5V，+12V，-12V 电源信号。

（2）使用方法。主机断电后，将主板测试卡插到主板 PCI 总线插槽中，打开计算机电源后，测试卡上的数码管就会显示不同的 POST 代码（数字），显示的数字随启动进程不断变化，如果能正常进入操作系统，则卡上的数码管最后显示为"FF"，表示开机自检正常；

如果在启动时计算机存在故障，则数码管会显示故障 POST 代码，这些代码的含义可以查阅随卡附带的《POST 代码手册》，这样就可以判断主机发生故障的部件。

（3）工作原理。主板测试卡的工作原理是利用计算机 POST（上电自检）来进行故障检查。在计算机开机时，BIOS 会对计算机的主要部件和周边设备进行检测。BIOS 对部件进行检测前，先将 POST Code（开机自检代码）写到内存中的 80H 地址，如果测试顺利完成，再写入下一个 POST Code；如果在自检中发生错误或死机，就可以根据内存中 80H 地址处的 POST Code 值，了解主机哪个部位出现了故障。测试卡的作用就是读取内存中 80H 地址内的 POST Code，并经译码器译码，最后由数码管显示出来。这样维修人员就可以通过卡上显示的十六进制代码，判断故障出现的部位与原因。

（4）代码的含义。每个 BIOS 厂商（如 AWARD、AMI 等）都有自己的 POST Code（开机自检代码），它们之间的定义互有不同。因此，对于 POST 代码的含义，需要从测试卡附带的手册中查找。一般在手册中提供了 AWARD、AMI 和 PHOENIX 三种 BIOS 的 POST 代码列表。利用主板测试卡进行故障定位时，常见的代码显示过程（也称为跑码）有以下三种。

00—C0—C1—C3—0b—0d—3d—42—6F—7F—FF

FF—C1—1d—2b—3d—42—6F—7F—FF

FF—d3—d4—0b—2A—31—3d—4E

POST Code 错误代码含义如下。

01：处理器测试 1。处理器状态核实，如果测试失败，则无限循环。

C1：内存读写失败。原因可能有：内存条接触不好或没有插入，内存频率太高等。

0D：显卡接触不好，或第一个 64K RAM 奇偶校验失败，故障时会发出鸣笛声。

2B：硬盘控制器出现问题，一般为硬盘接口接触不良或硬盘电路故障。

4F：读写硬盘数据，进行系统引导，开始显示内存大小。

FF：主机所有部件检测通过，由 INI 13H 装入引导程序。

如果一开机就出现“00”、“FF”或其他代码，并且不变化，这表示主板 BIOS 出现了故障，原因可能有：CPU 没插好，CPU 核心电压故障，CPU 频率过高，主板故障等。

（5）注意事项。不同 BIOS（如 AMI、Award）的同一测试代码所代表的意义不同，因此在测试前应弄清楚所检测的主机采用哪一种类型的 BIOS。可以通过查阅主板使用手册，或直接查看主板上的 BIOS 芯片，也可以在计算机启动屏幕中看到。PCI 接口测试卡在启动时需要初始化，因此无法得到主板启动到测试卡初始化之前这段时间的系统信息。另外，PCI 的地址总线和数据总线是共用的，主板需要通过十多个脉冲周期来区分当前信号是地址还是数据，这可能会产生错误报警甚至乱码。

4．PC-3000 硬盘维修组件

PC-3000 是俄罗斯硬盘实验室（ACE Laboratory）开发的商用专业硬盘修复工具。PC-3000 是一个硬件和软件相互配合的硬盘维修工具。它支持大多数硬盘的固件和部分硬件故障修复，修复率达 60%左右。产品包括 PC-3000 控制卡、电源控制卡、加密狗、各种硬盘转换接口和连接线，以及软件光盘、固件光盘、使用说明书等配件。PC-3000 维修工具组件如图 11-10 所示。

图 11-10　PC-3000 硬盘维修工具组件

（1）PC-3000 的功能。PC-3000 使用类似硬盘厂商的操作模式来实现以下功能：固件出厂信息还原，伺服信号测试，伺服扇区屏蔽，磁盘物理扫描，低级格式化，固件代码还原，屏蔽工厂坏道表（P-List），修改硬盘参数，逻辑扇区重置，磁头关闭等操作。

（2）PC-3000 的使用方法。硬盘维修时，将 PC-3000 自带的 PCI 控制卡插到维修计算机（正常机器）中，通过安装在维修计算机中的 PC-3000 软件，对故障硬盘进行维修工作，PC-3000 软件通过控制卡实现对故障硬盘的控制。

（3）PC-3000 的工作原理。PC-3000 破解了各种型号的硬盘专用微处理器指令集，解读各种硬盘 Firmware（固件）中的内容，从而控制硬盘的内部运行状态，实现对硬盘内部参数模块的读写和硬盘程序模块的调用，达到以软件修复硬盘缺陷的目的。

11.2　计算机基本维修方法

11.2.1　维修的黑箱原理

计算机故障维修方法主要依靠人工经验进行判断，并且借助于一些软件、工具、仪器设备等进行维修工作。这种维修方式对技术人员要求较高，而且工作效率直接受到维修技术人员的知识水平和熟练程度的影响。在计算机技术发展的几十年中，这种借助于人工经验的维修方法并没有本质的改变。造成这种现象的主要原因是计算机技术在不断高速发展中，没有形成一个基本固定的技术模式，而且技术的不断更新淘汰，也导致了维修方法无法采用某一固定模式。

计算机维修的基本原理可以根据莫尔的"思维实验"进行，按照他的基本思想：所谓"黑箱"，就是指那些既不能打开，又不能从外部直接观察其内部状态的系统。可以将计算机或某个设备看成一个只有输入端和输出端的密封黑箱，严禁撬开箱子窥看，要想知道它的内部秘密，只能输入一些参数和进行某些试验，然后观测输出端的行为，根据观测察结果判断黑箱的内部秘密，这就是黑箱原理。

黑箱原理提供了一条认识事物的重要途径，尤其对某些内部结构比较复杂的系统，对迄今为止人们的力量尚不能分解的系统，黑箱理论提供的研究方法是非常有效的。

维修计算机时，维修人员往往采用某种方法进行一些处理，然后观察计算机故障是否消除。如果故障消除，则认为维修方法是正确的；否则，就认为这种维修方法存在问题，需要采用其他方法进行处理。这种维修方法简单省事，不需要对计算机硬件和软件系统作深入了解，只要熟悉计算机的功能和了解基本工作原理就可以了。但是，这种方法效率不高，可重复性不好。因此，这种维修模式还远不够完善。

维修中一个重要的工作是判断故障类型，即故障属于硬件故障还是软件故障。在实际维修工作中，每个维修人员都会积累自己的经验。在维修工作中，有时不是使用某一种方法就可以解决计算机故障，往往是几种方法交替灵活的运用。

11.2.2 维修的基本原则

1．不要造成二次损坏

维修的基本原则是不要对设备造成二次损坏。通俗地说，修不好不要紧，但是不要修出更多故障。不允许对故障机器进行维修后，破坏了原设备的性能。要防止维修后引出的新故障，更重要的是防止引出新的潜伏性故障。能够正确处理任何故障的"高手"是不存在的，对于一些暂时不能处理的故障，可以通过因特网寻找解决办法。

维修工作完成后，需要对计算机进行整体功能和性能检测，不要只局限于故障点的检测。这是维修任何设备的最后一步工序，也是必须做的一步。当一个故障排除了以后，维修人员可能会认为大功告成，其实排除了故障点后，仅仅是做了一部分工作，更重要的是整体性能校验，以避免发生二次损坏和潜伏性故障。

2．先简单后复杂

维修时一般按照先简单后复杂的处理原则。维修时可采取以下方法进行。

（1）先问后修。在维修前应当与用户进行沟通和交流，仔细询问用户以下问题：计算机故障发生时有什么表现，如死机、速度极慢、异常声音等；用户进行哪些操作时会出现故障，如开机、玩游戏、上网、运行某一软件等；故障发生之前的运行状态如何，运行正常还是已有一些故障迹象；故障发生之前的用户进行过哪些操作，如安装过某一软件、改变或更换硬件设备；系统运行环境如何，如硬件配置如何、操作系统类型、是否双系统等；用户有什么特别的使用习惯，如计算机运行时间长、经常更换软件等；用户自己采用过哪些维修措施，如重新安装系统、清洗灰尘等。详细的询问将使维修效率及判断准确性得到提高，这样不仅能初步判断故障部位，也对准备相应的维修备件有帮助。但是，也要考虑到用户可能不会说明由于人为操作失误的情况。

（2）先想后做。维修前首先冷静判断故障属于硬件还是软件类型，做好对故障的分析工作，必须养成有条理的工作习惯。

（3）先查后修。进行故障复现工作时，首先检查系统硬件是否有明显损坏现象，使用环境是否正常，然后再进行检查工作。不要贸然开机，造成二次损坏。故障复现检查时要小心谨慎，出现意外情况要随时紧急关机。进行故障复现检查时，不要进行任何硬件或软件的修复性操作，只需要仔细观察故障现象，记录重要的系统配置。对观察到的一些复杂故障现象，尽可能地查阅相关资料，看有无相应技术要求、使用特点等，然后根据查阅的资料，再着手维修。

（4）先软后硬。首先检查软件配置是否正常，然后再检查系统设备是否冲突。例如，

BIOS 参数设置是否正确，驱动程序是否正常，硬件设备是否冲突等。

（5）先外后内。检查使用环境是否正常，如检查计算机外部电源是否打开，设备和线路是否连接好等。打开机箱检查故障发生前的系统变动，大部分故障可能是由最后一次软件或硬件变化引起的，例如更换部件、突然停电、注册表修改等。反复改变计算机软件或硬件的工作状态，仔细观察是否发生某些变化，根据这些变化来判断故障。部分品牌计算机不允许用户自己打开机箱，擅自打开机箱可能会失去一些应当由厂商提供的保修服务，用户自己进行维修时应当特别注意。

3. 保证维修人员安全

（1）防止高压电击。液晶显示器内部的高压板工作电压在 600V 以上，测量电压时必须采用绝缘良好的高压探针，不宜采用普通测量引线。主机电源的次高压也是危险电压，足以危及人身安全，应当予以注意。另外需要注意高压"串点串线"现象：出现故障的计算机，往往存在绝缘击穿等现象，以致造成高压串点串线，对此检修者务须小心。

（2）高压设备单手测量。对高电压设备（如显示器高压板、ATX 电源、电源插座等）进行维修时，不要双手同时进行测试，因为双手同时操作时会与心藏构成一个回路，如果不小心接触到强电部分，容易危及人身安全。

（3）防止大容量电容放电击人。在主机电源内部和显示器内部都有大容量的电解电容，关机后这些电容也不能马上释放储存的电荷，这就容易造成放电击人。因此，在连接测试线之前，最好先将大容量电容释放掉储存的电荷。

（4）测前先断电，断电再连线。测量高压时，应当先切断测试线与高压点之间的连接，连接好线后再接通电源。

4. 保证维修设备安全

（1）用电烙铁进行芯片或线路焊接时，应当保障电烙铁有良好的接地。

（2）检测仪器与被检修的计算机必须有共同的"地"。被测计算机的主板与机箱外壳不能与电源线的"相线"或"零线"一端连接。

（3）测试线应当具有良好的绝缘性，维修前应检查绝缘磨损或断裂的情况。

（4）应当先排除短路故障，再处理断路故障，尤其要防止造成新的短路故障。

11.2.3　常用的维修方法

大部分计算机硬件故障都有蛛丝马迹，维修人员可以通过观看、监听等简单的方法进行故障检测，达到故障维修的目的。

1. 查看法

借助于手电、放大镜等工具，对电路进行仔细观察，常常可以发现以下故障现象。

（1）电路板观察。观察线路有无断线、氧化、脱落、起泡、污垢、尘埃等现象；观察电路板是否有高温烤焦或碳化现象。

（2）芯片观察。观察芯片表面的字迹和颜色，有无焦色、字迹变黄等现象。

（3）元件观察。观察电路板上的插头和插座是否歪斜；电阻、电容引脚之间是否有相碰、引脚断裂、脱焊等现象；是否有异物掉进元器件引脚之间，造成短路现象；观察电阻是否有烧焦变色现象；观察电感线圈中的磁芯是否有脱落或碎裂现象；电解电容工作温度较高时，容易出现液体漏出外壳、外壳胀裂变形等现象。

2．监听法

监听电源风扇、CPU 散热风扇、硬盘等设备，工作时声音是否正常。这些设备发生故障时，常常伴随着异常声响。特别是硬盘工作时，如果有异常声响应立即停机检查。

3．交换法

交换法是将怀疑有问题的设备与某个功能正常的设备互相交换，以判断故障现象是否消失，这是维修工作中应用最广泛的一种方法。进行芯片级元件交换时，必须保证芯片型号和性能一致；交换板卡时，保证板卡总线或接口一致就可以了。交换方法如下。

（1）按先简单后复杂的顺序进行交换。例如，判断打印故障时，先考虑打印驱动程序是否有问题，再考虑打印电缆是否有问题，最后考虑打印机或主机 USB 接口是否有问题。

（2）先检查故障设备的连接信号线，其次替换怀疑有故障的设备。

（3）从设备故障率高低来考虑最先替换的设备，故障率高的设备先进行替换。

交换法需要将工作正常的设备接入到一个有故障的设备中，这就引发了一个令人担心的问题：会不会损坏这个本来是正常的设备呢？下面以主板与显卡的关系进行分析。

【例 11-1】假设 A 主机没有显示，怀疑 A 主板或 A 显卡有故障；将 B 主机的 B 显卡插入到 A 主机 A 主板总线插槽进行测试，这样会不会造成 B 显卡的损坏呢？

分析一，假设是 A 显卡本身的故障，则 B 显卡插到 A 主板中不会造成损坏；分析二，假设 A 主板内部有断路故障，将 B 显卡插入主板也不会造成损坏；分析三，假设 A 主板内部有严重短路故障，使 A 主板形成局部大电流，这会烧毁 A 主板电路，并最终造成 A 主板断路，因此不会造成 B 显卡插入后的损坏；分析四，假设 A 主板内部有轻微短路故障，造成主板局部电流过大，A 主板不能正常工作，这时插入 B 显卡虽然也可能造成局部过电流，但是由于 A 主机工作不正常，显卡交换时间也就不会太长，因此不会造成 B 显卡损坏。由以上分析可见，采用交换法进行维修时，一般不会造成二次故障。

4．简单测试法

（1）触摸法。首先释放身体内的静电。在系统运行时用手触摸 CPU 散热片、集成电路芯片、显示器机壳上方、硬盘表面等设备，根据温度可以判断设备运行是否正常。一般部件外壳正常温度不超过 60℃，CPU 等部件温度稍高。手摸某些器件时有些温热应属正常，如果手摸上去发烫，则该器件可能内部电路有短路现象，电流过大而发热。

（2）按压法。当故障现象时有时无，时好时坏时，可用按压的方法进行检测。发生这种故障时，元器件并没有损坏，只是由于器件接触不良造成了信号时通时断。可用螺丝刀手柄轻轻敲击被怀疑的电路插件，或用手按压可疑的电子元件、集成电路芯片、插卡、插头、扳动可疑的元器件、插头、底座、簧片等，边操作边观察故障现象的变化。当对某些元器件进行按压时，故障现象消失或变为固定性故障时，说明该元件接触不良。

（3）插拔法。插拔法一是可以排除一些线路、插槽接触不良的故障；二是能发现计算机电源功率不足的故障。将计算机板卡（如显卡、内存条等）、线路（电源线、信号线）、外部设备（硬盘等）拔除，寻找故障原因。这个方法虽然简单，但是非常有效。如果计算机出现死机现象，很难确定故障原因时，采用插拔法可以迅速查找到故障原因。一旦拔出某个设备后，机器工作正常，那么故障原因就在这个设备上；如果拔出所有设备后系统工作状态仍不正常，则故障很可能在主板上。

（4）升温降温法。人为地升高计算机运行环境的温度，可以检验各部件，尤其是 CPU、南北桥芯片、硬盘等设备的耐高温情况，从而及时发现故障隐患。可以采用电吹风进行升温或降温，实施时要注意控制好温度，温度不可太高，以免损坏电子元件。开机一段时间后出现故障时，可用降温法检查元器件的温升是否异常。可以利用电吹风的冷风挡对可疑电子元件吹送冷风，以降低元器件的温度，恢复它的正常功能。值得注意的是，部分电吹风的电磁干扰非常严重，可能引发人为的故障现象。也可以利用一小棉球，沾上 95%的酒精，敷贴于被怀疑的元器件外壳，加速该元器件的散热。如果发现故障现象随之消失或减轻，则说明该元器件热稳定性差。

5．仪器检测法

由于计算机技术发展迅速，技术保密严重，因此，几乎不存在通用的计算机故障检测设备和软件。专门用于检测某一故障的软件，也很容易被操作系统或硬件升级而淘汰。维修人员一般采用一些通用的工具软件，结合个人经验进行故障分析和检测。

（1）电阻测量法。关机停电，然后测量器件或板卡的通断、开路、短路、阻值大小等，以此来判断故障点。用万用表的欧姆挡检查器件的内阻，根据阻值的大小，分析电路中故障发生的原因。一般部件的输入引脚或输出引脚对地或对电源都有一定的内阻，用普通万用表测量它们，可以发现正向电阻小，反向电阻大，一般正向电阻值在几十欧姆到一百欧姆左右，而反向电阻多在几百欧姆至一千欧姆左右。但是正向电阻绝对不会等于零或接近于零，反向电阻也不会无穷大。如果正向电阻等于或接近于 0Ω，则此引脚必定与地短路，相反若引脚电阻对地无穷大，则引脚一定已开路。

（2）电压测量法。在加电情况下，用万用表测量元件各个管脚之间对地电压的大小，并将其与电路逻辑图或其他参考点的电压值进行比较。如果电压值与正常参考值之间相差较大，则表明此元件有故障，应进行更换或修理。

【例 11-2】 量测硬盘电压。硬盘电源接口为 4 线，电压分别为+12V、+5V、−5V 和地线。硬盘步进电机额定电压为+12V，硬盘启动时电流较大，当电源稳压不良时（电压从 12V 下降到 10.5V），会造成硬盘转速不稳定或启动困难。硬盘电路板上的信号高电平应大于 2.5V，低电平应小于 0.5V。硬盘信号引脚的高电平在 2.5～3.0V，如果高电平输出小于 3V，低电平输出大于 0.6V，即可判断硬盘电路发生故障。

（3）电流测量法。如果电路板有局部短路现象，则短路元件会升温发热，并可能引起线路或器件断路。将万用表串入故障线路，核对电流是否超过正常值。芯片短路时会导致负载电流加大，严重时会导致电源模块等损坏。在电流回路中，可串入假负载进行测量。

印制电路板上某些电源线，可用刻刀割断铜泊线路，串入万用表进行测量。

（4）电容测量法：测量电容可以用电容表，也可用稳压电源串一电流表进行测量。

【例11-3】 量测 $1000\mu F/6.3V$ 的电容。万用表拨到 6V 挡，测试笔正极（红色）接电容正极，测试笔负极（黑色）接电容负极。万用表显示：电流为 60mA 左右，马上又回到 0，完成一个充电过程；如果电流很大，回复很慢，说明这个电容已经漏电了；如果电流很小，则说明电容容量不够。

（5）信号波形测试法。用示波器按电路图进行检测，当检测到的波形有延迟过大、相位不对、波形畸变、波形幅度不对等现象，则说明存在故障。

6. 其他方法

（1）最小系统法。最小系统是满足计算机运行的最基本硬件和软件环境。硬件最小系统由电源、主板、CPU、内存组成；软件最小系统由 BIOS 环境组成，Windows 最小系统在"安全模式"下运行。最小系统法如下：一是逐步减少硬件设备（如光驱、硬盘等），使系统负载减小；二是调整 BIOS 参数，降低 CPU 工作频率、内存性能等，关闭一些多余功能（如 CPU 超频，内存超频等），使系统条件达到最小；三是调整和修改操作系统配置，停止多余的常驻内存程序（如 QQ），降低显示器色彩设置（如 16 位），卸载部分驱动程序（如网卡等）。通过以上方法，使系统硬件和软件达到最小状态，检查系统是否正常，然后逐步恢复软件配置和硬件设备，同时检测故障发生部位。

（2）分析法。从计算机基本工作原理出发，从逻辑上分析故障现象的特征。例如在某一时刻，某个点的电压值是多少，应满足哪些信号条件，这些条件正确的电平状态是高电平还是低电平等。然后利用打阻值卡、CPU 假负载卡等工具测试这些点，分析和判断故障原因。由于计算机技术发展迅速，加之市场竞争激烈，几乎所有厂商都不提供设备电路图。这给使用分析法进行故障判断工作带来不利影响，也对维修人员综合运用计算机基本原理提出了更高的要求。

（3）经验法。经过长期的技术实践，计算机工程技术人员对计算机的功能和结构已经熟悉，能区分什么是正常现象，什么是异常现象。因此，对于比较典型的故障，往往与自己处理过的故障进行比较，根据经验直接进行故障排除。这也是一种有效的故障处理方法，但是应当注意系统配置和使用环境的不同。

（4）分段切割法。在维修工作中，通过拔掉或断开某一电路，有时割断某一电路或某些元器件来缩小故障范围。对于大电流短路故障，采用切割法效果最为显著。

（5）盲焊法。在显示器等设备的故障检测中，往往遇到由于虚焊使机器不能正常工作的情况。但是要找出所有虚焊点不是一件容易的事情。在这种情况下，可以对怀疑的虚焊点逐个焊接一遍。这种方法解决问题比较直接，而且节省时间。

11.3 维修中的规范化操作

计算机专业人员在维修工作中必须遵循规范化操作原则。维修工作中的不规范行为是造成二次故障的最大隐患，有些规范看似简单，但是非常容易被维修人员忽略。

11.3.1　维修操作中的规范化

1．电路板拿放

在维修工作中，经常需要拿放电路板。正确的方法应当是戴好防静电手套（如图 11-11 所示），如果在维修中要接触板卡线路，最好戴上接地手环。如果没有带防静电手套，应当尽量拿电路板的边缘部分（如图 11-11 所示）。不要将手指抓在电路板线路上，这样容易将手上的污渍传染到电路板，造成日后电路板线路的氧化；更不要将手指抓在集成电路芯片上，这样非常容易造成集成电路芯片静电击穿。

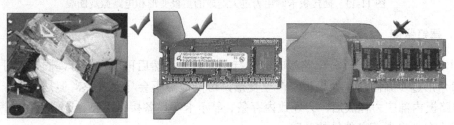

图 11-11　电路板的正确拿放

2．维修部件摆放

不要将维修中使用的部件、元器件随意堆放，这会使元器件引脚弯曲变形。各种电路板堆放在一起时，板卡上元件的引脚容易划伤板卡上的线路。另外，许多电路板堆放在一起时，容易使电路板受到静电损害。对硬盘等设备要轻拿轻放，尤其不能振动，轻轻摔一下就会导致硬盘的物理损伤。正确的工作台摆放如图 11-12 所示。

图 11-12　工作台维修部件的正确摆放

3．记录接线序号

对不熟悉的部件和设备，应当记录维修拆卸步骤，以便复原安装。拆卸各种不熟悉的接线、插头时，应当记录它们的形状、方向、色彩等。例如，记录信号线的排列方式与插座的对应关系、跳线插头的排列方式、电源线的极性等，以便复原安装时不产生错误。

4．板卡安装

在主板上插入显卡、内存条时，一些维修人员担心插入板卡不到位，往往会用力过大，使主板产生严重弯曲变形（如图 11-13 所示），随后主板虽然又恢复到了平整状态，但是这种操作的后果造成了主板电路的微观裂纹。虽然当时可以工作，但是经过长时间的氧化，就会造成氧化干扰故障。正确的方法是将主板放在机箱外平整的维修台上，插入板卡后再放入到机箱中，这样可以避免主板变形导致的电路微观断裂问题。

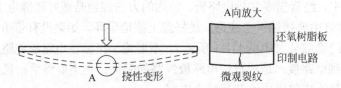

图 11-13　插接板卡时用力过大造成的主板变形和电路微观断裂

5. 螺钉紧固

如图 11-14 所示，安装电路板时应保持平整可靠，然后再固定螺钉，固定螺钉时应当采用对角形逐步紧固法。如果板卡产生变形，可能故障不会马上发生，但是工作一段时间后，电路板内部应力释放后，会导致内存条、显示卡等设备接触不良，造成信号时断时续，工作不稳定，出现莫名其妙的故障。

图 11-14　主板在机箱中安装不平稳造成的主板变形

11.3.2　维修工作的静电防护

1. 静电对电子设备的危害

静电是一种物理现象，产生的方式有多种，如接触、摩擦等。静电的特点是高电压、低电量，小电流和作用时间短。人体是一个带电体，据测定，人在地毯上行走，产生的静电超过 2000V；穿或脱纯化纤涤纶衣服的瞬间，电压可达 50～100kV。当静电电压达到 2000V 时，人的手指就会有所感觉；超过 3000V 时，就会产生电火花，手指尖会感觉到针刺样疼痛时，超过 7000V。3000V 以上的静电，足以损坏计算机的电子元器件。

计算机电路板上的集成电路芯片多采用低压低功耗的 CMOS 器件，这种半导体器件对静电高压相当敏感。当带高压静电的人或物触及这些器件后，就会产生静电释放，而释放的静电高压将击穿这些集成电路中的器件，而静电击穿是一种不可修复的损坏。

维修人员穿着的化纤、纯毛衣服，容易产生高压静电，因此必须远离电子器件。例如，据某维修人员亲身经历，在穿化纤衬衫工作时，偶然将硬盘电路板面距身体 10cm 处划过，结果听到"咝嚓"放电声，一个新硬盘就这样损坏了。塑料包装也有高压静电，例如显示器打开塑料罩包装时，经常听到"刺啦"的响声，这就是静电。

2. 维修工作的静电防护

（1）接触电子器件之前给自己释放静电，最简单的方法是在维修前用自来水洗手，水是良导体，可以将身体表面的静电带走（如图 11-15 所示）。

让水带走身体中的静电

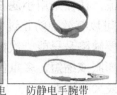
防静电手腕带

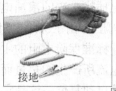
接地

国际防静电设备标识

图 11-15　防静电的方法

（2）维修一些电路元件或线路时，应当佩戴放防静电腕带（如图 11-15 所示），腕带应接地良好。不要穿容易与地板摩擦产生静电的胶鞋，不要在各类地毯上行走。脚穿金属鞋能良好地释放人身上的静电，有条件的维修工作场所应采用防静电台面。

（3）工作间应保持一定湿度，干燥的空气容易产生静电，理想湿度为 40%～60%。

（4）清除机箱、电路板上的灰尘时，最好使用皮吹风。使用毛刷时应当注意消除毛刷上的静电，或使用防静电毛刷，不然容易对集成电路芯片造成损坏。不得使用真空吸尘器进行清洁处理。因为它会产生很强的静电。

（5）不要用手随意去摸计算机内部设备的金属线路、电路板上的电路等。如果必须直接与电路接触时，应使人体与电路模块保持同一电位，或保证人体接地良好。

（6）焊接使用的电烙铁和电动工具必须有良好接地，没有漏电。

3．维修工具的安全使用

（1）螺丝刀一般在刀口处进行了磁化处理，这样安装螺丝时较为方便。但是，这也给维修工作带来了潜在危险，因为一旦不小心将螺丝刀接触到集成电路芯片上时，将导致芯片损坏。另外，在维修工作中，因为螺丝刀使用不当而划伤主板的情况时有发生。

（2）计算机内部的灰尘可以使用皮吹风来清除。维修人员不要使用口吹去灰尘，这样一则容易将灰尘吹入到自己的眼睛中，造成不必要的伤害，而且极不卫生。再则容易将维修人员口中的唾沫散落到计算机主板等部件上，为板卡局部氧化点形成留下隐患。

（3）防静电毛刷的毛不能太硬，否则容易损伤板卡上的贴片电容等小零件。在清理板卡上的灰尘时，不需要使用清洁剂。一些用户在清洁计算机后，反而出现一些问题，这大多是使用毛刷清除灰尘时不小心造成的。

11.3.3　维修工作的带电插拔

带电插拔也称为热插拔，从维修原则来说是不允许带电插拔的，但是在维修实际工作中，几乎所有维修人员都进行过带电插拔操作。

根据计算机设计标准，计算机中只有 USB 设备，IEEE 1394 设备允许带电插拔，即使这样，也必须按照正确的操作步骤进行，其他计算机设备都不允许带电插拔。由于带电插拔电路板或设备会产生很大的电流和电压波动，这些操作将导致系统的损害。

带电插拔可以节省时间，减少操作步骤，因此维修中往往进行带电插拔。这种操作类似于闯红灯，不是每一次闯红灯都会出现交通事故，但它是一个十分冒险的行为。

为了避免带电插拔对硬件设备造成的危害，一些电路板设计有限流功能，以避免带电插拔对设备造成的损坏，例如 USB 接口就设计有带电插拔的保护电路。

电路板为了减小带电插拔带来的浪涌电流，往往采用小滤波电容设计，以及采用最简单的限流元件（如保险电阻）。由于保险电阻可以有效地防止过电流冲击，它们是系统遇到灾难性故障的最终防线。标准保险电阻的主要缺陷是只能一次性使用，另外一种多重保险电阻能够根据流过自身电流所产生的热量而膨胀或缩短，多重保险电阻的工作电压范围受到温度的限制，但它能够自动复位，这是它最大的优点。

为了避免带电插拔带来的设备损坏，一般应注意以下问题。

（1）带电插拔主要用于专业维修人员，普通用户最好不要进行这些操作。

（2）不带电源的设备可以热插拔，带电源的设备不能同时热插拔。例如，键盘、鼠标本身不带电源，可以进行热插拔。而显示器、打印机在开机时带有电源，因此不能在两个设备都带有电源时进行热插拔，如果有一方不带电源，可以进行热插拔。

（3）计算机中的各种板卡（如显卡），因为数据线和电源线是制作在一起的，因此不能进行热插拔。

（4）光驱等设备因为数据线和电源线是分开的，可以进行热插拔。

（5）硬盘的热插拔比较危险，所以最好不要热插拔。绝对不能在没有关闭主机电源的情况下对硬盘进行热插拔。

11.4　常用硬件的维修方法

通过仔细观察就能进行的简单检查称为常规检查。部分计算机故障并不复杂，通过常规检查就可以解决这些故障。

11.4.1　维修的常规检查

1．电源线连接状态检查

（1）市电插座、电源盒插座、主机电源插座、显示器电源插座是否接好，是否有松动现象。检查电源接线盒是否有接触不良的现象。

（2）市电插座接线是否符合"左零右相中间地"的规定，不允许"零-地"短接、零线虚接等现象。

（3）主机电源开关是否能够正常通断，无不能弹起、接触不良等现象。复位按钮是否能够正常弹起，无粘连等现象。

2．I/O 接口连接状态检查

（1）机箱后各个 I/O 接口的插头是否都插紧到位，如果显示器接头没有插好，可能造成显示器无显示。

（2）音箱和声卡接口是否松动，音箱的音频线是否接入到声卡的 Line Out 接口。

3．计算机应用环境检查

（1）检查计算机周边环境温度、湿度是否过高。

（2）检查计算机周边是否有强电磁场干扰，如微波炉、负离子发生器、对讲机、闪烁严重的日光，某些设备的直流电源等，这些设备都容易造成电磁干扰现象。

（3）计算机附近是否有强电磁场干扰，如电视台、广播电台、微波基站等。

（4）计算机周边是否有大型启停设备，如电梯、电焊、中央空调等。

4．主机开箱检查

（1）机箱内主板是否灰尘严重，导致板卡接触不良。

（2）机箱内部是否有多余的螺钉等异物造成的主板短路。

（3）CPU 风扇电源插座是否插反，导致风扇不工作、CPU 发热严重而死机。CMOS 电池跳线是否错误地插在短路放电状态。

（4）SATA 接头、电源线接头等，是否因为接触不良引起故障。

（5）主板插槽上的显卡、内存条是否已经插接到位，是否存在板卡歪斜现象，检查是否因为接触不良引起的故障。

（6）内存条金手指是否氧化严重，对内存条金手指进行清洁处理。

5．电子元件检查

（1）检查主板、显卡等电路板上是否有线路划伤、氧化、短路等现象。

（2）检查主板、显卡等电路板上的电容是否存在鼓起、漏液等现象。

（3）检查主板、显卡、显示器电路板上的焊点是否有虚焊、氧化等现象。

（4）检查主板、显卡、显示器电路板上的集成电路芯片是否有发黄、鼓起等现象。

6．上电状态下的基本检查

（1）用试电笔测试市电电源盒的地线、零线、机箱外壳，检查是否带电，造成系统运行不稳定。

（2）用万用表检查市电电压是否在 220V±10% 范围内，电压是否稳定。

（3）计算机周边是否有异味、异声、显示图像是否有变形、变色等现象。

（4）显示器亮度调节按钮是否调节到了适当位置。

（5）主机、显示器、硬盘、键盘等指示灯是否正常。

（6）电源和 CPU 风扇是否存在不动作，或动作一下即停止的现象。

（7）注意倾听硬盘是否有正常运转声音，或声音过大。

（8）开机后是否有自检完成的报警声，并且硬盘灯能不断闪烁。

7．部件发热检查

（1）CPU 风扇、显示卡风扇等是否有转速降低或不能转动现象。

（2）内存条是否受到 CPU 风扇热风的影响，导致内存条热稳定性不好，灰尘严重。

（3）硬盘是否发热严重，引起数据读出错误而导致死机。

（4）主板上的北桥芯片、直流电源芯片是否发热严重，或散热不畅。

8. BIOS 设置检查

（1）硬盘工作模式是否为 LBA，如果为其他模式则会导致硬盘读写错误。

（2）CPU 工作频率、工作电压等设置是否正确。

（3）内存参数设置是否恰当，"CAS#"值越小速度越快，但是内存条达不到设计要求时，容易造成死机现象发生。

9. 操作系统设置检查

（1）检查是否存在显卡、声卡、网卡等设备驱动程序错误。

（2）在"控制面板"的"电源选项"窗口中，检查电源管理程序设置是否正确。

（3）检查网络 IP 地址设置是否正确。

（4）在"控制面板"中检查是否启动了某些不安全的服务。

（5）检查"声音和音频设备"中，各项设置是否正确。

（6）在 Windows\Temp 文件夹中，删除这个文件夹中的所有垃圾文件。

（7）检查运行进程是否太多，导致系统资源严重不足。

（8）检查系统分区剩余空间是否太小，剩余空间太小时，删除一些用处不大的文件。检查磁盘碎块是否太多，磁盘碎块太多将会影响系统运行速度。

11.4.2　维修设备的清洗

清洁剂有两类，一类可以清洗塑料外壳，另外一类可以清洗电路板。由于这两种清洁剂的化学特性不同，在使用时要根据清洗对象来使用不同的清洗剂。

清洗主机外壳、显示器外壳、键盘外壳、鼠标外壳等塑料部件时，采用普通的洗涤剂或纯净水就可以了，但是清洗完成后，一定要彻底晾干水珠，不要造成潮湿短路。

清洗电路板时，一般采用四氯化碳加活性剂、三氯乙烷、无水酒精、甲醇等作为清洁剂。这类电路清洗剂挥发性很强，可以将电路板上的灰尘挥发掉。不要采用医用酒精清洗电路板，因为医用酒精含水，而且酒精纯度不够，会留下一些杂质附在电路板上，影响电路板正常工作。

电路清洗剂一是需要检查挥发性能，当然是挥发得越快越好，其次是用 pH 试纸检查酸碱性，要求呈中性，如呈酸性则对板卡有腐蚀作用。

酒精是一种常用的有机溶剂，可以溶解一些不容易擦去的污垢，如果只是用来清洁显示器外壳，也没什么不良的影响。但不要用酒精来清洁显示器屏幕，因为一些较高档的显示器都在屏幕上涂有特殊的涂层，使显示器具有更好的显示效果，一旦使用酒精擦拭显示器屏幕，就会溶解这层特殊的涂层，对显示效果造成不好的影响。

不要用无水酒精清洁光驱激光头，这会对激光头造成很大伤害。不同的激光头，所用材料不同，部分光驱的激光头物镜部分，使用了一种类似于有机玻璃的物质，如果使用酒精擦拭它，酒精会溶解它的表面，使激光头变得不透明而损坏。还有一部分光驱，激光头物镜表面有一层用真空沉积涂层法加工的薄膜，用来调节激光折射系数，使激光按特定波长无损通过，所以激光头呈现蓝色。这层薄膜会溶解于酒精，用酒精擦拭这种激光头，会在擦去灰尘的同时溶解这层薄膜。较好的清洁激光头的方法是直接用干净的脱脂棉擦去激光头的灰尘，或蘸取少量纯净水擦拭激光头。同样也不要用酒精清洗计算机光盘，它也会溶解光盘表面的涂层。

最好的清洁剂是纯净水，因为它不含任何化学物质，不会对清洗设备造成损坏。但是纯净水不易清除一些顽固的污垢，而且清洗完成后必须使用电吹风吹干清洗设备。

11.4.3　机箱带电的处理

主机机箱带电现象时有发生，机箱带电主要由感应电压和静电积累造成。不同的人对机箱带电的感觉也不一样，当人体接触到带电机箱外壳时，有人会有强烈的刺激感，有人没有感觉或感觉不强烈。这与不同人的阻抗不同、每个人绝缘方法不同（如穿鞋）有关。尽管机箱带电对人们没有生命危险，但是这种麻手的刺激感令人忐忑不安。可用试电笔检查主机外壳是否带电，根据试电笔氖泡发亮的程度，可以判断机壳带电的大小。

消除机箱带电的方法是保证电源插座的良好接地。可用试电笔测量电源插座中的三个电源孔，按照人们面对插座时"左零右相中间地"的标准规定，应当只有右边的"相线"（火线）插孔会导致试电笔发亮（如图 11-16 所示）。如果测试其他插孔时试电笔氖泡仍然很明亮，说明机箱漏电严重，必须解决电源接地问题。如果测试零线孔和地线孔时试电笔不再发亮，则没问题。值得注意的是，有些试电笔起辉电压较低，遇到一些感应电也会微亮，这应与电源插座火线的起辉亮度作比较。

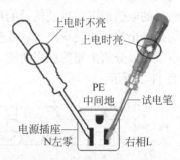

图 11-16　测试电源插座是否漏电

当计算机使用一段时期后，又呈现外壳带电现象，再将电源插头对调一下检查，若还是呈现带电，则说明机箱漏电，否则是感应电或静电积累的问题。

如图 11-17 所示，由于电源插座接线不正确，也会导致机箱漏电。

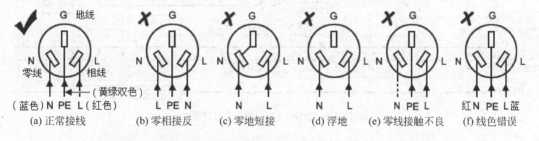

图 11-17　电源插座的不正确接线

11.5　硬件电路基本知识

11.5.1　电路时序图的阅读

时序是一组信号按照时钟频率进行工作的顺序。时序是为了确定电路输出和输入之间的逻辑关系，以确定电路的逻辑功能。计算机中的电路时序图主要描述地址、数据和控制信号之间的逻辑关系，并强调这些信号之间的时间顺序，同时也描述了信号之间是如何交互工作的。时序图有两个坐标轴：纵坐标轴表示不同的信号，横坐标轴表示时间。信号以高或低电平来表示，但并不涉及信号电压的具体值。在时序图上可以反映出某一时刻各个信号的取值情况，以及信号的周期长度。时序图按照从上到下、从左到右的顺序，最关键的是每个信号的突变点（从 0 变为 1，或从 1 变为 0），它记录了信号的值，根据这些突变点就可以分析电路的相应功能。图 11-18 是 DDR3 内存的读写时序图，常见的时序符号如表 11-2 所示。

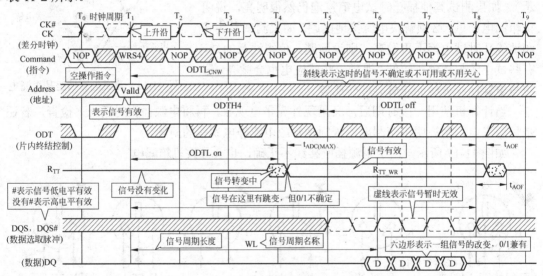

图 11-18　DDR3 内存读操作时序图

表 11-2　计算机常用时序符号

图形符号	信号说明
	稳定的电平状态，由"H"态进入"L"态
	电平由"H"态进入"L"态时，斜线部分为信号过渡区，不稳定
	电平由"L"态进入"H"态时，斜线部分为信号过渡区，不稳定
	空白区表示一组有效信号电平的变化，"0"/"1"兼有，有时标注信号名称
	斜线区表示一组无效信号电平的变化，"0"/"1"兼有，有时画为交叉线
	斜线交叉区表示信号有跳变，但是"0"/"1"不确定

续表

图形符号	信　号　说　明
	中线表示信号为高阻状态，信号无效
	箭头表示两个信号之间存在逻辑依存关系，即 A 信号发生变化时，B 信号也会有相应变化
	一般用于表示差分时钟信号

11.5.2　主板电路信号解读

在计算机电路维修工作中，电路图纸中各种信号的英文缩写非常多，而且极不规范。其实在维修工作中，最重要的是搞清楚电压信号的正负级，以及一些常用信号，这样维修工作就可以达到事半功倍的效果。

1. 常用电压信号

（1）VCC（C=Circuit，主电源正端）。Circuit 是电路的意思，指连接到电路的电源输入正端。主板主供电电压有 VCC3（+3V）、VCC25（+2.5V）、VCC33（+3.3V）、VCC5（+5V）、VCC12（+12V）等。

（2）VCORE（CPU 核心电压）。主要用于 CPU，北桥芯片也用。

（3）VDD（D=Device，电源正端）。Device 是器件的意思，即器件内部的工作电压。VDD 是一个通称，一般用于普通芯片的工作电压，可能是+3V、+1.5V 等，例如，数字电路的正电压、门电路的供电等。对于数字电路，VCC 是电路的供电电压，VDD 是芯片的工作电压（通常 VCC>VDD），VSS 是接地点。一般情况下，VCC 为模拟电源，VDD 为数字电源，VSS 为数字地，VEE 为负电源。

（4）VDDQ。经过滤波的电源，稳定度比 VDD 更高。

（5）VSS（S=Series，公共地）。Series 表示公共连接的意思，通常指电路公共接地端电压、电源接地端、电源负端，一般为 0V 或电压参考点。

（6）VEE（E=Emitter，发射极电压）：晶体管的负电压，与地类似。也有这样理解的：VDD 接 MOS 管的 D 极（漏极）；VSS 接 MOS 管的 S 极（源极）；VCC 接三极管的 C 极（集电极）；VEE 接三极管的 E 极（发射极）。

（7）VREF（REF=Reference，参考电压）。它有两个作用，一是数字电路作逻辑参考电压用，如 CPU、芯片组、内存等都有 VREF，用它来参考判断信号是高电平还是低电平；二是在模拟电路中，利用模拟量控制一些功能，如 I/O 芯片对主板电压的监测，稳压电路的参考点等。

（8）VTT（Tracking Termination Voltage，终止电压）。VTT 是跟踪终止电压的意思，一般与 VREF 进行比较，以决定高/低电平，因此也称为参考电压，有 VTT1.5V、VTT2.5V 等。不同型号的 CPU 有不同的 VTT，一般测量点在 CPU 插座旁边。VDDQ、VDD、VTT、VREF 这几个电压在主板的数据总线、地址总线上有广泛应用。

（9）VID（Voltage ID，CPU 电压识别）。CPU 工作电压由 VID 信号来定义，用于设定CPU 的工作电压，通过控制电源 IC 输出额定电压给 CPU。

（10）5VSB（5V Stand By，5V 待机电压）。待机电压用于计算机没有开机，但外部电源没有切断，这时主板上有一部分电路供电，主要用于唤醒计算机等作用。主板一般有 +5VSB、+3VSB、+3V、+5V、+12V、+5V_DUAL（USB）等电压。

（11）GND（Ground，地）。电路中电源的接地端、信号地。

2．常用控制信号

（1）A[31：3]#（Address，地址总线）。这组地址信号定义了 CPU 的最大内存寻址空间为 4GB。

（2）ADS#（Address Strobe，地址锁存）。这个信号有效时，地址总线上的数据有效。在一个新总线周期中，所有总线上的设备都在监听 ADS#信号是否有效，一旦 ADS#有效，它们将抢占总线进行相应操作，如奇偶检查、协议检查、地址译码等。

（3）BCLK（Bus Clock，总线时钟）。这个信号用于提供总线时钟信号。

（4）BPRI#（Bus Priority Request，总线优先权请求）。北桥芯片是唯一有权控制总线优先权的芯片，这个信号用于对系统总线使用权的仲裁。当 BPRI#有效时，所有设备都要停止发出新的总线请求，除非这个请求正在被锁定。总线所有者要始终保持 BPRI#信号有效，直到请求完成才释放总线控制权。

（5）CK_PWRGD（Clock Power Good，时钟发生器电源正常）。当主电源有效时，这个信号去时钟发生器，当 SLP_S3#（S3 睡眠模式）和 VRMPWRGD（VRM 电源好）两个信号都为高电平时，这个信号也是高电平有效。

（6）CPURST#（CPU Reset，处理器复位）。当南桥芯片发出 PCIRST#（PCI 总线复位）信号后，北桥芯片会向 CPU 发送 CPURST#信号，对 CPU 进行复位操作。

（7）D[63：0]#（Data，数据总线）。数据总线主要负责数据传输，它是 CPU 与北桥芯片之间的 64 位数据传输通道。只有当 DRDY#（数据就绪）为低电平时，数据总线上数据才为有效，否则视为无效数据。

（8）DBSY#（Data Bus Busy，数据总线忙）。当总线拥有者使用总线时，会驱动 DBSY#信号为低电平，表示数据总线忙；当 DBSY#为高电平时，数据总线被释放。

（9）DEFER#（延迟）。按照北桥芯片的要求进行定期延迟，另外这个信号也为 CPU 重启操作提供了时间保障。

（10）DRDY#（Data Ready，数据就绪）。在数据传输之前，数据准备完成后产生这个信号，然后数据等待传输。

（11）DP#（Data Parity，数据奇偶校验）。用于对数据总线上的数据进行奇偶校验。

（12）FERR#（Floating Point Error，浮点错误）。这个信号为 CPU 输出至南桥芯片的信号。当 CPU 内部浮点运算器发生一个不可屏蔽的浮点运算错误时，FERR#被 CPU 置于低电平。

（13）INIT#（Initialization，初始化）。这个信号由南桥芯片（ICH）输出至 CPU，功能上与复位（Reset）信号类似。

（14）INTR（Processor Interrupt，可屏蔽式中断）。这个信号是南桥芯片（ICH）对 CPU 的中断请求信号。外围设备需要处理数据时，需要对中断控制器提出中断请求，当 CPU 检测到 INTR 为高电平时，CPU 先完成正在执行的总线周期，然后才开始处理 INTR

中断请求。

（15）PROCHOT#（Processor Hot，CPU 过热）。当 CPU 内部的温度传感器检测到 CPU 的温度超过它设定的最高温度时，就会将这个信号变为低电平，相应的 CPU 温度控制电路就会开始动作（降频或发停机指令）。

（16）PWROK（Power OK，电源好）。这个信号由南桥芯片（ICH）发给 CPU，告诉 CPU 电源已经准备好，CPU 没有接收到这个信号时，CPU 将不启动。

（17）RESET#（复位）。当复位信号为高电平时，CPU 内部进行初始化，并且开始从地址 0FFFFFFF0H（BIOS 起始地址）读取第一个指令（跳转指令）。CPU 内部的 TLB（地址转换缓存器）、BTB（分支地址缓存器）以及 SDC（区段地址转换高速缓存），当复位发生时，内部数据全部都变成无效。

（18）SLP_S4#（SLP =Sleep，S4 休眠模式控制）。SLP_S4#是电源控制信号，当进入 S4（挂起到硬盘）、S5（软关机）状态时，这个信号关闭所有非关键性系统电源。

（19）TRDY#（Target Ready，目标就绪）。当 TRDY#为低电平时，表示目标已经准备好，可以接收数据。当为高电平时，目标没有准备好。

（20）VRMPWRGD（Voltage Regulator Module Power Good，电压调节模块电源正常）。这个信号直接连接到 CPU 电源管理芯片，该信号正常表示 VRM 是稳定的。这个信号与 PWROK 有关。

3．常用英文缩写的含义

（1）ALW（Alway，总是）。用于插上电源后，就提供这个电压，如+5VALW。不管是 3VALW，还是 5VALW，只要是 ALW 就应当有相应电压，它是给开机电路用的。

（2）SUS（Suspend，挂起）。如+3VSUS，这个电压产生在 ALW 电压后面，当接收到 SUS_ON 控制信号后，就会产生一系列的电压，这些电压不是主供电压，只是为下一步的电压提供铺垫，但不代表这些电压不重要，没有 SUS 电压，后面的电压就不会产生。

11.5.3　信号完整性分析

1．信号完整性技术

早期计算机时钟频率大多在几十兆赫兹以下（如 Pentium 处理器的工作频率为 50MHz），信号的上升沿时间大多在几个纳秒，甚至十几个纳秒以上。那时计算机硬件设计工程师只需要进行"数字设计"，保证数字逻辑正确，就能设计出所期望性能的产品。而目前数字电路的工作频率发展到了 GHz 级（如 Core i7 处理器工作频率达到了 3.8GHz），甚至几十 GHz 的传输速率，信号的上升沿时间大多在 1ns（纳秒）以内，甚至几十个皮秒（ps）。这时，反射、串扰、抖动、阻抗匹配、EMI（电磁干扰）等射频微波领域才会遇到的问题，如今成为高速数字电路设计必须解决的关键性问题。

一般认为，当电路工作频率超过 50MHz 时称为高频电路，它会存在信号完整性问题。信号完整性（SI）是指信号在线路上传输的质量。当电路中信号的时序、持续时间和电压幅度按要求到达接收芯片管脚时，该电路就有很好的信号完整性。当信号不能正常响应，或者信号质量不能使系统长期稳定工作时，就出现了信号完整性问题，信号完整性主要表现在延迟、反射、串扰、抖动、振荡、阻抗匹配等几个方面。

2．高频信号的上升沿

由于时钟频率的提高，信号的上升沿必然会减小，而读取数据需要足够的时间来维持信号的高电平或低电平，这就意味着只有很少的时间留给信号转换。在高速数字电路中，上升沿的时间大约为时钟周期的 10%，称为"10-90"上升沿原则（如图 11-19 所示）。例如，时钟频率为 100MHz 时，时钟周期为 10ns，上升沿时间为 1ns；当时钟频率提升到 1GHz时，时钟周期为 1ns，上升沿时间为 0.1ns（或 100ps）。

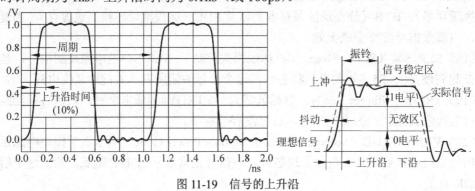

图 11-19　信号的上升沿

3．高频信号的趋肤效应和临近效应

高频信号存在趋肤效应和临近效应。趋肤效应是在高频情况下，电磁波进入导体中后会急剧衰减，因此电磁波只存在于导体表面的一个薄层内。趋肤效应导致高频时的电阻远大于低频或直流电时的电阻，例如，一条地线的电阻在 1kHz 时为 0.01Ω，当频率提高到1GHz 时，由于趋肤效应电阻值提高到了 1.0Ω，不仅如此，它还获得了 50Ω 的阻抗。临近效应是当两个邻近导体（如数据线路）电流方向相反时，在相互靠近的两侧最近点的电流密度最大；当两个导体中的电流方向相同时，则两导体外侧最远点的电流密度最大。

4．导线中电子的传输速度

信号在传输线上的传播速度有多快?这个问题在低频（50MHz 以下）电路中基本无须考虑，而目前 CPU、内存、总线等部件，工作频率或传输速率经常达到 1GHz 以上，这就关系到信号在传输过程中的时延，信号上升沿的时间、电路板中的传输线长度不一，会造成信号不同步等问题。根据伯格丁（Eric Bogatin）博士的分析和计算，铜导线中电子的运动速度约为 8mm/s，这相当于蚂蚁在地上爬行的速度，所以导线中电子的速度与信号的速度没有任何关系。同样，伯格丁博士指出，导线的电阻对电路板传输线上信号的传播速度几乎没有任何影响，低电阻并不意味着信号速度快。

5．PCB 电路板传输线中信号的传输速度

既然不是电子速度决定信号速度，那么是什么决定信号传播速度呢？实际上，主板传输线周围的材料（电路板，塑料包皮等）、信号在传输线周围空间（不是导线内部）形成的交变电磁场的建立速度和传播速度，三者共同决定了信号的传播速度。根据伯格丁博士的

分析和计算，在 FR4（PCB 板材料）电路板中传输线上的电磁波信号传播速度小于 15cm/ns。这是一个非常有用的经验法则，在绝大多数计算机线路中，当估算电信号在电路板中的传输速度时，可以假定它为 15cm/ns。

【例 11-4】　当电信号在 FR4 电路板上，长度为 15cm 的导线中传输时，时延约为 1ns；如果传输线长度为 30cm，则时延为 2ns；对于 FR4 材料，BGA 封装芯片的引线长度为 2cm 时，时延为 67ps/cm×2cm=134ps。

6．信号的反射

传输线中的阻抗不连续时会导致信号反射，当源端与负载端阻抗不匹配时，负载将一部分电压反射回源端。如果负载阻抗小于源阻抗，反射电压为负；如果负载阻抗大于源阻抗，反射电压为正。反射回来的信号还会在源端再次形成反射，从而形成振荡，即在一个逻辑电平附近上下振荡。这种现象尤其易于出现在周期性的时钟信号上，从而导致系统失败。反射信号形成的干扰如图 11-20 所示。

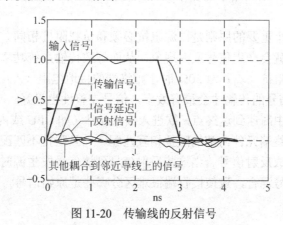

图 11-20　传输线的反射信号

7．信号的串扰

在高速信号系统中，反射属于单信号线现象。串扰是两条信号线之间以及地平面之间的耦合，形成串扰的原因是信号的变化引起周边的电磁场发生变化（如图 11-21 所示）。减少串扰的方法是从设计上减小两条导线之间平行的长度，而且两条导线之间的间距也不能太小。

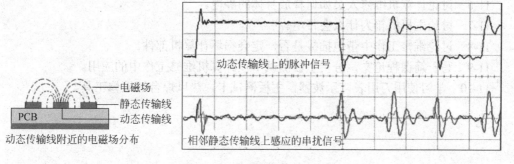

图 11-21　传输线的串扰信号

　　在高速电路设计中，除了信号频率对串扰有较大影响外，信号的边沿变化（上升沿和下降沿）对串扰的影响更大，边沿变化越快，串扰越大。解决串扰的方法主要是减少干扰源强度和切断干扰路径。

　　串扰与信号频率成正比，而且在数字电路中，信号的边沿变化（上升沿和下降沿）对串扰的影响最大，边沿变化越快，变频分量越丰富，串扰越大，因此在超高速电路设计中可以使用低电压差分信号或其他差分信号。

　　在布线空间允许的条件下，在串扰较严重的两条线之间插入一条地线，可以起到隔离作用，从而减小串扰。加大导线之间的间距，减小导线的平行长度，采用蛇形布线等。

8. 阻抗匹配

　　特性阻抗不是常规意义上的直流电阻。一条导线的特性阻抗是由导线的电导率、电容以及阻值的综合特性，特性阻抗的单位为欧姆。信号在传输过程中，如果传输路径上的特性阻抗发生变化（如线路中的宽窄变化，过孔等），信号就会在阻抗不连续的节点处产生反射。

　　传输线理论中一个重要的原则是：源阻抗必须和负载阻抗相同。当负载阻抗与传输线特性阻抗不匹配时，就会产生信号反射现象，从而导致传输系统功率和传输效率下降。例如，当传输线的特性阻抗（Z_0）为 50Ω 时，则终端的接地电阻（Z_t）也必须为 50Ω，只有在 $Z_0=Z_t$ 的情况下，信号的传输才会最有效率，信号完整性也最好。

　　当信号在传输线中高速到达终点，欲进入接收元件（如 CPU 或内存）中时，传输线本身的特性阻抗必须与终端元件内部的阻抗相互匹配。一旦阻抗不匹配，则会有少许能量回头朝发送端反弹，形成反射信号。当这些反射信号到达信号发生源时，它们再次反射，并与正在发送的正常信号混合，致使接收端很难区分哪些是原始信号，哪些是反射波。

习　题

11-1　说明主板测试卡的基本工作原理。

11-2　说明维修工作中的"黑箱原理"。

11-3　说明硬件维修的基本原则。

11-4　说明断电状态下常规检查的方法。

11-5　简要说明什么是高频信号下的趋肤效应。

11-6　讨论计算机维修人员如何释放身体的静电。

11-7　讨论主机机箱为什么会带电。

11-8　讨论维修工作中带电插拔是否一定会损坏计算机部件。

11-9　写一篇课程论文，分析主板测试卡在计算机维修工作中的应用。

11-10　学习使用万用表，示波器，主板测试卡，热风焊台等维修工具。

第12章

计算机软件故障维修方法

对于计算机维修人员，需要理解系统软件的工作原理，并且掌握一些常用维修工具软件，这样在进行维修工作时就可以做到得心应手。

12.1 系统安装与卸载

12.1.1 常用维修工具软件

一些软件工程师深入研究了 Windows 操作系统后，编制了一些解决某个具体问题的工具软件。这些软件可以高效率地解决维护工作中的大部分软件故障，但是，如果对工具软件使用不当，也会造成对系统更大的破坏。

维护工作中经常要用到一些小工具软件，这些软件有些是商业软件，有些是共享软件，大部分可以在网络中下载。计算机维护工作中经常用到的工具软件如表 12-1 所示。

表 12-1 计算机维修常用工具软件

类型	软件名称	大小	环 境	语言	说 明
系统	Windows PE 4.0	116MB	Windows	汉化	小型 Windows 维护系统
	Easy Boot 6.5	2.9MB	Windows	中文	启动盘制作工具
硬盘	PC-3000 UDMA-2007	160MB	DOS/Windows	英文	磁道扫描、低格、固件读写等
	Disk Genius 4.3	4.6MB	Windows	中文	硬盘分区表修复工具
	HD Tech 3.0	1MB	Windows	汉化	硬盘底层性能，数据传输率测试等
备份与恢复	一键 GHOST v2013	18.6MB	DOS	英文	硬盘克隆工具
	Ghost for Windows 14.0	90MB	Windows	中文	硬盘克隆工具
	Final Data 3.0	4MB	Windows	中文	误删文件恢复，误格式化恢复
	Easy Recovery Pro 6.22	35MB	Windows	汉化	误删文件恢复，Office 文档修复
	易我数据恢复向导 5.6	4.6MB	Windows	中文	误删文件恢复，误格式化恢复
	vReveal v3.2	87MB	Windows	中文	修复各种视频文件
安全防护	Kaspersky 2013 v13.0	158MB	Windows	中文	卡巴斯基，俄罗斯杀毒软件
	360 杀毒软件 2013 v4.0	15MB	Windows	中文	杀毒软件
	360 安全卫士 v9.2	1MB	Windows	中文	防火墙软件
	隐身侠 v2.3	10MB	Windows	中文	文件加密与解密
	XSCAN v3.3	10MB	Windows	中文	操作系统漏洞检测和清除工具

类型	软件名称	大小	环　境	语言	说　明
测试	CPU-Z v1.64	1MB	Windows	汉化	CPU、主板、内存等参数测试
	EVEREST v5.5	10MB	Windows	汉化	计算机硬件设备检测
	Nokia Monitor Test 2.0	570KB	Windows	汉化	LCD 坏点、分辨率、清晰度等测试
其他	Windows 优化大师 7.9	5.7MB	Windows	中文	Windows 系统优化软件
	WinFlash 10.1	8.4MB	Windows	汉化	主板 BIOS 更新工具
	WinHex 17.0	1.9MB	Windows	汉化	分析和修复各种文件，系统扇区等
	驱动精灵 2013	19MB	Windows	中文	驱动程序
	密码破解				Word、WinRAR、BIOS 密码破解等
	驱动程序				主板、显卡、声卡、网卡等
	系统盘，系统修正包				Windows 系统盘，补丁程序等

12.1.2　Windows PE 工具软件

1．Windows PE 系统维护软件

Windows PE（Windows 预安装环境）是微软公司发布的一个系统维护软件。

（1）Windows PE 的功能。Windows PE 是一个方便易用的工具软件，它对计算机启动环境要求不高，可以直接在光盘或 U 盘中启动。当硬盘中的操作系统发生故障时，启动 U 盘中的 Windows PE 系统，就可以方便地对硬盘中的操作系统进行修复。Windows PE 的大小因用户自定义的方式而异，采用 WIM 格式压缩存储时，它占用不到 120MB 的空间，64 位版本的 Windows PE 大一些。Windows PE 虽然设计得很小，但是它包含 Windows 的大量核心功能，大多数应用程序都能在 Windows PE 中运行。Windows PE 可以创建、删除、格式化和管理 NTFS 文件系统；也可以连接 IPv4 和 IPv6 网络。

（2）Windows PE 的局限性。运行 Windows PE 最低必须有 256MB 内存；Windows PE 在启动时，如果对检测到的显卡不能提供驱动程序时，它将使用 640×480 的分辨率；32 位的 Windows PE 不能运行 16 位程序，64 位的 Windows PE 也不能运行 32 位程序；Windows PE 在引导启动 72h 后，将自动重新启动。

2．Windows PE 的版本选择

微软公司目前最新版本为 Windows PE 4.0，但是网络上下载的 Windows PE 往往还包含很多不同的工具软件，例如，老毛桃 Windows PE 版、通用 PE 工具箱（李培聪）版等，这些版本中所带 Windows PE 版本不同，所带工具软件也不相同，软件大小也各不相同。下面介绍李培聪版的"通用 PE 工具箱"，通用 PE 工具箱大小为 116MB，其中集成了基于 Windows 8 核心的 Windows PE 4.0，另外集成的工具软件有 Ghost、硬盘分区、密码破解、数据恢复、系统引导修复等，形成了一个完整的系统维护工具箱。可以使用它进行磁盘分区、格式化、磁盘克隆、修改密码、数据恢复、系统安装等一系列维护工作。

3．制作 Windows PE 启动 U 盘

（1）为什么要制作启动 U 盘。一是很多笔记本计算机都不带光驱，甚至很多台式计算机用户也不安装光驱了，因此只能在 U 盘或者移动硬盘中安装操作系统；二是从 2007 年开始，各类主板开始支持计算机从 U 盘启动，这项功能为 U 盘安装操作系统提供了很好的基础；三是微软公司并不支持从 U 盘安装操作系统，因此必须利用第三方软件制作一个能够启动计算机的 U 盘；四是计算机维修工作中，U 盘容量大，携带方便，读写比光盘灵活，因此带系统启动的 U 盘就成为维修工作的必需工具。

（2）安装启动 U 盘制作软件。下载"通用 PE 工具箱"软件，对这个软件解压缩后进行安装。双击桌面上的"通用 PE 制作工具箱"图标，启动界面如图 12-1 所示。

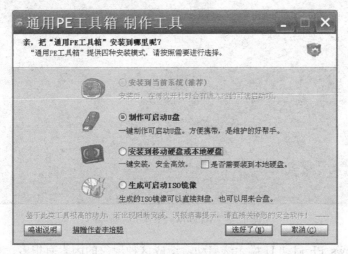

图 12-1　通用 PE 工具箱软件启动界面

（3）制作启动 U 盘。准备一个大约 200MB 的 U 盘，在计算机 USB 接口插入 U 盘，如图 12-1 所示，选择"制作可启动 U 盘"后单击"选好了"按钮，如图 12-2 所示，在弹出的窗口中检查设置参数是否正确，然后单击"制作"按钮，软件很快就制作好启动 U 盘了。

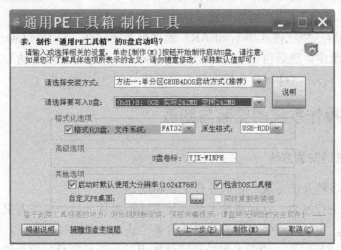

图 12-2　通用 PE 工具箱启动 U 盘制作界面

4．Windows PE 的启动

开机后按 Delete 键进入 BIOS 设置（有些主机是按 F2 键或 F1 键，请按显示器提示进入），然后选择 Advanced BIOS Features 菜单，将 First Boot Device（第 1 引导驱动器）设置为 USB-HDD 模式。在 USB 接口插入上面制作好的 U 盘 Windows PE 启动工具，保存 BIOS 设置并退出，这时开始从 U 盘启动 Windows PE 系统，Windows PE 启动界面如图 12-3 所示。

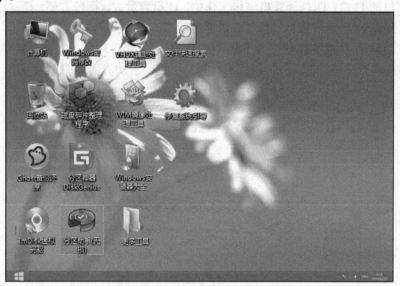

图 12-3　Windows PE 4.0 启动界面

如果 Windows PE 启动 U 盘无法启动，造成这种现象的因素有很多，如主板不支持、杀毒软件误杀、U 盘没写成功等。

5．利用 Windows PE 制作操作系统安装盘

安装 Windows 7 需要一个系统镜像文件（ISO 文件），这个镜像文件可以来自正版 Windows 7 光盘，MSDN 用户可以直接从网上下载 Windows 7 镜像文件。利用原先制作的可启动 U 盘中的解压缩软件（如 WinRAR）或虚拟光驱软件，将 Windows 7 镜像文件解压缩到硬盘某个目录中，然后将这个目录全部复制到原先制作好的可启动 U 盘中（U 盘至少需要 6GB 自由空间）。这样操作系统安装盘就制作好了。

12.1.3　操作系统的安装与卸载

1．操作系统的安装方法

操作系统有多种安装方法，它们各有优点和缺点。

（1）从光盘进行安装。这种操作系统安装方法是微软公司一直推荐采用的方法，它的优点是安装简单，安装过程中用户的可控性较强，缺点是安装时间较长。

（2）从 U 盘进行安装。由于光盘的读写性能很差，而且部分计算机没有安装光驱，近年来大部分用户采用 U 盘进行系统安装。U 盘安装的方法有系统原盘安装、系统克隆安装、

系统镜像安装等。U 盘安装的优点是简单方便，缺点是系统盘制作麻烦。

（3）从硬盘进行安装。从硬盘安装操作系统主要用于系统升级，例如从 Windows 7 升级到 Windows 8，或者是操作系统程序故障后，进行系统恢复安装。

（4）从网络进行安装。大批量计算机操作系统的安装（如机房），往往利用克隆软件从网络进行同步安装。

2．操作系统安装前的准备

（1）准备好系统安装盘。可以是 Windows 系统安装光盘，或者是自己制作的 Windows PE 安装 U 盘（制作方法参见前面小节），准备好主板和显卡驱动程序。

（2）对将要安装操作系统的硬盘进行数据备份。

（3）安装操作系统前，在 BIOS 中屏蔽一些不需要的功能。例如，部分主板芯片组支持 AC'97 音频系统，一般应当将它屏蔽；在 BIOS 的 Power Management Setup 菜单项中，将 ACPI（高级电源管理接口）功能设置为 Enabled（允许），这样操作系统才可以使用电源管理功能，否则操作系统安装好后，会在"设备管理器"中出现有黄色"？"标记的设备；如果无法启动 Windows 7 安装程序，可能是在 BIOS 中开启了软驱（FDD），需要在 BIOS 里将软驱关闭等。

3．操作系统安装过程

（1）引导盘 BIOS 设置。开机重启，按 Delete 键进入 BIOS 设置界面，找到 Advanced BIOS Features 后回车，用方向键选定 1st Boot Device（第 1 引导设备），用 PgUp 或 PgDn 键翻页，将它右边的 HDD-0（硬盘启动）改为 USB-HDD（如图 12-4 所示），按 F10 键，再输入"Y"后回车，保存退出。

图 12-4 　在 BIOS 中设置 U 盘启动

（2）安装系统。将 Windows PE 安装 U 盘插入 USB 接口，重新启动，进入 Windows PE 桌面后，进入原来做好的 Windows 7 镜像文件目录，执行 Windows 7 中的 Install.wim 安装文件，开始安装操作系统。系统盘开始复制文件，加载硬件驱动，进到安装向导中文界面。系统第 1 次重启时，拔出 U 盘，系统开始从硬盘中安装操作系统。

（3）检查系统。检查系统是否正常，右击"我的计算机"→"属性"→"硬件"→"设备管理器"，如果在"设备管理器"选项中出现黄色问号（？）或叹号（！）的选项，表示设备未识别，没有安装驱动程序，右击选择"重新安装驱动程序"命令，放入相应的驱动程序光盘，选择"自动安装"，系统会自动识别对应驱动程序并安装完成。需要装的驱动程序一般有主板、显卡、声卡、网卡等。

（4）安装系统补丁。操作系统推出一段时间后，微软公司会推出 SP（Service Package）修正包程序，SP 包主要解决计算机兼容性问题和安全问题。

（5）安装杀毒软件和防火墙软件。安装完 SP 包后，安装杀毒软件和防火墙软件，然后通过网络更新杀毒软件病毒库。

（6）安装应用软件。根据需要安装应用软件。

（7）克隆系统分区。所有软件安装完成后，试运行应用程序，检测这些软件的正确性。如果没有问题。重新启动计算机，运行 Windows PE 工具盘，利用其中的克隆软件（Ghost）对硬盘 C 盘分区进行镜像克隆，作为今后维修工作的备份文件。

【例 12-1】 利用 U 盘安装 Windows 7。

用 U 盘安装 Windows 7 分为 4 个步骤：一是制作一个可以支持 U 盘启动的 Windows PE 启动盘；二是在 BIOS 中设置从 U 盘启动；三是利用虚拟光驱软件加载 Windows 7 镜像文件；四是安装 Windows 7 操作系统。

（1）开机。前三项工作在前面已经做好了，下面为笔记本或台式计算机安装 Windows 7 系统。在计算机 USB 接口插入制作好的 Windows 7 安装盘，开机启动。

（2）设置 U 盘引导。按 Delete 键进入 BIOS 设置界面，选择 Advanced BIOS Features 菜单后回车，用方向键选定 First Boot Device，按 PgUp 键翻页，将右边的 HDD-0 启动改为 USB-HDD 启动，按 F10 键，再输入"Y"回车，保存退出。

（3）启动 Windows PE。进入 Windows PE 桌面后，直接执行 Windows 7 目录中的安装文件 install.wim，这时开始安装 Windows 7。Windows 7 安装流程持续 5～10min，确保进度条达到 100%之后，就可以重启计算机了。重启之前，记得拔出 U 盘。

（4）安装其他软件。安装完 Windows 7 系统之后，还需要安装系统修正包、各种驱动程序、安全软件、应用软件等。

4. 操作系统的卸载

出于市场垄断的原因，Windows 操作系统的卸载非常不便。最简单的方法是利用可引导软件（如 Windows PE），启动后对安装操作系统的分区进行格式化操作。

12.1.4 驱动程序的安装与卸载

1. 驱动程序的功能

驱动程序（Device Driver）是操作系统与硬件设备之间进行通信的特殊程序。如图 12-5 所示，驱动程序相当于硬件设备的接口，操作系统只有通过这个接口，才能控制硬件设备的工作。如果硬件设备没有驱动程序的支持，那么性能强大的硬件就无法根据软件发出的指令进行工作，硬件就毫无用武之地。假设某个设备的驱动程序安装不正确，设备就不能发挥应有的功能和性能，情况严重时，甚至会导致计算机不能正常工作。

从理论上讲，所有的硬件设备都需要安装相应的驱动程序才能正常工作。但是像 CPU、内存、键盘、显示器等设备，好像并不需要安装驱动程序也可以正常工作，而主板、显卡、声卡、网卡等设备则需要安装驱动程序，否则无法正常工作。因为 CPU 等设备对计算机来说是基本必需设备，因此在 BIOS 固件中直接提供了对这些设备的驱动支持。换句话说，CPU 等核心设备可以被 BIOS 识别并且支持，不再需要安装驱动程序。

2. 驱动程序的不同版本

驱动程序有官方版、微软 WHQL 认证版、第三方驱动程序等。

（1）官方正式版驱动程序。官方正式版驱动程序由硬件设备生产厂商设计研发，也称为公版驱动程序。硬件设备生产厂商都会针对自己硬件设备的特点开发专门的驱动程序，并采用光盘的形式在销售硬件设备的同时一并免费提供给用户，并且在设备生产厂商的官方网站上发布，提供用户免费下载。这些由设备厂商直接开发的驱动程序有较强的针对性，它的优点是能够最大限度地发挥硬件设备性能，而且有很好的稳定性和兼容性。

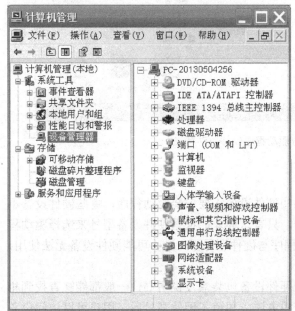

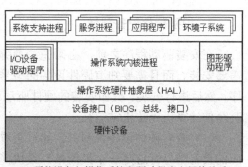

（a）操作系统设备管理器(驱动程序)　　　　　（b）硬件设备与操作系统和驱动程度之间的关系

图 12-5　操作系统与硬件设备驱动程序之间的关系

（2）微软 WHQL 认证版驱动程序。WHQL（Windows Hardware Quality Labs）是微软公司对硬件厂商提供的驱动程序进行的一个认证，目的是为了测试驱动程序与操作系统的兼容性和稳定性。也就是说，通过了 WHQL 认证的驱动程序与 Windows 系统基本上不存在兼容性问题。微软公司会在 Windows 操作系统安装光盘中，附带这些通过了 WHQL 认证的通用驱动程序。安装 Windows 操作系统时，系统会自动检测计算机中硬件设备的型号，并且为这些设备自动安装相应的驱动程序，这样用户就无须再单独安装驱动程序了。但是操作系统自带的驱动程序往往滞后于硬件设备的发展，因此操作系统附带的驱动程序并不能够完全支持所有硬件设备，而且 Windows 附带的驱动程序很难充分发挥硬件设备的性能，这时就需要手动安装驱动程序了。

（3）第三方驱动程序。为了方便用户和完成某些特殊功能，一些程序员开发了第三方驱动程序。如图 12-6 所示，驱动精灵就是一款第三方驱动程序，它具有通用驱动程序安装、备份、更新等功能，使用非常方便，减少了用户多方查找驱动程序的麻烦。

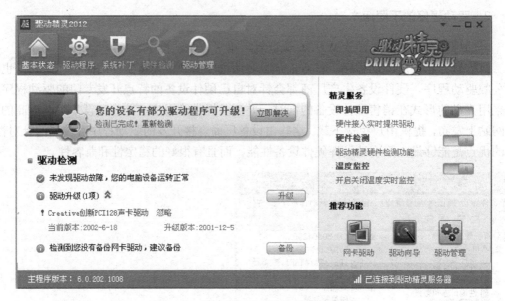

图 12-6　第三方驱动程序软件驱动精灵

3．识别硬件设备型号

在安装驱动程序之前，必须先清楚哪些硬件设备需要安装驱动程序，哪些硬件设备不需要安装。而且需要知道硬件设备的型号，只有这样才能根据硬件设备型号来选择驱动程序，然后进行安装。假如安装的硬件驱动程序与硬件型号不一致，可能硬件设备无法使用，甚至使计算机无法正常运行。

（1）查看硬件设备说明书。通过查看硬件设备包装盒及说明书，一般都能够查找到相应的设备型号。这是一个最简单，最快捷的方法。知道了硬件型号后，用户可以访问设备厂商或者专业驱动程序下载网站（如驱动之家），下载相应的驱动程序。

（2）通过第三方软件检测识别。当找不到设备用户说明书的情况下，可以采用第三方检测软件进行测试的方法来识别。这些设备检测软件有 CPU-Z、EVEREST 等，这些软件的功能都非常强大。

（3）通过芯片识别。芯片厂商为用户提供了公版驱动程序，用户就可以通过辨认芯片的型号，来查找和安装驱动程序。打开机箱，仔细观察相应的硬件芯片，如主板的信号一般印刷在主板上，显卡、声卡、网卡的型号，则需要仔细观察相应芯片上的型号。然后根据芯片型号获取相应的公版驱动程序进行安装。

4．驱动程序的安装顺序

只有按照科学的顺序安装驱动程序，才能够充分发挥硬件设备的性能。驱动程序安装顺序的不同，可能导致计算机的性能不同、稳定性不同，甚至发生故障等。驱动程序的安装顺序如下。

（1）系统补丁程序。操作系统安装完成后，就应当安装系统补丁程序。系统补丁主要解决系统的兼容性问题和安全性问题，这可以避免出现系统与驱动程序的兼容性问题。

（2）主板驱动程序。主板驱动程序的主要功能是发挥芯片组的功能和性能。

（3）DirectX 程序。安装最新的 DirectX 程序能够为显卡提供更好的支持，使显卡设备达到最佳运行状态。如果用户不是大型游戏爱好者，这一步可以省略，因为操作系统安装的 DirectX 程序版本可以满足大部分用户的需求。

（4）板卡驱动程序。安装各种板卡驱动程序，主要包括网卡、声卡、显卡等。

（5）外设驱动程序。安装打印机、扫描仪、摄像头、无线网卡、无线路由器等设备的驱动程序。对于一些有特殊功能的键盘和鼠标，也需要安装相应的驱动程序才能获得这些功能。

5. 设备驱动程序的安装方法

（1）直接安装。双击文件扩展名为 exe 的驱动程序执行文件进行安装。

（2）搜索安装。打开"设备管理器"，如果发现设备（如网卡）前面有个黄色的圆圈里面还有个"！"，这表明网卡驱动程序没有安装，右击该设备，选择"更新驱动程序"命令进行安装。如果操作系统包含这个硬件设备的驱动程序，那么系统将自动为这个硬件设备安装驱动程序；如果操作系统没有支持这个硬件的驱动程序，就无法完成驱动程序的安装。

（3）指定安装。用户知道驱动程序存放在哪个目录时，用户可以利用"从列表或指定位置安装"功能进行安装，安装时，系统会要求用户指明驱动程序存放位置。

（4）通过 Windows 自动更新获取驱动程序并自动安装，这是一种最简单的方法。

6. 驱动程序的卸载

一般驱动程序卸装的频率比较低，但也总是有需要卸装驱动程序的时候。例如，安装完驱动后，发现与其他硬件设备的驱动程序发生冲突，与系统不兼容，造成系统不稳定，或者需要升级到新驱动程序的时候，就需要卸载源驱动程序了。

（1）利用"设备管理器"卸载。打开"设备管理器"，单击卸载设备（如网卡），然后对网卡右击，选择"卸载"命令。

（2）利用"控制面板"卸载。打开"控制面板"，进入"添加或删除程序"，找到相应设备的驱动程序，单击"更改或删除"命令。

（3）利用第三方软件卸装。利用 Windows 优化大师、完美卸装等工具软件卸载。

12.2　系统备份与恢复

12.2.1　Ghost 系统克隆与恢复

1. 克隆软件的功能

克隆是利用软件创建一个与全部硬盘或硬盘某个分区完全相同的单一镜像文件，这个镜像文件可以存储在硬盘、光盘、U 盘或网络中。有了镜像文件，用户可以很快地恢复被损坏的系统。还可将镜像文件复制到多台计算机中，以节省安装新机器所需的时间，这也是目前大部分计算机销售商采用的系统安装方法。

克隆软件的功能类似于备份软件，它们的不同之处在于克隆技术运行在硬盘或硬盘分区的层面，而备份软件运行在文件系统层面；克隆软件是在操作系统没有运行的状态下进行备份（静态），而备份软件则是在操作系统运行环境下的备份（动态）；备份软件必须在操作系统正常运行的状态下进行数据恢复，而克隆软件的数据还原与操作系统无关。

克隆软件创建的镜像文件包含硬盘或分区中的所有文件，不管这些文件的属性设置如何。例如，镜像文件包括 Windows 启动非常重要的所有隐藏文件和系统文件，以及主引导记录（MBR）。镜像文件包含硬盘的所有扇区参数，同时包含数据扇区。克隆软件不会复制空硬盘扇区，这样减小了镜像文件的大小；另外，克隆软件还提供了压缩数据的功能，这种技术能使镜像文件变得比原来的分区更小。

2．Ghost 克隆软件 DOS 版本

Ghost 是美国赛门铁克公司推出的一款克隆软件，它可以实现 FAT16、FAT32、NTFS、OS2、HPFS、UNIX、Novell 等文件存储格式。Ghost 还加入了对 Linux ex2 的支持（fifo 文件存储格式），这意味着 Linux 用户也可以用 Ghost 来备份系统。

Ghost 支持 TCP/IP 协议，因此可以利用网络进行多台计算机的同时克隆操作。

Ghost 有 DOS 和 Windows 两种版本，由于 DOS 的高稳定性，而且在 DOS 环境中备份 Windows 操作系统时，已经脱离了 Windows 环境，在备份 Windows 操作系统时，使用 DOS 版本的 Ghost 软件效果更好。Ghost 工作界面如图 12-7 所示。

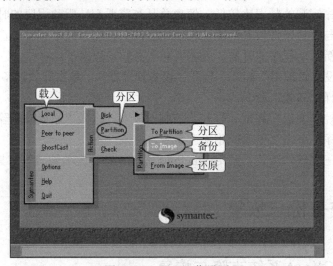

图 12-7　Ghost 工作界面

Ghost 可以将硬盘上的物理信息完整地进行复制，而不仅是复制数据文件。Ghost 将硬盘分区或全部硬盘文件直接克隆到一个扩展名为.gho 的文件（镜像文件）中。由于 Ghost 的克隆是按扇区进行复制，所以在操作时一定要小心，千万不要把目标盘（或分区）弄错了，如果将目标盘（或分区）的数据全部覆盖了，就很难恢复这些数据。在备份或还原时一定要注意目标硬盘或分区的选择是否正确。

3．Ghost 克隆软件 Windows 版本

Windows 下的 Ghost 完全抛弃了基于 DOS 环境的内核，用户直接在 Windows 环境下对系统分区进行热备份。它新增了增量备份功能，可以将磁盘上新近变更的信息添加到原有的备份镜像文件中，不必再反复执行整个硬盘的备份操作。它还可以在不启动 Windows 的情况下，通过光盘启动来完成分区的恢复操作。Windows 版本 Ghost 的最大优势在于：不仅能够识别 NTFS 分区，而且还能读写 NTFS 分区目录里的备份文件。

4．Ghost 软件的菜单功能

Ghost 主要菜单功能如表 12-2 所示。

表 12-2　Ghost 的菜单功能

操　作	功　能　说　明	目标内容覆盖
Disk→To Disk	将源盘所有文件克隆到目标盘	目标盘数据将会覆盖
Disk→To Image	将源盘全部文件克隆成一个镜像文件	目标盘数据不会覆盖
Disk→From Image	将镜像文件还原到目标盘	目标盘数据将会覆盖
Partition→To Partition	将源盘分区克隆到目标盘分区（备份）	目标分区数据将会覆盖
Partition→To Image	将源盘分区克隆成一个镜像文件（备份）	目标分区数据不会覆盖
Partition→From Image	将分区镜像文件还原到目标分区（还原）	目标分区数据将会覆盖

5．分区镜像备份文件的制作

（1）进入 DOS 环境，运行 Ghost，如图 12-7 所示，选择菜单 Local→Partition→To Image 命令，然后回车。

（2）出现选择本地硬盘窗口，再按回车键。

（3）出现选择源分区窗口（源分区就是要制作成镜像文件的分区）。用上下光标键将蓝色光条定位到要制作镜像文件的分区上，按回车键确认。选择好源分区后，按 Tab 键，将光标定位到 OK 按钮上（此时 OK 按钮变为白色），再按回车键确认。

（4）进入镜像文件存储目录，默认存储目录是 Ghost 文件所在的目录，在 File name 处输入镜像文件的文件名，也可带路径输入文件名（要保证输入的路径是存在的，否则会提示非法路径），例如，输入 "H:\sysbak\win8"（H 是准备备份镜像文件的 U 盘盘符），表示将镜像文件 win8.gho 保存到 H:\sysbak 目录下，输好文件名后，再回车。

（5）接着出现"是否要压缩镜像文件"窗口，有 No（不压缩）、Fast（快速压缩）、High（高压缩比压缩）选项，压缩比越低，保存速度越快。一般选 Fast 即可，用向右光标方向键移动到 Fast 上，按回车键确定。

（6）接着又出现一个提示窗口，用光标方向键移动到 Yes 上，回车确定。

（7）Ghost 开始制作镜像文件。

（8）建立镜像文件成功后，会出现提示创建成功窗口，回车即可回到 Ghost 界面。

（9）再按 Q 键，回车后即可退出 Ghost。分区镜像文件制作完毕。

注意备份盘的大小不能小于系统盘。

6．从镜像备份文件还原分区

制作好镜像文件后，就可以在系统崩溃后还原。下面介绍镜像文件的还原。

（1）在 DOS 状态下，进入 Ghost 所在目录，输入"Ghost"后回车，即可运行 Ghost。

（2）如图 12-7 所示，出现 Ghost 主菜单后，用光标方向键移动到菜单 Local→Partition→From Image，然后回车。

（3）出现镜像文件还原位置窗口，在 File name 处输入镜像文件的完整路径及文件名。也可以用光标方向键，配合 Tab 键分别选择镜像文件所在路径，输入文件名，如"H:\sysbak\win8.gho"（H 是备份了镜像文件的 U 盘盘符），再回车。

（4）出现从镜像文件中选择源分区窗口，直接回车。

（5）又出现选择本地硬盘窗口，再回车。

（6）出现选择从硬盘选择目标分区窗口，用光标键选择目标分区（即要还原到哪个分区），回车。

（7）出现提问窗口，选 Yes 回车确定，Ghost 开始还原分区信息。

（8）很快就还原完毕，出现还原完毕窗口，选 Reset Computer，回车重启计算机。这就完成了分区的恢复。

注意：选择目标分区时一定要注意选对，否则后果是目标分区原来的数据将全部消失。

7．克隆需要注意的事项

（1）克隆 Windows 系统前，最好将一些无用的文件删除，以减小镜像文件的体积。如 C:\Windows\Temp\临时文件夹下的所有文件，并且清除 IE 临时文件夹，清空回收站等。

（2）将 Windows 的虚拟内存页面文件（如 Pagefile.sys）转移到其他分区，或在 DOS 状态下删除该文件，因为这个文件的大小是内存的 1.5 倍，会占用极大的存储空间。

（3）Windows 的休眠和系统还原功能也占用很大的硬盘空间。所以应当关闭这些功能，可以在克隆结束后再打开这些功能。

（4）在克隆系统前，整理目标盘和源盘，以加快克隆速度。

（5）在克隆系统前及恢复系统前，最好检查一下目标盘和源盘，纠正磁盘错误。

（6）恢复系统时，应当检查要恢复的目标盘是否有重要的文件还未备份。

（7）新安装了软件和硬件后，最好重新制作镜像文件，否则在系统镜像文件还原后，新安装的软件不能使用。

12.2.2　Windows 操作系统还原

1．Windows 系统还原方法

（1）系统还原的功能。Windows XP/Vista/7/8 等都具有"系统还原"功能。Windows 系统还原的目的是不需要重新安装操作系统，也不破坏数据文件的前提下，使系统回到工作状态。"系统还原"可以恢复注册表，本地配置文件，COM+数据库等环境。有时候，安装程序或驱动程序会对计算机造成变更，导致 Windows 不稳定，发生不正常的行为。用户可通过还原点，在不影响个人文件（如 Word 文件、电子邮件等）的情况下撤销计算机

的系统变更。用户不能指定要还原的内容：要么都还原，要么都不还原。"系统还原"大约需要 200MB 的可用硬盘空间，用来创建数据存储。如果没有 200MB 的可用空间，"系统还原"会一直保持禁用状态，当空间够用时，程序会自己启动。"系统还原"使用先进先出（FIFO）存储模式：在数据存储达到设定的时间值时，程序就会自动清除旧的存档，为新的存档腾出空间。系统还原在监控系统运行状态时，不会对系统性能造成明显影响。创建还原点是个非常快速的过程，通常只需几秒钟。定期的系统状态检查（默认值为每 24h 一次）也只在系统空闲时间进行，不会干扰用户程序的运行。

（2）创建系统还原点。创建系统还原点也就是建立一个还原位置，系统出现问题后，就可以把系统还原到创建还原点时的状态了。如图 12-8 所示，单击"开始"→"控制面板"→"系统还原"，打开系统还原向导，选择"创建一个还原点"，然后单击"下一步"按钮，在还原点描述中填入还原点名（当然也可以用默认的日期作为名称），单击"创建"按钮即完成了还原点的创建。

图 12-8 Windows 7 的"备份和还原"功能

（3）利用还原点恢复系统。当计算机由于各种原因出现异常错误或故障后，系统还原就派上用场了。单击"开始"→"程序"→"附件"→"系统工具"→"系统还原"命令，选择"恢复我的计算机到一个较早的时间"，然后单击"下一步"按钮选择还原点，在左边的日历中选择一个还原点创建的日期后，右边就会出现这一天中创建的所有还原点，选中想还原的还原点，单击"下一步"按钮开始进行系统还原，这个过程中系统会重启。

（4）系统崩溃的还原。如果无法以正常模式运行 Windows XP 进行系统还原，那就通过安全模式进入操作系统来进行还原，还原方式与以正常模式中使用的方法一样。如果系统已经崩溃连安全模式也无法进入，但能进入带命令行提示的安全模式，那就可以在命令行提示符后面输入"C:\Windows\system32\restorerstrui"并回车（实际输入时不带引号），这样也可打开系统还原操作界面来进行系统还原。

（5）快速启动系统还原的方法。进入 C:\WINDOWS\system32\Restore 目录，右击 rstrui 文件（系统还原的后台程序），选择"发送到"→"桌面快捷方式"命令，以后只须双击该快捷方式便可快速启动系统还原。或者在命令行提示符或"运行"框中输入"rstrui"后回车，也可以达到同样的效果。

2. 硬盘系统区数据恢复

（1）硬盘系统区数据损坏的原因。一般将硬盘的逻辑坏道、逻辑坏扇区、坏簇等统称为逻辑坏道，逻辑坏道指由软件引起的数据结构破坏。逻辑坏道的故障表现为进行文件存取时出错，或者硬盘克隆时容易出错，或者系统不能启动等。出现逻辑坏道的原因有：程序错误（如一些测试版程序）、计算机病毒破坏（如硬盘逻辑锁）、用户操作不慎（如突然停电）等。如果逻辑坏道单单是软件错误操作造成的，消除逻辑坏道的方法较简单，最常用的方法是利用操作系统的磁盘扫描功能，就可以把逻辑出错扇区进行标记，操作系统以后进行存取操作时，就会避免使用这些扇区或磁道。如果逻辑坏道是扇区磁介质不稳定造成的错误，可以用硬盘厂商提供的工具软件进行修复，重新恢复所有逻辑错误。

（2）硬盘主引导记录损坏的恢复。造成硬盘主引导记录和分区表破坏的原因，大多是计算机在使用过程中突然停电。如果计算机在进行大量磁盘读写过程的时候，突如其来的停电有很大可能会产生这种错误。如果硬盘中的数据不重要，那么只要重新分区格式化就可以解决问题。如果硬盘中有比较重要的数据，或者用户不希望重装系统，则可以用 Disk Genius 工具软件自动修复分区表。DiskGenius 支持的文件系统非常多，在 FAT32、NTFS、EXT（Linux 文件系统）等其他格式的分区，也能有效地恢复分区表。DiskGenius 工作界面如图 12-9 所示。

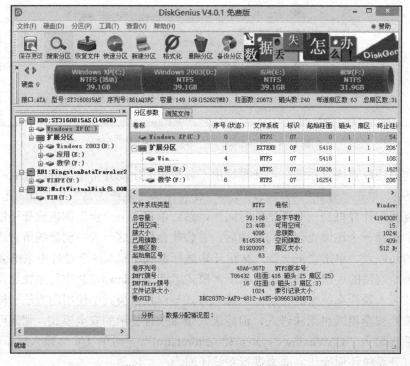

图 12-9　DiskGenius 4.0 工作界面

维修实践证明，利用 DiskGenius 进行硬盘 MBR（主引导扇区）恢复，大概有 90％的修复率。只要硬盘主分区恢复了，系统就可以启动了。剩下不能恢复的分区里面的数据，可用 Final Data、Easy Recovery 等软件进行数据恢复。

12.2.3　Final Data 误删文件恢复

1. NTFS 系统文件删除原理

（1）NTFS 文件删除原理。文件是怎样被删除的呢？在 NTFS 文件系统下删除一个文件时，系统至少在三个地方做了改变：一是该文件的 MFT（主文件表）头部偏移 16H 处的一个字节，该字节如果为"0"，则表示文件被删除，如果为"1"，则表示该文件正被使用，为"2"表示该文件是一个目录，为"03"时表示为删除目录；二是文件删除时，父文件夹的根索引 INDEX_ROOT 的属性修改为 90H，索引分配 INDEX_ALLOCATION 的属性修改为 A0H；三是文件删除时，必须在位图（$Bitmap）元数据记录中，将该文件所占用的簇对应的位置置 0，这样给其他文件腾出空间。

（2）一个简单的比喻。从以上工作原理可以看出，文件删除时，只是对主文件表（MFT）中的属性进行了修改，文件本身的存储区域并没有真正地删除。这相当于在教材（硬盘中的文件）中删除某一小节内容（文件）时，只是对教材目录（MFT）中关于这个小节的目录条目（文件记录）进行了部分修改，如仅在页码处做出修改（属性修改，如标记页码为空等），而这个小节的具体内容（文件）在教材中并没有变化。这种文件管理方式为删除文件的恢复提供了理论依据。

（3）文件的物理删除。文件的真正删除是覆盖删除，即当有新文件复制到硬盘时，新文件会覆盖已经删除文件的扇区。因此，文件一旦误删除，切忌不可再向硬盘或 U 盘复制和安装文件到硬盘中。一旦复制文件到硬盘或 U 盘，误删文件就无法恢复了。

2. NTFS 系统文件恢复原理

从文件删除原理着手，分几步对文件数据进行恢复。

（1）由于文件是通过主文件表 MFT 来确定在硬盘上的存储位置，因此首先要找到 MFT 的位置。

（2）找到 MFT 后，通过分析 MFT 中的文件记录信息（对大型文件还可能有多个记录与之相对应），其中第一个文件记录称为基本文件记录，而当中存储有其他扩展文件记录的一些信息。

（3）通过文件记录的根索引 INDEX_ROOT、索引分配 INDEX_ALLOCATION，以及位图$Bitmap 记录，对被删除文件定位，找到该文件在数据区中的存储位置。

（4）恢复该文件。即将文件记录表（MFT）的属性进行还原恢复。

需要注意的是，文件被删除以后，虽然磁盘中被删文件的相关属性发生了改变。但是对它进行数据恢复时，仅仅是将相关信息复制到了内存，并将相关信息做了修改。也就是说，对于为了修复数据而做的修改，其实并没有写回到原文件属性上。这就避免了被修复文件的再次破坏。

在主文件表（MFT）中，目录的根索引属性包含文件名，它们是到达第 2 层的索引。

在这个根索引属性中的每一个文件名，都包含一个指向索引缓冲区的指针。这个索引缓冲区中包含一些文件名，它们位于根索引属性中文件的名字之前。通过这种关系，可以使它们排在索引缓冲区中的那个文件之前。

3. Final Data 的基本功能

数据恢复软件 Final Data 具有功能强大、覆盖面广等特点。Final Data 可以通过扫描磁盘进行文件查找和恢复，它不依赖于目录入口和 FAT 表记录的信息，所以它除了恢复被删除的文件外，还可以在整个目录和 FAT 表都遭到破坏的情况下进行数据恢复，甚至在磁盘引导区被破坏、分区全部信息丢失（如硬盘被重新分区或格式化）的情况下进行数据恢复。

4. Final Data 的技术特点

（1）支持不同平台。Final Data 可以运行在不同版本的 Windows 环境中，除了 Windows 外，Final Data 还支持 UNIX 系统，Sun 的 Solaris，IBM 的 AIX 和惠普的 HP UNIX 等。Final Data 同样适应 Linux 操作系统。

（2）支持事后恢复。大部分数据恢复软件（如 Easy Recovery）都需要事先运行一个监测程序，监测用户对硬盘的读写操作。一旦用户删除了某个文件，该监测程序就会自动提取和保留一些被删除文件的关键信息。当用户需要恢复该文件时，恢复软件可以根据这些关键信息进行恢复。而 Final Data 摆脱了这些限制，它可以在事故发生后再安装和运行，同样可以达到数据恢复的目的，从而为了避免在数据丢失后再安装 Final Data 软件，造成丢失数据被 Final Data 软件覆盖的危险。

（3）支持双字节文件。大多数据文件以单字节为单位进行存储，而一些东方语言文件（如中、日、韩等文字）以双字节为单位进行存储。Final Data 支持双字节文件的恢复，所以对中文文件名或文件内容的数据文件的恢复不存在任何障碍。

5. 利用 Final Data 对删除文件进行恢复的过程

（1）扫描驱动器。运行 Final Data，单击"文件"→"打开"，选择误删文件的硬盘分区，如 C 盘，单击"确定"按钮，程序开始对 C 盘进行扫描，这个过程时间较长。如果修复的文件不知在哪个分区中，可以在"选择驱动器"对话框中选择"物理驱动器"选项卡然后选择"硬盘 1"→"确定"。弹出一个"扫描根目录"对话框，程序开始对分区进行扫描，实际上它在检查删除文件的一些信息。扫描完成后，出现一个"选择查找的扇区范围"对话框。由于我们并不知道被删除的文件所在的具体位置，所以单击"取消"按钮。如图 12-10 所示，这时可以在程序左侧窗口中看到一些文件夹，在右侧主窗口中可以看到分区中的全部文件信息。

（2）恢复误删文件。在左侧文件夹列表中单击"已删除文件"，在右侧窗口中会显示该分区中所有被删除的文件。选择需要恢复的文件或目录，右击选择"恢复"命令，这时出现"选择要保存的文件夹"对话框，指定恢复文件的保存路径，随后单击"保存"按钮，删除的文件即可保存到指定文件夹中。值得注意的是，恢复文件不能保存在原删除分区，必须指定一个新的分区进行保存。

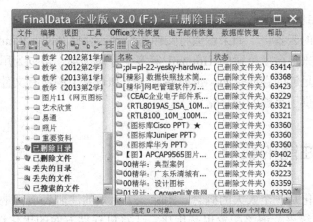

图 12-10　Final Data 企业版 3.0 数据恢复界面

6. Final Data 使用注意事项

Final Data 可以先安装在操作系统中，遇到文件误删除后立即进行文件恢复工作。Final Data 还提供了无须安装，直接从 U 盘运行的功能。

Final Data 恢复单个丢失的文件只需要几秒钟时间，但是对整个硬盘进行恢复扫描的的时间较长。在进行恢复操作时，可以一次恢复多个文件，可以进行子目录恢复，恢复后的目录结构依然保持不变。

12.2.4　计算机系统文件的备份

1. Windows 系统的备份功能

备份分为系统备份和数据备份。文件备份是指将文件按一定策略存储，在原文件损坏或丢失时可以将备份的文件还原。

（1）Windows 7 中的"备份和还原"功能。Windows XP/7 附带了"备份和还原"功能，Windows 7 对这项功能进行了改进。如果要在 Windows 7 中打开"备份和还原"功能，可以在搜索框中，输入"Backup"，然后单击结果列表中的该项目。"备份和还原"功能简化了整个备份过程，借助提示，用户可以决定是备份特定文件还是整个硬盘。第一次创建备份时，可能需要一些时间，具体取决于需要备份项目的数量。此后备份会更快。完成第一次备份后，最好设置自动备份计划，这样无须提醒自己进行手动备份。

（2）Windows XP 中的"备份"功能。在"运行"栏中输入"ntbackup"命令后回车，就可打开备份还原向导。备份与复制不同，备份是将一些文件全部压缩整理生成一个后缀名为 bkf 的文件，而复制是将文件原封不动地（文件大小、文件数量、文件类型等）存储到另一个地方。恢复文件就是将备份文件 bkf 还原成原有的文件类型（系统文件必须还原到原位置）。

2. 将文件备份到云

（1）打开 360 安全卫士→注册并登录账号→单击"系统云恢复"图标，进入备份程序界面→"立即备份"→选择需要备份的数据→"开始备份"→等待备份完成，软件会自动将选择的数据备份到云端服务器。

（2）微软公司的云备份。如果希望将文件备份到云存储空间，Windows Live SkyDrive 是一个可用选项。来自微软公司的 Hotmail 等多个存储选项，可以为用户存储电子邮件、日历和联系人提供足够的存储空间，也能够与 PC 和设备上的所有文件和文件夹同步，并为最重要的文件提供了足够的云存储。

12.3　系统性能的优化

计算机性能优化是一个太大的概念，删除一个无效的注册表项目是优化，对整个计算机的软件和硬件系统进行调整配置也是优化。计算机软件方面的优化涉及：BIOS 参数优化，驱动程序优化，系统注册表优化，删除垃圾文件，减少常据内存程序，关闭多余的系统服务，整理磁盘碎片，改变系统设置参数等操作。目前还没有哪一个软件具有如此全面和强大的功能。

12.3.1　系统注册表的优化

1．注册表优化

注册表是一个非常庞大，非常复杂的计算机硬件和软件信息的集合。注册表中每一条记录（键值）的目的是什么，合理参数是什么，微软公司和应用软件开发者从来没有公布过。因此修改注册表只是根据使用者的经验和猜测进行，一旦修改错误，轻则使某个程序出错，重则导致计算机不能启动，因此不建议用户作手动优化。有很多软件公司开发了注册表优化软件，如"Windows 优化大师"等，用户只要使用它们就可以对计算机进行各方面的优化了。

2．利用 Windows 优化大师清理注册表

可以利用 Windows 优化大师等软件，对注册表进行清除。例如，运行 Windows 优化大师，选择"注册信息清理"→"扫描"，如图 12-11 所示，开始扫描注册表垃圾项目→"全部删除"→确认注册表备份"是"→"确定"。

3．手工注册表优化

如果要进行手动注册表优化，可以运行 Windows 目录下的 regedt32.exe 注册表编辑软件，在 Windows 7 系统下直接输入"regedit"进行搜索；在 Windows XP 系统中，单击"开始"→"运行"，输入"regedit"。这个软件使用非常简单，但困难的是不知道如何修改注册表中的键值。虽然可以通过因特网查询到部分注册表修改方法，但是随着操作系统的升级，这些注册表信息的内容会发生改变，而且键值的位置也会发生改变。

手工修改注册表中的任何内容都必须非常小心，因为如果注册表改错了，有可能导致计算机无法正常运行。

图 12-11　Windows 优化大师对注册表进行扫描

12.3.2　常驻内存程序优化

1. 优化 Windows 系统运行速度的办法

（1）关闭自动更新。这个办法对提高速度效果非常明显，因为即使计算机没有连接网络，自动更新也会一遍一遍地检查。它占了很大的内存空间。即使更新完成了，也还会定时检查更新。所以，影响计算机速度也是很明显的。具体操作为：桌面→"我的计算机"→右击→"属性"→"自动更新"→"关闭自动更新"→"确定"。

（2）关闭 Windows 防火墙。如果安装了专业杀毒软件和防火墙，那么把 Windows 中的防火墙关闭，在一台机器中没有必要装两种防火墙，这会影响计算机速度。具体操作是："开始"→"控制面板"→"安全中心"→"防火墙"→"关闭"。

（3）关闭"Internet 时间同步"功能。"Internet 时间同步"是使计算机时钟每周与 Internet 时间服务器进行一次同步，这样系统时间就是精确的。对大多数用户来说，这个功能用处不大，所以建议把它关掉。

（4）关闭"系统还原"。在计算机运行一段时间后，如果计算机运行效果良好，这时先建立一个"还原点"，然后关掉"系统还原"，记住这个日期，以后系统出现故障时，作为还原日期。具体操作为：右击"我的计算机"→"属性"，在弹出的对话框中单击"系统还原"，在"在所有驱动器上关闭系统还原"选项上打钩。

（5）关闭"远程桌面"功能。这个功能是可以让别人在另一台机器上访问你的桌面，你也可以访问其他的机器。对普通用户来说这个功能显得多余，可以关闭它。什么时候用，什么时候再打开就可以了。具体操作为："桌面"→"我的计算机"→右击→"远程"→"允许这台计算机发送远程协助邀请/允许用户远程连接到此计算机"取消打钩→"确定"。

（6）关闭"自动发送错误"功能。一个程序异常终止后，系统会自动弹出一个对话框，询问用户是否将错误发送给微软公司。这样的功能对微软公司有用，对于计算机用户除了浪费时间以外，没有任何用处，应该关闭。具体操作：右击"我的计算机"→"属性"→"高级"→"错误汇报"→选择"禁用错误汇报"。

2. 减少常驻内存程序

常驻内存程序是在开机时自动加载的程序，这些常驻内存程序不但会降低计算机速度，而且会消耗计算机资源。如果希望取消这些开机运行的常驻内存程序，可选择"启动"→"运行"，输入"config"后回车，然后选择"启动"，这个栏目中的项目都是开机自动运行的用户应用程序，这些程序全部不是 Windows 系统程序，原则上可以全部禁用。但是可以根据用户需要进行删除。例如 QQ 等可以禁用，而杀毒程序、防火墙程序可以保留，这样就会大大减少启动时加载的常驻内存程序。

12.3.3　系统垃圾文件清理

1. 计算机系统中的垃圾文件

（1）软件安装过程中产生的临时文件。许多软件在安装时，首先要把自身的安装文件解压缩到一个临时目录（一般为 C:\Windows\Temp 目录），然后再进行安装。如果软件设计有疏忽或者系统有问题，当安装结束后，这些临时文件就会留在原目录中，没有被删除，成为垃圾文件。例如，Windows 系统在自动更新过程中，会将自动从网络下载的更新文件保存在 C:\Windows 目录中，文件以隐藏子目录方式保存，子目录名以"$"开头。这些文件在系统更新后就没有作用了，之所以没有删除，从善意方面解读，是为了今后系统崩溃后不必再次下载系统更新文件；从恶意方面揣测，是为了做 P2P（端到端）传输，也就是其他用户从你的计算机下载更新文件。因此这些文件可以删除。

（2）软件运行过程中产生的临时文件。软件运行过程中，通常会产生一些临时交换文件，例如一些程序工作时产生的*.old、*.bak 等备份文件，杀毒软件检查时生成的备份文件，做磁盘检查时产生的文件（*.chk），软件运行的临时文件（*.tmp），日志文件（*.log），临时帮助文件（*.gid）等。特别是 IE 浏览器的临时文件夹 Temporary Internet Files，其中包含临时缓存文件、历史记录、Cookie 等，这些临时文件不但占用了宝贵的硬盘空间，还会将个人隐私公之于众，严重时还会使系统运行速度变慢。

（3）软件卸载后遗留的文件。由于 Windows 的多数软件都使用了动态链接库（DLL），也有一些软件的设计还不太成熟，导致了很多软件被卸载后，经常会在硬盘中留下一些文件夹、*.dll 文件、*.hlp 文件和注册表键值以及形形色色的垃圾文件。

（4）多余的帮助文件。Windows 和应用软件都会自带一些帮助文件（*.hlp，*.pdf 等）、教程文件（*.hlp 等）等；应用软件也会安装一些多余的字体文件，尤其是一些中文字体文件，不仅占用空间甚大，更会严重影响系统的运行速度；另外"系统还原"文件夹也占用了大量的硬盘空间。

2. 垃圾文件的清除

（1）清除系统文件的权限。Windows 7 下的文件删除与 Windows XP 有很大的区别，Windows 7 有权限问题，一些关系到系统的文件必须具有管理员权限才可以操作，所以在删除文件前，必须以系统管理员账号登录系统才行。

（2）利用 Windows 优化大师软件清理。可以利用 Windows 优化大师、360 安全卫士等软件，对垃圾文件进行清除。例如，运行 Windows 优化大师（如图 12-11 所示），选择"磁盘文件清理"→勾选 C 盘（假设 Windows 系统安装在 C 盘）→"扫描"→开始扫描磁盘垃圾文件→"全部删除"→"确定"。

（3）手动删除。可以手工删除 C:\Windows 目录下的*.help 文件；删除 C:\Windows\temp 文件夹下面的所有文件；删除一些卸载了的程序，但是没有全部卸载子目录的软件。

12.3.4　网络常见故障处理

计算机网络故障主要表现为网络不通、网速过慢、其他问题。这些故障产生的原因非常复杂，既有本机的原因，也有外部的原因。进行网络故障排除可以遵循以下步骤进行：本机硬件故障，本机网络线路故障，本机软件故障，外部网络故障。

1. 网络不通

引起网络不通的原因有很多，可以用 Ping 命令检查网络的连通性。例如，首先 Ping 127.0.0.1，检查本机网络是否存在问题；其次通过 Ping www.baidu.com 等大型网站，确认网络是否真正不能连接，还是因为数据包时延过大，引起网络不通的假象。其次可以利用防火墙软件（如 360 安全卫士），检查是否存在网络 ARP 攻击。确认网络故障产生的原因是本机还是外部网络，对片段网络故障很重要。

2. 网速过慢

引起网络速度慢的原因非常多，如网络环路、广播风暴、流量占用、P2P 下载、ARP 攻击、计算机病毒等。在遇到网速过慢时，首先通过防火墙软件检查是否有比较明显的网络故障（如 ARP 攻击）；查看网络流量是否正常（利用资源管理器中的联网功能）；利用网管软件（如 Ping 命令）检查发送/接收数据包是否有异常；检查网络线路连接是否异常等。例如，利用 Ping 命令检查到网络数据包延迟达 1000ms 左右，估计网络线路存在故障，将网络 RJ-45 接头重新拔插一次，再 Ping 时，网络立刻恢复正常。

3. 常见网络故障

常见网络故障及原因分析如表 12-3 所示。

表 12-3　常见网络故障原因分析

故障现象	故障类型	网络故障原因
网络不通	本机硬件原因	网络芯片损坏；主板电源不稳定；ADSL Modem 故障；无线路由器故障；无线路由器受到音箱等设备干扰；网络环路等
	本机软件原因	网卡驱动程序错误；IP 地址设置错误；注册表网络设置错误；默认网关设置错误；DNS 设置错误；本地连接设置错误；使用某些软件引起的广播风暴等
	本机线路原因	RJ-45 接头与主板接触不良；RJ-45 接头与双绞线接触不良；RJ-45 接头线序错误；双绞线被重物压迫；双绞线被老鼠咬断；双绞线破损受潮；双绞线质量老化导致性能下降等
	网络外部原因	ARP 攻击；网络服务商故障；网络服务商设备故障；网络服务商线路流量太大；网站访问量太大；钓鱼网站；网络过滤等
网速过慢	本机原因	网卡驱动程序故障；本机硬件配置较低；网卡绑定协议太多；注册表网络设置错误；网络应用软件（如浏览器）设置错误；软件引起的广播风暴；打开网页太多；视频网站打开过多；网络下载软件流量太大；P2P 下载；网络软件（如杀毒软件、QQ、Windows 等）后台升级；本机病毒；部分端口关闭；本机缓存空间不够；浏览器缓存空间垃圾文件过多；网络线路接触不良等
	外部原因	ARP 攻击；网络蠕虫病毒；黑客攻击；网络关键字屏蔽；网络过滤；网络服务商设备负载过大；网络服务商线路不畅通等

12.4　系统安全与防护

信息安全一直是计算机专家努力追求的目标，目前计算机在理论上还无法消除计算机病毒的破坏和防止黑客的攻击，最好的方法是尽量减少这些攻击对系统造成的破坏。

12.4.1　计算机病毒防护

1．计算机病毒

我国颁布实施的《中华人民共和国计算机信息系统安全保护条例》第二十八条中明确指出："计算机病毒是指编制或者在计算机程序中插入的破坏计算机功能或者破坏数据，影响计算机使用并且能够自我复制的一组计算机指令或者程序代码"。

计算机病毒（以下简称为病毒）具有传染性、隐蔽性、破坏性、未经授权性等特点，其中最大的特点是具有"传染性"。病毒可以侵入到计算机的软件系统中，而每个受感染的程序又可能成为一个新的病毒，继续将病毒传染给其他程序，因此传染性成为判定一个程序是否为病毒的首要条件。

2．杀毒软件工作原理

所有杀毒软件要解决的第一个任务是如何发现一个文件是否被病毒感染。杀毒软件结构如图 12-12 所示，杀毒软件必须对常用的文件类型进行扫描，检查是否含有特定的病毒代码字符串。这种病毒扫描软件由两部分组成：一部分是病毒代码库，含有经过特别筛选的各种微机病毒的特定字符串；另一部分是扫描程序，扫描程序能识别的病毒数目完全取决于病毒代码库内所含病毒种类的多少。这种技术的缺点是，随着硬盘中文件数量的剧增，扫描的工作量巨大，而且容易造成硬盘的损坏。

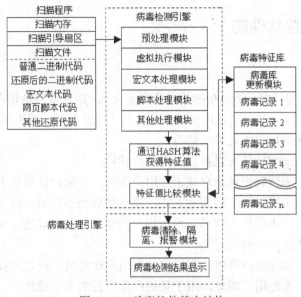

图 12-12　杀毒软件基本结构

3．卡巴斯基杀毒软件

卡巴斯基（Kaspersky）是俄罗斯的国际著名信息安全厂商，该公司提供反计算机病毒，防黑客和反垃圾邮件产品。卡巴斯基反病毒软件（Kaspersky Anti-Virus）被众多计算机专业媒体及反病毒专业评测机构誉为计算机病毒防护的最佳产品。卡巴斯基反病毒软件工作界面如图 12-13 所示。

图 12-13　卡巴斯基杀毒软件 2013 版工作界面

卡巴斯基安全产品具有网络安全支付、漏洞防护、随时修正自身错误、超强脱壳能力、邮件检测、封锁网络攻击、压缩文件检测、自动更新数据库、病毒虚拟机分析、个人防火墙、隐私控制、家长控制、应急磁盘等功能。

卡巴斯基反病毒软件的缺点是占用 CPU 资源较多，尤其是扫描和更新时，对 CPU 的占用较大，对硬件要求过高。

12.4.2　恶意软件防护

1. 恶意软件

中国互联网协会于 2006 年公布的恶意软件定义为：恶意软件是指在未明确提示用户或未经用户许可的情况下，在用户计算机或其他终端上安装运行，侵害用户合法权益的软件，但不包含我国法律法规规定的计算机病毒。

具有下列特征之一的软件可以被认为是恶意软件：

（1）强制安装。未明确提示用户或未经用户许可，在用户计算机上安装软件的行为。

（2）难以卸载。未提供程序的卸载方式，或卸载后仍然有活动程序的行为。

（3）浏览器劫持。未经用户许可，修改用户浏览器的相关设置，迫使用户访问特定网站，或导致用户无法正常上网的行为。

（4）广告弹出。未经用户许可，利用安装在用户计算机上的软件弹出广告的行为。

（5）垃圾邮件。未经用户同意，用于某些产品广告的电子邮件。

（6）恶意收集用户信息。未提示用户或未经用户许可，收集用户信息的行为。

（7）其他侵害用户软件安装、使用和卸载知情权、选择权的恶意行为。

2. 恶意软件的清除

由于大部分恶意软件嵌入了木马程序，因此可以利用工具软件对恶意软件进行清除。如图 12-14 所示，360 安全卫士有强大的恶意软件查杀功能，可以保证计算机不受恶意软件侵害。同时也可为系统生成详尽的诊断报告，使用户了解系统的安全状况。

图 12-14　360 安全卫士对恶意软件和木马程序的清除

12.4.3 黑客攻击防护

1. 黑客攻击的形式

美国国家安全局（NSA）制定的 IATF（信息保障技术框架）标准认为，有 5 类攻击形式：被动攻击、主动攻击、物理临近攻击、内部人员攻击和分发攻击。

（1）被动攻击。是指对信息的保密性进行攻击，包括分析通信流，监视没有保护的通信，破解弱加密通信，获取口令等。被动攻击会造成在没有得到用户同意或告知的情况下，将用户信息或文件泄露给攻击者，如泄露个人信用卡号码等。

（2）主动攻击。是指篡改信息来源的真实性，信息传输的完整性和系统服务的可用性（如图 12-15 所示）。包括试图阻断或攻破安全保护机制，引入恶意代码，偷窃或篡改信息等。主动攻击会造成数据资料的泄露、篡改和传播，或导致拒绝服务。

图 12-15 黑客对网络安全的攻击

（3）物理临近攻击。指未被授权的个人，在物理意义上接近网络系统或设备，试图改变和收集信息，或拒绝他人对信息的访问。如未授权使用计算机，复制 U 盘数据，电磁信号截获后的屏幕还原等。

（4）内部人员攻击。可分为恶意攻击或无恶意攻击。前者是指内部人员对信息的恶意破坏或不当使用，或使他人的访问遭到拒绝；后者指由于粗心、无知以及其他非恶意的原因造成的破坏。

（5）分发攻击。指在工厂生产或分销过程中，对硬件和软件进行恶意修改。这种攻击可能是在产品中引入恶意代码，如手机中的后门程序等。

2. 黑客攻击网络的一般过程

（1）信息的收集。信息的收集并不对目标产生危害，只是为进一步入侵提供有用信息。黑客会利用公开的协议或工具软件，收集网络中某个主机系统的相关信息。

（2）系统安全弱点的探测。黑客收集到一些准备要攻击目标的信息后，黑客就会利用工具软件，对整个网络或子网进行扫描，寻找主机的安全漏洞。

（3）建立模拟环境，进行模拟攻击。根据前面所得到的信息，黑客建立一个类似攻击对象的模拟环境，然后对此模拟目标进行一系列的攻击。并且检查被攻击方的日志，观察检测工具对攻击的反应，了解攻击过程中留下的"痕迹"，以及被攻击方的状态等，以此来制定一个较为周密的攻击策略。

（4）具体实施网络攻击。在进行模拟攻击的实践后，黑客将等待时机，以备实施真正的网络攻击。

3．DDoS 的攻击过程

拒绝服务（Denial of Service，DoS）攻击由来已久，自从有因特网后就有了 DoS 攻击方法。美国最新安全损失调查报告指出，DDoS 攻击造成的经济损失已经跃居第一。

用户访问一个因特网网站时，客户端会先向网站服务器发送一条信息要求建立连接，只有当服务器确认该请求合法，并将访问许可返回给用户时，用户才可对该服务器进行访问。DoS 攻击的方法是：攻击者会向服务器发送大量连接请求，使服务器呈现满负载状态，并且将所有请求的返回地址进行伪造。这样，在服务器企图将认证结果返回给用户时，它将无法找到这些用户。这时服务器只好等待，有时可能会等上 1min 才关闭此连接。可怕的是，在服务器关闭连接后，攻击者又会发送新的一批虚假请求，重复上一次过程，直到服务器因过载而拒绝提供服务。这些攻击事件并没有入侵网站，也没有篡改或是破坏资料，只是利用程序在瞬间产生大量的数据包，让对方的网络及主机瘫痪，使正常服务者无法获得网站及时的服务。有时，攻击者动员了大量"无辜"的计算机向目标网站共同发起攻击，这是一种 DDoS（分布式拒绝服务）攻击手段。DDoS 将 DoS 向前发展了一步，DDoS 的行为更为自动化，它让 DoS 洪流冲击网络，最终使网络因过载而崩溃。

4．DDoS 攻击的预防

如果用户正在遭受攻击，他所能做的抵御工作非常有限。因为在用户没有准备好的情况下，大流量的数据包冲向用户主机，很可能在用户在还没回过神之际，网络已经瘫痪。要预防这种灾难性的后果，需要进行以下预防工作。

（1）屏蔽假 IP 地址。通常黑客会通过很多假 IP 地址发起攻击，可以使用专业软件检查访问者的来源，检查访问者 IP 地址的真假，如果是假 IP，将它予以屏蔽。

（2）关闭不用端口。使用专业软件过滤不必要的服务和端口。例如，黑客从某些端口发动攻击时，用户可把这些端口关闭掉，以狙击入侵。

（3）利用网络设备保护网络资源。网络保护设备有路由器、防火墙、负载均衡设备等，它们可将网络有效地保护起来。如果被攻击时最先死机的是路由器，其他机器没有宕机，死机的路由器重启后会恢复正常，而且启动很快，没有什么损失。如果服务器死机，其中的数据就会丢失，而且重启服务器是一个漫长的过程，网站会受到无法估量的重创。

12.4.4　文件加密与解密

计算机安全主要包括系统安全和数据安全两个方面。系统安全一般采用防火墙、防计算机病毒软件等措施。数据安全主要采用密码技术对文件进行保护，如文件加密、数字签名、身份认证等技术。

1．加密技术原理

加密技术的基本思想是伪装信息，使信息非法获取者无法理解其中的含义。伪装就是对信息进行一组可逆的数学变换（加密算法），伪装前的原始信息称为明文，伪装后的信息称为密文，伪装的过程称为加密，只被通信双方掌握的关键信息称为密钥。

借助加密手段，信息以密文的方式存储在计算机中，或通过计算机网络进行传输，即使发生非法截取数据，或系统故障和操作人员误操作而造成数据泄露，未授权者也不能理解数据的真正含义，从而达到了信息保密的目的。

2．密钥与密文的破译方法

在用户看来，密码学中的密钥，十分类似于银行自动取款机的口令，只要输入正确的口令，系统将允许用户进一步使用，否则就被拒之门外。口令的长度通常用数字或字母为单位来计算，密码学中的密钥长度往往以二进制数的位数来衡量。正如不同系统使用不同长度的口令一样，不同加密系统也使用不同长度的密钥。一般来说，在条件相同的情况下，密钥越长，破译越困难，加密系统就越可靠。从窃取者角度来看，主要有三种破译密码获取明文的方法：一是密钥的穷尽搜索；二是密码分析；三是其他方法。

（1）密钥的穷尽搜索。破译密文最简单的方法，就是尝试所有可能的密钥组合。虽然大多数的尝试都是失败的，但最终总会有一个密钥让破译者得到原文，这个过程称为密钥的穷尽搜索。密钥的穷尽搜索效率很低，甚至有时达到不可行的程度。例如，PGP 加密算法使用 128 位的密钥，因此密钥存在 $2^{128}=3.4\times10^{38}$ 种可能性。即使破译的计算机能每秒尝试一亿把密钥，每天 24 小时不停计算，可能需要 10^{14} 年才能完成密钥破解。

（2）密码分析。在不知道密钥的情况下，利用数学方法也可以破译密文或找到密钥。常见的密码分析方法如下。一是已知明文的破译方法，密码分析员如果掌握了一段明文和对应的密文，就可以从中发现加密的密钥；二是选定明文的破译方法，密码分析员设法让对手加密一段分析员选定的明文，并获得加密后的结果，目的是确定加密的密钥。

（3）其他密码破译方法。在实际工作中，黑客更可能针对人机系统的弱点进行攻击，而不是攻击加密算法本身。例如，黑客可以欺骗用户，套出密钥；在用户输入密钥时，应用各种技术手段"偷窥"密钥；从用户工作和生活环境的其他方面获得未加密的保密信息（例如"垃圾分析"）；让通信的另一方透露密钥或信息；胁迫用户交出密钥等。

3．常用加密方法

（1）隐藏文件夹。在 Windows 系统中，对需要隐藏的文件右击，选择"属性"→"隐藏"→"确定"，就会看不到这个文件了。

（2）压缩文件设置解压密码。利用 WinRAR 对关键文件进行打包压缩，并且对以上文件设置解压密码，然后将文件删除。

（3）加密软件。目前网络中有各种加密软件，它们各有优点和缺点。例如，"隐身侠"加密软件（如图 12-16 所示），具有永久免费，支持各种 Windows 系统，可以在硬盘、U 盘、MP3 等创建保密空间，使用方便等优点。利用加密软件保护计算机中重要的用户私密文件，能防止计算机因维修、丢失、被黑客窃取所带来的信息泄露或信息丢失的风险。

图 12-16　隐身侠加密软件工作界面

12.5　卫生与健康保护

随着计算机的普及，人们越来越需要了解有关计算机操作的卫生常识。

12.5.1　计算机卫生疾病防护

1．IT 行业是新型职业病的高发区

IT 专业人员在为社会作出贡献的同时，也承载着超负荷的工作压力，使他们身体劳累，精神紧张，越来越多的 IT 人员在慢慢走向亚健康状态。

IT 人员由于长期接触计算机，带来了"鼠标手"、肩周炎、颈椎病、腰椎间盘突出、肥胖、下肢静脉曲张、神经衰弱等疾病。

"每天面对计算机，皮肤明显变差了"、"长期上网导致大量脱发"，我们常常听到上班族这样的抱怨。IT 业是目前快节奏、超负荷运转的职场缩影。据了解，70%～75%的 IT 人员处在亚健康状态。专家指出，亚健康其实就是健康与疾病之间的十字路口，如果不注意保养，可能会滑向过劳死甚至猝死。计算机职业病往往是不正确的操作方式（如图 12-17 所示），在长期的使用习惯中慢慢形成，爆发性不强，对身体的危害不十分明显，最容易被人们忽视。虽然它在短时间内不会造成生命危险，但是它会引发身体其他方面的连锁疾病，影响工作和生活质量，对人体的潜在危害十分大，因此，对长期使用计算机的专业人员，做好防护工作最为重要。

眼睛开度太大，颈椎后屈过度，　　　　　视距太近，颈椎后屈，不眨眼，
窗口反光太大，茶杯易翻覆　　　　　　机桌太低，背部无支撑

图 12-17　不正确的计算机操作方式

2. 计算机键盘中的灰尘和病菌

目前计算机已成为不可或缺的办公用品，但是计算机也在不知不觉地成为办公室病菌传播的大本营。和键盘一样，鼠标也是很容易传播疾病的硬件设备。首先，键盘就是一个垃圾场，用力磕打办公室里的一副键盘，就会发现除灰尘之外还藏有很多杂物：饼干屑、咖咖粉、橡皮屑、头发等。有资料显示，键盘中的垃圾以平均每月 2g 的速度堆积而成。此外，除了肉眼可看到的脏物之外，更不可忽视的是键盘表面还覆盖着无数肉眼看不到的各种传染病原体。键盘上还潜伏着大量肉眼看不到的细菌。有人分别取样来自家庭、办公室、网吧的三种键盘，将它们送到医院检验中心进行细菌采样分析，细菌统计结果为：家用键盘每毫升 100 个；办公键盘每毫升 1000 个；网吧键盘每毫升 2000 个。国外有人通过采样分析发现，多人使用而未作清洁处理的键盘表面的病原微生物平均每个键盘达十万个以上，病菌品种五花八门，它们包括结核杆菌、金黄色葡萄球菌、肝炎病毒、流感病毒等。这些病菌通过使用者的手、汗液、唾液和键盘沉积的灰尘等介质，引起疾病传播。有些用户可能患有各种疾病，但是在办公室与你共同使用一台计算机。所以不要随便使用别人的计算机，尤其是公共场所（如网吧、公共机房）的计算机，如果没有防范意识，疾病很有可能随时会降临到使用者身上。

3. 计算机使用环境卫生

计算机键盘要定期进行卫生扫除，在关机的情况下，将键盘翻转朝下，拍打并摇晃，将其中的许多"垃圾"从键盘中清除出来。有条件的用户可以用吹风机对键盘按键缝隙进行吹扫，吹掉附在其中的杂物。清扫完毕后，再用软布蘸上稀释的洗涤剂，擦洗按键盘表面。擦洗干净后，再用酒精、84 消毒液或药用双氧水等进行消毒处理，最后用干布将键盘表面擦干即可。

在办公室和公共场所使用计算机时，使用前后应清洗双手；在网吧或公共机房使用计算机前，可用消毒纸巾对键盘进行擦拭，避免病菌交叉感染；使用他人的计算机后，在没有洗手之前不要揉眼睛、掏鼻孔；更不能在使用计算机时吃东西，说不定就会病从口入。

在计算机使用过程中，如果有一些不好的习惯，很容易得病。有些人为了排除外界干扰，如家人、噪声、同事突如其来的来访，干脆就闭门使用。尤其是冬天和夏季，为了保暖或为了室内空调冷气的外泄，把外界空气一概拒之室外，室内环境污染时刻危害着计算机使用人员的身体健康。有时出现胸闷、头脑发胀等莫明其妙的症状，这时计算机使用人员应当透透气，让身体有个好的环境空间。

计算机使用环境应当室内照明柔和，不要让光线直接照到人的眼睛上。为了预防电磁辐射，不要将计算机放在卧室，并且加强室内通风排气，改善室内空气质量。

12.5.2　计算机眼睛疾病防护

1. 干眼症表现症状

计算机对使用者视力的影响不可小视，视力病症主要有以下表现：一是临时性近视，使用计算机几小时后，产生看远处物体模糊不清的现象；二是眼疲劳，使用计算机期间，感觉眼皮、额头等部位疼痛；三是看物体轮廓不清晰，有重影，转移视线后，物体图像还留在眼中；四是眼睛发干或流泪。专家将以上症状称为"计算机视力综合征"。

据估计，我国现有 8000 万干眼病患者，专家预测在未来几年中，干眼症患者的人数会以每年 10％的比率上升。一个很大的原因是计算机的长期使用损伤眼睛。使用计算机达 5 年以上，干眼病发病率为 50％。

美国一家公司对 509 名计算机使用者进行调查，其中 80％的人在使用计算机时感到烦躁、疲劳，注意力难以集中，眼睛发干或者头痛。美国全国职业保健与安全研究所的一项调查证明，每天在计算机前使用 3h 以上的人中，90％的人眼睛有问题。美国视力研究协会对计算机操作人员作了一次调查，结果高达 75％的人视力下降，患有程度不等的"计算机视力综合征"。美国等很多发达国家，都建议在工作中使用计算机频繁的人们 5 年换一次工种。

【例 12-2】 通宵熬夜上网容易导致视网膜脱落。小刘从上小学起就戴近视眼镜，近几年玩网络游戏后，视力更是一降再降，近视度数达到 800 度。前一段时间，他经常感到眼前有"闪光"，但并没太在意。放寒假以来，他常常通宵打游戏，每天上网时间长达十几个小时。最近，他突然感到左眼看不清东西，眼睛往下看时，眼前总有一片黑影挡着视线，这才赶紧来到市立医院眼科就诊，结果被医生告知左眼的视网膜已脱落。市立医院眼科医师告诉他，可惜已错过了最佳治疗时机，只能通过手术治疗。高度近视眼使眼球长期处于牵拉状态，导致视网膜变性、变薄，使视网膜出现裂孔，患者眼前就会出现"闪光感"，如果此时及时发现，只要通过简单的激光治疗就能将裂孔封闭，但如果错过这一最佳治疗时机，眼里的液体会通过裂孔进入视网膜，最终导致视网膜脱落，只能通过眼球内玻璃体切割手术治疗，视力恢复相对较差。

专家介绍，视网膜脱落对视觉的影响很大，可能引起眼球萎缩，甚至导致失明。虽然视网膜脱落与许多因素有关，但患近视眼的人因眼轴长，视网膜相对较薄，较容易发生脱落，特别是高度近视者，要尤其引起重视。专家提醒，600 度以上的近视眼患者，如果眼前出现闪光、飞蚊状的漂浮物，或者漂浮物、黑影突然增多，视力模糊下降，都要尽快到正规医院就诊。医生强调，眼前出现"闪光"是视网膜脱落的早期临床表现，此时可以通过激光治疗，将微小的裂孔部位牢牢封堵，一般治愈后恢复良好。反之，如果病情拖延的时间太长，视网膜的组织结构遭受破坏便无法恢复。

2．干眼症产生的原因

平时，人们眼球中的泪液以 1/100mm 的厚度覆盖整个眼球，保证眼球的正常工作。如果眼睛一直睁着，10s 后，泪膜上就会出现一个小洞，然后泪膜慢慢散开，这时暴露在空气中的眼球就会感觉到干涩。眨眼是人体一种保护性神经反射作用，可以使泪水再一次均匀地涂在角膜和结膜表面，以保持眼球润湿而不干燥。泪水少的人，5s 后就会出现泪膜散开，使眼睛感觉到干涩，需要眨眼浸润。因此正常人每分钟眨眼 20 次左右，以保证眼球得到泪膜的湿润。不正确的工作习惯是造成干眼症的主要诱因，计算机操作者存在以下问题。

（1）眨眼次数减少。操作者长时间地睁眼凝视快速变动的屏幕（如游戏、视频等），眨眼的频率会减少到每分钟 5 次左右，从而减少了泪液的分泌。

（2）眼睛开度较大。如图 12-18 所示，计算机操作者观看屏幕时，眼睑的开度较平时大，眼球暴露在空气中的面积比平常状态下大 60％左右，这会使泪液的蒸发量相应增大。这种眼球长时间暴露在空气中，泪液蒸发过快的情况，很容易造成眼睛的干涩不适，使得角膜和眼睑很容易擦伤，引发炎症和疼痛。

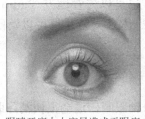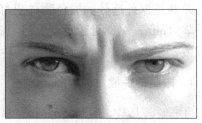

眼睛开度太大容易造成干眼症　　低头上看，容易造成瞳孔疲劳　　　　皱眉观看容易造成眼睛疲劳

图 12-18　容易造成眼睛疲劳的屏幕观看方式

（3）显示器的刺激。计算机屏幕刺眼的颜色、屏幕的反光、显示器的电磁波等，都会刺激眼睛。

（4）空气干燥。在空气干燥、不流通的环境（如空调房间）中，泪液的蒸发速度更快，更加容易引发干眼症。

3．干眼症的预防

（1）观看距离。使用者应当距显示器屏幕 50cm（手握拳平伸至屏幕即可）以上；显示器位置应当比双眼视线略低。将需要阅读的文件放在与屏幕同样高度和距离的地方，这样可避免眼睛过于频繁地在两个物体之间不断调节焦距而造成眼肌疲劳。

（2）显示器亮度。屏幕亮度过暗时，操作者瞳孔容易放大，造成眼睛疲劳；当文字和图像衬在一个很明亮的背景上时，人眼要分辨清楚，势必收缩瞳孔，这同样容易产生视觉疲劳；屏幕上的文字一直使用同一种底色，长时间注视同样的色彩时，也容易使眼睛产生视觉疲劳。

（3）改变屏幕背景颜色。桌面→右击→"属性"→"外观"→"高级"→"项目"→"窗口"→"颜色 1（L）"→"其他"→色调：85，饱和度：90，亮度：205→"添加到自定义颜色"→"确定"→"确定"→"确定"，以上操作是将"窗口"背景设成柔和的豆沙绿色，这样所有文档不再是刺眼的白底黑字了。也可以把网页背景变成绿色：打开 IE→"工具"→"Internet 选项"→"常规"→"辅助功能"→选中"不使用网页中指定的颜色"→"确定"→"确定"，此时屏幕的背景色就变成淡淡的绿色，比原来柔和多了。

（4）环境亮度。在计算机前工作时，房间既不能太昏暗，也不能太明亮。理想的办公环境是房间的亮度与屏幕的亮度相同，光源最好来自计算机使用者的左后方。特别要注意，不要在黑暗中看计算机屏幕，因为黑白反差太大对眼睛的损害最大。

（5）避免反光。室内照明光线不要直接照射到屏幕上，要避免在屏幕上显现出灯光以及物体的影像，所有光影都会使眼睛疲劳；要避免室外光线直接照射在屏幕上，显示器不要放置在窗户的对面或背面，如果没有条件，一定要挂上窗帘；如果戴眼镜，应该配一副带有防反光加膜的镜片。

（6）眼药水。为了防止眼结膜发干，使用计算机时，可以滴一些与眼泪成分相同的人工泪液产品，适当地补充泪液的不足，减轻和消除干眼症引起的眼睛不适症状。

（7）提倡盲打。盲打时不必紧盯着键盘和显示屏，可以减轻眼睛疲劳。

（8）注意眼睛的休息。应当有意识地增加眨眼次数，每分钟的眨眼次数要保持在15～20次，减轻眼球干涩；每工作30min，眼睛应休息片刻，这时最好向远处眺望一会儿，尤其是窗外远处的绿色物体更好，不要观看强光物体；也可以先看远方 2min，再看手掌 1min，这样远近反复交替几次；如果没有条件，闭目休息一会儿也可以消除眼睛疲劳。

4．眼睛的保健

（1）眼睛热敷。眼睛疲劳时，可以用温热的湿毛巾敷几分钟眼睛，这会很快消除眼睛的充血和疲劳。

（2）转眼法。或坐或站全身放松，双目睁开，头颈不动，转动眼球。先将眼睛凝视正下方，缓慢转至左方，再转至凝视正上方，至右方，最后回到凝视正下方，这样先顺时针转圈；再让眼睛逆时针方向转圈，每次转动，眼球都应尽可能地达到极限；眼球转动 20 次后，闭上眼睛休息一两分钟。这种方法可以锻炼眼肌，使眼灵活自如。

（3）眨眼法。头向后仰，反复眨眼，可以减轻眼睛疲劳；闭上眼睛，眼睛周围的肌肉用力收紧、放松，一收一放为一次，反复做 20 次左右。

（4）按摩法。闭上眼睛，两手食指沿着鼻梁、鼻翼的两侧，上下来回搓揉；并用食指压鼻翼两侧凹陷处中指指向眼窝和鼻梁间，手掌盖脸来回摩擦 5 min；闭上双眼，脖子顺时针方向慢慢转动，然后逆时针方向转动；闭目低头，双手握拳轻敲后颈部等。

（5）食物治疗。大蒜对身体有很多益处，但是专家认为有眼病的人要少吃大蒜。根据眼科专家介绍，观看计算机屏幕时间太长时，视网膜上的视紫红质会被消耗掉，而视紫红质主要由维生素 A 合成，干眼症的发生与维生素 A 缺乏有关。因此，计算机操作者应多吃些富含维生素 A 和蛋白质的食物，如动物肝脏、蛋、奶等；此外，胡萝卜、西红柿、豆腐、红枣等食物中的胡萝卜素，也可在体内转换为维生素 A。有些人的眼睛有怕白光、爱流泪、视物模糊、容易疲劳等症状。这与体内核黄素、维生素 B_1、维生素 B_2 缺乏有关。

12.5.3　计算机职业疾病防护

1．鼠标手

"鼠标手"是腕关节综合征的俗称，通常表现症状为：食指或中指疼痛、麻木，而且拇指肌肉出现无力感，发展下去可能导致手部肌肉萎缩。病症发生主要有以下原因。

一是计算机人员长时间进行鼠标和键盘操作，而且动作单一反复，动作幅度变化小。如图 12-19 所示，手指和手腕关节长期、密集、反复和过度地活动，逐渐形成腕关节的损伤，导致指关节和腕关节的麻痹和疼痛。二是人的腕关节向掌面屈曲的活动度约 70°～80°，向手背部屈曲达 50°～60°，使用键盘时，腕关节背屈约 45°～55°，已接近了最大的角度，这会牵拉腕管内的肌腱使其处于高张力状态，加上手掌根部支撑在桌面会压迫腕管，在这种状态下，手指的反复运动容易使肌腱、神经来回摩擦，发生慢性损伤，造成炎症水肿，继而引起大拇指、食指、中指出现疼痛、麻木、肿胀感等，还可出现腕关节肿胀，手部精细动作不灵活、无力等。这种症状女性尤易受害，发病概率比男性高三倍左右。

图 12-19　鼠标操作造成的疾病

　　一旦发病，休息是最重要的治疗手段。一是每隔 60min 休息 10min 左右，活动活动手指和手腕，例如做一些握拳、捏指、甩手等放松手部的动作；二是要注意姿势正确；三是选用一些根据人体工程学设计的鼠标，配合使用护腕鼠标垫，减少伤害。值得注意的是：如症状较重，千万不能用热疗，而应用冰敷等冷疗方法，否则会加重症状。

2．肩周炎

　　久坐不动会使肌肉僵硬，疼痛麻木。加上计算机操作人员不正确的操作方式（如图 12-20 所示），因此更容易因久坐而引发颈椎病和肩周炎。

手臂伸直导致肩部劳损，将鼠标移　　离屏幕视距太远（大于手长），肘部
至键盘台板外　　　　　　　　　　　弯曲不够（肩部劳损）

图 12-20　容易导致肩周炎的操作姿势

　　计算机操作者每天的工作就是不停地敲打键盘，会经常觉得肩颈疼痛，脖子后面有几根筋总是紧紧的，有时连头都不敢转，这是典型的肩颈病症状。

　　长时间使用平板电脑的人员，大多双手可以举高，但举到最高时会有疼痛感；往旁、往后、往上抬时、会引起肩膀疼痛、肩颈痛、手臂酸痛，甚至无力等症状。这是因为使用平板电脑时，多数人都是单手拿计算机，即使平板电脑重量很轻，长时间使用后，仍会造成肌肉疲乏；另一只手使用食指操控屏幕，手指会悬空重复滑动动作；眼睛直盯着屏幕，这都会造成肩颈过度使用，引发旋转肌群肌腱炎。

　　患有肩周炎的计算机人员，应调整使用姿势，最好每小时就休息一下；休息时做一下局部按摩，从按摩指尖开始向上按摩到前臂；可以不时地向上举起疲惫的双臂，颤动手指，以帮助静脉血液更好地回流；或起来活动活动肩膀，转动转动脖子；或经常用双手拍打颈部肌肉，边拍打边活动颈椎。

　　放风筝和游泳都有利于治疗肩周炎。放风筝时，需要挺胸抬头，可以保持颈椎的肌张力，保持韧带的弹性和脊椎关节的灵活性，有利于增强颈椎和脊柱的代偿功能。游泳时头总是向上抬，颈部肌肉和腰肌都得到锻炼，而且人在水中没有任何负担，也不会对椎间盘造成任何的损伤。

3．颈椎病

颈椎病越来越呈现低龄化的倾向，很多二十多岁的年轻人，却得了以前五十多岁人的病。这是由于年轻人在计算机前坐的时间越来越长，长时间不正确的姿势极易导致颈椎病变（如图 12-21 所示）。据卫生部门一项调查表明，每天使用计算机超过 4h，81.6％的人出现了不同程度的颈椎病。在一些公共计算机使用环境（如机房）中，座椅、机桌与操作者身高往往不匹配。往往造成计算机操作者头部后仰、颈椎弯曲过度等问题。长时间操作时，产生颈椎酸痛，肩部和上臂呈现间歇性麻木感的"职业病"。

颈椎后倾过度,胸部弯曲,背部　　胸部弯曲,背部无支撑　　颈椎变曲过度,腰部劳累
无支撑

图 12-21　不正确的操作姿势

计算机机桌和座椅应当与操作者的身高匹配；显示器的摆放高度要适度，保持头颈基本处在直立状态。

4．腰椎病

脊椎侧弯是指在两脚长短差距大于 0.3cm 时，全身脊椎有三个以上脱位。计算机操作者脊椎侧弯部位，以上段胸椎和肩胛骨为主。脊椎错位不但令关节失去功能，影响灵活性，造成肌肉抽紧剧痛和乏力，出现脖子痛、腰痛、脚麻等症状，甚至可能造成肌肉萎缩。

使用计算机时要避免长时间盯着屏幕，必须保持正确坐姿，每 30min 要有一两分钟的小休，做一下颈部及躯干的伸展运动，让身体各部分肌肉得到松弛。要调整好显示器与座椅的相对高度，屏幕上端不要高过眼睛，以免操作者不自觉地仰着头看，引起颈部疲劳。

脊柱病的治疗方法有推拿按摩、针灸理疗、牵引、手术等，患者切不可盲目行动。

5．笔记本计算机使用中存在的问题

笔记本和平板电脑以便携性赢得了人们的青睐，但除了辐射问题，笔记本计算机给使用者的健康带来了不少困扰。专家们多年来一直在提醒笔记本使用的问题，但往往是徒劳无功。人们在使用更加轻薄的笔记本计算机和平板电脑时，在地铁中，在草地，在床上，在地板上，有各种千奇百怪的姿势。

专家认为，笔记本计算机是最不符合人体工程学的设备。在计算机前工作时，键盘应该与肘部齐高，这样大臂与小臂成 90°角或更大的角度，小臂可以放在椅子扶手上，显示

器大致与眼睛处于同一水平线，这样操作者就能往后靠在椅背上。

但是，大部分人员是把笔记本计算机放在书桌上。这样键盘放得太高，必须将胳膊伸得很高，耸起肩膀，弯着手腕。显示器太低时，操作者的脑袋和脖子都必须往前下方伸，使操作者的背部很紧张难受。如果只是短时间地用一下笔记本计算机，这样做不会有太大问题。但是，使用时间太长就会导致整个上身疼痛。

错误的姿势不但可以造成颈、肩、背和手臂的疼痛和僵硬，而且还会导致头痛和腕管综合症。腕管综合症患者的腕部神经受到压迫，导致手上产生刺痛或是麻木的感觉。

有一些简单的方法可以使笔记本计算机更符合人体工学，关键是要将键盘和显示器分开，这样两者就可以分别放在合适的高度和位置。

（1）笔记本支架。把显示器放高很容易，把它放在一摞书上就可以了；也可以买个支架，将笔记本计算机垂直放置，有些支架还可以调整高度和角度。

（2）外接键盘。需要一个单独的键盘，这样操作者的手就不必弯成一个高难度的角度。如果键盘能朝远离操作者的方向倾斜一个角度，操作者的手和腕就可以处于最佳角度。

（3）外接鼠标。笔记本内置的鼠标使用起来很不舒服，操作者的手伸得越远，承受的负担越重，可以配一个外接鼠标，将它放在键盘旁边。

12.5.4　计算机辐射危害防护

研究指出，长期暴露在电磁波环境中，会对使用者造成神经与过敏等症状，还会造成头晕、头痛、呕吐、记忆力减退、不孕、失眠等，甚至会引起神经失调和降低生育能力等严重后果。

1．电磁辐射对人体的影响

（1）核辐射与电磁辐射的区别。核辐射是指原子核从一种能量状态转变为另一种能量状态的过程中，所释放出来的微观粒子流。电磁辐射是指能量以电磁波的形式发射到空间的现象，或解释为能量以电磁波形式在空间的传播。电磁辐射又分为低频辐射和高频辐射，很多电子设备同时发出高频和低频电磁辐射。研究发现，只要有交变电流，电磁波就无处不在。各种电子设备，包括计算机主机、显示器、鼠标、音箱等，在正常工作时都会产生各种不同波长的电磁辐射（如图 12-22 所示）。

电磁辐射对孕妇不利

电磁辐射对人体不利，视距太远

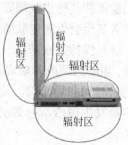
电磁辐射的影响范围

图 12-22　笔记本计算机对人体的影响

（2）电磁辐射测试。电磁辐射分为两个级别，其中低频段的单位是 μT，如果电磁辐射在 0.4μT 以上属于较强辐射，对人体有一定危害，长期接触易患白血病；如果电磁辐射在 0.4μT 以下，相对安全。而高频电辐射的单位是 μW/cm^2，它的安全值是小于 10μW/cm^2。常用设备的电磁辐射测试如表 12-4 所示。

表 12-4　计算机设备电磁辐射测试

计算机设备	前　面	侧面中央	后　面	开机瞬间/待机
台式计算机主机	0.17μT /3cm	0.29μT /3cm	0.46μT /3cm	0.17μT
液晶显示器	0.11μT /3cm	0.12μT /3cm		0.12μT /0.11μT
低音音箱面板中央	0.63μT /3cm	5.68μT /3cm		
普通鼠标/普通键盘	0.1μT/0.11μT			
无线鼠标/无线键盘	0.53μT/0.96μT			

（3）电磁辐射的防护。屏幕亮度越大，电磁辐射越强，反之越小，但是过暗的亮度也容易造成眼睛疲劳；远离金属物品，室内放置的金属物品会形成电磁波再次发射，这样的伤害更大；屏幕背面朝向无人的地方（如图 12-23 所示），因为计算机辐射最强的是显示器背面，其次为左右两侧，屏幕的正面辐射最弱；抵御计算机辐射最简单的办法是在每天上午喝两三杯绿茶，绿茶中含有茶多酚等活性物质，有吸收与抵抗放射性物质的作用；绿茶不但能消除计算机辐射的危害，还能保护和提高视力。菊花茶同样也具有这种功能。

防辐射安全距离不够　　　　　　　　　　显示器正确摆放

图 12-23　办公室计算机摆放的防辐射

2．静电对人体的影响

长时间使用计算机时，显示器周围会形成一个静电场，将房间附近空气中悬浮的灰尘吸入静电场中。坐在计算机前，我们周围充满了含有大量灰尘颗粒的空气，这些灰尘可吸附到脸部和其他皮肤裸露处，如不注意清洁，时间久了，就会发生难看的斑疹，色素沉着，严重者甚至会引起皮肤病变，影响美容与身心健康。防止静电的方法有以下一些。

（1）保持皮肤清洁。计算机频繁使用者（尤其是女性），在上机前最好先涂一些防护用品，如隔离霜或者粉底等。使用计算机一段时间后，用清水清洗脸部（如图 12-24 所示）。因为长时间在屏幕前，皮肤容易出现油脂分泌过多，脸上会吸附不少灰尘颗粒，时间久了容易发生斑疹，色素沉着，严重者甚至会引起皮肤病变等，清洗脸部能减少受到的辐射伤害。

（2）放置计算机的房间最好安装换气风扇，倘若没有，也要注意开窗通风。

（3）消除静电。计算机桌表面可用湿布擦拭，保持湿度是消除静电的简单方法。也可以在计算机桌上摆放一盆仙人掌，因为仙人掌的针刺能够吸收灰尘。

（4）不要熬夜。医学研究表明，人表皮细胞的新陈代谢最活跃的时间是从午夜至清晨2时，而熬夜是最容易毁容的，因为彻夜不眠将影响细胞再生的速度，导致肌肤老化。

使用计算机工作后温水洗脸，消除　　　眼部按摩消除疲劳　　　绿茶和仙人掌有利于健康
脸部静电吸引的灰尘

图 12-24　清洗脸部能减少辐射伤害

3．计算机操作人员的腰部保健

（1）腰部旋转。两足分开站立，双手叉腰，双腿不动，先将上身顺时针方向旋转，再逆时针方向旋转，各 10 次左右。

（2）下蹲站立。两腿分开，下蹲站起，足跟不动，反复 10 次左右。

（3）弯腰运动。两腿并紧站立，双臂自然下垂，向前弯腰，然后还原，做 10 次；然后双手叉腰，头部缓缓后仰，腰部向后弯曲，然后还原，做 10 次左右。

（4）捶击腰部。双手握为拳头，适度用力捶击腰部 20 次左右。

（5）腰部保暖。天冷时可用一个加温护腰，这样有利益增强腰部血液循环。

4．计算机桌椅与坐姿

（1）良好的坐姿。为了保护颈椎，专家建议大家采取这样的坐姿：上半身保持颈部直立，使头部获得支撑，两肩自然下垂，上臂贴近身体，手肘弯曲呈 90°，操作键盘或鼠标，尽量使手腕保持水平姿势，手掌中线与前臂中线保持成为一直线。下半身腰部弯曲，膝盖自然弯曲呈 90°，并维持双脚着地的坐姿，不要交叉双脚，以免影响血液循环（如图 12-25 所示）。

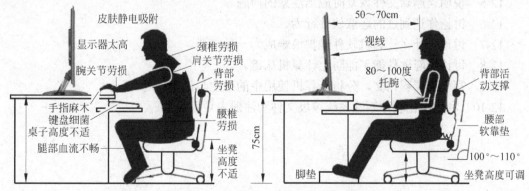

图 12-25　不正确的操作姿势（左）与正确的操作姿势（右）

（2）专用座椅。使用专用的计算机座椅，座椅最好有椅背和扶手，并能调整高度，使操作者坐在上面能够形成"三个直角"：计算机桌下膝盖处形成第一个直角，大腿和后背是第二个直角，手臂放在扶手上在肘关节形成第三个直角。计算机桌的高度适宜，使屏幕中心位置与操作者胸部在同一水平线上。目前国外谷歌、Facebook 以及其他公司越来越多的员工，为了健康纷纷将他们的坐式办公桌换成了立式办公桌，这些大公司采用自由选择站立或坐立姿势进行计算机操作（如图 12-26 所示）。

图 12-26　国外站立式计算机操作

（3）键盘和鼠标。键盘和鼠标的摆放高度最好与手腕在同一水平，鼠标位置越高，对手腕的危害越大；鼠标离身体越远，对肩部的危害越大。鼠标放在键盘附近，位置低一些，离手近一些。

（4）显示器。显示屏在高度上，屏幕中心位置与操作者胸部在同一水平线上；眼睛与显示器保持恰当的距离；调整显示器角度，最好在眼睛与显示器间形成轻度向下注视的角度，这样可使颈部肌肉得到放松。

习　题

12-1　说明 Windows PE 的主要功能。

12-2　简要说明为什么要制作启动 U 盘。

12-3　说明 Windows 操作系统的安装步骤。

12-4　说明驱动程序的主要功能。

12-5　说明误删除文件恢复时应当注意的问题。

12-6　讨论你遇到过的恶意软件行为。

12-7　讨论为什么计算机软件维护很难成为一种产业。

12-8　讨论克隆软件能不能防止计算机病毒。

12-9　写一篇课程论文，分析计算机使用中的卫生与健康问题。

12-10　利用优化软件删除系统垃圾文件和注册表垃圾信息。

附 录 A

计算机常用度量单位

计算机常用度量单位如附表 A-1 所示。

附表 A-1 计算机常用度量单位

类 型	基本单位	单位名称与换算关系	说 明
存储单位	B	1B（字节）＝8b（位） 1KB（千字节）＝1024B 1MB（兆字节）＝1024KB 1GB（吉字节）＝1024MB 1TB（太字节）＝1024GB 1PB（拍字节）＝1024TB	内存、硬盘、光驱等设备的 存储容量
时间单位	s	1s（秒）＝1000ms（毫秒） 1ms＝1000μs（微秒） 1μs＝1000ns（纳秒） 1ns＝1000ps（皮秒）	CPU 时钟周期长度、内存周期时间、 总线周期时间等
长度单位	m	1m（米）＝1000mm（毫米） 1mm＝1000μm（微米） 1μm＝1000nm（纳米） 1nm＝1000pm（皮米） 1in（英寸）＝25.4mm（毫米） 1in=1000mil（密耳） 1mm=40mil 1mil=25μm	半导体集成电路加工尺寸等
并行传输单位	B/s	1KB/s=1024B/s（字节/秒） 1MB/s=1024KB/s 1GB/s=1024MB/s 1TB/s=1024GB/s	FSB 传输速率、内存总线传输速率、 PCI 总线传输速率等
串行传输单位	b/s	1kb/s=1000b/s（位/秒） 1Mb/s=1000kb/s 1Gb/s=1000Mb/s 1Tb/s=1000Gb/s	USB 传输速率、SATA 传输速率、 PCI-E 传输速率、网络传输速率等
传输频率单位	T/s	Transfers/s（传输次数/秒）	IOH 与 CPU 之间的传输速率
电学单位	V A W Ω F H Hz	伏特（V/mV/μV） 安培（A/mA/μA） 瓦特（W/mW/μW） 欧姆（Ω/kΩ/MΩ/） 法拉（F/mF/μF/nF/pF） 亨利（H/mH//μH/nH/pH） 赫兹（Hz/kHz/MHz/GHz/THz）	电压单位 电流单位 功率单位 电阻单位，阻抗单位 电容单位 电感单位 频率单位，数据传输频率

续表

类　型	基本单位	单位名称与换算关系	说　明
热工单位	℃	摄氏度	CPU、硬盘温度等
	K	开尔文度，色温单位 1K＝－272.15℃；1℃=274.15K	显示器色温单位
	W/m·K	瓦/米·开尔文度，导热系数单位	风扇、热管等材料的导热系数
	W/cm^2	瓦/平方厘米，热流密度	散热片、热管等材料的散热功率
噪声单位	dB	分贝	风扇、音箱噪声或电磁干扰噪声
亮度单位	Nit	1Nit(尼特)=1cd/m^2(坎特拉/平方米)	显示器亮度等
风量单位	CFM	立方英尺/分钟	CPU 散热风扇风量等
转速单位	rpm	转/分钟	硬盘、风扇转速
重力加速度	G	伽利略（1G＝9.806m/s^2）	硬盘抗震动能力
分辨率	dpi	dit/in（点/英寸）	鼠标、显示器、打印机等分辨率
帧速率	fps	form/s（帧/秒）	显卡、视频、动画显示速率
存储密度	TPI	磁道/英寸	磁道密度
	BPI	位/英寸	磁盘存储位密度
	BPSI	位/平方英寸	磁盘存储面密度
计算速度	IOPS	随机 I/O 操作次数/秒	服务器技术性能
	IPC	机器指令/秒	CPU 技术性能
	MIPS	百万指令/秒	CPU 或微处理器运算速度
	FLOPS	浮点计算次数/秒	CPU 或 GPU 运算速度
其他单位	ppm	打印页/分钟	打印机打印速度
	ppm/℃	百万分之一	电阻温度系数
	ounce	1ounce 或 1oz（盎司）=28.35g	电路板镀铜或镀金的厚度
	l/m	升/分钟	水冷散热器流量
	U	1U=4.45cm	工业机箱高度

附录 B

微机部件常用标记符号

微机部件常用标记符号如附表 B-1 所示。

附表 B-1　微机部件常用标记符号

标记	说　明	标记	说　明
1394	IEEE 1394 高速串行接口	ON	接通（开）
5VSB	+5V 待机信号	OFF	断开（关）
AC	交流电源	PCB	印制电路板
ATX	主板，电源，机箱标准	PCI	外部设备扩展接口，总线插座
BAT	主板电池	PCI-E	增强串行 PCI 总线插座
BGA	球栅阵列，IC 封装	POST	上电自检
BIOS	基本输入输出系统	PS/2	第 2 代个人系统，键盘接口
C	电容	PW	电源
CLK	时钟信号	Q	三极管
CMOS	互补金属氧化物半导体	R	电阻
CON	接插件信号连接插座	RAID	廉价磁盘冗余阵列
D	二极管	RGB	红绿蓝
DC	直流电源	RJ-45	以太网接口
DDR	双倍速同步动态随机存储器	RST	复位
DIMM	内存条插座	SATA	串行硬盘接口
DVI	液晶显示器数字信号接口	SAS	串行 SCSI 接口
EFI	可扩展固件接口，新型 BIOS	SD	安全数字存储卡
F	保险电阻	Socket	CPU 插座
FAN	风扇	SIO	超级输入输出接口
FSB	前端系统总线	SSD	固态硬盘
GND	地	SW	开关
HDA	高保真音频模块	SYS	系统
HDD	硬盘	TF	MicroSD 闪存卡
ICH	南桥芯片	TFT	薄膜场效应晶体管
KB	键盘	U	集成电路芯片
L	电感/电源火线	USB	通用串行接口
LCD	液晶显示器	V	电压
LGA	触点阵列封装，CPU 插座	VCC/VDD	电源
LAN	以太网接口	VSS	地
MIC	话筒接口	VID	CPU 电压选择标志
MOS	场效应晶体管	VGA	显示器模拟信号接口
MCH	北桥芯片	WiFi	高保真音响/无线局域网
N	电源零线	XGA	显示器数字信号模式
NC	没有连接	Y	晶振

参 考 文 献

[1] Andrew S. Tanenbaum. 计算机组成：结构化方法（第 5 版）. 刘卫东等译. 北京：人民邮电出版社，2006.

[2] William Stallings. 计算机组织与结构：性能设计（第 7 版）. 张昆藏等译. 北京：清华大学出版社，2006.

[3] Arnold S. Berger. 计算机硬件及组成原理. 吴为民等译. 北京：机械工业出版社，2007

[4] Linda Null Julia Lobur. 计算机组成与体系结构. 黄河等译. 北京：机械工业出版社，2006.

[5] David Money Sarah L. Harris. 数字设计和计算机体系结构. 陈虎等译. 北京：机械工业出版社，2009.

[6] Eric Bogatin. 信号完整性分析. 李玉山等译. 北京：电子工业出版社，2005.

[7] John F. Wakerly. 数字设计原理与实践（原书第 4 版）. 林生等译. 北京：机械工业出版社，2007.

[8] James D.Foley，Andries van Dam. 计算机图形学导论. 董士海等译. 北京：机械工业出版社，2004.

[9] 王爱英. 计算机组成与结构（第 4 版）. 北京：清华大学出版社，2007.

[10] 白中英等. 计算机硬件技术基础. 北京：高等教育出版社，2009.

[11] 张晨曦等. 计算机系统结构教程. 北京：清华大学出版社，2009.

[12] 薛宏熙，胡秀珠. 计算机组成与设计. 北京：清华大学出版社，2007.

[13] 陈伟，黄秋元，周鹏. 高速电路信号完整性分析与设计. 北京：电子工业出版社，2009.

[14] 林福宗. 多媒体技术基础（第 2 版）. 北京：清华大学出版社，2002.

[15] 甘学温等. 集成电路原理与设计. 北京：北京大学出版社，2006.

[16] 黄晓涛等. 现代大型主机系统导论. 北京：清华大学出版社，2010.

[17] 易建勋等. 计算机硬件技术——结构与性能. 北京：清华大学出版社，2011.

[18] 易建勋等. 计算机网络设计 第 2 版. 北京：人民邮电出版社，2011.

[19] 易建勋. 微处理器（CPU）结构与性能. 北京：清华大学出版社，2003.

图书资源支持

感谢您一直以来对清华版图书的支持和爱护。为了配合本书的使用，本书提供配套的资源，有需求的读者请扫描下方的"书圈"微信公众号二维码，在图书专区下载，也可以拨打电话或发送电子邮件咨询。

如果您在使用本书的过程中遇到了什么问题，或者有相关图书出版计划，也请您发邮件告诉我们，以便我们更好地为您服务。

我们的联系方式：

清华大学出版社计算机与信息分社网站：https://www.shuimushuhui.com/

地　　址：北京市海淀区双清路学研大厦 A 座 714

邮　　编：100084

电　　话：010-83470236　　010-83470237

客服邮箱：2301891038@qq.com

QQ：2301891038（请写明您的单位和姓名）

资源下载：关注公众号"书圈"下载配套资源。

资源下载、样书申请
书圈

图书案例
清华计算机学堂

观看课程直播